国家出版基金项目
NATIONAL PUBLICATION FOUNDATION

中国猪业科学与技术创新系列丛书

基因编辑与猪抗病育种

胡晓湘 主编

Genome Editing and Breeding for Disease Resistance in Pigs

中国农业大学出版社
China Agricultural University Press
·北京·

内容简介

猪病尤其是几种主要传染病严重制约着养猪业的发展。基因编辑技术是改造和培育新品种最新的、最有效的技术手段。本书系统地介绍近10年基因编辑技术在猪育种上的应用，重点介绍基因编辑主要技术和应用、猪的主要疾病与致病机理、猪的免疫系统与抗病机制、猪抗病基因的功能基因组研究、基因编辑与抗病育种、基因编辑动物安全、基因编辑抗病新技术的现状和问题等方面。本书结合作者团队多年来的实验室研究、与生产单位的实践合作、取得的如抗蓝耳病等很多重大传染病的成功实践，通过基因编辑理论、方法与实践，介绍使用基因编辑技术在猪抗病育种方面的实践探索。

图书在版编目(CIP)数据

基因编辑与猪抗病育种/胡晓湘主编. --北京：中国农业大学出版社，2023.1

(中国猪业科学与技术创新系列丛书)

ISBN 978-7-5655-2931-3

Ⅰ.①基… Ⅱ.①胡… Ⅲ.①猪-家畜育种 Ⅳ.①S828.2

中国国家版本馆CIP数据核字(2023)第018376号

书　　名 基因编辑与猪抗病育种
Jiyinbianji yu Zhu Kangbingyuzhong

作　　者 胡晓湘　主编

总 策 划	席　清　丛晓红	**责任编辑**	刘耀华　胡晓蕾
策划编辑	刘耀华　赵　中	**封面设计**	李尘工作室
出版发行	中国农业大学出版社		
社　　址	北京市海淀区圆明园西路2号	**邮政编码**	100193
电　　话	发行部 010-62733489,1190	读者服务部	010-62732336
	编辑部 010-62732617,2618	出 版 部	010-62733440
网　　址	http://www.caupress.cn	**E-mail**	cbsszs@cau.edu.cn
经　　销	新华书店		
印　　刷	涿州市星河印刷有限公司		
版　　次	2023年1月第1版　　2023年1月第1次印刷		
规　　格	185 mm×260 mm　　16开本　　15印张　　375千字		
定　　价	102.00元		

图书如有质量问题本社发行部负责调换

丛书编委会

本书编委会

主　　编　胡晓湘　中国农业大学

副 主 编　孙秀柱　西北农林科技大学

参　　编　胡益清　北京生命科学研究所

张林林　天津农学院

王海涛　中国科学院遗传与发育生物研究所

赵成成　中国农业大学

李　果　中国农业大学

刘志红　内蒙古农业大学

田　明　黑龙江省农业科学院

位治国　河南科技大学

王宇哲　中国农业大学

杨瑞飞　中国农业大学

王淑辉　西北农林科技大学

— 序一 —

养猪产业作为畜牧业占比最大的产业，改革开放40年以来，特别是“863”和“973”计划实施以来，取得了巨大的进步，保持着持续快速的发展。但是，我们也应该清楚地看到，与先进国家相比，与现实需求和国家整体战略发展目标相比，还存在着相当大的差距。

目前中国养猪业面临的环保、效率、疫病等问题与挑战仍十分严峻。近几年的蓝耳病和非洲猪瘟，更是给生猪产业造成严重的损失。不论是消费需求还是生产供给，两个方面都出现了新的特点。这种局面昭示中国猪业大生态发生重大变化，进入了转型攻坚新阶段。我国养猪业如何进一步转型升级，提高竞争力，克服资源和环境的约束难题，走出一条健康、稳定、可持续发展之路，是行业内专家和管理者需要认真思考和回答的问题。

到本世纪中叶，我国将建成为富强民主文明和谐美丽的社会主义现代化强国。在未来30年，中国猪业将进入一个高质量发展的快车道。作为产业发展的重要驱动力，科技在养猪产业未来发展中将起到越来越关键支撑作用。基于此，由行内多位优秀专家编写的、聚焦当前我国生猪产业链重要技术领域热点、难点，以及未来走向等问题的这套《中国猪业科学与技术创新系列丛书》，对于解决当前问题，引导行业未来的健康发展，有着特别重要的意义。

从已经提交的书稿来看，本系列专著是基于产业发展的需要，全面阐述养猪业具有前沿性的创新性科研成果。《猪基因组选择》论述了应用现代生物信息学技术、大数据理论和人工智能技术结合的全基因育种技术，将性状选择从单一性状跨越到多性状选择的新阶段，会极大改变中国猪育种现状，大大提高育种效率。该书对于猪的良种选育工作很有价值。猪病已经是制约生猪产业发展的瓶颈，必须从理论上突破，《基因编辑与猪抗病育种》介绍了基因编辑技术在猪抗病育种方面的最新研究成果，并提出了利用基因编辑技术进行抗病育种的新策略，对于抗病育种工作有重要的参考价值。《猪主要传染病与防控新技术》《猪病毒病研究与防控》和《疫苗免疫与养猪生产》专著，基于生猪产业疫病防控理论与方法的创新，把现代猪病防治理论突破与实践结合在一起。猪的肠道健康是决定猪健康水平和养猪生产效益的关键因素之一，《猪肠道健康与营养调控》作为国内第一本系统论述猪的肠道健康研究的专著，对于猪精细化、高效化健康养殖提供了重要的理论和技术支撑。《福利化养猪与工程防疫》专著，论述养猪生态补偿的创新性机制，并从系统工程理论提出工程防疫的概念和技术。《人工智能与智能养猪》将信息技术与智能养猪新技术导入猪业生产系统，全面提高饲养效率。基于人类健康与生物安全，《无抗饲料营养调控》与《饲用抗生素替代品》代表了最新的对于无抗饲养要求下饲料的营养调控理论与技术，以及抗生素替代品的研发及应用。《中国地方猪种质资源特性研究》对我国现有地方猪种保种理论与方法的研究进行系统分析，对于我国地方品种猪的品种保护、品种选育、遗传资源保护都具有重要意义。总之，各分册专著，都体现了养猪主要领域的国内外最新研究、技术发展的成果。

系列专著各分册主编年龄都是在45～60岁之间，是我国猪科学研究领域里的中坚力量。他们一直紧跟猪业科技国际研究水平，结合中国猪业生产实际开展和承担国家相关科学研究项目，很多成果已获得国家级科技进步奖。这些学者多年研究的成果，是中国猪业科学研究领域不可多得的宝贵财富。

本套专著作为一批优秀专家学者前瞻性科技创新成果的集成，具有战略引领意义，将为中国养猪业未来高质量的发展发挥重要导向和推动作用。相信这套系列专著的出版，将促进中国养猪生产整体水平的极大提升。

吴常信院士 吴常信

2022年10月

— 序二 —

经过改革开放40年的发展，中国养猪业取得了举世瞩目的成绩，猪肉产销量占全世界一半以上，生产方式从最初的分散小规模饲养走向规模化机械化，正在向智能化发展。随着规模化养殖集约化程度的日益增强，一些矛盾逐步显现，猪业发展与资源环境、疾病暴发、养猪福利等矛盾越来越突出，生产力提高与品质风味下降、品种单一、退化等矛盾不断加大，养猪成本高，市场供给大起大落，未来养猪产业仍面临多种挑战。尤其近几年非洲猪瘟的暴发，更是集中暴露了养猪行业业已存在亟待解决的问题。全社会对于高质量健康食物的要求，生态环境对于产业发展的要求，促使养猪业必须反思过去，重新选择新的发展道路，选择基于健康、绿色、环保理念的新的道路和策略。面对这样的发展瓶颈，迫切需要行业内有识之士、行业内科学家共同研究和提出系统化的应对策略，用前瞻性的理论和理念、创新性技术指导产业转型升级。

非常欣喜地看到，集合行业内众多领军科学家的集体智慧，共同编著的这套《中国猪业科学与技术创新系列丛书》，具有鲜明的针对性、创新性和引领性，全角度反映了养猪业目前迫切关注和需要解决的核心问题的最新研究进展，特别对于猪基因组选择、肠道营养、基因编辑与抗病育种等新的抗病防病机制的研究，对于工程防疫、智能化养殖、无抗饲料的理论研究与技术研制，以及我国猪种质资源的研究等，这些科学家在自身扎实的研究基础上，结合国内外最新研究进展提出的新理论新技术新方法，对于解决我国目前猪业发展中面临的问题，推进我国养猪业健康发展，争取在本世纪中叶真正实现绿色、健康、环保和高效的目标，有着重要的战略引领意义和技术指导作用，是不可多得的全角度系统化集中反映养猪业前沿研究成果的高水平系列专著。

本套著作立意高远，作者队伍权威。各分册均由高等院校、科研院所获得过国家及省部级奖励的长江学者、国家杰青等正在岗位上工作的中年骨干学者专家担任主要编著者，以他们研究团队多年的科研成果为基础集体完成。本套专著是创新性科技成果集成的再创新，对于中国养猪业未来的发展具有重要的战略引领作用和科学技术支撑作用。

李德发院士 李德发

2022年10月

— 前言 —

重大传染病是制约养猪业发展的重要障碍，近两年非洲猪瘟全球性地暴发，对全球养猪业造成了巨大的冲击，抗病育种成为新一代品种培育的重要内容。

目 2000 年左右 ZFN 技术兴起以来，科学家对动植物基因组的改造进入了精确、高效的新时代。随后第二代基因编辑技术 TALEN 和第三代基因编辑技术 CRISPR/Cas 技术诞生和迅速发展，基因水平的单碱基修饰成为可能，操作极大简化的同时还带来了效率的巨大提高，使得定向和分子设计抗病育种成为可能。

病毒是一类重要病原，基因组突变率高，致病机制不清，传统的疫苗和药物防控病毒的效果不理想，是造成养猪业巨大损失的主要原因。基因编辑技术尤其为这类病毒防控问题提供了绝佳的抗病育种策略。利用 CRISPR/Cas 技术，人们可以通过反向遗传学手段迅速阐明病毒的致病机理，多数病毒都是通过动物的受体基因介导进入体内的，对这类受体基因进行定点突变和精确编辑，就可以阻断病毒进入动物体内的途径，从而达到彻底抵抗疾病的目的。对蓝耳病病毒受体 *CD163* 基因改造的种猪，显示出对病毒的完全阻断和优异的抗病效果，已经成为基因编辑抗病研究的典范。此外，基因编辑结合体细胞克隆技术，还可以很好地解决抗病基因群体频率低的问题，通过体细胞克隆技术实现优良抗病个体的迅速扩繁，加速相关种质资源创新的步伐。

虽然基因编辑技术已经成为动物分子抗病育种领域的研究热点和发展前沿，然而目前尚未出版系统阐述基因编辑技术与动物抗病育种的理论基础与实践的专著。为了使最新的基因编辑技术在动物抗病育种实践中得以更好地应用，我们以最新的相关文献资料为基础，同时结合作者多年来在该领域的研究工作积累和生产实践，撰写了本书。本书详细介绍经典的与最新的基因编辑技术的基本理论、方法及其在抗病育种方面的研究进展及应用前景，并提出利用基因编辑技术对不同病原体疾病进行抗病育种的新策略，同时本书还介绍大家都关心的基因编辑动物的生物安全管理的国际和国内的政策与法规。希望本书的出版对我国猪业和其他畜禽品种抗病育种提供有效的参考。

在写作过程中我们力求内容新颖、文字准确，注重科学性、可操作性、启发性和实践性，本书中所介绍的原理涵盖了截稿前最新的技术原理，引用的数据、资料均来源于已经公开发表的研究论文或著作。在这里谨向为本书积累了原始素材的作者们致以崇高的敬意和衷心的感谢。由于基因编辑技术发展迅速，可谓日新月异，加之编者知识范围有限和经验不足，难免存在疏漏之处，敬请大家批评指正。

编者

2022 年 6 月

目录

第 1 章 | 基因编辑技术的前世今生 …… 1

1.1 转基因技术 …… 1
1.1.1 转基因技术概述 …… 1
1.1.2 转基因技术的方法 …… 2
1.1.3 转基因技术的优缺点 …… 3
1.2 基因诱变 …… 4
1.2.1 基因诱变概述 …… 4
1.2.2 基因诱变的方法 …… 4
1.2.3 基因诱变的优缺点 …… 4
1.3 基因打靶 …… 5
1.3.1 基因打靶概述 …… 5
1.3.2 基因打靶策略 …… 5
1.3.3 基因打靶的优缺点 …… 6
1.4 基因编辑 …… 6
1.4.1 基因编辑概述 …… 6
1.4.2 基因编辑技术的发展 …… 7
本章参考文献 …… 9

第 2 章 | 基因编辑主要技术 …… 12

2.1 ZFN 技术 …… 12
2.1.1 ZFN 的结构 …… 12
2.1.2 ZFN 的作用原理 …… 14
2.1.3 ZFN 的特点 …… 15
2.1.4 ZFN 技术的应用 …… 16
2.2 TALEN 技术 …… 16
2.2.1 TALEN 的结构 …… 16
2.2.2 TALEN 的作用原理 …… 17
2.2.3 TALEN 的特点 …… 19
2.3 CRISPR/Cas 系统 …… 19

2.3.1 CRISPR/Cas 系统概述 …… 20
2.3.2 CRISPR/Cas9 系统 …… 23
2.3.3 CRISPR/Cas12 系统 …… 25
2.3.4 CRISPR/Cas13 系统 …… 27
2.3.5 单碱基编辑系统 …… 30
2.3.6 其他 CRISPR/Cas 系统 …… 35
2.3.7 CRISPR/Cas 技术展望 …… 36
本章参考文献 …… 37

第 3 章 | 基因编辑技术的应用 …… 42

3.1 改造和培育新品种 …… 42
3.1.1 基因编辑技术在动物新品种培育中的应用 …… 42
3.1.2 基因编辑技术在植物新品种培育中的应用 …… 47
3.2 基因编辑技术在疾病模型中的应用 …… 55
3.2.1 疾病模型概述 …… 55
3.2.2 基因编辑技术在小鼠疾病模型中的应用 …… 58
3.2.3 基因编辑技术在猪疾病模型中的应用 …… 59
3.2.4 基因编辑技术在反刍动物疾病模型中的应用 …… 62
3.2.5 基因编辑技术在其他疾病模型中的应用 …… 62
3.3 基因诊断与治疗 …… 64
3.3.1 基因诊断与治疗概述 …… 64
3.3.2 基因编辑技术在基因诊断与治疗上的应用 …… 65
3.3.3 基因诊断与治疗局限和未来趋势 …… 67
本章参考文献 …… 67

第 4 章 | 猪的主要疾病与致病机理 …… 72

4.1 养猪业面临的主要疾病及其危害 …… 72
4.1.1 猪细菌性病原 …… 72
4.1.2 病毒性病原 …… 77
4.1.3 寄生虫病原 …… 79
4.2 危害严重的主要病毒性疾病 …… 82
4.2.1 口蹄疫 …… 82
4.2.2 猪繁殖与呼吸障碍综合征 …… 85
4.2.3 猪瘟 …… 87
4.2.4 猪圆环病毒病 …… 90
4.2.5 猪轮状病毒病 …… 92
4.2.6 猪伪狂犬病 …… 94
4.2.7 猪传染性胃肠炎 …… 96

4.2.8 猪戊型肝炎 …… 99
本章参考文献 …… 101

第 5 章 | 猪的免疫系统与抗病机制 …… 107

5.1 猪免疫系统组成 …… 107
5.1.1 猪的中枢免疫器官 …… 107
5.1.2 猪的外周免疫器官及组织 …… 108
5.1.3 猪的免疫细胞及其再循环 …… 109
5.1.4 猪免疫球蛋白及其编码基因 …… 109
5.1.5 猪的 T 细胞受体类型、基因结构及其多样性机制 …… 113
5.1.6 猪的主要组织相容性复合体 …… 115
5.1.7 猪的主要免疫相关细胞因子 …… 119
5.2 猪的固有免疫应答 …… 119
5.2.1 猪固有免疫(先天性免疫)的组成 …… 119
5.2.2 猪固有免疫(先天性免疫)主要受体和细胞因子 …… 120
5.2.3 猪固有免疫(先天性免疫)细胞 …… 122
5.3 猪的获得性免疫应答 …… 125
5.3.1 获得性免疫的概念与细胞群体 …… 126
5.3.2 猪获得性免疫的主要分子 …… 126
5.3.3 猪获得性免疫细胞的分类与成熟 …… 127
5.3.4 获得性免疫的主要分子机制(猪体内) …… 128
5.4 病毒逃逸宿主免疫的机制 …… 129
5.4.1 流行性腹泻综合征病毒 …… 129
5.4.2 蓝耳病病毒 …… 130
5.5 通城猪具有显著的抗蓝耳病特性 …… 132
本章参考文献 …… 133

第 6 章 | 猪抗病基因的功能基因组研究 …… 136

6.1 猪抗病性状的遗传特性 …… 136
6.2 猪抗病基因的研究方法与进展 …… 137
6.2.1 基因组连锁和关联分析 …… 137
6.2.2 基因表达与转录调控 …… 140
6.2.3 猪规模化基因编辑与筛选体系 …… 141
6.3 猪主要抗病基因 …… 142
6.3.1 *CD163* 基因 …… 142
6.3.2 氟烷基因 …… 144
6.3.3 干扰素基因 …… 144
6.3.4 大肠杆菌 K88 受体 …… 146

6.3.5 主要组织相容性复合体基因家族 …… 146
6.3.6 Toll 样受体 …… 147
6.3.7 天然抗性相关巨噬蛋白基因 1 …… 148
6.3.8 组蛋白去乙酰化酶（HDACs）基因 …… 149
本章参考文献 …… 149

第 7 章 | 基因编辑与抗病育种 …… 155

7.1 基因编辑抗病育种的优势 …… 155
7.1.1 基因编辑抗病育种通过基因直接改变性状 …… 155
7.1.2 基因编辑抗病育种缩短育种时间 …… 157
7.1.3 基因编辑抗病育种的方法更加丰富 …… 157
7.2 基因编辑抗病育种的基本策略 …… 159
7.2.1 广谱抗病基因的过表达策略 …… 160
7.2.2 受体基因的精确编辑策略 …… 161
7.2.3 病毒基因组的干涉策略 …… 164
7.3 基因编辑猪的制备方法 …… 166
7.3.1 分子克隆 …… 166
7.3.2 体细胞筛选 …… 168
7.3.3 体细胞核移植 …… 169
7.3.4 显微注射技术 …… 172
7.3.5 后代的获得和鉴定 …… 173
7.4 基因编辑抗病育种的实例 …… 175
7.4.1 *CD163* 基因编辑抗蓝耳病猪 …… 175
7.4.2 *RELA* 基因编辑抗非洲猪瘟病毒猪 …… 179
7.4.3 *APN* 基因编辑抗胃肠炎病毒猪 …… 180
7.4.4 *CSFV shRNA* 基因编辑抗猪瘟病毒猪 …… 181
7.4.5 *SYNGR2* 基因编辑抗圆环病毒猪 …… 182
7.4.6 免疫球蛋白重链 *J*(*H*)基因编辑抗戊型肝炎病毒猪 …… 183
本章参考文献 …… 183

第 8 章 | 基因编辑动物安全概述 …… 190

8.1 动物生物安全概述 …… 190
8.1.1 国内动物生物安全概述 …… 192
8.1.2 国际动物生物安全概述 …… 193
8.2 基因编辑动物生物安全评价 …… 196
8.2.1 基因编辑动物生物安全评价主要原则 …… 196
8.2.2 国际基因编辑动物生物安全评价现状 …… 197
8.2.3 国内基因编辑动物生物安全评价现状 …… 200

8.3 基因编辑动物生物安全评价管理办法 …… 202
8.3.1 国际基因编辑动物生物安全评价管理办法 …… 202
8.3.2 中国基因编辑动物生物安全评价管理办法 …… 207
8.4 基因组编辑新型转基因猪产品安全评价指南 …… 208
8.4.1 基因编辑猪分子特征 …… 209
8.4.2 基因编辑猪遗传稳定性 …… 210
8.4.3 基因编辑猪健康状况评估 …… 210
8.4.4 基因编辑猪环境适应性 …… 210
8.4.5 基因编辑猪潜在逃逸危害评估 …… 210
8.4.6 基因编辑猪潜在环境风险评估 …… 211
8.4.7 基因编辑猪功能性安全评价 …… 211
8.5 基因编辑猪安全证书申请阶段性要求 …… 212
8.5.1 申请试验研究与备案 …… 212
8.5.2 申请中间试验 …… 213
8.5.3 申请环境释放 …… 213
8.5.4 申请生产性试验 …… 213
8.5.5 申请安全证书 …… 214
本章参考文献 …… 215

第 9 章 | 基因编辑抗病新技术的现状和问题 …… 218

9.1 抗病基因功能研究不够明确 …… 218
9.2 基因编辑存在脱靶风险 …… 218
9.2.1 脱靶效应的危害 …… 219
9.2.2 脱靶效应的影响因素 …… 219
9.2.3 降低脱靶效应的可行方法 …… 220
9.3 制备基因编辑动物生产效率低,成本较高 …… 221
本章参考文献 …… 222

第1章 基因编辑技术的前世今生

【本章提要】 基因是所有生物的遗传密码，是决定生物几乎所有表型的“司令部”。研究者发现了基因可以通过转录和翻译表达蛋白质的中心法则，极大地丰富了我们对于生物的认识。但是，显然我们并不满足于此。回顾历史，我们先是发现基因，再是了解基因，如今可以修改基因。基因编辑技术便是可以修改基因的技术。从最初的随机插入到现在高效特异的精确编辑，基因编辑技术几经更迭。本章回顾基因编辑技术的发展历程，主要介绍转基因技术、基因诱变技术、基因打靶技术和基因编辑技术的发展历史和作用原理。

1.1 转基因技术

1.1.1 转基因技术概述

自人类成为地球的统治者以来，人们逐渐通过种植植物、驯养动物丰富自己的饮食。而如何使种植的植物、驯养的动物提高产量从而获得更具性价比的食物，是人类一直付诸努力实现的目标。优良性状的获得常常需要基因突变的积累，但自然发生的基因突变总是随机且概率低下的。而依赖于人工选择和杂交的传统育种通常需要几十甚至几百年的时间。如今，随着转基因技术的发展，人们可以随心所欲地修饰目的基因，以达到改变目的基因表达的目的。这一技术可使作物和畜禽发生定向基因突变，将育种时间大大缩短。

将人工分离、修饰或合成的基因导入生物体基因组中，导入基因的表达，引起生物体性状可遗传的修饰，这一技术称为转基因技术。世界上第一个转基因动物是1974年Jaenisch和Mintz制作的SV40病毒DNA显微注射入小鼠早期胚胎囊腔形成的转基因小鼠(Jaenisch等，1974)。而后，Jaenisch的另一项研究，使用感染性逆转录病毒将外源DNA整合入小鼠体内，并证实这种整合可以通过生殖细胞传递给下一代(Jaenisch，1976)。受到病毒DNA整合入动物基因组内的启发，1980年，Gordon将重组DNA原核显微注射到小鼠受精卵的原核中，并创造了转基因(transgenic)一词(Gordon，1980)。这一方法，可以将各种各样的DNA整合入实验动物的细胞中，并在之后的科研界得到了广泛的应用。1982年，Palmiter等用金属硫蛋白基因启动子驱动大鼠的生长激素基因表达，获得了成年体重为对照组2倍的超级鼠，首次证明了外源基因可在受体中表达且具有生物活性(Palmiter等，1982)。时至今日，已经有成千上万的转基因动物问世，并用以研究基因功能、制作疾病模型、改良生产性状、制作生物反应器等。

我们今天所说的转基因已经不局限于将外源基因导入受体基因组中，而是指对基因组进行的所有遗传修饰。不过在本节，我们讨论的转基因技术仅指将外源基因导入受体基因组中进行过表达。

1.1.2 转基因技术的方法

转基因技术的本质是将外源基因导入目的细胞或受精卵中，从而使外源基因在目的细胞中稳定表达。对于培育转基因动物而言，为确保外源基因可以稳定遗传到下一代，外源基因的导入需要在发育的较早阶段进行，以使外源基因能整合入生殖细胞中。目前的技术可直接对受精卵或早期胚胎进行转基因，也可对体细胞或干细胞进行转基因，再将转基因的细胞进行核移植，使之成为一个重组胚胎，并发育为个体。

将外源 DNA 导入胚胎或细胞中有很多方法，较为主流的方法包括原核显微注射、病毒载体转染、精子载体转染等。

显微注射技术已有超过 1 个世纪的历史，其核心是在显微镜下使用一个玻璃制微型吸管在单细胞或多细胞实体中插入和抽回。它最早由细菌学家 Marshall Barber 发明，并于 1904 年发表在 Journal of the Kansas Medical Society(Barber, 1904)。Barber 当时是使用极细的玻璃管，将细菌注射到植物细胞和原生动物中。而后，这一技术得到了许多拓展，最主要的拓展就是在转基因领域。1966 年 Lin 将 γ-globulin 注射到鼠卵细胞(Lin, 1966)。而后 RNA 也成功注射到非洲爪蟾卵母细胞和胚胎中(Gurdon 等，1971)。十几年后，随着 DNA 克隆技术的发展，DNA 也得以成功通过显微注射技术注射到小鼠受精卵中。1980 年，Gordon 等将 SV40 的复制原点和启动子与疱疹病毒的 *TK* 基因插入细菌质粒 pBR322，然后将之注射到受精小鼠胚胎的原核并植入假孕母鼠的输卵管中，获得了两只转基因小鼠。这一技术即为原核显微注射(pronuclear microinjection，PNI)(Gordon 等，1980)。而今，这一方法经过不断改进，已经成为制备转基因动物的主流方法之一。这一方法效率大概为 1%，即注射的受精卵中大约有 1% 为转基因成功的(Wright 等，1991)，而在这些成功的转基因动物中，也并非全部都能成功表达。

由于原核显微技术较为低效，对于制备转基因大动物来说，这意味着极大的制作成本。另外，原核显微技术对操作的要求非常高。与之相比，使用生物学方法操作要简单很多。病毒是遗传信息的天然载体，尤其是逆转录病毒，它可以稳定地将遗传信息整合到宿主细胞染色体中，可对病毒载体的 DNA 进行改造或插入更多的元件，从而将目的基因引入宿主细胞中，并且靶细胞的特异性可以很容易地通过在载体上引入异种包膜蛋白来改变。这些特性使得病毒载体成为一种优秀的转基因工具。原则上，所有的逆转录病毒都能成为转基因载体。到目前为止，研究主要集中在 3 种病毒，即 γ 逆转录病毒(鼠白血病病毒，MLV)、慢病毒(人类免疫缺陷病毒，HIV)和 SPUMAV 病毒(人泡沫病毒，HFV)。

逆转录病毒基因组由相同的 2 条单链 RNA(7～12 kb)构成，成熟的病毒颗粒由磷脂双分子层包被。逆转录病毒通过膜整合进入宿主细胞后，由所携带的逆转录酶以基因组 RNA 为模板合成双链 DNA，此双链 DNA 与细胞内蛋白质结合形成插入前复合体(preintegration complex，PIC)，然后在 PIC 亲核组分的帮助下进入细胞核，插入宿主基因组，即成为原病毒(provirus)。PIC 的大小和入核能力决定了它是否能侵染非分裂期的细胞。对于大多数逆转录病毒，PIC 不能穿过核膜，因此病毒和由之衍生的载体不能侵染非分裂期的细胞，只有当细胞发生分裂及核膜裂解才能侵染。与之相对的，慢病毒能够有效感染非分裂期细胞，现已成为培育转基因动物包括家禽和家畜最为有效的方法。由于慢病毒 DNA 不需要宿主细胞复制就能整合到基因组，因此大大提高了转基因的效率。在最初慢病毒载体研究中，慢病毒能有效介导外源 DNA 进入小鼠和大鼠生殖细胞中，80%～100% 的新生小鼠和约 60% 的新生大鼠都为转基因阳性个体。

精子作为雄性动物遗传物的天然载体，相较于病毒载体，有更少的生物安全问题。研究发现，精子能够捕获周围的 DNA，将精子与 DNA 混合后可携带 DNA 入卵，并最终整合到基因组中，这一技术即为精子介导的基因转移技术(sperm mediated gene transfer, SMGT)，也就是精子载体技术。

除了上述载体或方法可将外源基因导入受体细胞中之外，还有转人工染色体技术可将更大片段的基因转入受体细胞中。常用的人工染色体包括细菌人工染色体(bacterial artificial chromosomes,BAC)和酵母人工染色体(yeast artificial chromosomes,YAC)。BAC 可承载的插入片段为 300 kb,YAC 的承载能力可达 1 000 kb,远大于常用的质粒，因此可用于全长甚至包括调控元件的转基因。此外，还有微细胞介导的转染色体技术(microcell mediated chromosome transfer,MMCT)，可将含单条或数条染色体的微细胞与完整的受体细胞进行整合，从而将可达 Mb 级别的基因转入受体细胞中。

除 MMCT 外，上述几种方法均是在原始生殖细胞或受精卵及早期胚胎进行的外源基因的导入。由于 DNA 入核和整合到基因组的时机不同，外源 DNA 可能并不能整合到胚胎所有的细胞中，从而产生嵌合体，或者为转基因阴性。即使获得了转基因的动物，如果 DNA 的整合并没有发生在生殖细胞中，那么所转基因也会随着传代而丢失。总而言之，转基因后代中外源 DNA 的插入与否、插入位置等仍然有很强的随机性。这对于大动物而言，无疑是巨大的成本消耗。体细胞核移植技术(somatic cell nuclear transfer, SCNT)则完美地解决了这一问题。

体细胞核移植技术是克隆动物的基础，其基本原理是将体细胞的细胞核显微注射入去核的卵母细胞内，获得重组受精卵后经过电融合、体外激活等后操作后，再将重组胚胎移植到代孕母体的子宫内，使其发育为个体。选取便于培养的细胞进行遗传操作，可使筛选变得方便。这一技术可在确保作为供体的体细胞是转基因阳性之后实施操作，因此得到的动物个体都是转基因阳性的。

1.1.3 转基因技术的优缺点

如前所述，转基因技术的不同方法各有特点。原核显微注射技术操作技术门槛高，DNA 整合效率低，得到的动物转基因阳性率低，制作成本高。病毒和精子介导的转基因在操作上技术要求稍低，且动物转基因阳性率比原核显微注射高，但是也不能确保 100%得到转基因阳性个体。MMCT 技术常用于大片段的编辑，但是操作非常复杂，成功率较低。相较而言，体细胞核移植技术，可在易于培养的体细胞上进行转基因操作，并对外源基因的插入与否、插入位置甚至外源基因表达量鉴定后进行核移植，可确保得到的动物基因型与预期的一致，大大节省成本，避免资源和时间的浪费。因此，在体细胞核移植技术成熟后，其已经成为制作转基因大动物的主流。

传统的转基因技术可以通过不同的方法将外源基因导入基因组中，然而一旦外源基因进入细胞核中，其插入基因组的位置是随机的。这将带来一系列的问题：①位置效应，整合在不同位置的外源基因会受到附近染色体序列或某些蛋白的影响，其表达量出现明显差异；②插入突变，外源基因可能插入内源基因中或邻近内源基因，从而影响相关基因和邻近基因的表达；③插入的拷贝数不确定，外源基因可能会以头尾相连的方式串联重复，整合进基因组，也会造成外源基因的表达量不稳定。

1.2 基因诱变

1.2.1 基因诱变概述

基因诱变是指用物理、化学因素等诱导动植物或微生物发生变异，再从变异群体中筛选出符合预期的个体的技术。早在1927年，Muller应用X射线造成果蝇发生可遗传的变异(Rubin等，2000)。而后，射线诱变相继在玉米、小麦、大麦、烟草等作物育种上得到了应用。20世纪50年代以后，诱变育种方法得到改进，如美国用X射线和中子诱变，培育出抗枯萎病的胡椒、薄荷品种。70年代以来，诱变因素从早期的X射线发展到γ射线、中子、多种化学诱变剂和生物活性物质，诱变方法从单一处理发展到复合处理，同时，诱变育种与杂交育种、组织培养等密切结合，大大提高了诱变育种的应用价值。

1.2.2 基因诱变的方法

基因诱变常用的方法有辐射诱变、插入诱变和化学诱变等。

常用的辐射诱变是通过α射线、β射线、γ射线、X射线、中子和其他粒子、紫外辐射以及微波辐射等物理因素诱发变异。辐射诱变的原理是当辐射将能量传递到生物体内时，生物体内各种分子便产生电离和激发，产生许多活跃的自由原子或自由基团，并对周围的大分子物质如核酸和蛋白质等产生破坏，引起DNA和染色质的损伤，最终产生基因突变或染色体突变。

插入诱变一般是基于病毒或转座子。DNA的外源片段(例如转座子或反转录病毒)可以随机插入基因组中。该方法类似于转基因，插入诱变的个体表型完全取决于外源片段插入的位置。外源片段插入基因编码区、内含子、转录起始位点或基因间隔区等不同区域均能产生不同的结果。正因为如此，即使外源基因得以成功插入目的基因，也会因为插入位点不确定且无法有效使两条等位基因均发生突变等，不能使目的基因完全丧失表达。

化学诱变除能引起基因突变外，还具有和辐射相类似的生物学效应，如引起染色体断裂等，常用于处理迟发突变，并对某特定的基因或核酸有选择性作用。化学诱变剂主要有以下几种。

①烷化剂。这类物质含有1个或多个活跃的烷基，能转移到电子密度较高的分子中去，置换其他分子中的氢原子而使碱基改变。常用的有甲基磺酸乙酯(EMS)、乙烯亚胺(EI)、亚硝基乙基脲烷(NEU)、亚硝基甲基脲烷(NMU)、硫酸二乙酯(DES)等。

②核酸碱基类似物。这是一类与DNA碱基相类似的化合物。掺入DNA后，可使DNA复制发生配对上的错误。常用的有5-溴尿嘧啶(BU)、5-溴去氧尿核苷(BudR)等。

③抗生素。如重氮丝氨酸、丝裂毒素C等，它们都具有破坏DNA和核酸的能力，从而造成染色体断裂。

1.2.3 基因诱变的优缺点

基因诱变主要基于突变的随机性，可在没有任何科学假设的前提下进行试验，可能得到意料之外的收获。但也由于其随机性，为了获得所需特征的突变体，可能需要筛选大量个体，且仍不能保证成功。由于需要大量筛选，该方法非常耗费精力和时间，大量的群体资源库也常缺乏方便的存储形式。

1.3 基因打靶

1.3.1 基因打靶概述

除 MMCT 外，传统的转基因技术虽然在 DNA 导入的方法上有所不同，但是无论导入 DNA 的效率有多高，都无法克服外源基因插入的随机性问题。哺乳动物的基因组至少有 10^9 bp，它是如此宏大，相比而言，所转基因的 DNA 一般为几千 bp。想要把外源 DNA 插入理想的位置，从概率上来说，是非常困难的。基因打靶(gene targeting)技术的出现彻底改变了这一现状。

基因打靶是一种通过同源重组(homologous recombination，HR)替换内源性基因的技术。同源重组是 DNA 上两个同源区域之间发生的基因组重排，其在原核生物和真核生物中普遍存在，是保证物种遗传信息稳定性和多样性的重要机制。它的生物学作用是修复双链 DNA 断裂，重新启动停滞的 DNA 复制叉和进行减数分裂重组。

同源重组可以使两条 DNA 同源区域发生交换。利用这个特性，可以将基因组特定的区域进行修饰。理论上来说，只要知道某一区域的 DNA 序列，再构建一个与之同源的 DNA 载体，同时修改其中的一部分序列，就有可能将这种 DNA 上的改变替换到基因组中。这种替换可以用于在基因组中特定区域造成突变，从而可使目的基因失活或引入新的基因等。在胚胎干细胞中进行基因打靶后，可将打靶阳性的胚胎干细胞移植到胚胎的囊胚腔中，得到嵌合体。如果打靶后的胚胎干细胞嵌合到生殖腺中，并最终发育为生殖细胞，则这种突变能传到下一代。

1.3.2 基因打靶策略

基因打靶策略需要先在细胞上进行精确的修饰，经鉴定基因型正确后，方能用于制作动物模型。由于需要在体外培养较长时间，因此常用的细胞通常是 ES 细胞(小鼠)或是胚胎成纤维细胞(大动物)。对于 ES 细胞，需要将修饰后的 ES 细胞注射到宿主的囊胚中，经过胚胎的发育，修饰后的 ES 细胞可能能够嵌合进种系，从而获得基因修饰的后代。而胚胎成纤维细胞由于缺乏多能性，需要为之提供重编程的环境(即去核的卵细胞)才能发育成个体。这种技术即为体细胞核移植。使用这种技术发育而来的个体一般都是非嵌合体，只要能够出生，一般即为预期的基因型。

基因打靶大动物的制备可分为 4 个步骤：①基因打靶载体构建；②载体的转染及细胞筛选；③阳性细胞克隆鉴定及细胞移植；④克隆动物的产生及分子鉴定。

首先，需要确定要敲除的候选基因以及恰当的打靶位点，一般将打靶位点设计在基因的外显子区，选择恰当的打靶载体类型，构建基因打靶载体。基因打靶载体除质粒的标准元件外，还包括同源臂、预期突变部分、抗性基因、自杀基因。同源臂决定了基因打靶的区域特异性，在同源臂中间引入预期突变部分、抗性基因、自杀基因。预期突变部分可以是单核苷的突变或目的基因的一段缺失，也可以是新基因的插入。抗性基因和自杀基因为细胞系的筛选提供了一正一负的富集。抗性基因可通过相应药物将未发生同源重组的细胞杀死，而自杀基因的表达可使整个质粒随机整合的细胞凋亡。前期 DNA 分子构建的工作是保证基因打靶后续工作顺利进行的前提条件，为了确保分子水平工作无任何误差，一般在基因打靶载体构建完成之后要对其进行测序验证工作，如筛选基因的表达框、同源臂的同源性和正确性等，以免因为载体问题造成后续试验中不必要的浪费。

细胞的转染和筛选工作是基因打靶工作当中工作量最大、要求最高的阶段。在相应的细胞系内进行基因打靶载体转染试验，细胞转染一般采用电转染的方式。电转染方式虽然转染效率不如显微注射效率高，但是一次可操作的细胞数量大，产生的阳性克隆数量多。细胞筛选工作要求在洁净的细胞室进行，因为基因打靶筛选工作周期长，特别是在体细胞打靶的过程当中，细胞体外的世代有限，所以与一般转基因阳性细胞筛选工作相比，基因打靶后的筛选工作需要操作得更加仔细，条件更加严格，包括筛选药物的最佳浓度、细胞合理的接种密度等。阳性细胞的分子鉴定工作存在一定的难度，原因是发生基因打靶事件后的阳性细胞的数量（体细胞）有限，所以细胞分子水平的鉴定需谨慎小心。

确定阳性细胞的基因型后，将阳性细胞作为供体，进行体细胞核移植，使其发育为一个成熟个体。这一过程将会在后面的章节中介绍，在此不做赘述。得到阳性细胞后，还需对动物个体进行基因型鉴定和目的基因表达量的鉴定。确保动物的基因型和目的基因表达量与预期一致后，方可进行下一步的研究。

1.3.3 基因打靶的优缺点

基因打靶是一个精确编辑基因的过程，其通过在两条同源臂中间引入预期的突变或外源基因，实现基因的删除或插入。由于同源重组的原理，定向编辑是基因打靶最大的优点，其可以精确到单核苷酸的突变。基因打靶的另一个优点是可实现大片段的基因编辑，包括大片段的删除和插入。然而同源重组发生的概率太小，因而基于同源重组的基因打靶的效率也较低，并且同源重组载体会在基因组发生随机整合，即使通过了抗性基因和自杀基因的富集筛选将其效率和准确性提高到一个可以接受的程度，筛选的工作依然比较繁重。另外，同源重组需要通过较大片段的同源臂进行精确编辑，因此涉及大片段元件的组装，载体构建的工作也比较困难。这些都极大地限制了基因打靶的应用。

1.4 基因编辑

1.4.1 基因编辑概述

大约 20 年前，基因编辑的概念（当时称为基因打靶）进入了一个新时代，研究者发现可以对核酸酶进行改造，以形成位点特异性 DNA 双链断裂（double strand break，DSB），可将重组的效率提高超过 1 000 倍（Jasin，1996；Choulika 等，1995）。从那时起，基因编辑已从研究技术转变为生物医学中无处不在的遗传研究工具。从原理上来说，基因编辑是一个利用细胞内 DNA 修复机制来产生突变的一项技术，其作用的关键在于如何使目的区域发生 DNA 断裂。早期的技术采用 DNA 结合蛋白（锌指或 TALE）与核酸内切酶的蛋白质工程实现 DNA 序列的特异识别和切割。基于细菌适应性 CRISPR/Cas9 免疫系统的最新核酸酶平台之一，它依赖于 100 nt 左右的单向导 RNA（sgRNA）指引 Cas9 内切核酸酶到达指定区域，从而对染色体靶区域进行切割。sgRNA 设计和制作的简便性和低成本以及 Cas9 的高活性和特异性使其成为首选的核酸酶平台，并通过进行精确的遗传变化和临床前基因校正研究，极大地扩展了基因组编辑的应用。

DNA 断裂是基因组编辑的基础。DNA 断裂后可通过易错的非同源末端连接机制（non-homologous end joining，NHEJ）产生非常随机的插入缺失突变（INDELs），抑或是依赖与靶标同源的外源模板通过同源重组（HR）精确修复或基因插入（图 1-1）。

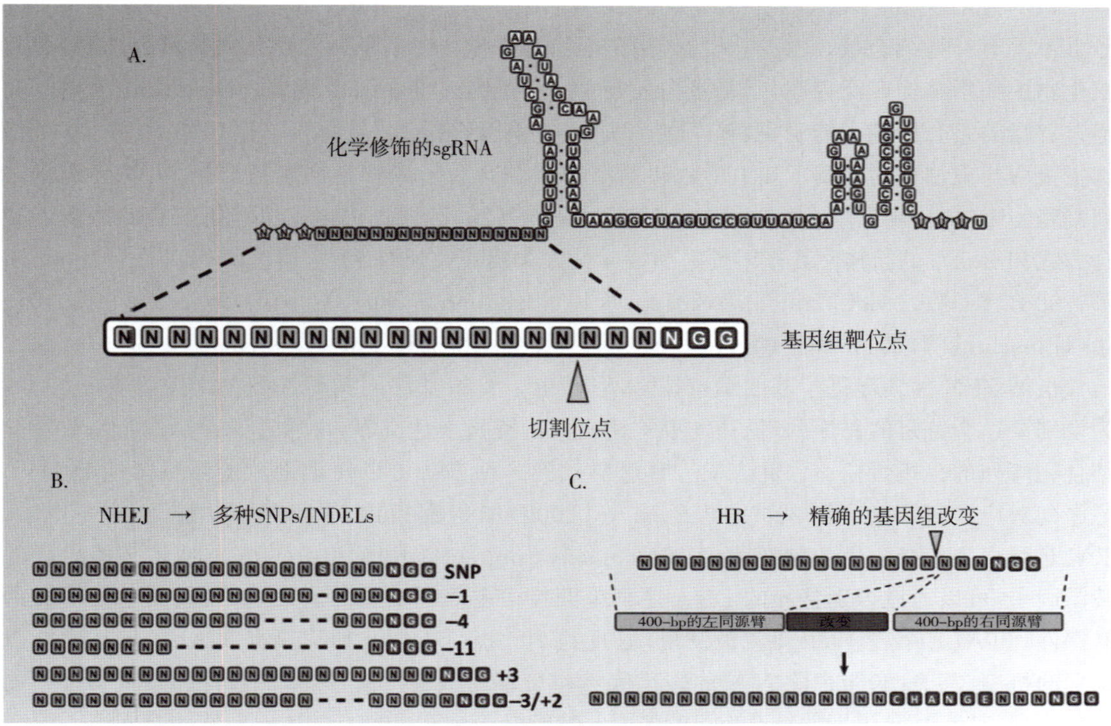

A. 使用 sgRNA 介导的 CRISPR/Cas9 系统可在基因组的特定区域实现精确位点的切割；
B. 通过 NHEJ 机制修复而成的 DNA 通常伴随大量插入缺失突变或单核苷酸点突变；
C. 通过 HR 修复而成的 DNA 可与外源供体 DNA 发生 HR 从而产生预期的突变

图 1-1 NHEJ 和 HR 修复的基因型结局（Bak 等，2018）

对于 HR，需要向细胞提供供体 DNA。供体 DNA 通常是一个质粒，带有与靶向序列同源的 DNA 片段（同源臂）两侧的预期 DNA 变化。这样，可以将长的 DNA 序列插入特定的基因组位点，或者产生 SNP。通过不同的策略，可以将全基因表达盒整合到基因组区域，以安全表达转基因或全长 cDNA，抑或将转基因的开放阅读框精确整合到内源基因的起始密码子中使转基因受目标基因的内源启动子转录调控，又或者是起始密码子或终止密码子处整合 cDNA，以与内源基因进行融合。HR 还可以使用人工合成的单链寡脱氧核糖核苷酸（ssODN）作为修复 DSB 的模板，以产生同源介导修复（HDR）。ssODNs 可以实现单核苷酸点突变，用于基因治疗或研究不同基因变异的表型结果。合成 ssODNs 的简易性使研究人员更容易使用该方法，但是由于长度有限，其与使用标准的基因靶向载体相比，可产生的遗传编辑范围受到更大的限制，且效率更为低下。

1.4.2 基因编辑技术的发展

基因编辑技术在最初只能通过同源重组实现，同源重组可实现基因组的精确编辑，但是即使经过正负筛选，其效率仍然较低。随后 Jasin（1996）证明，同源重组（HR）效率可以通过诱导 DNA 双链断裂（double strand break，DSB）来提高。基因编辑技术一个关键的进展是发现了定制核酸酶，例如锌指核酸酶（Zinc-finger nucleases，ZFN）和类转录激活因子效应物核酸酶（transcription activator-like effector nucleases，TALEN），它们可以产生位点特异性DSB。

ZFN由锌指和切割酶两部分组成。Brown等（1985）和Miller等（1985）同时发现转录因子ⅢA具有锌指结合域，在锌离子的作用下能特异识别DNA序列。随后大量研究发现，在真核生物中锌指结构广泛存在，其是蛋白质与DNA互作的重要结构基础。Desjarlais等（1993）通过锌指的组合得到了能识别特定DNA序列的重组锌指蛋白。Kim等（1996）发现，将重组锌指蛋白与限制性内切酶FokⅠ中的切割结构域融合后形成锌指嵌合核酸酶，可特异识别并切割特定DNA。随后Moore等（2001）和Miller等（2007）通过优化重组锌指嵌合核酸酶的融合方式和FokⅠ的结构使其作用效率和特异性大大提高。通过ZFN，研究者们在果蝇（Beumer等，2008）、斑马鱼（McCammon等，2010）、大鼠（Mashimo等，2010）、小鼠（Connelly等，2010）、猪（Hauschild等，2011）和牛（Yu等，2011）等物种上相继获得了转基因动物。

虽然ZFN大大促进了基因编辑技术，但是由于锌指基序同其靶序列的对应性并不特异，为识别某一个特定的靶序列，往往需要构建庞大的锌指表达文库，再通过试验筛选出高效特异结合靶序列的锌指蛋白。因此人们一直想要找到一种方法可以使识别域能够更强地与DNA靶序列对应。Moscou等（2009）与Boch等（2009）的研究指出，TALE可以满足这一要求。TALE蛋白家族来自黄单胞杆菌（*Xanthomonas* Spp.）（Boch等，2010），它类似于真核生物的转录因子，可以通过识别特异的DNA序列来调控宿主内源基因的表达，从而提高宿主对其的易感性。TALE早在1989年就被发现，但直到2009年，人们才研究清楚TALE与其靶位点识别的机制。TALE蛋白除N端的转运信号和C端的核定位信号外，中部有一段串联排列的重复序列，具有特异识别并结合DNA序列的特性（Boch等，2009）。这一段重复序列包含1～33个长度为15～33个氨基酸残基的重复单元，以及一个长度为20氨基酸残基的半重复单元，每个重复单位可特异识别并结合一个核苷酸靶位点。通过将不同的重复单位组合，即可实现特定DNA序列的识别。2010年，Voytas团队尝试仿照ZFN的模式，将TALE中的转录激活结构域替换成核酸内切酶的切割结构域，构成TALE核酸酶（TALEN），从而对特定序列的DNA进行识别和切割，并获得了成功（Christian等，2010）。不过为保证识别特定的DNA序列的特异性，靶序列一般都会大于10 bp，这就意味着人工TALEN的构建至少需要9.5个重复单元。在经费有限无法采用人工合成的情况下，通过分子克隆构建用于表达TALEN的载体是一个关键步骤，这一过程非常繁琐且通常伴随着多次的失败，因而是一个主要的瓶颈。随着实验技术的不断改进，TALEN也得到了越来越广泛的应用。TALEN在人源细胞（Miller等，2011）、大鼠（Iwasaki等，1990）、斑马鱼（Cermak等，2011）、牛（Carlson等，2012）和猪（Miller等，2011）等多个物种中都能打靶成功。

在这之后不久，CRISPR/Cas9核酸酶系统作为基因编辑工具的开发，实现了基因编辑更广泛的应用。CRISPR是成簇的规律间隔短回文重复序列（clustered regularly interspaced short palindromic repeats，CRISPR）的缩写，是源于细菌和古细菌的一种获得性免疫系统。Emmanuelle Charpentier通过漫长的研究，发现CRISPR系统包括了3个元件：tracRNA、CRISPR RNA和Cas9酶，她怀疑这2个RNA可能通过相互作用指引Cas9酶作用于1个特定的DNA序列。之后在2011年的美国微生物学会会议上，Charpentier与加州大学伯克利分校的结构生物学家Jennifer A. Doudna相识。两位女科学家一拍即合，开始了合作。她们解开了CRISPR工作的关键秘密：Cas9通过RNA的指引可定向切割特异的DNA序列。随后，由于

CRISPR 具有特异识别和切割特定 DNA 序列的能力，被开发成为了新的基因编辑工具。2012 年，Doudna 和 Charpentier 团队最先在 Science 上报道了利用 CRISPR 进行基因组编辑，证明了 Cas9 酶可以在体外定向切割质粒的特殊位点(Jinek 等，2012)。2013 年，张锋团队发表研究结果，介绍了 CRISPR 技术经过改造和优化后成功在哺乳动物细胞和机体中的应用(Cong 等，2013；Ran 等，2013)，Doudna、Charpentier 和张锋团队由于 CRISPR 技术的发明和应用而声名大噪。

CRISPR 在成为基因编辑工具的短短两三年时间，其应用和研究呈爆发性增长，成为炙手可热的研究工具之一。CRISPR 技术被评为 21 世纪最有影响力的十大科学技术之一。每年的诺贝尔奖评选之际，CRISPR 都是一大夺冠热门。2020 年 10 月，瑞典皇家科学院决定将 2020 年诺贝化学奖授予 Doudna 和 Charpentier，以表彰她们对于基因组编辑领域的贡献。无论是对于科学研究、粮食畜牧生产，还是疾病治疗，CRISPR 都将带来巨大的变革。因此，CRISPR 背后的商业价值不言而喻。Doudna 所在的加州大学伯克利分校虽然率先提交了 CRISPR 专利的申请，但是在 2014 年张锋所在的 Broad 研究所通过专利加速审查程序抢先一步得到了真核细胞 CRISPR/Cas9 技术的专利授权——这正是 CRISPR 有利可图的关键。加州大学伯克利分校于 2017 年对这项裁决提起上诉，因为他们认为他们对于 CRISPR/Cas9 技术的发明和应用并不局限于细菌的基因编辑，且事实上 2012 年 Doudna 和 Charpentier 在 *Science* 上发表的文章已经讨论了其在基因组编辑的前景。但 2018 年美国联邦巡回上诉法院重新审理案件后作出裁定，维持原有专利商标局的判决。2019 年，美国专利商标局发布文件，宣布加州大学伯克利分校已经获得 CRISPR 技术专利的授权。2020 年 9 月，专利审判和上诉委员会裁定，Broad 研究所张锋团队已经获得将 CRISPR 系统用于真核细胞的优先权，该专利涵盖了在实验室培养的人类细胞或直接在人体内的应用。不可否认，CRISPR 因其高效和便利性带来了巨大的变革，其带来的商业价值也不可限量。但也许未来还有更高效的技术可以完胜 CRISPR，那么到时这些争论也就不再重要了。

不论是 ZFN、TALEN，还是 Cas9，本质的原理都是产生 DSBs，其可以通过 NHEJ 产生随机的突变。但若想要进行精确编辑，则必须提供供体 DNA 模板实现 HDR。然而与 NHEJ 相比，HDR 发生的频率太低，甚至对于一些位点，研究者通常花费大量精力也难以做到精确编辑。因此，大量研究都致力于提高 HDR 的效率。哈佛大学的 David Liu 则另辟蹊径，构建出碱基编辑器，使 Cas9 在不切割 DNA 的情况下将胞嘧啶转化为尿嘧啶，再通过 DNA 的复制或修复，将尿嘧啶转化为胸腺嘧啶(Komor 等，2016)。后来的工作经过改进，碱基编辑器的效率和特异性得到了大幅度提升(Komor 等，2017；Rees 等，2017)，并得以修改更多的核苷酸(A>G)(Gaudelli 等，2017)。

基因编辑技术发展至今，不仅让我们感叹大自然和生物的奇妙，更让我们得以在科学研究上实现大跃进。时至今日，我们已经可以敲除基因和插入基因，小到修改基因的单个碱基，大到转入和敲除整条染色体(Zuo 等，2017)。这样强大的技术，给了我们无限的想象。我们期待它能给我们带来更伟大的研究，更有效的疾病疗法，更廉价更美味的食物，以及更美好的生活。

本章参考文献

Bak R O, Gomez-Ospina N, Porteus M H. 2018. Gene Editing on Center Stage. Trends Genet, 34:600-611.

Barber M. 1904. A new method of isolating microorganisms. J Kans Med Soc Journal of the Kansas Medical Society:489-494.

Beumer K J, Trautman J K, Bozas A, et al. 2008. Efficient gene targeting in Drosophila by direct embryo injection with zinc-finger nucleases. Proceedings of the National Academy of Sciences of the United States of America, 105:19821-19826.

Boch J, Bonas U. 2010. Xanthomonas AvrBs3 family-type III effectors: discovery and function. Annu Rev Phytopathol, 48:419-436.

Boch J, Scholze H, Schornack S, et al. 2009. Breaking the code of DNA binding specificity of TAL-type III effectors. Science, 326:1509-1512.

Brown R S, Sander C, Argos P. 1985. The primary structure of transcription factor TFIIIA has 12 consecutive repeats. FEBS Letters, 186:271-274.

Carlson D F, Tan W, Lillico S G, et al. 2012. Efficient TALEN-mediated gene knockout in livestock. Proceedings of the National Academy of Sciences of the United States of America, 109:17382-17387.

Cermak T, Doyle E L, Christian M, et al. 2011. Efficient design and assembly of custom TALEN and other TAL effector-based constructs for DNA targeting. Nucleic Acids Research, 39:e82.

Choulika A, Perrin A, Dujon B, et al. 1995. Induction of homologous recombination in mammalian chromosomes by using the I-SceI system of Saccharomyces cerevisiae. Molecular and Cellular Biology, 15:1968-1973.

Christian M, Cermak T, Doyle E L, et al. 2010. Targeting DNA double-strand breaks with TAL effector nucleases. Genetics, 186:757-761.

Cong L, Ran F A, Cox D, et al. 2013. Multiplex genome engineering using CRISPR/Cas systems. Science, 339:819-823.

Connelly J P, Barker J C, Pruett-Miller S, et al. 2010. Gene correction by homologous recombination with zinc finger nucleases in primary cells from a mouse model of a generic recessive genetic disease. Mol Ther, 18:1103-1110.

Desjarlais J R, BergJ M. 1993. Use of a zinc-finger consensus sequence framework and specificity rules to design specific DNA binding proteins. Proceedings of the National Academy of Sciences of the United States of America, 90:2256-2260.

Gaudelli N M, Komor A C, Rees H A, et al. 2017. Programmable base editing of A×T to G×C in genomic DNA without DNA cleavage. Nature, 551:464-471.

Gordon J W, Scangos G A, Plotkin D J, et al. 1980. Genetic transformation of mouse embryos by microinjection of purified DNA. Proceedings of the National Academy of Sciences of the United States of America, 77:7380-7384.

Gurdon J B, Lane C D, Woodland H R, et al. 1971. Use of frog eggs and oocytes for the study of messenger RNA and its translation in living cells. Nature, 233:177-182.

Hauschild J, Petersen B, Santiago Y, et al. 2011. Efficient generation of a biallelic knockout in pigs using zinc-finger nucleases. Proceedings of the National Academy of Sciences of the United States of America, 108:12013-12017.

Iwasaki K, Temin H M. 1990. The U3 region is not necessary for 3′ end formation of spleen necrosis virus RNA. J Virol, 64:6329-6334.

Jaenisch R. 1976. Germ line integration and Mendelian transmission of the exogenous Moloney leukemia virus. Proceedings of the National Academy of Sciences of theUnited States of America, 73:1260-1264.

Jaenisch R, Mintz B. 1974. Simian virus 40 DNA sequences in DNA of healthy adult mice derived from preimplantation blastocysts injected with viral DNA. Proceedings of the National Academy of Sciences of the

United States of America，71：1250-1254.

Jasin M. 1996. Genetic manipulation of genomes with rare-cutting endonucleases. Trends Genet，12：224-228.

Jinek M，Chylinski K，Fonfara I，et al. 2012. A programmable dual-RNA-guided DNA endonuclease in adaptive bacterial immunity. Science，337：816-821.

Kim Y G，Cha J，Chandrasegaran S. 1996. Hybrid restriction enzymes：zinc finger fusions to Fok I cleavage domain. Proceedings of the National Academy of Sciences of the United States of America，93：1156-1160.

Komor A C，Kim Y B，Packer M S，et al. 2016. Programmable editing of a target base in genomic DNA without double-stranded DNA cleavage. Nature，533：420-424.

Komor A C，Zhao K T，Packer M S，et al. 2017. Improved base excision repair inhibition and bacteriophage Mu Gamprotein yields C：G-to-T：A base editors with higher efficiency and product purity. Sci Adv，3：4774.

Lin T P. 1966. Microinjection of mouse eggs. Science，151：333-337.

Mashimo T，Takizawa A，Voigt B，et al. 2010. Generation of knockout rats with X-linked severe combined immunodeficiency (X-SCID) using zinc-finger nucleases. PloS one 5：e8870.

McCammon J M，Amacher S L. 2010. Using zinc finger nucleases for efficient and heritable gene disruption in zebrafish. Methods in Molecular Biology，649：281-298.

Miller J C，Holmes M C，Wang J，et al. 2007. An improved zinc-finger nuclease architecture for highly specific genome editing. Nature Biotechnology，25：778-785.

Miller J C，Tan S，Qiao G，et al. 2011. A TALE nuclease architecture for efficient genome editing. Nature Biotechnology，29：143-148.

Miller J，McLachlan A D，Klug A. 1985. Repetitive zinc-binding domains in the protein transcription factor IIIA from Xenopus oocytes. The EMBO Journal，4：1609-1614.

Moore M，Klug A，Choo Y. 2001. Improved DNA binding specificity from polyzinc finger peptides by using strings of two-finger units. Proceedings of the National Academy of Sciences of the United States of America，98：1437-1441.

Moscou M J，Bogdanove A J. 2009. A simple cipher governs DNA recognition by TAL effectors. Science，326：1501.

Palmiter R D，Brinster R L，Hammer R E，et al. 1982. Dramatic growth of mice that develop from eggs microinjected with metallothionein-growth hormone fusion genes. Nature，300：611-615.

Ran F A，Hsu P D，Lin C Y，et al. 2013. Double nicking by RNA-guided CRISPR Cas9 for enhanced genome editing specificity. Cell，154：1380-1389.

Rees H A，Komor A C，Yeh W H，et al. 2017. Improving the DNA specificity and applicability of base editing through protein engineering and protein delivery. Nature Communications，8：15790.

Rubin G M，Lewis E B. 2000. A brief history of Drosophila's contributions to genome research. Science，287：2216-2218.

Wright G，Carver A，Cottom D，et al. 1991. High level expression of active human alpha-1-antitrypsin in the milk of transgenic sheep. Biotechnology (N Y)，9：830-834.

Yu S，Luo J，Song Z，et al. 2011. Highly efficient modification of beta-lactoglobulin (BLG) gene via zinc-finger nucleases in cattle. Cell research，21：1638-1640.

Zuo E，Huo X，Yao X，et al. 2017. CRISPR/Cas9-mediated targeted chromosome elimination. Genome biology，18：224.

第 2 章　基因编辑主要技术

【本章提要】 通过对基因进行"编辑",可以对特定基因 DNA 片段进行精确地修改。基因编辑工具的相继出现,标志着基因编辑技术进入一个快速发展的新时期。本章主要阐述基因编辑主要技术的原理、优缺点和目前的应用情况,主要涉及 ZFN 技术、TALEN 技术和 CRISPR/Cas 技术,重点对目前最常用的 CRISPR/Cas 技术的发现、分类、作用原理及特点做详细的阐述。

2.1　ZFN 技术

锌指核酸酶(zinc-finger nuclease, ZFN)技术是第一代基因编辑技术,是基于锌指蛋白发展起来的。ZFN 是人工将锌指蛋白和核酸内切酶连接起来的核酸酶,由锌指 DNA 结合域(zinc finger DNA-binding domain)与限制性内切酶的 DNA 切割域(DNA cleavage domain)融合而成。可以通过加工改造 ZFN 的锌指 DNA 结合域,靶向定位于不同的 DNA 序列,从而使得 ZFN 可以结合复杂基因组中的目的序列,并由 DNA 切割域进行特异性切割。目前,在大量植物、果蝇、斑马鱼、蛙、大/小鼠及牛等物种中,ZFN 技术已被广泛应用于靶向基因的突变,通过人工修改基因组信息可以产生遗传背景被修改的新品种。

2.1.1　ZFN 的结构

2.1.1.1　锌指蛋白

1985 年,Brown 和 Miller 两个研究组同时在非洲爪蟾转录因子ⅢA 中发现锌指蛋白(zinc-finger protein, ZFP)(Brown 等,1985;Miller 等,1985),每个锌指蛋白由 30 个氨基酸残基组成,其中第 8 位和第 13 位的 Cys 以及第 26 位和第 30 位的 His 非常保守,形成 Cys2His2(C2H2)锌指,能和 1 个锌离子结合。C2H2 锌指是 ZFP 最核心的结构,也是最为经典的锌指类型,应用也最广泛。

30 个氨基酸残基的 ZFP 结合 1 个锌离子形成一个 ββα 的构象,在 α 螺旋上的−1、+2、+3 和+6 位氨基酸可以和 DNA 形成氢键,−1、+3 和+6 位氨基酸分别识别并结合 DNA 一条链上的 3 个相邻碱基,而+2 位氨基酸可以与互补链上的一个碱基识别并结合,如图 2-1 所示。因此,每个 ZFP 可以特异识别 DNA 序列上的一个三联碱基,ZFPα 螺旋上的−1～+6 位氨基酸决定了其识别 DNA 序列的特异性,仅改变这些位点的氨基酸,便可以使其特定识别所有的三联碱基。ZFP 的这些特性赋予了其作为特定 DNA 结合蛋白的理想模型的优势。

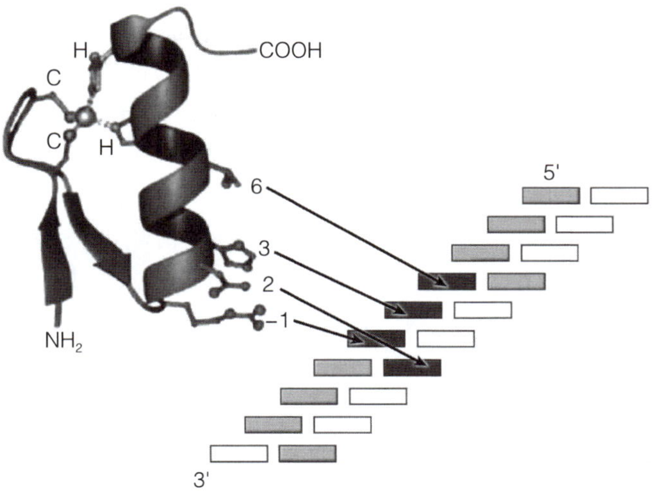

图 2-1　锌指结构模型及其结合位点(Klug，2010)

2.1.1.2　锌指磷酸酶

1996 年，Chandrasegaran 研究组首次将锌指蛋白和 *Fok* Ⅰ 核酸内切酶切割亚基融合，形成具有切割特异 DNA 活性的人工核酸内切酶——锌指核酸酶(Kim 等，1996)。此人工核酸酶由两部分组成：锌指蛋白结构域和 Fok Ⅰ 切割亚基。锌指蛋白具有识别和结合特定 DNA 序列的能力，Fok Ⅰ 切割亚基来源于Ⅱ型核酸内切酶 Fok Ⅰ 的 DNA 切割亚基。Fok Ⅰ 是一种来自海床黄杆菌的非特异限制性内切酶，它只在二聚体状态时才具有酶切活性。Li 等(1992)观察到 Fok Ⅰ 的结合域和切割域是分开的。每个 ZFP 能够识别一个特定的三联体碱基，多个锌指蛋白串联后便能识别一段特异的核苷酸序列，每个 Fok Ⅰ 单体与一个锌指蛋白串相连构成一个 ZFN，比如 3 个 ZFPs 相连可以识别 DNA 9 个相邻碱基，4 个 ZFPs 可识别 12 个碱基。目前已经组装并应用的有 6 锌指 ZFN，可识别 18 个碱基，这样的长片段位点在真核生物基因组中非常稀有甚至只有一个，因此特异性非常高。ZFN 以二聚体形式发挥作用(图 2-2)，两个 ZFN 分别结合并切割 DNA 两条链，这也进一步增加了 ZFN 切割 DNA 的特异性。另外切割同一段 DNA 的两条 ZFN 应存在一定的间隔区(space domain)，一般为 5～7 bp，这样可以使两个 *Fok* Ⅰ 能够位于 DNA 双链的同一位置，以达到最佳的切割效果(图 2-2)。

图 2-2 彩图

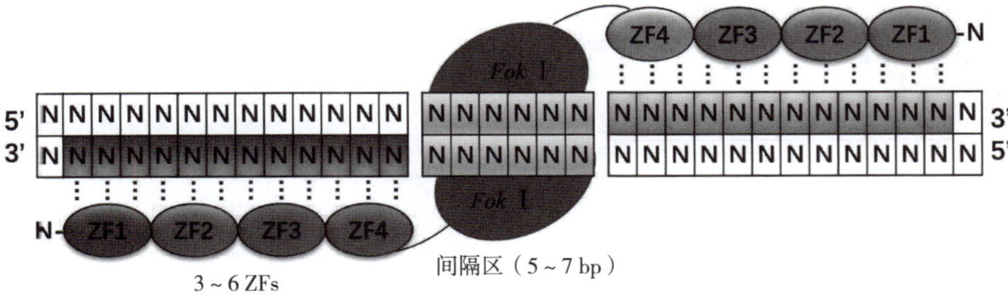

图 2-2　ZFN 结构及与 DNA 作用模型

2.1.1.3 锌指核酸酶的构建策略

针对感兴趣的目标基因，选择合适的靶位点，再根据靶位点设计特异的 ZFPs，最后将 ZFPs 和 *Fok* Ⅰ切割亚基融合，构建特异的 ZFN。但天然的锌指蛋白或已有人工锌指蛋白不能满足和覆盖庞大的生物基因组序列，这就需要针对目的 DNA 序列构建特异的 ZFP，并验证其靶序列的结合活性(Moare 等，2003)。目前多种构建策略已用于锌指蛋白的构建，能针对已知靶基因，获得较高活性的重组锌指蛋白，构建有效锌指核酸酶，实现靶基因的编辑。人工锌指蛋白的构建策略主要有：模块组装法(Bhakta 等，2010)、OPEN (oligomerized pool engineering)方式(Hurt 等，2003)、CoDA(context-dependent assembly)组装(Osborn 等，2011)和双锌指模块法(Doyon 等，2008)，每种方法在实验室运用起来都相对复杂，一般通过专业的公司来合成。

2.1.2 ZFN 的作用原理

根据靶 DNA 序列改造的锌指蛋白单体 α 螺旋上的 3 个可变氨基酸位点(－1、＋3 和＋6 位)可识别 3 个相邻碱基，一般是将 3～4 个锌指蛋白串联起来组成一组识别相邻 9～12 个碱基的锌指蛋白串，然后将这一锌指蛋白串与 *Fok* Ⅰ切割亚基组装成为一个 ZFN。经人工设计好的两个 ZFNs 上的锌指蛋白串能分别特异识别并结合至 DNA 靶序列的两条单链上，并且两个 ZFNs 上的 *Fok* Ⅰ切割亚基以二聚体的形式位于两条链靶位点的间隔区。*Fok* Ⅰ二聚体能够切开间隔区序列，产生 DNA 双链断裂切口(double-stranded breaks, DSBs)。

DSBs 能够激活细胞固有的 DNA 损伤修复机制，主要包括两种途径：非同源末端连接(non-homologous end joining, NHEJ)和同源重组修复(homology directed repair, HDR)(Helleday, 2003)(图 2-3)。NHEJ 修复机制完全不需要任何模板的参与，参与此机制的修复蛋白可以直接将双链断裂的末端彼此拉近，再在 DNA 连接酶的作用下，将断裂的双链重新连接起来。HDR 机制需要存在一段与断裂处序列同源的 DNA 片段，当基因组 DNA 双链断裂后，同源片段会通过同源重组的方式连接到断裂缺口处，从而达到整合外源基因片段的目的。ZFN 诱导 DSB 后如果没有同源片段的存在，细胞将启动 NHEJ 机制进行修复，往往导致断裂

图 2-3 彩图

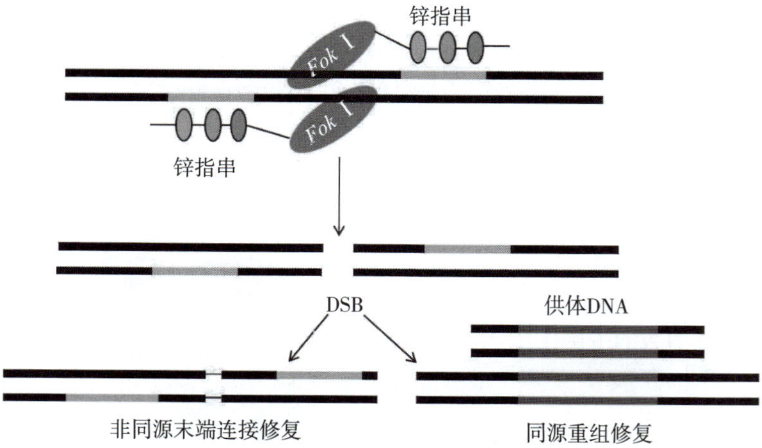

图 2-3 ZFN 引发的细胞的两种修复机制 NHEJ 和 HDR

的 DNA 引入插入(insertion)或缺失(deletion)突变,或者也可能同时引入插入和缺失突变。如果在同一个 DNA 分子上设计两对 ZFN 产生两处 DSBs,两个靶位点之间的序列会被删除,如此可实现长 DNA 片段的删除,或实现特定 DNA 片段的替换(图 2-4)。通过 DSBs 被修复的过程,可实现基因组的插入、缺失或替换等定点修饰。相较于传统的基因打靶,ZFN 产生的 DSBs,将基因打靶的效率提高了上千倍。

图 2-4 彩图

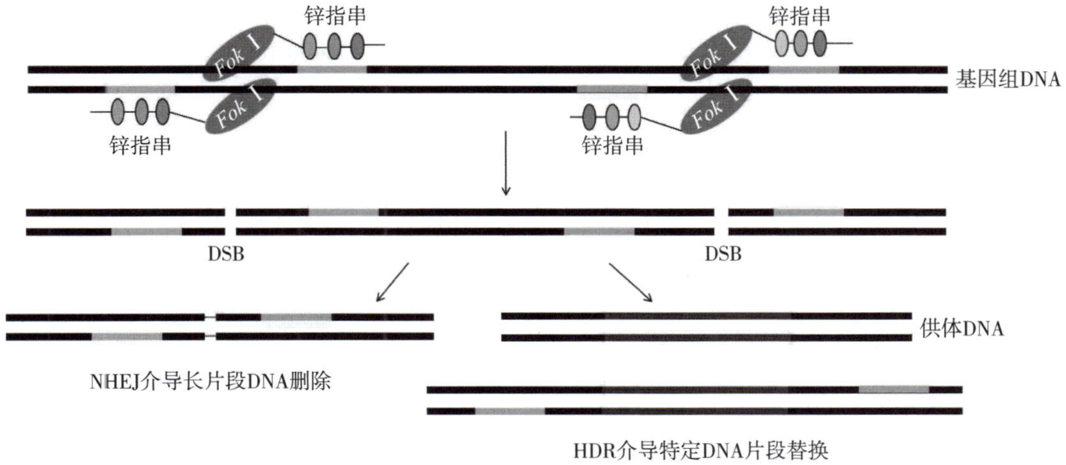

图 2-4 两对 ZFN 作用于同一 DNA 分子实现基因组 DNA 的长片段缺失或替换

2.1.3 ZFN 的特点

1. ZFN 的优势

ZFN 作为最早出现的新型基因编辑技术,不仅大大提高了基因打靶的效率,将效率由传统的 $10^{-7}\sim10^{-6}$ 提高至 $10^{-2}\sim10^{-1}$,而且能够在更短的时间内培育出基因修饰动物。利用 ZFN 技术完成大鼠靶基因的敲除仅需要约 4 个月的时间,而利用传统打靶方法完成这一工作则至少需要一年的时间。更值得一提的是,ZFN 技术为那些无法获得 ES 细胞的物种实现基因组的靶向修饰,为大动物的基因靶向修饰开创了一个新的思路,而且 ZFN 可在无任何抗生素筛选标记的条件下实现内源性基因的定点修饰,对于基因修饰大动物的制备而言更加安全。

2. ZFN 存在的缺陷

ZFN 技术相对于传统基因打靶虽然简易实用,但也存在其自身的弱点,由于锌指核酸酶依靠 ZFP 识别特定的碱基序列,每个 ZFP 识别特异的三联体碱基,因此它所能识别的序列就受限于 ZFP 的种类,导致有些位点由于没有合适的 ZFP 而无法实现定点修饰。

另外,ZFN 作为基因治疗的手段之一,如果在生物体内使用,可能会引发免疫反应。现有的研究手段尚不能预测引入的 ZNF 蛋白是否会引起免疫系统的进攻。并且到目前为止,ZFN 技术只能用于体外操作,在对人体提取的细胞进行处理之后,再导入回输到病人体内。而直接向患者体内导入相关 ZFN 元件进行基因编辑处理则具有较大的潜在风险,且效率不高。

此外,由于 ZFP 质粒的设计、构建和验证相对复杂,而且由于专利保护导致商业垄断现象,使得 ZFN 的价格相对昂贵,这也是使其应用受限的一个很大因素。

2.1.4 ZFN 技术的应用

ZFN 技术作为第一代基因编辑技术，当时具有重大的应用价值。ZFN 技术的出现，大大提高了之前传统基因打靶的效率，可以说是基因修饰领域的一次飞跃式的发展。在科研领域，该技术可用于目标基因的敲除、定点插入或精确替换，对于研究基因的功能提供了很大的便利；在农业领域，可以利用该技术改造基因序列，使动植物获得优良性状；在医疗领域，经 ZFN 技术改造后导入治疗性基因的质粒或干细胞可被导入人体，实现基因治疗。ZFN 技术具有极佳的特异性和效率，因此能将基因/基因组错误修改的风险降到最低。

2.2 TALEN 技术

虽然 ZFN 技术已具有非常高的效率，但是由于受到专利的限制而阻碍了 ZFN 实际的使用。自 2009 年 DNA 和 TALE 相互作用的密码被破解到现在，作为第二代基因编辑技术，TALEN 技术不仅能够精确地修饰复杂的基因组，同时又具有更容易设计的优点，因此已得到了比 ZFN 更广泛地应用。

2.2.1 TALEN 的结构

2.2.1.1 TALE 蛋白

转录激活样效应因子核酸酶(transcription activator-like effector nuclease, TALEN)像 ZFN 一样，由特异的 DNA 结合域和 Fok Ⅰ 核酸内切酶的切割结构域组成。TALEN 的 DNA 结合域是由转录激活样因子(transcription activator-like effector, TALE)构成的。TALE 蛋白最初是在植物病原菌黄单胞菌属(*Xanthomonas*)中被发现的一种细菌蛋白。这类病原菌会通过细菌Ⅲ类分泌系统(bacterial type Ⅲ secretion system, T3S)将 TALE 蛋白传送到植物细胞中，通过靶定细胞内的效应因子特异性的基因启动子来调节转录，使得病原体在细胞中能够生存。后续进一步研究发现，TALE 是一类相对保守的细菌蛋白，可以识别并结合特异的 DNA 序列。

目前发现的 TALEs 大约有 17 个，TALE 结构包括：N 端分泌信号、中央的 DNA 结合域、核定位信号和 C 端的激活域。不同 TALE 蛋白中的 DNA 结合域有一个共同的特点，即由数目不同的(12～30)、高度保守的重复单元组成，每个重复单元含有 33～35 个氨基酸。这些重复单元的氨基酸组成相当保守，除了第 12 和 13 位氨基酸可变外，其他氨基酸都是相同的。这两个可变氨基酸被称为重复序列可变的双氨基酸残基(repeat-variable di-residue, RVD)(图 2-5)。2009 年两个研究团队分别通过不同的方法揭示了与靶位点结合的机制：不同的 RVD 决定了单个的重复单元可以特异性识别并结合 DNA 序列中的一个核苷酸。RVDs 与核苷酸之间的结合存在着较强的偏好性，一般为：HD(His Asp)对应 C，NG(Asn Gly)对应 T，NI(Asn Ile)对应 A，NN(Asn Asn)对应 G 或 A(Boch 等，2009；Moscou 等，2009)。因此，重复的数目和 RVDs 的组成决定了其所识别的核苷酸的长度和组成。

图 2-5 彩图

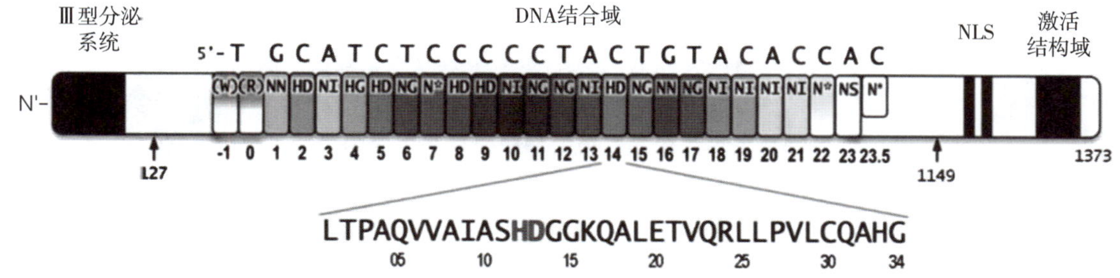

图 2-5 TALE 结构(Mak，2012)

2.2.1.2 TALEN 的结构

当 TALE 与 DNA 特异识别机制被破解以后，研究人员首先想到的是参考 ZFN 模式构建新型的人工核酸酶——TALEN。与 ZFN 类似，TALEN 也是由特异的 DNA 结合域和非特异的 DNA 切割域组成的。DNA 结合域由串联的 TALEs 组成，DNA 切割域是由 Fok Ⅰ 的切割结构域组成。TALEN 发挥核酸内切酶功能时需要 Fok Ⅰ 二聚化，因此切割 DNA 时 TALEN 也需要成对作用，一对 TALENs 可分别识别并结合 DNA 两条链，两个 DNA 结合域间间隔序列一般为 12～21 bp(图 2-6)。

图 2-6 彩图

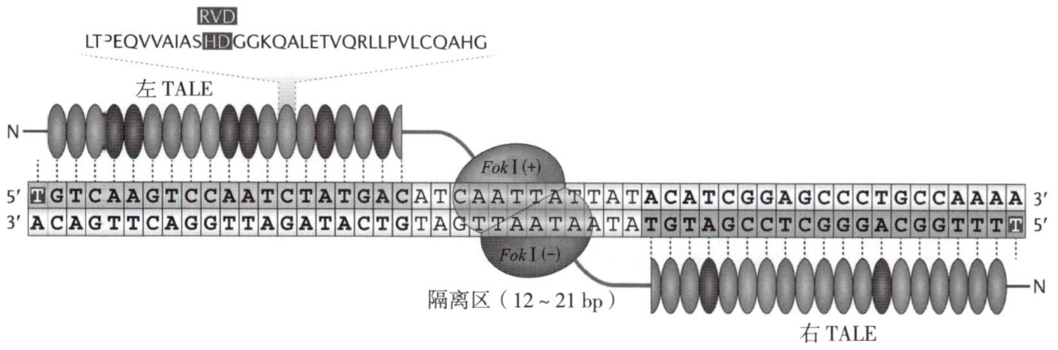

图 2-6 TALEN 结构模式图(Kim and Kim，2014)

为了保证靶位点的高特异性，靶序列的长度一般至少为 12 bp，这样就要求需要至少 12 个 TALE 元件，由于每个 TALE 元件中有 34 个氨基酸高重复，这为多个 TALE 元件的组装也带来了挑战。目前 TALE 结合域的构建方法有多种，除商业合成外，大体可以分为三大类：基于 Golden Gate 克隆法、基于连续克隆组装法和基于固相合成的高通量法(图 2-7)。

2.2.2 TALEN 的作用原理

TALEN 技术的作用原理与 ZFN 技术相似，经人工设计好的一对 TALENs 上的 TALE 重复单元能分别特异识别并结合至 DNA 靶序列的两条单链上，并且 TALENs 相连的 Fok Ⅰ 切割亚基以二聚体的形式位于两条链靶位点的间隔区。Fok Ⅰ 二聚体能够切开间隔区序列，产生 DSB，然后借助于细胞内固有的同源修复(HDR)或非同源末端连接途径(NHEJ)修复过程完成特定序列的插入、缺失或替换(图 2-8)。

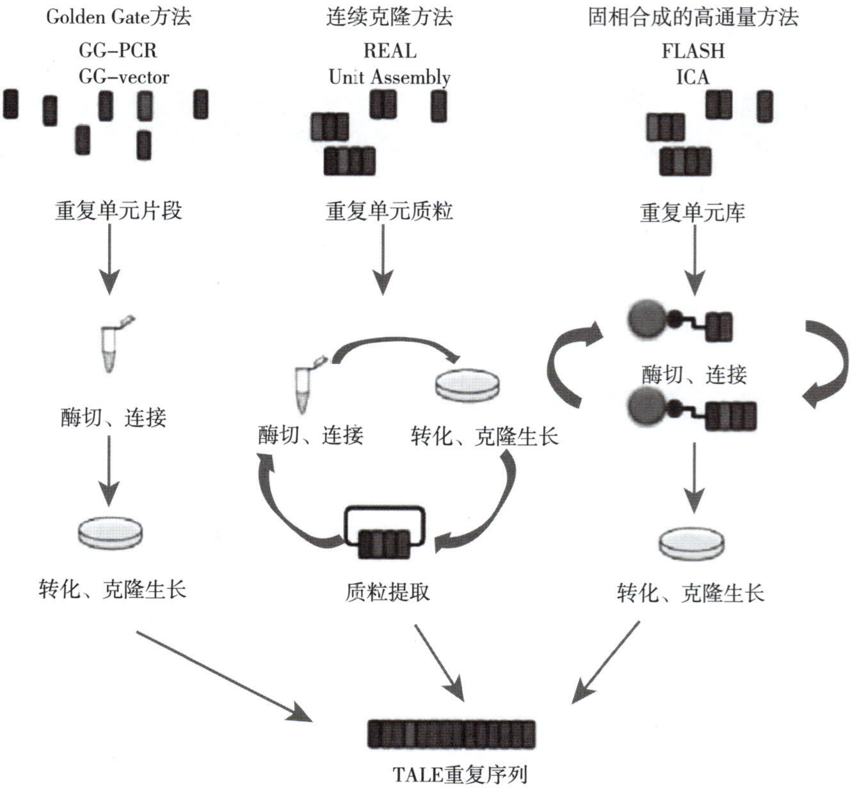

图 2-7 彩图

图 2-7 TALE 模块构建方法(苏小虎，2016)

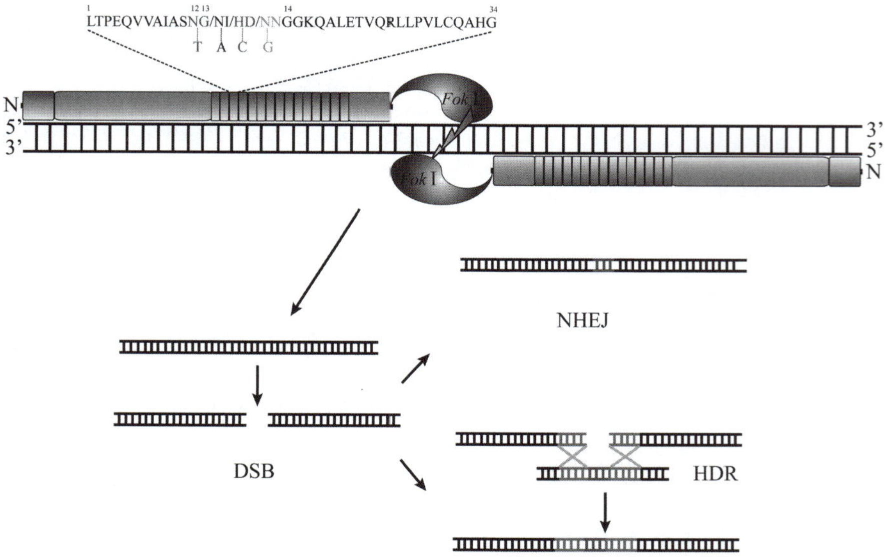

图 2-8 彩图

图 2-8 TALEN 作用原理示意图

2.2.3 TALEN 的特点

2.2.3.1 TALEN 靶点设计规则

1. 设计前需了解目标基因的信息

TALENs 识别的是基因组序列不是 cDNA 序列，因此应针对目标基因的基因组序列进行靶点设计。TALEN 主要通过移码突变使目标基因缺失，所以目标基因如果具有可变剪接，应将 TALEN 靶点位置设计在公共外显子上；在蛋白的重要功能区前引入移码突变，更能保证蛋白功能的缺失；但是对于基因敲入的靶点设计，TALEN 靶点应尽量设在内含子区，这样基本不会对蛋白原有编码区造成破坏。

2. TALE 单元设计规则

TALE 识别 DNA 的长度一般设为 16～18 bp，若长度太短，可能造成非特异识别；若长度太长，为 TALE 重复单元的 DNA 序列测序带来难度，并且 TALE 的结合能力也有可能下降。

识别位点的中间间隔长度一般设为 14～20 bp，太长或太短的间隔长度都会降低 Fok Ⅰ 的剪切能力。

TALEN 靶位点 5′端前一位碱基必须为胸腺嘧啶 T。另外，由于 NN 能同时识别 G 或 A，所以识别位点尽量少 G，但是 NN 结合 G 的能力更强，适当的 G 可以提高 TALE 结合 DNA 的强度。

2.2.3.2 TALEN 的优势和存在的问题

1. TALEN 的优势

TALEN 相比 ZFN 最大的不同是它使用氨基酸序列作为向导识别靶基因序列，相比于锌指结合靶基因，TALEN 技术的特异性更高，使用成本更低，对细胞毒性也低，而且靶位点选择简单，只需要第 0 位是 T 即可。另外，TALEN 可以针对单个碱基设计，在靶位点选择上有更大的灵活性。

2. TALEN 存在的问题

TALENs 的构建过程工作量较大，TALEN 载体较大，且必须同时构建两个载体，转染细胞效率较低。TALEN 蛋白通常由数十个元件组成，大分子外源基因的导入往往会诱发机体免疫反应。TALEN 设计和合成仍比较复杂，推广受到一定限制。脱靶问题存在于任何类型的基因组定点修饰技术中，如何挑选高识别效率低脱靶效率的 TALEN 位点仍然需要进一步探索。

2.3 CRISPR/Cas 系统

CRISPR 又称成簇规律间隔短回文重复序列(clustered regularly interspaced short palindromic repeats，CRISPR)。不论是 ZFN 技术还是 TALEN 技术，其定向打靶都依赖于 DNA 序列特异性结合蛋白模块的合成，这一步骤非常烦琐费时。而 CRISPR/Cas 技术作为一种最新出现的基因组编辑工具，不依赖蛋白质模块的合成，并且不需要 Fok Ⅰ 二聚体切割基因组序列，可通过向导 RNA 分子(guide RNA，gRNA)以及 Cas 核酸内切酶完成 DNA 或 RNA 分子的识别与编辑。CRISPR/Cas 系统的开发为构建更高效的基因定点修饰技术提供了全新的手段，被称为 21 世纪最有影响力的十大技术之一，并且这一技术获得了 2020 年诺贝尔化学奖。

2.3.1 CRISPR/Cas 系统概述

2.3.1.1 CRISPR/Cas 系统的发现

1987 年日本大阪大学的 Nakata 研究组首次从大肠埃希菌中发现了一小段不同寻常的 DNA 重复序列，随后在 2000 年从细菌和古细菌中同样发现了类似的短的有规律间隔重复序列，并命名为 SRSR (short regularly spaced repeats)。随后西班牙微生物学家弗朗西斯科·莫伊卡(Francisco Mojica)发现在细菌和古细菌的基因组中这种间隔重复序列是广泛存在的。2002 年，荷兰乌得勒支大学的 Ruud Jansen 发现不同物种的重复序列碱基数存在巨大差异，并且这种序列仅存在于原核生物中。为了更方便地进行研究，科学家们将这种重复序列命名为 CRISPR(clustered regularly interspaced short palindromic repeats)。2005 年莫伊卡证实这种间隔重复序列并非来源于细菌本身，而是来源于病毒，因此提出 CRISPR 是细菌抵抗外源遗传物质入侵的一种适应性免疫机制的假说，2007 年法国微生物学家 Rodolphe Barragou 证实 CRISPR 系统确实是细菌的一种适应性免疫系统，并首次提出 Cas9 蛋白可能是产生这种免疫能力所必需的。2008 年，荷兰的 John van der Oost 研究小组在大肠杆菌中发现，来自噬菌体的间隔序列被转录成小 RNA，成为 CRISPR RNA(crRNA)，并引导 Cas 蛋白到靶 DNA 上。2010 年 12 月，法国的 Moineau 团队证明了 CRISRP/Cas9 系统能够精确切割使 DNA 双链断裂，并证实 Cas9 是Ⅱ型 CRISPR 系统切割唯一需要的蛋白，它与 crRNA 共同介导 CRISPR/Cas9 的切割功能。2011 年，法国微生物学家埃玛纽埃尔·卡彭蒂耶(Emmanulle Charpentier)研究组发现 CRISRP/Cas9 系统发挥作用时除了 crRNA 以外，还存在一种小 RNA——反式激活 CRISPR RNA(trans-activating CRISPR RNA，tracrRNA)也参与其中，tracrRNA 通过与 crRNA 中的重复序列互补配对形成双链，引导 Cas9 到靶 DNA。至此，细菌内天然 CRISPR/Cas9 系统切割外源 DNA 的机制基本拼接完成。

2012 年卡彭蒂耶和美国生物学家詹妮弗·杜德娜(Jennifer Doudna)合作发现化脓链球菌的 CRISPR/Cas9 系统能在体外切割特定 DNA 片段(Jinek 等，2012)。2013 年来自美国麻省理工学院的张锋证实 CRISPR/Cas9 系统能够对真核生物细胞内的 DNA 进行编辑(Cong 等，2013)，自此 CRISPR/Cas 系统作为新型的基因编辑工具被广泛应用。

2.3.1.2 CRISPR/Cas 系统的结构

CRISPR 序列由多个间隔排列的短而保守的重复序列区(repeat)和间隔区(spacer)组成，重复序列一般为 21～48 bp 的保守性较高的序列，而间隔序列相对较长，为 26～72 bp。重复序列区含有回文序列，可以形成发卡结构。间隔区是被细菌俘获的外源 DNA 序列，间隔区序列就相当于细菌免疫系统的“黑名单”，当含有这些外源 DNA 序列的病毒再次入侵时，CRISPR/Cas 系统通过之前保留的间隔序列就会识别这些外源性入侵的核酸序列，并对其进行特异性切割，以达到抗病毒的作用。CRISPR 序列的上游为长度 300～500 bp 的前导序列，前导序列是 CRISPR 序列的启动子，可将重复序列和间隔序列进行转录。前导序列上游为 CRISPR 相关基因(CRISPR associated，*Cas*)，*Cas* 基因是一个多态性家族基因，编码具有核酸内切酶活性的蛋白，能与 CRISPR 序列转录的 crRNA 结合，共同发挥作用。除了核酸内切酶和结合 crRNA 的功能，Cas 蛋白还具有解旋酶及聚合酶的功能。*Cas* 基因具有多种亚型，目前已经发现了 *Cas1*～*Cas14* 等多种类型的 *Cas* 基因。另外，在Ⅱ型 CRISPR/Cas 序列中，还存在一个 tracrRNA 的序列，是 crRNA 成熟及发挥切割外源 DNA 序列所必需的。*Cas* 基因与 CRISPR 序列共同进化，形成了在细菌中高度保守的 CRISPR/Cas 系统(图 2-9)。

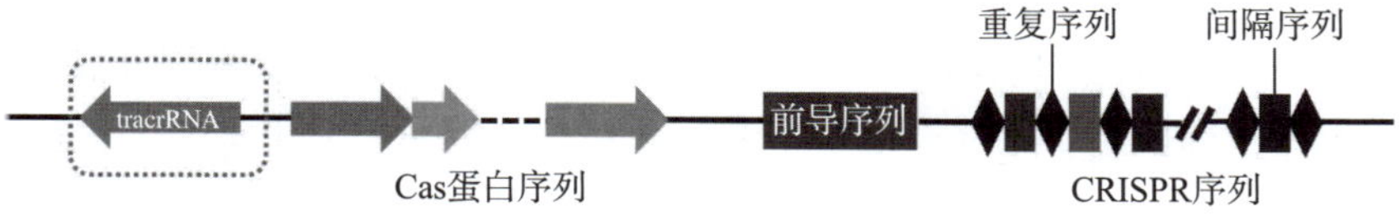

图 2-9 CRISPR/Cas 系统位点结构示意图

2.3.1.3 CRISPR/Cas 系统的分类

在 2015 年之前，根据 CRISPR/Cas 系统功能元件的不同分为Ⅰ型系统、Ⅱ型系统和Ⅲ型系统 3 种类型，根据其编码 Cas 蛋白的基因不同又可以进一步分为 12 个亚型(Makarova 等，2011)。不同类型 CRISPR/ Cas 系统 crRNA 成熟方式不同。Ⅰ型系统和Ⅲ型系统通过 Cas6 核酸酶家族将 pre-crRNA 剪切为成熟的 crRNA；Ⅱ型系统不依赖于 Cas6 核酸酶家族的剪切，需要 pre-crRNA 与 tracrRNA 进行配对结合，同时与 Cas9 蛋白形成三元复合物，然后在内源 RNaseⅢ的作用下，将 pre-crRNA 剪切为成熟的 crRNA-tracrRNA 复合体，后被称为向导 RNA(guide RNA，gRNA)。3 种 CRISPR/Cas 系统完成识别、剪切靶序列的分子机制也有所不同(图 2-10)。在Ⅰ型系统中，成熟的 crRNA 与多个 Cas 蛋白结合，形成用于抗病毒防御的 crRNA 复合体，该复合体与互补的 DNA 靶序列结合，并招募 Cas3 核酸酶进行 DNA 切割。类似地，Ⅲ型系统利用称为 Csm 或 Cmr 多蛋白复合体来靶向同源 crRNA 引导的 DNA 或 RNA。而Ⅱ型系统只需利用单个多功能核酸酶 Cas9，通过由 crRNA 和 tracrRNA 组成的天然双 RNA 异二聚体即可进行 DNA 靶向剪切。

图 2-10 彩图

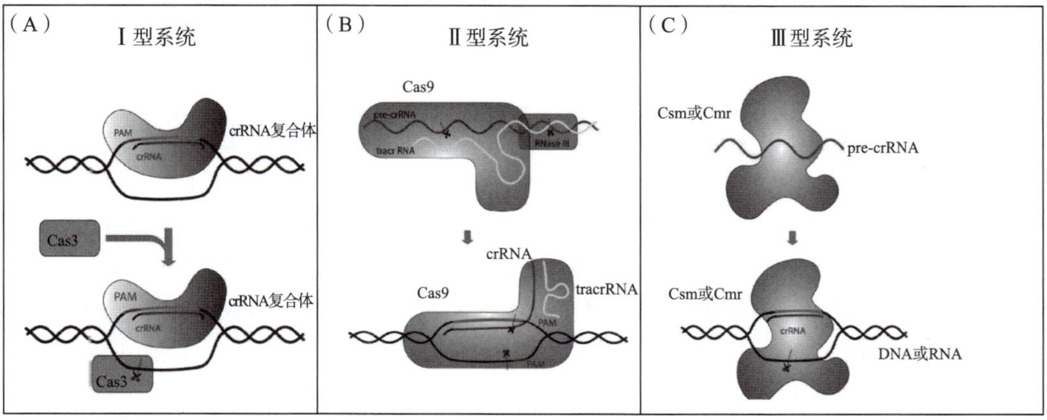

A. 在Ⅰ型系统中，入侵的 DNA 被 crRNA 复合体识别。PAM 基序能够促进 crRNA 复合体对外源 DNA 的识别。随后，Cas3 核酸酶被招募并降解目标 DNA。B. Ⅱ型系统不依赖于多蛋白复合体，只需要 Cas9 蛋白进行切割。Cas9、tracrRNA 和 pre-crRNA 形成复合物，并在 RNaseⅢ的作用下使 pre-crRNA 成为成熟的 crRNA，由此产生的 Cas9/tracrRNA/crRNA 复合物能够识别外源的 DNA 序列，并且 Cas9 核酸酶能切开 DNA 的双链。C. 在Ⅲ型系统中，多蛋白复合体(Csm 或 Cmr)或 Cas6 蛋白将 pre-crRNA 加工成成熟的 crRNA，然后多蛋白复合体与 crRNA 结合能够识别入侵 DNA (Csm)或 RNA (Cmr)，并将其切割，最终导致外源核酸分子降解

图 2-10 CRISPR/Cas 系统类型(Hagen 等，2013)

随着研究的深入，研究者发现了越来越多的 CRISPR/Cas 类型。2015 年发现的 CRISPR/Cas 系统在原来 3 种类型的基础上发展到 5 种类型和 16 种亚型，并将这 5 种类型根据 crRNA 成熟方式以及干扰效应物组成主要划分为两大类（Makarova 等，2015）。1 类系统包括原来的Ⅰ型和Ⅲ型系统，以及新发现的Ⅳ型系统；2 类系统包括原来的Ⅱ型系统和新加入的Ⅴ型系统。1 类系统的特点是具有由多个 Cas 蛋白与 crRNA 形成的复合体发挥干扰作用，而 2 类系统只需一个单一的 crRNA 结合 Cas 蛋白（如Ⅱ型系统的 Cas9 蛋白）即可发挥干扰作用。2016 年，张锋团队发现了靶向 RNA 的 Cas13 家族，随后根据其作用特点将其划入 2 类系统。截至目前，两大类 CRISPR/Cas 系统共分为 6 个类型（1 类系统的Ⅰ、Ⅲ和Ⅳ型系统；2 类系统的Ⅱ、Ⅴ和Ⅵ型系统），包括 33 个亚型（Makarova 等，2020），相信随着科学研究的继续开展，以后越来越多的类型会被发现。

2.3.1.4 天然 CRISPR/Cas 系统抗病毒原理

CRISPR/Cas 系统相当于细菌体内进化出的抵抗病毒入侵的天然免疫防御系统，此系统在细菌中发挥免疫作用时，大概可分为外源 DNA 的捕获、切割复合物形成及靶向切割三个阶段。

第一阶段，当病毒首次入侵细菌时，病毒的双链 DNA 被注入细胞内部。CRISPR/Cas 系统会从这段外源 DNA 中截取一段序列作为入侵者的“身份证”，然后将其作为新的间隔序列整合到基因组的 CRISPR 序列之中。因此，选取的这段与间隔序列对应的病毒上的序列被称为原间隔序列（protospacer）。原间隔序列的选取并不是随机的，而是取决于对入侵核酸中存在的原间隔序列相邻基序（protospacer adjacent motif，PAM）的特异性识别。PAM 通常由 NGG 3 个碱基构成（N 代表任意碱基）。当病毒入侵时，细菌中的 Cas 蛋白复合物扫描这段外源 DNA，并识别出 PAM 区域，然后将邻近 PAM 的 DNA 序列作为候选的原间隔序列。随后，Cas 蛋白复合物将原间隔序列从外源 DNA 中剪切下来，并在其他酶的协助下将原间隔序列插入第一个重复序列的上游。然后，CRISPR 序列会进行修复，在新加入的间隔序列前复制出一个新的重复序列。这样细菌将入侵病毒的一小段序列添加到了基因组的 CRISPR 序列之中。

第二阶段，当病毒再次入侵细菌时，CRISPR 序列及 Cas 蛋白开始表达。前导序列作为启动子快速启动 CRISPR 序列的转录，生成一段长的 pre-crRNA 分子。在Ⅰ型和Ⅲ型系统中，pre-crRNA 被 Cas6 核酸酶切割为成熟的 crRNA，crRNA 与 Cas3 蛋白复合体（Ⅰ型）或 Csm 多蛋白复合体（Ⅲ型）结合形成切割复合物。在Ⅱ型系统中，tracrRNA 同时也被转录完成，tracrRNA 与 pre-crRNA 的重复序列形成双链的 RNA 分子，并与 Cas9 蛋白结合，根据入侵者的 DNA 序列，细菌内的 RNaseⅢ对 pre-crRNA 进行剪切，最终只保留一段能识别入侵 DNA 的间隔序列和部分重复序列，进而形成能切割外源 DNA 的 tracrRNA-crRNA-Cas9 复合体（图 2-11）。

第三阶段，切割外源 DNA。组装好的切割复合物在 crRNA 的引导下，识别出与其互补的原间隔序列，并将复合物定位到原间隔序列的区域，多蛋白复合体（Ⅰ型和Ⅲ型系统）或 Cas9 蛋白（Ⅱ型系统）能将外源双链 DNA 解开并进行切割，使外源入侵病毒的双链 DNA 断裂。

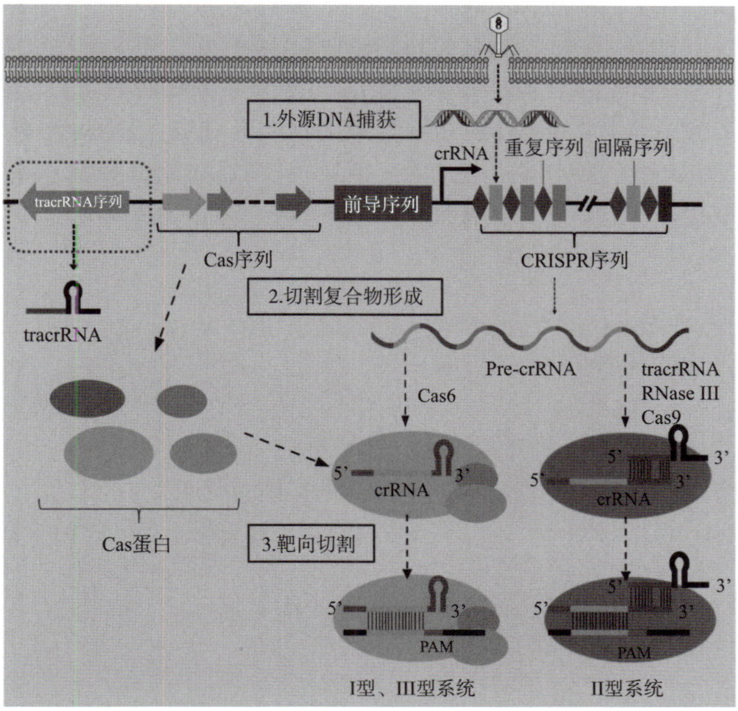

图 2-11 彩图

图 2-11 CRISPR/Cas 系统抵抗病毒入侵的机制示意图

2.3.2 CRISPR/Cas9 系统

研究人员参考细菌利用 CRISPR/Cas 系统防御病毒侵袭的机制,将这一系统巧妙地运用于人工基因组编辑中,成就了目前应用最广泛、操作最简单、成功率最高、花费最少的第三代基因编辑工具。由于Ⅱ类 CRISPR/Cas 系统发挥 DNA 切割作用时无需 Cas 蛋白复合体,只需单一的 Cas9 蛋白,因而 2013 年 CRISPR/Cas9 率先被改造,并成功用于小鼠和人类基因组编辑,而且也是目前最常用于人工基因组编辑的 CRISPR/Cas 系统。

2011 年,卡彭蒂耶研究组发现细菌中 CRISRP/Cas9 系统发挥作用时除了 crRNA 以外,还需要 tracrRNA,并解析了三者的作用模式,即 tracrRNA 通过与 crRNA 中的重复序列互补配对形成双链,引导 Cas9 到靶 DNA 并对其进行双链切割。随后 2012 年卡彭蒂耶和杜德娜合作发现化脓链球菌的 CRISPR/Cas9 系统能在体外切割特定 DNA 片段,并创造性地将 crRNA 和 tracrRNA 设计为一条嵌合的 RNA 链,使其同时具有 crRNA 和 tracrRNA 的特性(Jinek 等,2012),这样就更加简化了 CRISPR/Cas9 质粒,从这以后普遍使用的 CRISPR/Cas9 质粒即为二者的融合体,称为 single-guide RNA(sgRNA)(图 2-12)。2013 年张锋团队证实 CRISPR/Cas9 系统能够对真核生物细胞内的 DNA 进行编辑(Cong 等,2013),自此 CRISPR/Cas 系统作为新型的基因编辑工具被广泛应用。

Cas9 蛋白除了具有核酸内切酶的活性还能发挥解旋酶活性。细菌在抵抗病毒再次入侵时,tracrRNA-crRNA-Cas9 通过 crRNA 识别与其互补的原间隔序列,并将复合物定位到 PAM/原间隔序列的区域,Cas9 蛋白发挥解旋酶活性将外源 DNA 双链解开。crRNA 与原间隔序列处的互补链杂交,而另一条链则保持游离状态。Cas9 发挥核酸内切酶功能时有两个功能结构域:RuvC 和 HNH(图 2-12)。TracrRNA-crRNA-Cas9 复合物与靶 DNA 序列的结合能够驱动 HNH 构象发生改变,进而 HNH 结构域的切割活性被激活,同时 HNH 构象的变化也会激活 RuvC 结构域的切割活性。这样当 crRNA 与靶 DNA 互补配对结合后,Cas9 蛋白的 HNH 结构域切开与 crRNA 互补的 DNA 链,RuvC 结构域切开非互补链。最终,外源 DNA 形成双链断裂。依据细菌 CRISPR/Cas9 切割外源 DNA 的原理,只需知道靶基因的序列,便可通过设计特异的 gRNA,利用分子生物学方法将其连入含有 Cas9 蛋白的骨架质粒中,从而构建人工 CRISPR/Cas9 质粒,进行基因组修饰。

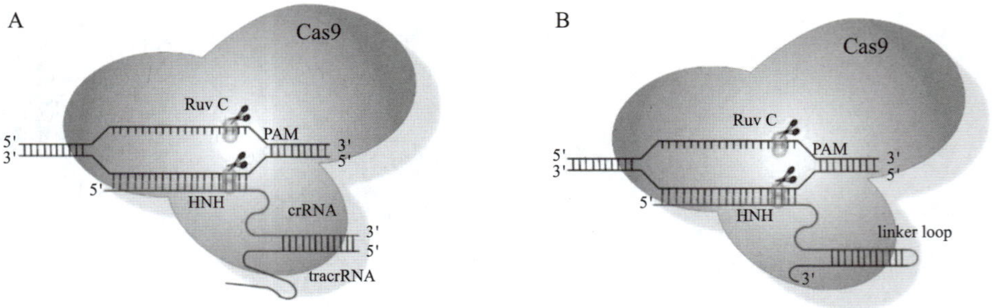

A. 天然的Ⅱ型 CRISPR/Cas9 系统;B. 将 crRNA 的 3′端与 tracrRNA 的 5′端连接形成嵌合型的 sgRNA

图 2-12　改进型 sgRNA 结构

在利用人工构建的 CRISPR/Cas9 系统进行基因组修饰时,只需满足以下两个条件:一是靶 DNA 序列中 3'端存在 PAM 序列(NGG);二是 sgRNA 的 5'端 20 nt 和靶序列碱基互补配对。PAM 序列是 CRISPR/Cas9 识别自身基因组与入侵基因组的重要标志。SgRNA 通过碱基识别和靶序列结合,Cas9 蛋白通过识别靶序列下游的 PAM 序列发挥切割作用,使 DNA 双链产生 DSB,DSB 是进行基因编辑的基础。

CRISPR/Cas9 系统中 sgRNA 的设计几乎只依赖于基因组中 NGG 序列,而在基因组中 NGG 的位点非常丰富,在每 128 bp 的随机序列中就可以找到一个 PAM 序列,几乎可以在任意基因内及基因间的位置进行靶向切割,因此基本可以满足所有研究者的需要。并且在实际操作中,只需将针对靶基因序列的 sgRNA 的 5'端 20 nt 左右的核苷酸序列连入 CRISPR/Cas9 质粒,再通过细胞转染或显微注射等常规的质粒转移操作即可对细胞内的任意基因进行修饰,设计和操作十分方便。另外通过设计针对多个基因的多个 sgRNA,可以实现同时对同一个体的多个基因进行编辑。正因为如此,CRISPR/Cas9 系统自被证实可以用于真核细胞基因编辑以来,很快应用于各个物种的基因编辑中,甚至在灵长目动物体内也成功地实现了应用,已成为应用最广泛、最有发展前景的基因编辑技术。

但是 CRISPR/Cas9 系统操作便利的同时也存在一些问题,正是该系统只需 20 个碱基与靶序列互补配对即可进行 DNA 切割,这就造成在庞大的基因组中可能存在与靶序列同源性较高的碱基序列而产生脱靶现象。事实上从 CRISPR/Cas9 系统开始作为基因编辑工具被利用时,领域内的科学家很快就关注并研究了它的脱靶问题,随之也证实了 CRISPR/Cas9 系统确实会造成一定程度的脱靶效应。

关于造成脱靶的原因也有较多研究,如 sgRNA 的长度及结构、sgRNA-Cas9 复合物的浓度以及 PAM 系列的长度等都认为是影响 Cas9 切割特异性的因素。值得一提的是,近期的一项体外研究发现,当 PAM 上游第 18～20 位及第 12～14 位发生错配时,Cas9 仍具有较高的切割活性，而第6～8、9～11位和15～17位的碱基错配会大大降低Cas9的活性，说明第18～20位及第12～14位的错配可能是造成CRISPR/Cas9系统脱靶的关键因素(Bravo，2022)。并且这项研究的学者们还利用冷冻电镜观察错配位点的分子结构解析了其中的原因。他们观察到，当gRNA-DNA杂合双链末端形成扭曲式构象(kinked conformation)时，Cas9才易于被激活，线性构象无法激活，另外先前的研究发现Cas9蛋白的REC3结构域是识别PAM远端碱基错配、防止脱靶效应的关键区(Chen等，2017)。他们观察到第12～14位碱基与REC3结构域并无直接相互作用，相当于此处是REC3的"盲区"，易被REC3结构域忽视而导致扭曲式构象出现和Cas9活化，导致脱靶。而当第18～20位碱基错配时，sgRNA-DNA双链会形成一种特殊的扭折结构，此时Cas9蛋白的RuvC结构域的特定位点能增强该构象的稳定性，并促进RuvC结构域与该错配位点的结合以及Cas9的活化，导致脱靶切割。基于此发现，研究者对RuvC的7处关键位点进行了突变，并将此突变体命名为SuperFi-Cas9。体外实验证明，SuperFi-Cas9与野生型Cas9对于完全匹配的靶序列具有相近的切割速率，但在第18～20错配位点的切割速率降低了500倍，这说明SuperFi-Cas9可能只降低脱靶率而并不降低切割效率。目前SuperFi-Cas9活性和脱靶率正在细胞内进行验证，若在活细胞中验证成功，可为将来的实验研究人员提供一个新的选择。在此之前，为了减少脱靶现象的发生，科学家们也曾对Cas9蛋白的RuvC结构域进行改造，将RuvC中的一个天冬氨酸突变为丙氨酸(D10A)，使RuvC失去核酸酶的切割功能，成为突变的Cas9蛋白，只能在DNA上产生单链缺口，因此此突变Cas9蛋白被称为Cas9n(Cas9 nikase)(Mali等，2013；Ran等，2013)。若要产生双链断裂，则需要在靶DNA上设计一对sgRNA，使Cas9n在双链DNA上分别切出一个单链缺口，成对的sgRNA可以提高序列的特异性同时并不影响切割效率。

当然，为了避免发生脱靶，也可以在设计靶向序列时，进行全基因组序列分析，避免基因组中相似序列较多的靶序列，目前网络上已有较多免费设计sgRNA的网站，设计的同时会进行sgRNA脱靶的预测，通过内置算法综合考虑打靶效率和脱靶效应，最终选择出最优的sgRNA供参考，为研究者提供了很大便利。

另外，也衍生出了一些其他应用。比如当研究者将Cas9的RuvC和HNH两个结构域同时进行改造，使其失去核酸内切酶活性时，Cas9蛋白将完全失去切割的能力，成为dCas9(dead Cas9)，dCas9仅具有gRNA的靶向功能，dCas9与转录抑制因子或转录激活因子连接，可用于基因表达的调控(Cheng等，2013)。

总之，CRISPR/Cas9系统不仅设计简单方便，而且效率足够高，具有更高的得到纯合子突变体的效率，而且可以同时在基因组的不同位置引入一个以上的突变，耗时短，没有物种限制，且成本很低，随着技术的不断改造和网络查询工具的成熟，也能对脱靶问题进行越来越好的控制，因而CRISPR/Cas9系统仍是目前应用最多的对DNA进行编辑的工具。

2.3.3 CRISPR/Cas12系统

2.3.3.1 CRISPR/Cas12a系统

CRISPR/Cas9系统功能多样，但它仅是CRISPR/Cas家族中的一员，也不是唯一具有定向基因编辑功能的CRISPR系统。2015年，张锋团队开发出了一种新的基因编辑工具CRISPR/Cas12a(最初被命名为CRISPR/Cpf1)(图2-13)。Cas12a属于CRISPRⅡ类效应蛋白，具有在单链引导RNA引导下切割目标核苷酸序列的功能，并具有较高的基因编辑效率

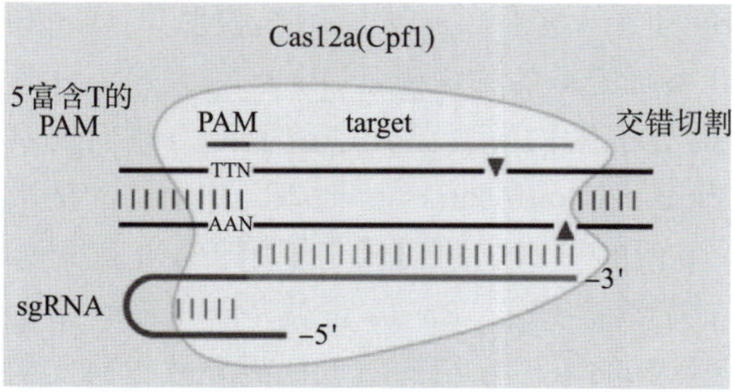

图 2-13 Cas12a(Cpf1)基因编辑示意图
(Zetsche 等,2015)
注:Cas12a 依靠单链 RNA 的引导,识别 TTN 序列,对 DNA 双链造成错位切割

(Zetsche 等,2015;Shmakov 等,2015)。Cas12a 与 Cas9 有多个方面的区别,其大小仅为 1 200~1 300 个氨基酸。Cas12a 不仅能靶向 DNA 序列进行切割,还具有 RNA 内切酶活性(Tu,2017)。在进行序列切割时,Cas12a 首先转录出 pre-crRNA,这一过程不需要 tracrRNA 的参与,仅靠 Cas12a 本身即可完成,并完成 crRNA 的加工。Cas12a 随后与 crRNA 形成二元复合物,实现对靶序列的识别和剪切(Fonfara 等,2016)。

Cas12a 依靠其 RuvC-like 核酸内切酶功能结构域行使其切割功能,而 Nuc 结构域并不直接靶向 DNA,只是作为 RuvC 的辅助结构域发挥功能,因此当 RuvC 结构域突变后,整个蛋白将失去切割 DNA 的能力(Gao 等,2016;Yamano 等,2016)。在靶序列偏好性上,Cas12a 与 Cas9 也有所不同,Cas9 的切割依赖 NGG 序列,表现出对鸟嘌呤的偏好性,而 Cas12a 偏好胸腺嘧啶,其识别的 PAM 序列为 TTN 序列,目前使用较多的毛螺菌科 Cpf1(Lachnospiraceae Cpf1, LbCpf1)以及氨基酸球菌属 Cpf1(*Acidaminococcus* Cpf1, AsCpf1)都具有这样的特点(Fagerlund 等,2015;Tang 等,2017)。在此基础上,来源于弗兰西斯菌的 Cpf1(*Francisella novicida* Cpf1, FnCpf1)识别的 PAM 序列为 5′-KYTV-3′(K 指 T、G;Y 指 C、T;V 指 A、C、G)(Tu 等,2017)。而 AsCpf1 的突变体 RVR(S542R/K548V/N552R)和 RR(S542R/K607R)则分别可以识别 5′-TATV-3′ PAM 序列和 5′-TYCV-3′ PAM 序列(Gao 等,2017)。可见 Cas12a 的基因编辑可选择范围较 Cas9 更大。此外,就切割位点而言,Cas9 位于 PAM 序列上游 3 bp 处,而 Cas12a 则处于 PAM 下游的 23 bp 和 18 bp 碱基处,从而在切割后,较难对 PAM 序列造成破坏,利于在细胞 NHEJ 后的第二次切割,进一步提高切割效率,Cas9 则较难进行二次切割(Yang 等,2017)。Cas12a 蛋白切割后,在 DNA 双链上将形成黏性末端,可以使同源重复修复的概率增加,利于外源基因的定点插入(Zetsche 等,2015)。Cas12a 还具备较高的多基因编辑效率和较低脱靶率的特点。

在 Cas12a 出现以来,目前已经在多种生物中实现了基因编辑。在微生物中,FnCpf1 被用于蓝细菌的基因定点编辑(周晨晨等,2018)。在植物中,实现了水稻的多基因编辑(Hu 等,2017)以及对大豆 *FAD2* 基因和烟草 *AOC* 基因的编辑(Kim,2017)。在动物细胞中,根据 Cas12a 仅需要 crRNA 就能进行编辑的特性,Zetsche 等通过设计 CRISPR 阵列,即替换间隔序列为向导序列,实现了在 HEK293T 细胞中的 *DNMT1*、*EMX1*、*VEGFA*、*GRIN2b* 等四基因编辑,并实现了小鼠大脑的 *DRD1*、*MECP2* 和 *NLGN33* 三基因编辑(Zetsche 等,2016)。此外,Cas12a 也被用于开发核酸检测技术(Chen 等,2018),表现出在基因诊断中的巨大潜力。总之,Cas12a 在动物基因编辑中具有较好的应用前景。

2.3.3.2 CRISPR/Cas12b 系统

Cas12b 是与 Cas12a 同源的蛋白,属于 CRISPR/Cas 中的第 2 类 V 型蛋白的 B 亚型,在组成结构和作用机制方面与 Cas12a 相似,其不同点在于作用温度存在差异。Cas12b 的最佳工作温度较高,因此其在哺乳动物中的应用受到限制。研究显示,源于嗜酸性芽孢杆菌(*Bacillus hisashii*)的 BhCas12b 核酸酶在 37℃时无法形成双链断裂,因此编辑效率较低(Yan 等,

2019；Nakade 等，2017）。Cas12b 切割 DNA 时会对靶向位点中的 7 个核苷酸造成交错断裂。也有研究解析了源于嗜酸耐热菌（*Alicyclobacillus acidoterrestris*）的 AacCas12b 核酸酶及其 sgRNA 的晶体结构，发现 Cas12b 核酸酶由 Rec 和 Nuc 组成双叶结构，sgRNA 复合物支架形成四螺旋结构，crRNA 位于 AacCas12b 核酸酶内部（Liu 等，2017）。

由于 Cas12b 具有嗜高温的特性，因此在哺乳动物中的应用受到了限制，针对这一缺点，Strecker 等（2019）将 AacCas12b 突变后，获得了 V4 突变体，通过在 293T 细胞中 56 个靶点的检测，发现该突变体的切割效率较强，以此筛选出了可以在低温下具有较高切割活性的 Cas12b 蛋白，在人 CD4＋ T 细胞中的 3 个靶位点使用 BhCas12b v4-sgRNA 进行测试时，发现细胞中靶点发生突变的概率为 32％～49％，表现出在哺乳动物细胞中应用的较大潜力。此外，中国科学院动物研究所的 Teng 等（2018）也鉴定出能在人体生理温度工作的 Cas12b/C2c1 酶，将其中两种 Cas12b/C2c1 酶开发成为哺乳动物基因组编辑工具，能够编辑人类细胞基因组并应用于制备动物疾病模型。

与 Cas9 和 Cas12a/Cpf1 酶相比，Cas12b/C2c1 酶的优势在于应用更加广泛。Cas12b/C2c1 是双 RNA 导向的核酸酶，识别 5′-TTN 的 PAM 序列，切割 DNA 后产生黏性末端。Cas12b/C2c1 的分子量比 SpCas9 和 Cas12a/Cpf1 要更小，在体内递送的基因治疗的应用中将更加方便。Cas12b/C2c1 发挥作用的温度范围和 pH 范围较广，理论上适用于具有不同生理温度的多个物种。与 SpCas9 相比，Cas12b/C2c1 在人血浆中的稳定性更好。此外，Cas12b/C2c1 对向导 RNA 与靶 DNA 之间的碱基错配的耐受性较低，相比 SpCas9 和 Cas12a/Cpf1 更难发生脱靶效应，因此在实际应用时同样具有较大潜力。

2.3.4 CRISPR/Cas13 系统

前期发现的 CRISPR/Cas 系统主要是靶向 DNA，2016 年张锋团队通过分析原核生物基因组数据库和宏基因组数据库发现了 CRISPR/Cas13 家族，与 Cas 家族其他类型最大的不同是它是靶向 RNA，能在转录水平上干扰基因的表达（Abudayyeh 等，2016）。DNA 序列一旦被编辑成功，在很大程度上会遗传给后代，具有永久性与不可恢复性。由于 RNA 引起的改变是暂时、非永久性的，RNA 编辑系统可以从 RNA 水平上进行修复而不会被永久性地遗传（He 等，2020）。

2 类 CRISPR/Cas 系统目前包括 3 种不同的类型：Ⅱ、Ⅴ 和 Ⅵ，它们被细分为 11 个亚型（Makarova 等，2020）（图 2-14）。2 类的 CRISPR/Cas 具有同源的核酸酶结构域，即Ⅱ型和Ⅴ型的 RuvC 家族 DNase 结构域和Ⅵ型的较高等真核生物和原核生物核苷酸结合（higher eukaryotes and prokaryotes nucleotide-binding，HEPN）RNase 结构域，所以Ⅵ型 CRISPR/Cas 系统是原核生物中唯一已知的专门针对 RNA 的免疫系统（Abudayyeh 等，2017；Yan 等，2018）。CRISPR/Cas13 家族属于 2 类 CRISPR/Cas 系统Ⅵ型，包含单一的效应蛋白质 Cas13 与 CRISPR RNA（crRNA）组装时形成一个由 crRNA 引导的 RNA 靶向效应复合物。目前已发现 Cas13 蛋白家族包括 4 种亚型：Cas13a（最初称为 C2c2）、Cas13b、Cas13c、Cas13d（Shmakov 等，2017；Yan 等，2018）（图 2-14），都包括单个 Cas13 蛋白和 64～66nt 的 crRNA（Shmakov 等，2017；Yan 等，2018）（图 2-14）。所有 Cas13 蛋白都具有 2 种不同的核糖核酸酶活性：一种 RNase 活性负责将 pre-crRNA 处理成成熟的 crRNA，释放单独的 crRNAs，允许多重靶向应用；而另一种 RNase 活性由 2 个 HEPN 结构域提

图 2-14 彩图

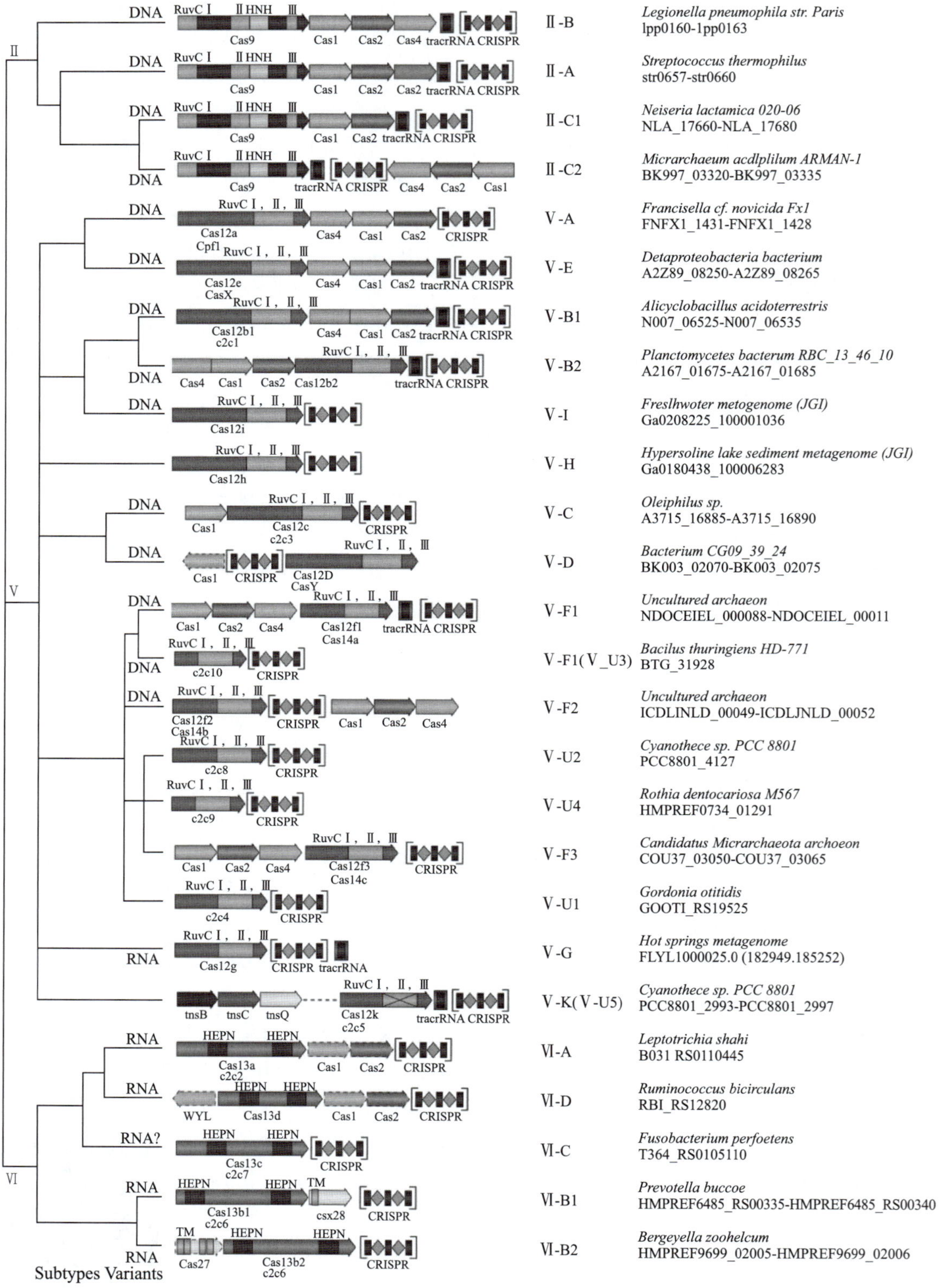

图 2-14 更新的 2 类 CRISPR/Cas 系统(Makarova，2020)

供，靶向切割靶标 ssRNA，在病毒干扰过程中是必需的，但不能切割 dsRNA、ssDNA 或 dsDNA（Shmakov 等，2015）。Cas13 4 个亚型的氨基酸序列同源性很低，同源序列主要是保守的两个 HEPN 结构域，HEPN 结构域分列于 Cas13 蛋白的 N 端和 C 端。由于Ⅵ-B 型基因座中存在的一些其他特征将其进一步划分为 B1 和 B2 亚型。如Ⅵ-B1 系统具有额外的 ORF——Csx28，其编码具有一个跨膜结构域和一个 HEPN 结构域的小蛋白质；Ⅵ-B2 系统在许多情况下存在不同的 ORF——Csx27，也编码一个小蛋白质，包含 3～4 个预测的跨膜结构域（Smargon 等，2017）（图 2-15）。

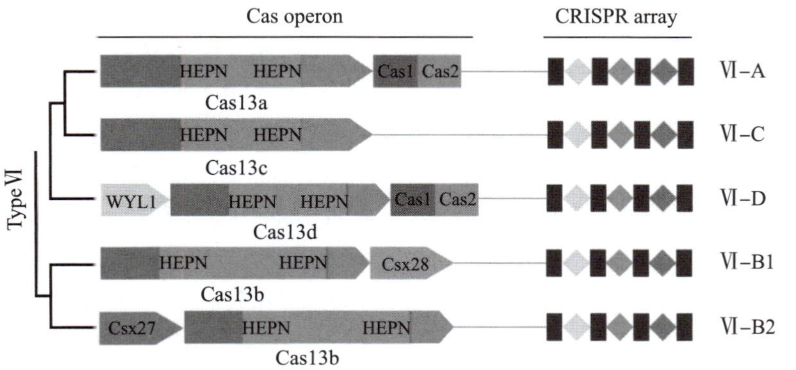

图 2-15 彩图

图 2-15　CRISPR/Cas13 家族分类（陈敏洁等，2020）

CRISPR/Cas13 系统的防御分子机制与其他 CRISPR/Cas 系统非常相似，主要分为 3 个阶段：①适应阶段，在此阶段 Cas1-Cas2 蛋白复合物（有时包含额外的亚基）通过复制粘贴机制在 CRISPR 阵列的 5′端重复序列之间插入目标 RNA 的一段序列—原间隔序列（protospacer flanking site，PFS），以创建新的间隔子；②表达和处理阶段，当 CRISPR 阵列转录成一个单一的、长的转录本时，其前体 CRISPR RNA（pre-crRNA）随后被一个相关的 Cas 蛋白复合物或外部 RNase 加工成成熟的 CRISPR RNA（crRNAs）；③干扰阶段，成熟的 crRNA 能够招募 Cas 13 蛋白形成二元复合体，以 crRNA 为向导对靶标 RNA 进行切割（图 2-16）。

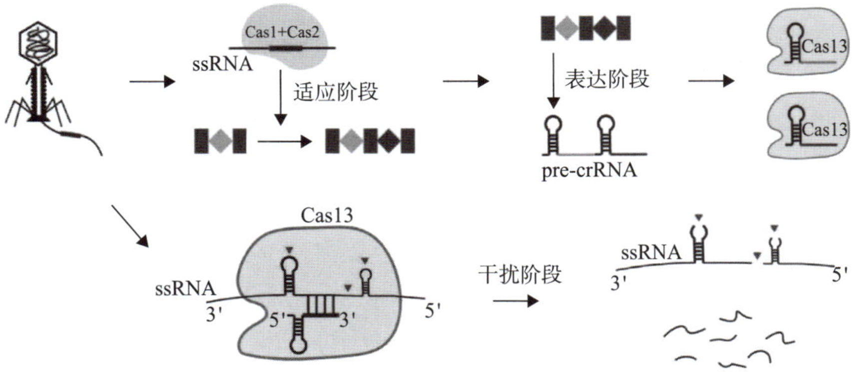

图 2-16　CRISPR/Cas13 家族分子防御机制（陈敏洁等，2020）

注：CRISPR/Cas13 分子防御的 3 个阶段。RNA 噬菌体入侵被 Cas1 和 Cas2 蛋白识别捕获的适应阶段；CRISPR 序列表达形成 pre-crRNA，经过相关蛋白处理形成成熟的 crRNA，招募 Cas13 蛋白形成复合物；当外源 RNA 噬菌体再次入侵时，Cas13-crRNA 复合物通过碱基互补配对对 ssRNA 进行靶向切割裂解。切割位点由图中三角表示

与传统的DNA编辑系统相比,RNA编辑有不少优点。首先,RNA编辑不需要同源指导修复(HDR)机制,因此适用于不分裂的细胞。Cas13酶不需要靶位点上的PAM序列,比Cas9更灵活。目前利用CRISPR/Cas13系统已应用于对RNA进行敲除、诊断、编辑、追踪及成像(Wang等,2019)等领域。Cas13a是第一个被用于靶向RNA切割的效应蛋白,张锋课题组(Abudayyeh等,2016)鉴定出一种RNA引导的能够靶向结合和降解RNA的酶Cas13a(C2c2),验证其功能时首次证实Cas13a经基因编辑后能够切割细菌细胞中的特定RNA序列。随后其课题组将LwaCas13a系统进行调整,使之在哺乳动物细胞中发挥作用,首次证实能够特异性地降低哺乳动物细胞中的内源性RNA和报告RNA表达水平(Abudayyeh等,2017)。基于Cas13的RNA敲除技术与传统的RNAi技术相比,具有更高的效率和特异性以及更低的脱靶率,几乎可以靶向任何编码基因。基于CRISPR/Cas13系统的RNA敲除技术目前已经被应用到许多领域,如在植物中敲除芜菁花叶病毒(TuMV)、马铃薯Y病毒(PVY)、马铃薯X病毒(PVX)、烟草花叶病毒(TMV)等(Aman等,2018a;Aman等,2018b;Mahas等,2019;Zhan等,2019);在哺乳动物细胞中敲除单链RNA病毒,如淋巴细胞性脑膜炎病毒(LCMV)、甲型流感病毒(IAV)、水泡性口炎病毒(VSV)、猪繁殖与呼吸综合征病毒等(Freije等,2019;Li,2019);癌症和代谢相关的转录本的敲除与敲降,如*KRAS*、*Pcsk9*、*Pten*、*lncLstr*、*Ptbp1*等(He等,2020;Zhao等,2018;Zhou等,2020)。Cas13a和Cas13b特异性靶向后附带的非特异性的旁系切割RNA酶活性也被张锋课题组开发应用于超灵敏核酸快速检测,如SHERLOCK检测系统,其结合等温扩增技术将病毒检测的灵敏度增加了100万倍(Gootenberg等,2017)。2019年张锋课题组开发了CARVER(Cas13-assisted restriction of viral expression and readout)平台,其利用基于Cas13的核酸检测技术SHERLOCK,实时测量Cas13靶向后的病毒RNA水平(Freije等,2019)。Zhang等(2020)开发了一种名为CRUIS(CRISPR-based RNA-united interacting system)的可编程RNA相互作用蛋白质检测工具,该系统采用了基于LwaCas13a RNA靶标和邻近标签TPUP-IT (pupylation-based interaction tagging)技术结合,以实现活体细胞中附近蛋白质的特定RNA的成像和标记。

在四种Cas13蛋白中,主要存在于Eubacterium和Ruminococcus中的Cas13d是目前已知的最小的Cas13蛋白,约为928个氨基酸,比Cas13c小190个氨基酸,比Cas13b小200个氨基酸,比Cas13a小300个氨基酸(Shmakov等,2017;Yan等,2018)。Yan等(2018)与Konermann等(2018)将来自不同菌种的Cas13d进行表征与功能验证,证明其可敲除人细胞中内源的RNA。由于本身分子量比较小,Cas13d更容易被包装入AAV,因而Cas13d-AAV作为原代细胞和体内递送工具更有优势,目前已在疾病的基因治疗中展现出巨大潜力,Cas13d-AAV将成为原代细胞和体内递送的有力工具,也为新兴或突变的病毒治疗办法的开发提供了强有力的帮助(Nguyen,2020)。另外,2021年张锋研究团队(Kannan等,2021)从数千个Cas13酶中鉴定并表征了一个超小型Cas13酶——Cas13bt,其尺寸只有其他Cas13酶的1/2大小,这种微型尺寸的RNA编辑工具可以被装进单个AAV病毒中,从而实现体内的RNA编辑,进一步突破了体内递送瓶颈问题。

2.3.5 单碱基编辑系统

CRISPR/Cas9基因编辑系统简便、高效,被广泛应用于基因功能研究和利用。CRISPR/Cas9基因编辑技术同ZFN和TALEN一样依赖于在靶位点进行切割产生双链断裂,进而激活细胞内的 DNA 修复机制，实现编辑基因的目的。DNA 修复机制主要包括两种方式：非同源末端连接（non-homologous end-joining，NHEJ）和同源重组修复（homology directed repair，HDR）。NHEJ 容易引起随机插入和缺失（indel），是一种相对不可控的修复模式。HDR 是在外源同源模板存在的情况下引入外源序列，虽然这种修复方式的精确性高，但是细胞中的同源重组修复效率低，为 0.1%～5%，同时利用 HDR 进行基因编辑的修复时需人工构建外源的同源打靶序列。因此，传统的 CRISPR/Cas9 技术虽然能够简便高效地进行 indel 式的基因编辑，但是利用 HDR 对 DNA 序列中单个碱基进行精确的编辑还是存在效率低、较繁琐的问题，CRISPR/Cas9 在这一过程中可能产生的脱靶效应也是不可回避的一个问题，而单碱基编辑技术的出现有效地克服了这些不足。

Cas9 蛋白中含有两个具有核酸切割活性的结构域：HNH 结构域和 RuvC 结构域，其中 HNH 结构域切割与 crRNA 互补的 DNA 链，而 RuvC 结构域切割非互补链。RuvC 结构域可分为 3 个亚结构域：RuvC Ⅰ、RuvC Ⅱ 和 RuvC Ⅲ，RuvC Ⅰ 接近于 Cas9 的氨基端，RuvC Ⅱ 和 RuvC Ⅲ 位于 HNH 结构域的两侧。若仅对 Cas9 中的 RuvC Ⅰ 进行突变，具体而言就是让 RuvC Ⅰ 的两个关键氨基酸残基中的一个转换成丙氨酸（D10A 或 H840A），从而得到 Cas9 切口酶（Cas9 nickase，Cas9n）。这种切口酶不能切割非互补 DNA 链，仅能切割与 crRNA 互补的 DNA 单链。如果同时让 Cas9 中的 HNH 和 RuvC 这两个结构域发生突变，便可得到仅对 DNA 有结合活性但没有切割活性的 dCas9（nuclease-dead Cas9）。2016 年 4 月，哈佛大学 David Liu 实验室在 Nature 杂志上第一次发表了不需要 DNA 双链断裂即可进行单碱基转换的基因编辑技术——单碱基编辑技术（base editor，BE）（Komor 等，2016）。单碱基编辑技术通过将 Cas9 切口酶或无核酸酶活性的 Cas9（dCas9）与胞嘧啶脱氨酶形成融合蛋白，并通过 sgRNA 将融合蛋白靶向靶位点，在不切割 DNA 双链的情况下直接对靶基因位点的单个碱基进行胞嘧啶（C）→胸腺嘧啶（T）或鸟嘌呤（G）→腺嘌呤（A）的单碱基转换。单碱基编辑技术的出现促进了点突变基因编辑的有效性和使用范围。

2.3.5.1 DNA 嘧啶单碱基编辑系统

DNA 嘧啶单碱基编辑系统即只能进行 C→T 或者 G→A 定点改变的单碱基编辑系统。2016 年，David Liu 实验室利用 16 个碱基长的 XTEN 接头（XTEN linker）将大鼠胞苷脱氨酶 APOBEC1 与 dCas9 连接在一起，从而构建出第一代碱基编辑器（the first-generation base editor，BE1）（Komor 等，2016）。BE1 可以对 DNA 碱基进行直接且不可逆的编辑，同时不需要 DNA 双链断裂，也不要提供额外的 DNA Donor 模板。APOBEC1 与 dCas9 复合体在 sgRNA 的引导下，对 DNA 的靶点碱基进行脱氨反应，将碱基 C 变成碱基 U，碱基 U 可以在随后的复制过程中被识别为碱基 T，从而实现 DNA 中 C→T（或者 G→A）的直接修改（图 2-17）。BE1 表现出大约 5 个核苷酸的编辑窗口（editing window）：靶位点 4～8（将距离 PAM 的远端作为第 1 号位点）。编辑窗口是指 sgRNA 与 DNA 形成的 R-loop 区内可以被 CBE 酶脱氨基的位点数量。但是 David Liu 实验室也考虑到细胞内的 DNA 修复机制可能会影响碱基编辑的 U：G 配对产物，因为细胞内的 Uracil DNA glycosylase（UDG）蛋白可以催化 U 从 DNA 链上移除，并且启动碱基切除修复过程（base-excision repair，BER），从而将 U：G 碱基修复为 C：G 碱基，这样在很大程度上影响了基因编辑效率。

为了增加体内编辑效率，David Liu 团队在 BE1 的基础上构建了第二代碱基编辑器（BE2）系统（Komor 等，2016）。BE2 除了将胞苷脱氨酶与 dCas9 连接在一起之外，还将碱基切除修复抑制剂 UGI(uracil DNA glycosylase inhibitor)与 dCas9 融合在一起,从而将编辑效率提高 3 倍,最高达到 20%左右。对 BE1 和 BE2 而言,碱基插入或删除发生率是非常低的(<0.1%),这是因为它们并不直接切割 DNA。为了将碱基编辑效率提高到 50%以上,需要采取一种方法将靶 DNA 链上的碱基编辑复制到另一条 DNA 链上。为了做到这一点,David Liu 团队将 dCas9 换为 Cas9n 来模拟错配修复,从而构建出第三代碱基编辑器(BE3)(Komor 等,2016)。BE3 在非互补 DNA 链上产生切口,使得它在细胞看来是“新合成的”。因此,细胞使用含尿嘧啶(U)的 DNA 链作为模板来进行修复,从而复制这种碱基编辑。在人细胞系的多种靶基因中,这种 BE3 系统将碱基编辑效率增加到 30%以上,它的平均 indel 发生率仅为 1.1%。对这些测试的靶基因而言,这些数字是对 Cas9 介导的 HDR 的巨大改进;HDR 介导的编辑频率平均仅为 0.5%,并且相比于单碱基编辑,更多的 indel 被观察到。在多次细胞分裂中,CRISPR 碱基编辑持续存在,这表明这种方法产生稳定的碱基编辑。然而,这种 BE3 系统也会遭受基于 Cas9 而不是 APOBEC1 的脱靶活性产生的脱靶编辑。

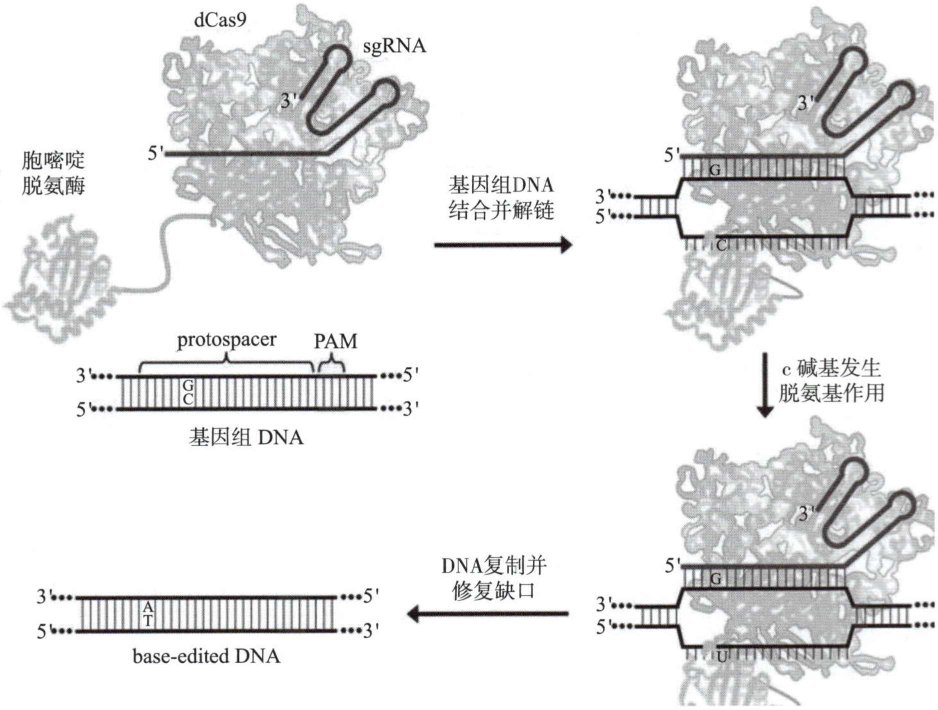

图 2-17　BE1 介导的 C 到 U 的转换原理示意图(Komor,2016)

Nishida 等(2016)在一项研究中通过展示碱基编辑变异体的益处而进一步证实了碱基编辑的实用性。他们通过将来自海鳗(sea lamprey)的胞苷脱氨酶 AID(activation-induced cytidine deaminase)与 Cas9n 融合在一起而构建出 Cas9n-AID 碱基编辑器。2017 年,David Liu 团队(Komor 等,2017a)利用其他的脱氨酶(AID、CDA1 和 APOBEC3G)构建出 BE3 变异体。CDA1-BE3 和 AID-BE3 比 BE3 对序列中 G 碱基后相邻的 C 碱基有更高的编辑效率,但是 APOBEC3G 表现出难以预测的序列偏好性。这些结果证实这种特定的脱氨酶和将这种脱氨酶附着到 Cas9 上的方法影响碱基编辑作用和效率。同一年,David Liu 团队又利用天然的和经过基因改造的 Cas9 变异体开发出 5 种具有不同 PAM 序列的新型碱基编辑器,从而扩大可进行碱基编辑的靶位点数量(Kim 等,2017)。对每种碱基编辑器而言,他们观察到编辑活性最小为 50%左右,并且证实每种融合蛋白保持 Cas9 蛋白在未融合时的 PAM 性质。David Liu 团队也让每种碱基编辑器中的胞苷脱氨酶部分发生突变,从而构建出编辑窗口小到 1~2 个核苷酸的 SpCas9 碱基编辑器。为了减少与碱基编辑相关的脱靶效应,该团队很快又构建出 HF-BE3,即一种含有高保真度 Cas9 变异体 HF-Cas9 的碱基编辑器(Rees 等,2017)。他们随后利用具有较高的脱靶切割率的 gRNA 测试了原始的 BE3 和 HF-BE3,结果发现 HF-BE3 的脱靶编辑比 BE3 降低了 37 倍,仅在靶编辑效率略有下降。为了进一步提高特异性,他们纯化了 HF-BE3 蛋白,用来将核糖核蛋白颗粒(RNP)递送到斑马鱼胚胎和小鼠内耳中。研究进一步展示了碱基编辑有潜力精确修饰基因组。

在 BE3 或 HF-BE3 应用的过程中,研究者观察到了不想要的 C→G 或 C→A 转换,而不是始终如一的 C→T 转换,这导致编辑的产物不纯,同时也影响基因编辑的效率。David Liu 团队猜测这些副产物是在碱基切除修复期间尿嘧啶 N-糖基化酶(UNG)切除引起的(Komor 等,2017b)。虽然第三代碱基编辑器包含 UNG 抑制剂 UGI,但是添加第二个 UGI 拷贝可提高碱基编辑产物的纯度。此外,该团队通过延长 APOBEC1-Cas9n 和 Cas9n-UGI 中的接头长度提高了碱基编辑产物的纯度,这些改进一起代表了第四代碱基编辑器(BE4)(Komor 等,2017b)。与 BE3 相比,BE4 使得 C→G 和 C→A 基因编辑产物减少了 2.3 倍,并且让 indel 发生率减少了 2.3 倍。为了进一步降低第四代碱基编辑器中已经很低的 indel 发生率,该团队将噬菌体蛋白 Gam 融合到 BE4 的氨基端上。Gam 结合到 DNA 双链断裂的自由端,这可能导致细胞死亡而不是 NHEJ 修复,因而这会清除碱基编辑细胞群体中的这些发生 DNA 双链断裂的细胞。将 Gam 添加到 BE4 中可将 indel 发生率降低 1.5~2 倍。在 2016—2017 年两年内,科学家们已将碱基编辑领域扩展到 BE2 和 BE3 之外。各种 Cas9 变体、胞苷脱氨酶和辅助蛋白的使用已构建出一套具有互补和重叠功能的碱基编辑器,碱基编辑的实用性在不断提高。

2.3.5.2 DNA 嘌呤单碱基编辑系统

嘧啶型碱基编辑仅限于靶 DNA 链上的 C→T 转换,或互补 DNA 链上的 G→A 转换。在完成嘧啶碱基基因编辑后,David Liu 研究团队寻求构建腺嘌呤碱基编辑器(adenine base editor,ABE)的方法。腺嘌呤(A)脱氨后产生次黄嘌呤(I),碱基 I 可以被 DNA 聚合酶识别并与碱基 C 配对,然后通过复制成为碱基 G。尽管在理论上是可行的,但是已经报道的腺苷脱氨酶均作用在游离的腺嘌呤、腺苷或者 RNA 中的腺嘌呤,至今没有发现任何酶能够催化双链 DNA 上的腺苷脱氨过程。鉴于没有已知的 DNA 腺嘌呤脱氨酶,David Liu 研究团队巧妙地通过定向进化和蛋白质工程化改造技术对来自大肠杆菌的脱氨酶 TadA 进行改造,使之可以作用在 DNA 上,催化 DNA 的腺嘌呤脱氨过程。经过七轮分子进化,David Liu 团队(Gaudelli 等,2017)获得了四种腺嘌呤碱基编辑器:ABE7.10、ABE 6.3、ABE 7.8 和 ABE 7.9。ABE7.10 是最活跃的编辑器,它表现出 53%的平均编辑效率,它的编辑窗口为靶位点 4~7。ABE 6.3、ABE 7.8 和 ABE 7.9 具有略宽的编辑窗口:靶位点 4~9,不过在靶位点 8~9 上的编辑效率可能更低。

2.3.5.3 先导编辑系统

嘧啶单碱基编辑系统和嘌呤单碱基编辑系统能够对单个碱基进行修改,但仅限于四种修改,即将 C 变成 T(互补链将 G 变成 A),或者将 A 变成 G(互补链将 T 变成 C),并且也存在潜在的脱靶问题。2019 年 10 月,David Liu 研究团队开发出一种新型碱基编辑系统——先导编辑系统

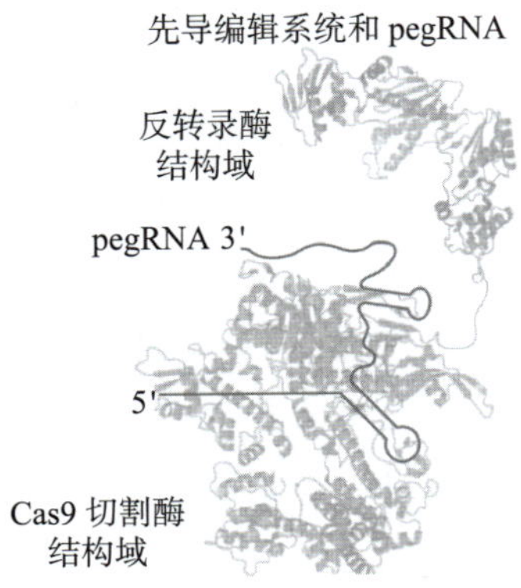

图 2-18　先导编辑系统示意图
（Anzalone 等，2019）

(prime editor，PE)，先导编辑系统能够在不依赖双链断裂和供体 DNA 的条件下有效实现任意碱基的转换（C→T，G→A，A→G，T→C，C→A，C→G，G→C，G→T，A→C，A→T，T→A，T→G）（Anzalone，2019）。先导编辑系统相较于之前的碱基编辑系统主要有两个关键的改造：一是改造 sgRNA，在 sgRNA 的 3′末端增加一段 RNA 序列，这种 sgRNA 被称为先导编辑 gRNA（prime editing gRNA，pegRNA）；另一改造是将 Cas9n（H840A）与逆转录酶融合构建融合蛋白（图 2-18）。pegRNA 上新添加的 RNA 序列包括两方面的作用，一段序列作为引物结合位点（primer binding site，PBS），与断裂的靶 DNA 链 3′末端互补以起始逆转录过程；另一段序列作为逆转录的模板，上面携带有目标点突变或插入缺失突变从而实现精准的碱基编辑（Anzalone 等，2019）。因此与 sgRNA 相比，pegRNA 不但能够结合靶 DNA 区域，还自带“修改模板”，省去了额外添加供体 DNA 模板的步骤。

图 2-19 彩图

先导编辑的工作原理如图 2-19 所示，首先是在 pegRNA 的引导下，Cas9n-逆转录酶融合蛋白靶位点，Cas9n 切断非互补的靶 DNA 链，pegRNA的 3′末端 PBS 序列随即与断裂的靶 DNA 链互补并结合，之后逆转录酶发挥功能，以 pegRNA 上的逆转录模板序列作为模板开始逆转录反应，这样在原来切口处继续合成新的 DNA 链，形成一个 3′分支序列（3′flap），3′flap 与原来的 DNA 序列展开竞争，原有序列形成 5′flap，其中 3′flap 的 DNA 链携带有构建的目标突变。5′flap 结构易被细胞内结构特异性核酸内切酶 FEN Ⅰ（flap endonuclease Ⅰ）识别并切除，之后经 DNA 连接和修复便实现了精准的基因编辑。

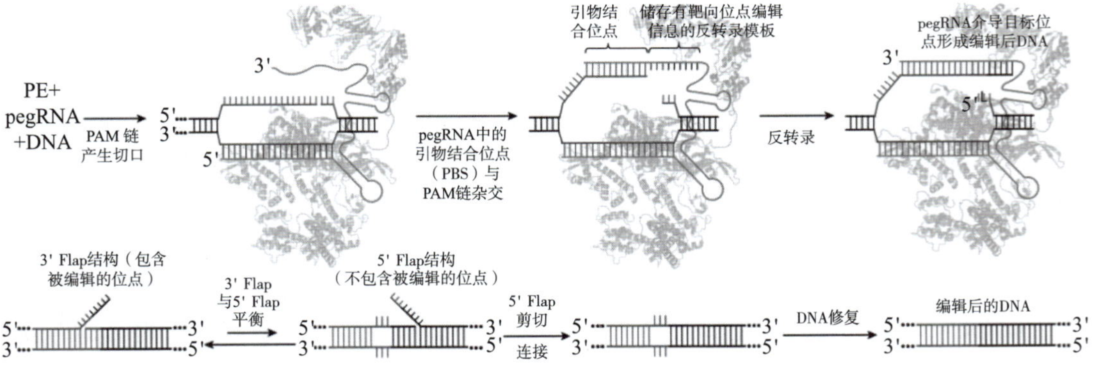

图 2-19　先导编辑系统工作原理示意图（Anzalone 等，2019）

上文所述为 David Liu 团队构建的第一代先导编辑系统（the first prime editor，PE1），在 PE1 的基础上该团队又修改了逆转录酶部分氨基酸序列，改善了逆转录酶的热稳定性、逆转录连续性以及与 DNA、RNA 结合紧密性，提高了编辑效率，建立了 PE2 系统。在 PE2 基础上，在 pegRNA 下游 50 bp 附近，引入另一条与 pegRNA 方向相反的 sgRNA，达到分别切割非互补链的目的，建立 PE3 系统，进一步提高了编辑效率。在 HEK293T 中，经过优化的 PE3 最高编辑效率可达 78%(Anzalone 等,2019)。

PE 在不依赖 DSB 和供体 DNA 的条件下便可有效实现所有 12 种碱基的转换,此外还能有效实现多碱基的精准插入(最多可插入 44 bp)和删除(最多删除 80 bp)(Anzalone 等,2019),而且脱靶率较 CRISPR/Cas9 系统低很多,这一新型的工具为基因编辑领域带来了重大变革。该技术已经在人类疾病研究及其相关动物模型制备、动物和植物育种等方面显现出巨大潜力,该技术的进步必然会推动生命科学研究、农业生产和生物医药等领域的快速发展。但是逆转录酶作为主要构成要件,细胞内过表达这些酶可能仍然存在风险,这也在一定程度上限制了其在体内的临床应用。相信随着技术的不断进步和优化,PE 会进一步提高其效率、特异性和安全性。

2.3.6 其他 CRISPR/Cas 系统

2.3.6.1 CasX 和 CasY

2017 年,Jennifer A. Doudna 的研究团队报道了新发现的 CasX 和 CasY 系统(Burstein 等,2017;Yang 等,2017),二者均比较小,其中 CasX 的大小不到 1 000 个氨基酸。CasX 和 CasY 都是通过对细菌的宏基因组进行测序发现的,CasX 及 CasY 与 Cas12 系统均包含 TnpB 效应酶,与 Cas12a 的系谱相距较远,均属于Ⅴ型 CRISPR 系统(图 2-20)。通过构建重组载体,证明 CasX 及 CasY 都具有切割外源基因序列的功能,但是否具有应用于基因编辑的能力还未被证实。CasX 与之前发现的 Cas9 和 Cas12a 的相似性较小,且与其他 CRISPR/Cas 酶的结构和分子机制有所不同。通过构建重组载体,证明 CasX 对人类和大肠杆菌的基因组都具有修饰作用(Liu 等,2019),可以在向导 RNA 的引导下实现对双链 DNA 的特异切割。由此可见,CasX 是细菌和人类细胞中潜在的一种有效基因编辑工具,其似乎是在细菌中进化出的独立于其他 Cas 蛋白的一种特殊蛋白,CasX 能够切割双链 DNA,结合 DNA 并调节基因的表达,同时还能靶向作用特殊的 DNA 序列。此外,通过使用冷冻电子显微镜观察 CasX 蛋白在基因编辑过程中的蛋白分子组成和形状,认为 CasX 在进化上与 Cas9 是独立的,二者并无共同祖先(Liu 等,2019)。通过对 CasX 的化学性质分析、基因功能检测和结构解析、进一步实现对 CasX 的作用机制的理解或阐明 CasX 的作用原理,以便于将 CasX 应用于基因编辑研究中。

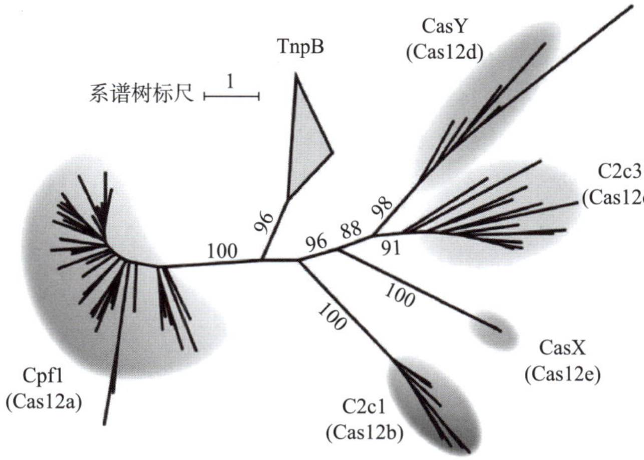

图 2-20 CasX、CasY 与 Cas12 的系谱树(Liu 等,2019)

2.3.6.2 Cas14 系统

CRISPR/Cas14 是 2018 年 10 月报道的新型 CRISPR/Cas 系统，最初是通过对来自美国科罗拉多州的地下水样品中的古细菌中进行宏基因组测序发现的（Harrington，2018）。其大小仅为 400～700 个氨基酸，约为之前发现的 Cas9 等蛋白的 1/2 大小（图 2-21）。*Cas14* 基因存在 24 个突变体，可分为 3 个亚组（Cas14a、Cas14b、Cas14c）（图 2-22）。所有突变体均存在已知的 RuvC 核酸酶结构域。不同于其他 Cas 酶，Cas14 只在古细菌基因组中存在而不存在于细菌基因组中。因此，Cas14 被认为可能是进化过程中较早出现的 Cas 版本。实验发现 Cas14 能够结合并切割单链 DNA 序列，且在切割 Cas14 不需要 PAM 序列。除了这种顺式切割，Cas14 还能够不加选择地反式切割单链 DNA，类似于 Cas13 和 Cas12。研究还发现 Cas14 在识别单链 DNA 方面比 Cas13 或 Cas12 更具特异性。

图 2-22 彩图

图 2-21 彩图

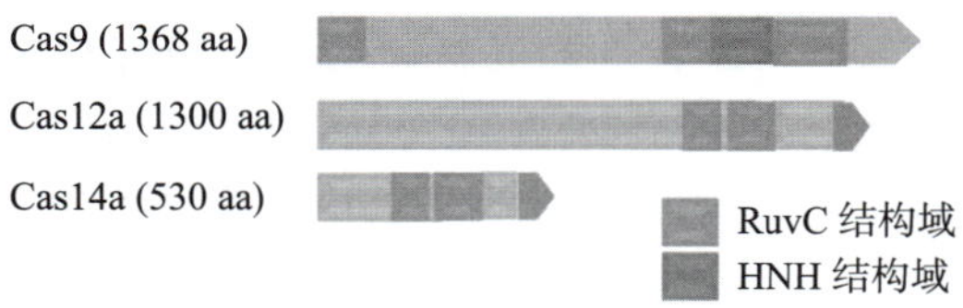

Cas14 蛋白大小仅为已知 Cas9 等系统的 1/2，与依赖 RuvC 和 HNH 结构域切割的 Cas9 不同，Cas14 仅需要 RuvC 结构域发挥切割作用

图 2-21　Cas14a 蛋白与 Cas9 和 Cas12a 的结构域比较（Aquino-Jarquin，2019）

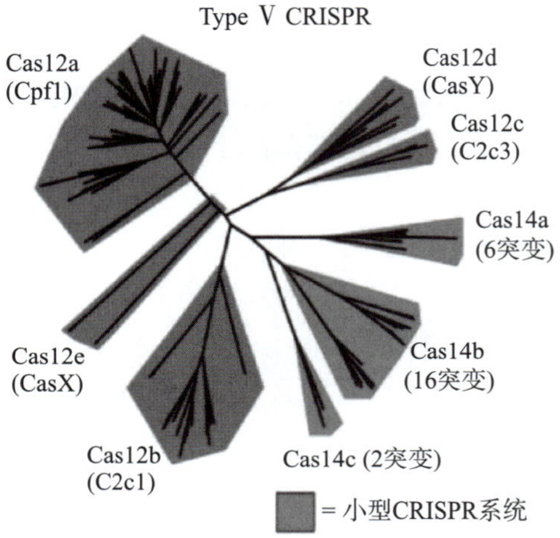

Cas12 与 Cas14 均属于Ⅴ型 CRISPR 系统，其中 Cas14 系统分为 Cas14a、Cas14b、Cas14c 3 种

图 2-22　Cas4 与 Cas12 的系谱树（Harrington 等，2018）

由于 Cas14 的切割对象是单链 DNA，而非双链 DNA，因此在作为基因组编辑工具的应用受到较大限制。但 Cas14 可用于遗传诊断以及快速检测病原体序列和遗传突变的存在（Aquino-Jarquin，2019）。例如可以通过设计病毒序列特异的 gRNA，靶向切割荧光探针用以诊断病毒序列。此外，Cas14 还有对 SNP 分型的能力且较 Cas12 更强。在目前的 CRISPR/Cas 系统中，Cas9 和 Cas12 可识别特异性双链 DNA，Cas13 识别单链 RNA，而 Cas14 则主要识别单链 DNA，丰富了 CRISPR/Cas 系统的编辑范围。

2.3.7 CRISPR/Cas 技术展望

CRISPR/Cas 技术自 2012 年被发现以来，不到 10 年时间便以迅猛之势不断被创新、优化和突破，至今几乎每年 CRISPR/Cas 领域都有新技术被开发，该领域出色的科学家们对 CRISPR/Cas

系列技术的不断完善使基因编辑技术进入全新的时代，该技术几乎能对所有序列进行改造，不仅能高效精准地修饰DNA，而且能够高效精准地编辑RNA，并且能够做到不需要供体模板来进行单碱基的改变。对于这个生命科学领域最尖端的科技，人们已经看到它在科学研究、农业生产和疾病治疗等各个领域的巨大潜力和应用价值，同时也引发了一些争议。一个新技术的出现，饱受争议是在所难免的。CRISPR/Cas系统的安全性问题主要体现在CRISPR/Cas9存在脱靶效应、单碱基编辑需要引入脱氨酶或先导编辑需要引入逆转录酶等方面，但我们相信CRISPR/Cas系统会继续突破，继续完善，成为更加安全可靠的基因编辑工具。另外，基因编辑这把“上帝的手术刀”需要国家和政府的监管，绝不能被滥用，尤其用于人体的遗传改造，各实验室的研究者应严格遵守相关的法律法规，不能违反科学伦理道德。相信在CRISPR/Cas具备更高的安全性后，我们一定能够从这把获得诺贝尔奖的“上帝赐予的手术刀”中受益，克服疾病，造福人类健康。

本章参考文献

陈敏洁，唐桂月，洪香娜，等. 2020. 基于CRISPR-Cas13家族的RNA编辑系统及其最新进展. 生物技术通报，36(3)：1-8.

苏小虎. 2016. TALEN介导的无标记定点整合LacS基因奶牛的生产研究. 呼和浩特：内蒙古农业大学.

周晨晨，刘写写，谢海华，等. 2018. CRISPR家族新成员：CRISPR-Cpf1. 生物化学与生物物理进展，45(6)：585-592.

Abudayyeh O O, Gootenberg J S, Essletzbichler P, et al. 2017. RNA targeting with CRISPR-Cas13. Nature, 550:280-284.

Abudayyeh O O, Gootenberg J S, Konermann S, et al. 2016. C2c2 is a single-component programmable RNA-guided RNA-targeting CRISPR effector. Science, 353:6299.

Aman R, Ali Z, Butt H, et al. 2018a. RNA virus interference via CRISPR/Cas13a system in plants. Genome Biol, 19:1.

Aman R, Mahas A, Butt H, et al. 2018b. Engineering RNA Virus Interference via the CRISPR/Cas13 Machinery in Arabidopsis. Viruses, 1012:12.

Anzalone A V, Randolph P B, Davis J R, et al. 2019. Search-and-replace genome editing without double-strand breaks or donor DNA. Nature, 12:5767785(7785).

Aquino-Jarquin G. 2019. CRISPR-Cas14 is now part of the artillery for gene editing and molecular diagnostic. Nanomedicine, (6):18.

Bhakta M S, Segal D J. 2010. The generation of zinc finger proteins by modular assembly. Methods Mol Biol, 649:3-30.

Boch J, Scholze H, Schornack S, et al. 2009. Breaking the code of DNA binding specificity of TAL-type III effectors. Science, 326:1509-1512.

Bravo J P K, Liu M S, Hibshman G N, et al. 2022. Structural basis for mismatch surveillance by CRISPR-Cas9. Nature, 603:343-347.

Brown R S, Sander C, Argos P. 1985. The primary structure of transcription factor TFIIIA has 12 consecutive repeats. FEBS letters, 186:271-274.

Burstein D, Harrington L B, Strutt S C, et al. 2017. New CRISPR-Cas systems from uncultivated microbes. Nature, 542(7640):237-241.

Carroll D. 2011. Genome engineering with zinc-finger nucleases. Genetics, 188(4):773-782.

Chen J S, Dagdas Y S, Kleinstiver B P, et al, 2017. Enhanced proofreading governs CRISPR-Cas9 targeting accuracy. Nature, 550:407-410.

Chen J S, Ma E, Harrington L B, et al. 2018. CRISPR-Cas12a target binding unleashes indiscriminate single-stranded DNase activity. Science, 360(6387):436-439.

Cheng A W, Wang H, Yang H, et al. 2013. Multiplexed activation of endogenous genes by CRISPR-on an RNA-guided transcriptional activator system. Cell Res, 23:1163-1171.

Cong L, Ran FA, Cox D, et al. 2013. Multiplex genome engineering using CRISPR/Cas systems. Science, Feb 15:3396121(6121).

Doyon Y, McCammon J M, Miller J C, et al. 2008. Heritable targeted gene disruption in zebrafish using designed zinc-finger nucleases. Nat Biotechnol, 26:702-708.

Fagerlund R D, Staals R H, Fineran P C. 2015. The Cpf1 CRISPR-Cas protein expands genome-editing tools. Genome Biol, 16:251.

Fonfara I, Richter H, Bratovič M, et al. 2016. The CRISPR-associated DNA-cleaving enzyme Cpf1 also processes precursor CRISPR RNA. Nature, 532(7600):517-521.

Freije C A, Myhrvold C, Boehm C K, et al. 2019. Programmable Inhibition and Detection of RNA Viruses Using Cas13. Mol Cell, 76:826-837 e811.

Gao L, Cox D B T, Yan W X, et al. 2017. Engineered Cpf1 variants with altered PAM specificities. Nat Biotechnol, 35(8): 789-792.

Gao P, Yang H,Rajashankar K R, et al. 2016. Type V CRISPR-Cas Cpf1 endonuclease employs a unique mechanism for cr RNA-mediated target DNA recognition. Cell Res, 26(8):901-913.

Gaudelli N M, Komor A C, Rees H A, et al. 2017. Programmable base editing of A • T to G • C in genomic DNA without DNA cleavage. Nature, Nov 23;551(7681):464-471.

Gootenberg J S, Abudayyeh O O, Lee J W, et al. 2017. Nucleic acid detection with CRISPR-Cas13a/C2c2. Science, 356:438-442.

Hagen Richter, LennartRandau, André Plagens. 2013. Exploiting CRISPR/Cas: Interference Mechanisms and Applications. International Journal of Molecular Science, 14:14518-14531.

Harrington L B, Burstein D, Chen J S, et al. 2018. Programmed DNA destruction by miniature CRISPR-Cas14 enzymes. Science, 362(6416): 839-842.

He B, Peng W, Huang J, et al. 2020. Modulation of metabolic functions through Cas13d-mediated gene knockdown in liver. Protein Cell, 7:117(7).

Helleday T. 2003. Pathways for mitotic homologous recombination in mammalian cells. Mutation Research/Fundamental and Molecular Mechanisms of Mutagenesis, 532(1-2):103-115.

Hu X, Wang C, Liu Q, et al. 2017. Targeted mutagenesis in rice using CRISPR-Cpf1 system. J Genet Genomics, 44(1):71-73.

Hurt J A, Thibodeau S A, Hirsh A S, et al. 2003. Highly specific zinc finger proteins obtained by directed domain shuffling and cell-based selection. Proc Natl Acad Sci USA, 100:12271-12276.

Isalan M. 2012. Zinc-finger nucleases: how to play two good hands. Nat Methods 9, 32-34. https://doi.org/10.1038/nmeth.1805.

Jinek M, Chylinski K, Fonfara I, et al. 2012. A programmable dual-RNA-guided DNA endonuclease in adaptive bacterial immunity. Science, Aug 17:3376096(6096).

Kannan S, Altae-Tran H, Jin X, et al. 2022. Compact RNA editors with small Cas13 proteins. Nat Biotechnol. Feb;40(2):194-197. doi: 10.1038/s41587-021-01030-2.

Kim H, Kim S T, Ryu J, et al. 2017. CRISPR/Cpf1-mediated DNA-free plant genome editing. Nat Commun., 8:14406.

Kim Hyongbum, Kim Jin-Soo. 2014. A guide to genome engineering with programmable nucleases. Nat. Rev. Genet., 15(5), 321-34. doi:10.1038/nrg3686.

Kim Y B, Komor A C, Levy J M, et al. 2017. Increasing the genome-targeting scope and precision of base editing with engineered Cas9-cytidine deaminase fusions. Nat Biotechnol., 35(4):371-376.

Kim Y G, Cha J, Chandrasegaran S. 1996. Hybrid restriction enzymes:zinc finger fusions to FokI cleavage domain. Proceedings of the National Academy of Sciences of the United States of America, 93:1156-1160.

Klug A. 2010. The discovery of zinc fingers and their applications in gene regulation and genome manipulation. Annual Review of Biochemistry, 79 (1): 213-231. doi: 10. 1146/annurev-biochem-010909-095056.

Komor A C, Kim Y B, Packer M S,et al. 2016. Programmable editing of a target base in genomic DNA without double-stranded DNA cleavage. Nature, May 19;533(7603):420-424.

Komor A C, Zhao K T, Packer M S, et al. 2017b. Improved base excision repair inhibition and bacteriophage Mu Gam protein yields C:G-to-T:A base editors with higher efficiency and product purity. Sci Adv, 8; 38(8).

Komor A C, Zhao K T, Packer MS, et al. 2017a. Improved base excision repair inhibition and bacteriophage Mu Gam protein yields C:G-to-T:A base editors with higher efficiency and product purity. Sci Adv, 8; 38(8):eaao4774.

Konermann S, Lotfy P, Brideau N J, et al. 2018. Transcriptome Engineering with RNA-Targeting Type VI-D CRISPR Effectors. Cell, 173, 665-676 e614.

Li L, Wu L P, Chandrasegaran S. 1992. Functional domains in Fok I restriction endonuclease. Proc Natl Acad Sci USA, 89(10):4275-4279.

Liu J J, Orlova N, Oakes B L, et al. 2019. CasX enzymes comprise a distinct family of RNA-guided genome editors [published correction appears in Nature. 2019 Apr;568(7752):E8-E10]. Nature, 566(7743): 218-223.

Liu J,Orlova N, Oakes B L, et al. 2019. CasX enzymes comprise a distinct family of RNA-guided genome editors. Nature, 566, 218-223.

Liu L, Chen P, Wang M, et al. 2017. C2c1-sg RNA complex structure reveals RNA-guided DNA cleavage mechanism. Mol Cell, 65(2):310-322.

Mahas A, Aman R, Mahfouz M. 2019. CRISPR-Cas13d mediates robust RNA virus interference in plants. Genome Biol, 20:263.

Mak A N, Bradley P, Cernadas R A. 2012. The crystal structure of TAL effector PthXo1 bound to its DNA target. Science, 335:716-719.

Makarova K S, Wolf Y I, Iranzo J, et al. 2020. Evolutionary classification of CRISPR-Cas systems: a burst of class 2 and derived variants. Nature Reviews Microbiology, 18:67-83.

Makarova K S, Wolf Y I, Alkhnbashi O S, et al. 2015. An updated evolutionary classification of CRISPR-Cas systems . Nat Rev Microbiol, 13:722-36.

Mali P, Aach J, Stranges P. B, et al. 2013. CAS9 transcriptional activators for target specificity screening and paired nickases for cooperative genome engineering. Nat. Biotechnol., 31:833-838.

Martin J Krzysztof C, Ines F, et al. 2012. A programmable dual-RNA-guided DNA endonuclease in adaptive bacterial immunity.

Miller J, McLachlan A D, Klug A. 1985. Repetitive zinc-binding domains in the protein transcription factor IIIA from Xenopus oocytes. The EMBO Journal, 4.(6):1609-1614.

Moare M, Ullman C. 2003. Recent developments in the engineering of zinc finger proteins. Briefings in Funchonal Genomics & Proteomics, 1(4):342-355.

Moscou M J, Bogdanove A J. 2009. A simple cipher governs DNA recognition by TAL effectors. Science, 326:1501.

Nakade S, Yamamoto T, Sakuma T. 2017. Cas9, Cpf1 and C2c1/2/3-What's next? Bioengineered, 8 (3):265-273.

Nguyen T M, Zhang Y, Pandolfi P P. 2020. Virus against virus: a potential treatment for 2019-nCov (SARS-CoV-2) and other RNA viruses. Cell Res, 30:189-190.

Nishida K, Arazoe T, Yachie N, et al. 2016. Targeted nucleotide editing using hybrid prokaryotic and vertebrate adaptive immune systems. Science, Sep 16:353(6305).

Osborn M J, DeFeo A P, Blazar B R, et al. 2011. Synthetic zinc finger nuclease design and rapid assembly. Hum Gene Ther, 22:1155-1165.

Pattanayak V, Lin S, Guilinger J P, et al. 2013. High-throughput profiling of off-target DNA cleavage reveals RNA-programmed Cas9 nuclease specificity. Nat. Biotechnol., 31:839-843.

Ran F A, Hsu P D, Lin C Y, et al. 2013. Double nicking by RNA-guided CRISPR Cas9 forenhanced genome editing specificity. Cell, 154:1380-1389.

Rees H A, Komor A C, Yeh W H, et al. 2017. Improving the DNA specificity and applicability of base editing through protein engineering and protein delivery. Nat Commun., Jun 6;8:15790.

Shmakov S, Abudayyeh O O, Makarova K S, et al. 2015. Discovery and functional characterization of diverse class 2 CRISPR-Cas systems. Mol Cell, 60(3):385-397.

Shmakov S, Smargon A, Scott D, et al. 2017. Diversity and evolution of class 2 CRISPR-Cas systems. Nat Rev Microbiol, 15:169-182.

Smargon A A, Cox D B T, Pyzocha NK, et al. 2017. Cas13b is a type VI-BCRISPR-associated RNA-guided RNase differentially regulated byaccessory proteins Csx27 and Csx28. Mol Cell, 65(4):618-630.

Strecker J, Jones S, Koopal B, et al. 2019. Engineering of CRISPR-Cas12b for human genome editing. Nat Commun., 10(1):212.

Tang X,Lowder L G, Zhang T, et al. 2017. A CRISPR-Cpf1 system for efficient genome editing and transcriptional repression in plants. Nat Plants, 3:17018.

Teng F, Cui T, Feng G, et al. 2018. Repurposing CRISPR-Cas12b for mammalian genome engineering. Cell Discov, 4, 63. https://doi.org/10.1038/s41421-018-0069-3.

Tu M, Lin L, Cheng Y, et al. 2017. A 'new lease of life': Fn Cpf1 possesses DNA cleavage activity for genome editing in human cells. Nucleic Acids Res, 45(19):11295-11304.

Wang H, Nakamura M, Abbott T R, et al. 2019. CRISPR-mediated live imaging of genome editing and transcription. Science, 365:1301-1305.

Yamano T, Nishimasu H, Zetsche B, et al. 2016. Crystal structure of Cpf1 in complex with guide RNA and target DNA. Cell, 165(4): 949-962.

Yan W X, Chong S, Zhang H, et al. 2018. Cas13d Is a Compact RNA-Targeting Type VI CRISPR Effector Positively Modulated by a WYL-Domain-Containing Accessory Protein. Mol Cell, 70:327-339 e325.

Yan W X, Hunnewell P, Alfonse L E, et al. 2019. Functionally diverse type V CRISPR-Cas systems. Science, 363(6422): 88-91.

Yang F, Li Y. 2017. The new generation tool for CRISPR genome editing: CRISPR/Cpf1. Sheng Wu Gong Cheng Xue Bao, 33(3):361-371.

Yang H，Patel D J. 2017. New CRISPR-Cas systems discovered. Cell Res.，27(3)：313-314. doi：10.1038/cr.2017.21.

Zetsche B，Gootenberg J S，Abudayyeh O O，et al. 2015. Cpf1 is a single RNA-guided endonuclease of a class 2 CRISPR-Cas system. Cell，163(3)：759-771.

Zetsche B，Heidenreich M，Mohanraju P，et al. 2016. Multiplex gene editing by CRISPR-Cpf1using a single cr RNA array. Nat Biotechnol，35(1)：31-34.

Zhan X，Zhang F，Zhong Z，et al. 2019. Generation of virus-resistant potato plants by RNA genome targeting. Plant Biotechnol J，17：1814-1822.

Zhang Z，Sun W，Shi T，et al. 2020. Capturing RNA-protein interaction via CRUIS. Nucleic Acids Res，48：e52.

Zhao X，Liu L，Lang J，et al. 2018. A CRISPR-Cas13a system for efficient and specific therapeutic targeting of mutant KRAS for pancreatic cancer treatment. Cancer Lett，431：171-181.

Zhou H，Su J，Hu X，et al. 2020. Glia-to-Neuron Conversion by CRISPR-CasRx Alleviates Symptoms of Neurological Disease in Mice. Cell，181：590-603，e516.

第3章 基因编辑技术的应用

【本章提要】 从20世纪60年代起，育种方法不断创新发展，动植物育种从最初的引种，系统选育到后来的杂交育种、辐射诱变育种、化学诱变育种、体细胞杂交育种等，进入现在的多样化育种阶段，包括单倍体育种、多变体育种、细胞核移植、抗性育种、分子标记辅助育种、转基因育种、染色体工程以及基因工程，呈现多种育种技术并存的局面(Gjedrem，2000；林祥日，2005)。在过去的10年里，动植物育种者在植物和动物育种中开发了基因组编辑技术，可以以较低的成本快速发展新的作物品种和动物品种。本章结合动物植物的性状特点对动植物基因编辑技术在培育新品种中的应用进行系统的阐述。实验动物学在医学研究中发挥着重要作用，实验动物模型可以用于模拟人类疾病发病以及药理学实验研究。Gordon等(1980)首次利用原核显微注射法研究动物转基因技术，此后转基因动物研究得到了快速发展，可利用转基因小鼠研究人类疾病的发病机制和治疗对策。随着基因编辑技术的快速发展，对于动物疾病模型的研究进入了快速发展阶段。通过对不同动物不同疾病模型应用的介绍，以及基因编辑技术在各类疾病模型中的应用，人们对动物模型有了更深层次的理解。基因编辑技术自诞生以来，技术越来越成熟，编辑精度也日益提高，已经越来越广泛地被应用于包括疾病诊断与治疗在内的多种生物学领域。随着基因组测序技术快速进步、生物信息与大数据科学的交叉应用以及第三代基因编辑系统CRISPR/Cas9的出现，掀起了精准医疗领域的高潮，从而改变了医疗诊断与治疗模式。

3.1 改造和培育新品种

3.1.1 基因编辑技术在动物新品种培育中的应用

动物育种的主要目的是增加畜产品产量，提高动物的繁殖力、抗病能力，改善动物肉质及提高其营养价值，控制某些动物的性别，获得人类所需的经济性状等，从而降低生产成本，提高生产效益，为人类服务。

种内和种间等位基因的替换和敲入都是通过基因组编辑工具完成的，特别是针对那些没有种内或种间遗传变异性状的改良，使用基因组编辑和基因工程将从基因上改变其特性(Van Eenennaam等，2017)。目前基因组编辑已经用于猪、羊、牛、鸡等畜禽，以改善生长性能、繁殖能力和提高抗病能力，更好地适应不断变化的环境，并提升动物福利，降低对动物的伤害。

3.1.1.1 增加畜产品产量

畜产品产量是指饲养或放牧牲畜、家禽和其他小动物而获得的各种原始畜产品的产量。研究人员一直在追求如何有效地增加畜产品产量，包括肉蛋奶等产品产量的增加，以满足人类的消费需求。

在肉用性状的研究中，研究人员发现肌肉生长抑制素（myostatin，MSTN）对肌肉生长发育具有负调控作用（Qian 等，2015），*MSTN* 功能丧失会导致“双肌”性状。肌肉抑制素基因（*MSTN* 基因）是 TGF-β 超家族的一种新基因，仅在骨骼肌特异表达并作为肌肉生长的负调控因子。由于该基因为单一开关基因，其缺失即导致肌肉量增加，同时 *MSTN* 基因敲除的肌肉加倍良种牛的成功培育，证明了这种基因操作不会扰乱其他生长调控系统并带来不正常病理变化，因而 *MSTN* 基因是提高肉用动物肌肉产量的理想靶基因（梁旭方，1999）。世界上许多研究小组已在很短的时间内，对绵羊（乌拉圭）、牛（英国）、鲤鱼（中国）、猪和山羊（中国和韩国）等物种进行肌肉生长抑制素基因编辑，从而获得超强肌肉生长。

在猪上使用 ZFN 技术编辑的 *MSTN* 基因转染梅山猪胎儿成纤维细胞，通过体细胞核移植获得了梅山猪 *MSTN* 基因突变个体。与野生型相比，*MSTN* 突变的梅山猪的瘦肉产量提高了 11.62%（Qian 等，2015）。*MSTN* 基因突变的山羊也具有较高的产肉率。Yu 等（2016）设计并利用 TALENs 技术将一对 *MSTN* 基因导入山羊成纤维细胞，获得了 272 株 *MSTN* 基因突变的单克隆细胞。在这些单克隆细胞中，10 个不同基因型的克隆作为体细胞核移植的供体，获得 3 只克隆山羊（K179/*MSTN*－/－、K52-2/*MSTN*＋/－、K52-1/*MSTN*－/－）。与野生型（K52-1/*MSTN*＋/＋）相比，双基因敲除克隆山羊（K179/MSTN－/－）的体重增加了 1.7 倍，而单基因敲除克隆山羊（K179/MSTN＋/－）的体重比野生型重 32%。

现在基因编辑技术已被应用于一些农场中，以产生 *MSTN* 突变动物，促进肌肉发育或增加肉类产量（图 3-1）。

A　　B　　C

A. *MSTN* 突变的活公牛（左）和小母牛（右）；B. 牛 1 号（右）和野生型小母牛（左）之间容易观察到的表型差异；C. 基因编辑的羔羊

图 3-1　*MSTN* 突变动物（Proud 等，2015）

有研究者使用了一种不同的基因编辑方法，培育出了肌肉发达的牛和羊的新品种，这种现象是由限制肌肉生长的肌肉生长抑制素基因的自然突变造成的（Cyranoski，2015）。

在羊毛产量的研究上，成纤维细胞生长因子 5（FGF5）是一种调节毛发生长的调节因子。它将毛囊从生长期转化为退化期。*FGF5* 基因突变延长了生长期，从而增加了毛发长度。Wang 等使用 CRISPR/Cas 9 技术，将 *MSTN* 和 *FGF*5 靶向载体 Cas9 mRNA 和 sg RNAs 微注射到绒山羊胚胎中，对绒山羊的产绒量、绒纤维直径和长度等三大经济性状进行了评价。结果表明，*FGF*5 突变的绒山羊具有明显的长绒纤维和较高的产绒量（Wang 等，2016）。

3.1.1.2 提高动物繁殖力

家畜的繁殖性能是畜牧育种的一个重要方向，提高家畜的繁殖力对畜牧业经济具有推动作用。绵羊 *BMP15*（骨形态发生蛋白 15）基因和 *BMPR-IB*（骨形态发生蛋白受体-*IB*）基因已被确定为控制排卵率和多产性状的主要基因，这是影响家畜繁殖力的关键因素。*BMP*15 的生物学作用包括：①不依赖促性腺激素，从形成阶段初级卵泡开始促进卵泡生长和成熟；②调节滤泡性颗粒细胞（GC）对 FSH 作用的敏感性并确定排卵量；③预防 GC 凋亡；④促进卵母细胞发育能力（Persani 等，2014）。为提高家畜繁殖能力，Wang 等（2017）在猪上利用基因编辑技术产生了 *BMP15* 基因编辑猪。

BMPR-IB（也称为 *FecB*）是用于绵羊繁殖性能遗传控制的关键候选基因。绵羊 *BMPR-IB* 基因的功能丧失突变导致排卵率增加，并因此产生更多的产仔数。但是，仅在少数几个绵羊品种中鉴定出了 *BMPR-IB* 基因。为了通过修饰 *BMPR-IB* 基因来改善绵羊繁殖，Zhang 等（2017）设计了一个 sgRNA，使用 CRISPR/Cas9 系统靶向绵羊 *BMPR-IB* 基因。通过 T7EI 消化和 Sanger 测序共检测了 88 个胚胎。结果表明，基因修饰的效率为 37.5%（33/88），并且随着胚胎从 2 细胞期到胚泡期的发育阶段而提高。在 33 个基因编辑胚胎中，有 12 个（36%，12/33）是纯合子，有 21 个（64%，21/33）是杂合子。此外，对来自阳性胚胎的 PCR 产物的序列分析表明，存在超过 10 种修饰形式，这些修饰形式导致移码和截短的蛋白质。有的团队也使用基于 ssODN 的方法来引入定义的点突变。在 21 只羔羊中，有 7 只存在编辑，其中 5 只被确定携带有预期的核苷酸替换。

除 *BMP* 家族外，在山羊上，生长分化因子 9（GDF9）基因对排卵率和产仔数都有很大的影响（Niu 等，2018）。Lu 等（2019）采用 CRISPR/Cas9 介导的基因组编辑技术，敲除了 30 种睾丸的基因提高小鼠雄性繁殖能力。用 CRISPR/Cas9 编辑 *nano2* 基因制备雄性猪胚系消融模型。

3.1.1.3 提高畜产品质量

乳和肉是主要的畜产品。在乳用性状上，牛乳是婴儿除母乳外的理想替代奶源。但由于婴儿消化系统发育不良，乳汁中未消化的 β-乳球蛋白（BLG）可被婴儿免疫系统吸收和识别为病原体，导致乳汁过敏。利用基因编辑技术可提高 *BLG* 基因座定点敲除 *BLG* 或用人乳蛋白基因靶向导入的效率，加快乳蛋白基因改造和牛羊乳“人源化”的研究的进程。Yu 等（2011）首次成功地克隆出了 *BLG* 基因敲除牛，使用 ZFN 技术降低 *BLG* 抗原性和免疫原性。

由于山羊乳成分更接近人乳，现已成为牛奶的重要补充乳品，尤其适用于牛乳过敏症体质者。羊乳的人源化改造是通过体细胞基因打靶技术，定点敲除基因的同时在山羊 *BLG* 基因座中敲入 hα-LA 或 hLF 等营养蛋白的功能基因，既可以去除山羊乳中的过敏原，又能增加羊乳中的营养成分，从而提高羊乳的品质，使其更适合于婴幼儿饮用（宋绍征等，2016）。出于同样的目的，Zhou 等（2017）将 Cas9mRNA 和小引导 RNA（sgRNAs）共同注入山羊胚胎，成功制备 *BLG* 基因敲除山羊，其乳腺 *BLG* 表达明显低于野生型山羊。这些研究为改善牛奶质量和减少牛奶过敏提供了一种方法（表 3-1）。

表 3-1 营养对比 %

成分	山羊奶	绵羊奶	牛奶	母乳
总固体	13.57	18.1	11.36	12.57～13.60
脂肪	5.23	6.82	3.42	3.67～4.70
乳糖	4.11	4.88	4.47	6.92
蛋白质	3.48	5.59	2.82	1.10
总灰分	0.75	0.81	0.65	0.31

在肉用性状上，食用富含 n-3 多不饱和脂肪酸(n-3PUFAs)的食物可以有效降低心脑血管疾病的发病率。秀丽隐杆线虫的 *fat-1* 基因编码一种脂肪酸去饱和酶，在动物体内表达时能将 n-6 多不饱和脂肪酸(n-6PUFAs)转化为 n-3PUFAs(Li 等，2018)。因此，研究人员推测 *fat-1* 基因编辑动物可用于生产 n-3PUFAs。通过 CRISPR/Cas9 系统将秀丽隐杆线虫的 *fat-1* 基因插入猪 *Rosa26*(*pRosa26*)基因座，并在猪体内成功地敲除 *fat-1* 基因。气相色谱分析证实了在猪上敲除 *fat-1* 基因后，n-3PUFAs 水平显著升高，n-6PUFAs/n-3PUFAs 比值明显降低。这些 *fat-1* 转基因猪有望提高猪肉的营养价值，并作为研究 n-3PUFAs 对疾病治疗作用的动物模型。

利用 CRISPR/Cas9 系统将 *fat-1* 基因插入山羊 *MSTN* 基因座，实现两个基因的同时编辑。将 *MSTN* 基因和 *fat-1* 基因敲除载体通过电穿孔法导入山羊胎儿成纤维细胞，共获得 156 株阳性克隆细胞系。PCR 和测序结果表明，*MSTN* 基因和 *fat-1* 基因同时敲除的效率高达 25.56%，*MSTN* 突变和 *fat-1* 插入分别为 55 株(35.25%)和 101 株(67.3%)。表明 CRISPR/Cas9 系统是一种潜在的动物安全育种基因工程工具(Zhang 等，2018)。

3.1.1.4 改善动物福利

动物福利(animal welfare)是指动物如何适应其所处的环境，满足其基本的自然需求。动物福利被普遍理解为如果动物健康、感觉舒适、营养充足、安全、能够自由表达天性并且不受痛苦、恐惧和压力威胁，则为满足动物福利的要求。而高水平动物福利则更需要疾病免疫和兽医治疗，适宜的居所、管理、营养、人道对待和人道屠宰。

为了挤奶者和其他动物的安全，奶牛的角通常在出生后不久被割下。用电锯割牛角或用烙铁烧牛角，不仅动物很痛苦，而且很难操作。*CRISPR/Cas9* 基因被引入牛角生长基因的敲除，结合体外受精和胚胎移植技术，培育出无角荷斯坦奶牛，以避免痛苦的割角，提高动物福利(图 3-2)。

图 3-2 无角荷斯坦奶牛

雄性小猪通常被阉割，以消除成年时身上的刺激性味道。基因改造已经被提出作为手术去势的一种可能的替代方案。CRISPR 的基因组编辑也可以减少农民扑杀动物的需要。因为雌性产肉较少，而且经常被扑杀。这是通过将对雄性性发育很重要的 Y 染色体基因复制到精子的 X 染色体上来实现的(Reardon，2016)。这项技术可以确保肉牛只产雄性或类似雄性的后代(Reardon，2016)。

解偶联蛋白 1(uncouplingprotein 1，UCP1)定位于线粒体内膜，通过线粒体内膜上的质子转运，解偶联 ATP 合成，产生热量。*UCP*1 是不颤抖产热的关键因素，很可能在调节体脂中起重要作用。猪缺乏功能性 *UCP1* 基因，导致体温调节能力差，易患感冒，新生儿死亡率高，从而影响了猪的生产效率(Hou 等，2017)。*CRISPR/Cas9* 介导的、与同源重组(HR)无关的方法可以有效地将小鼠脂联素-*UCP*1 插入猪内源基因位点。由此产生的 *UCP1* 基因敲入猪，在急性冷暴露期间表现出改善的体温维持能力，但它们的身体活动水平或每日总能量消耗(DEE)没有变化。白色脂肪组织(WAT)中 *UCP*1 异位表达显著降低脂肪沉积 4.89%($P<0.01$)，从而提高了胴体瘦肉率(CLP<0.05)。研究表明，WAT 中 *UCP*1 激活时脂肪的损失与脂解升高有关。*UCP*1*KI* 型猪是一种潜在的有价值的农业资源，它们具备冷适应性，提高了福利，减少了经济损失，减少了脂肪沉积，增加了瘦肉产量(Zheng 等，2017)。

对疾病的抵抗确保了良好的动物福利，并给农民和消费者带来经济利益。CRISPR/Cas9 系统可以应用于动物基因组的位点特异性编辑，这可能对大型动物、对重要人畜共患病的抗药性产生具有重大影响。猪繁殖与呼吸综合征(PRRS)又称蓝耳病，是世界范围内养猪业面临的一种挑战性疾病。它导致幼猪严重的呼吸问题和怀孕母猪的繁殖失败。此外，它还会导致流产、早产、死产仔猪数量增加和新生仔猪虚弱。PRRS 病毒以巨噬细胞为目标。CD163 是巨噬细胞表面的一个分子，在 PRRS 病毒感染过程中起着关键作用。Burkard 等使用 CRISPR/Cas9 删除猪基因组中 *CD163* 基因的一个小序列，并生成 32 头基因编辑猪，这些猪在接触 PRRS 病毒时对感染有抵抗力。对 *CD163* 基因敲除的猪进行的活体实验证实，CD163 是 PRRS 病毒感染所必需的(图 3-3)(Burkard 等，2018)。

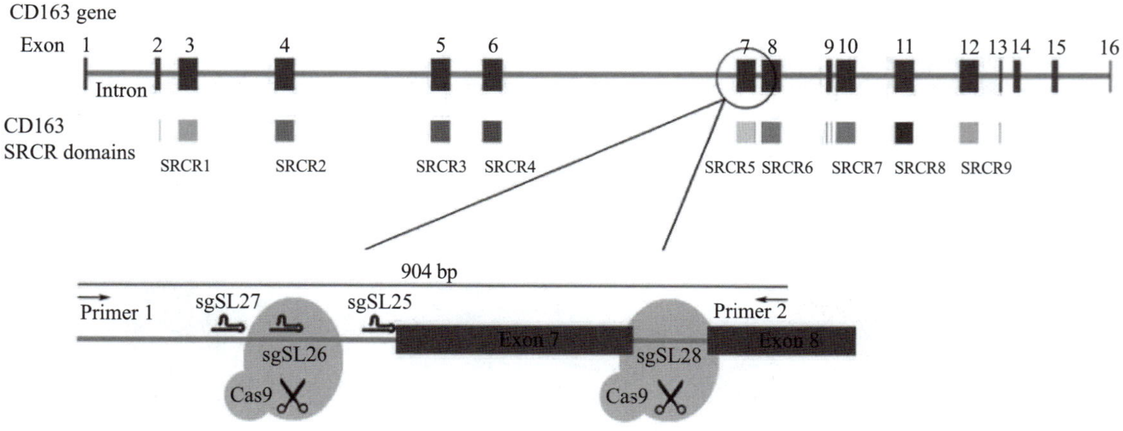

Exon：外显子 Primer：引物

图 3-3 CRISPR/Cas9 删除猪基因组中 *CD163* 基因序列

肺结核是一种人畜共患疾病，是世界范围内的主要健康问题，每年约有 150 万人因此死亡。牛结核病是畜牧业的一大威胁，目前还没有有效的策略来消除或控制这种疾病（Koenig 等，2016）。小鼠 *SP110* 核蛋白表达增强巨噬细胞凋亡，结核分枝杆菌（*Mtb*）感染并提高宿主对 *Mtb* 的免疫力，为控制 *Mtb* 的生长和传播提供了一条有前途的途径。吴等成功利用 TALEN 技术将小鼠 *SP110* 基因插入荷斯坦-弗里西亚牛基因组，转 *SP110* 基因敲除牛对 *Mtb* 感染的抗性增强（Wu 等，2015）。

非洲猪瘟正在全球蔓延，非洲的一些猪却对这种疾病有天然的抵抗力。这种抗性基因是已知的（Jarvis，2018），因此，通过连续杂交将抗性基因转移到动物身上的想法是可行的。但需要至少十年的常规育种。而使用 TALEN、ZFN、CRISPR 系统一次操作就获得了抗药性猪（Lillico 等，2013）。

为了预防牛海绵状脑病（BSE，疯牛病），可通过对牛进行基因编辑修饰引起牛海绵状脑病的朊病毒基因。使用 CRISPR/Cas9 系统，可在牛胎儿成纤维细胞和体外受精胚胎中诱导牛 *PRNP* 基因的敲除和敲入等位基因（Bevacqua 等，2016）。

3.1.1.5 其他相关性状基因的挖掘和应用

由于 CRISPR/Cas9 系统在动物基因组编辑中显示的巨大优势，育种工作者已将重点锁定在与动物表型相关的功能基因选择作为基因编辑的目标，以培育出优良性状的新品种，适应市场需求。目前在绵羊和山羊中已挖掘出一大批表型相关基因（Kalds 等，2018），主要有高原适应相关基因（*P53*、*EPAS1*、*IFNGR2*、*MAPK4*、*NOX4*、*SLC2A4*、*PDK1*、*SOCS2*）、毛纤维性状相关基因（*FGF5*、*VEGF*、*Tβ4*、*PRL*、*LCE7A*、*MOGAT2*、*MOGAT3*、*ASIP*）、产奶性状相关基因（*Casein*、*α-Lactalbumin*、*β-Lactoglobulin*、*ACACA*、*SCD*、*LPL*、*DGAT1*、*SSCP*、*gGH*、*SATA5A*）、沙漠干旱适应相关基因（*GPX3*、*ANAX6*、*GPX7*、*PTGS2*、*CPA3*、*ECE1*）、繁殖和生长性状相关基因（*BMP15*、*GDF9*、*LTBP-1*、*BMPR1B*、*B4GALNT2*、*INHBA*、*MTNR1B*、*MSTN*）、角型相关基因（*RXFP2*）、瘤胃功能相关基因（*TCHHL2*、*PRD-SPRR Ⅱ*）等。通过 CRISPR/Cas9 系统对这些相关基因精准编辑来制备和选育多种性状优良的动物，是基因编辑分子育种潜在的研究热点（宋绍征等，2020）。

在绒毛的研究中，Zhang 等（2017）利用 CRISPR/Cas9 技术成功获得了 6 只 *ASIP* 基因编辑绵羊的研究表明，该基因可作为绵羊毛色筛选的标记基因。Niu 等（2017）应用 CRISPR/Cas9 系统对绵羊和滩羊的 *ASIP*、*BCO2* 和 *GDF9* 基因进行编辑的研究，成功地获得了有表型的基因编辑动物个体。Hao 等（2018）通过 CRISPR/Cas9 系统和体细胞核移植技术制备了 *EDAR* 基因打靶绒山羊，观察结果显示 *EDAR* 基因打靶绒山羊出现头顶没有毛发、皮肤和毛囊异常等特征。在肉质的研究中，Wan 等（2019）首次利用 CRISPR/Cas9 介导敲除山羊 *CLPG1* 基因保守位点来研究“美臀”现象，为今后该基因的表达调控机制研究奠定了实验基础。此外，还有 Wu 等（2016）关于 *Rosa26* 基因的研究、Zhang 等（2018）关于 *fat-1* 基因的研究和 Li 等（2019）关于 *Tβ4* 基因的研究，这些大量的相关基因研究为人们培育优良性能的羊及其他动物奠定了基础（宋绍征，2020），也为基因编辑分子精准遗传育种提供了可靠的保障（表 3-2）。

3.1.2 基因编辑技术在植物新品种培育中的应用

预计到 2050 年，世界人口将从 73 亿人增加到 97 亿人。虽然可用的农田和水资源正在减少，但全球对粮食的需求将比目前的生产水平增加 25%～70%。为了满足人口增长对粮食供应的需求，迫切需要改善粮食生产效率，加快农业可持续发展。尽管传统育种技术显著提高了作物产量，但为了满足全球不断增长的粮食需求，还需要采取新的方法进一步提高作物产量。同时由于气候变化，虫害暴发和非生物胁迫加剧，对作物生产构成了高风险。

表 3-2　相关基因研究(Petersen，2017)

基因	基因组	编辑方法	物种	参考文献
动物福利				
Polled locus	TALEN	SCNT	牛	Carlson 等，2016
抗病力/疾病恢复力				
NRAMP1	CRISPR/Cas9	SCNT	牛	Gao 等，2017
SP110	TALEN	SCNT	牛	Wu 等，2015
CD163	CRISPR/Cas9	CMI	猪	Whitworth 等，2016
CD163/SCRC5	CRISPR/Cas9	CMI	猪	Burkard 等，2017
性能				
BLG	ZFN	SCNT	牛	Yu 等，2011
GDF8	ZFN	SCNT	牛	Luo 等，2014
GDF8	TALEN	CMI	牛	Proudfoot 等，2015
GDF8	TALEN	CMI	绵羊	Proudfoot 等，2015
GDF8	CRISPR/Cas9	SCNT	山羊	Ni 等，2014
FGF，*GDF8*	CRISPR/Cas9	CMI	山羊	Wang 等，2015
NANOS2	CRISPR/Cas9	CMI	猪	Park 等，2017
生物医学应用				
PPAR-γ	ZFN	SCNT	猪	Yang 等，2011
α1，3GT	ZFN	SCNT	猪	Hauschild 等，2011
LDLR	TALEN	SCNT	猪	Carlson 等，2012
vWF	CRISPR/Cas9	CMI	猪	Hai 等，2014
α1，3GT	CRISPR/Cas9	CMI	猪	Petersen 等，2016
SLA-1，2，3	CRISPR/Cas9	SCNT	猪	Reyes 等，2014
B2M	TALEN	CMI	猪	Wang 等，2016
α1，3GT，*CMAH*，*B4GalNT2*	CRISPR/Cas9	SCNT	猪	Butler 等，2016

对 2013—2017 年中进行的 52 项科学研究的分析表明，水稻是被研究最多的改良植物，例如，对生物和非生物胁迫的耐受性、产量参数。紧随其后的其他作物是玉米、番茄、马铃薯、大麦和小麦。水稻 CRISPR 系统研究应用主要在中国进行。此外，CRISPR 系统在玉米基因组中的应用主要在美国进行研究。其他被研究的作物包括蔬菜(特别是番茄)、食品和工业植物(特别是马铃薯和山茶花)。产量的提高是研究最多的农业性状，其次是对生物(病毒、真菌和细菌)或非生物(环境，如冷、盐、干旱)胁迫的耐受性。所有这些改善都与农民面临的经济和农业挑战有关，如虫害、疾病和环境压力(特别是干旱)(Ricroch 等，2017)。致力于这些改进的中国团队和美国团队，远远领先于一些欧洲国家(英国、瑞典、法国、匈牙利、德国、奥地利和比利

时）。日本和以色列也进行了一些研究，沙特阿拉伯、韩国、印度、菲律宾和土耳其的研究程度较低。

生产抗病虫害、耐非生物胁迫（如干旱）、具有新的营养质量或提高微量营养素含量、延迟果实成熟，或用于工业和制药应用的作物的需求促使科学家应用新的、方便和快速的基因组编辑技术。病虫害防治和非生物抗逆性给农民带来了好处。根据植物繁殖系统的不同，基因组编辑可以显著加快育种计划的进度，从 7～25 年缩短到 2～3 年。基因编辑技术已显示出快速应对农业新挑战的巨大前景。它可以用来精确地修改包括植物在内的任何生物体的基因组序列，以达到预期的特性。

图 3-4 彩图

目前有 3 种可编程的核酸内切酶被用于植物基因组编辑。锌指核酸酶（ZFN）、转录激活物样效应核酸酶（TALENs）和 CRISPR-Cas9 如图 3-4 所示。TALENs 的基因组编辑已在多种植物中得到证实，包括拟南芥、大麦、玉米、烟草、马铃薯、水稻、大豆、甘蔗、番茄和小麦。

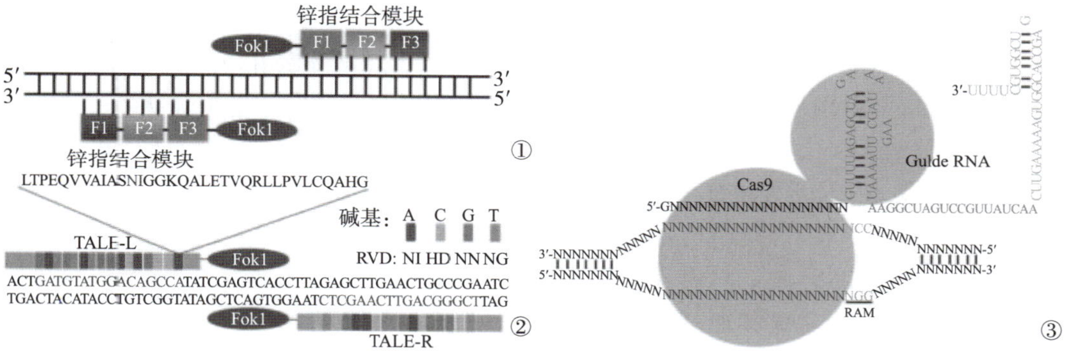

①ZFN 的结构及作用机制示意图 ②TALEN 的结构及作用机制示意图

③CRISPR/Cas9 结构及作用机制示意图

图 3-4 ZFN、TALEN 和 CRISPR/Cas9 机制示意图（赵国华等，2016）

与锌指核酸酶（ZFNs）和转录激活因子样效应核酸酶（TALENs）等其他基因组编辑工具相比，CRISPR/Cas9 在多重水平上编辑基因组的速度更快、成本更低、精度更高、效率更高。CRISPR/Cas9 技术在植物基因组编辑中的应用正在迅速兴起。CRISPR/Cas9 正在成为开发非转基因编辑作物的一个重要的工具，以抵消气候变化的有害影响，并确保未来粮食供给与安全。用 CRISPR/Cas9 进行基因组编辑可以编辑任何植物物种中的任何基因。由于它的简单、高效、低成本和针对多个基因的可能性，用它进行基因改造比其他技术更快。它也可以用来对以前被忽视的植物进行基因改造，这对作物育种和可持续农业发展的潜力是巨大的。目前在植物中已经进行了利用 CRISPR/Cas9 进行的基因改造，如增强代谢途径、增强对生物（真菌、细菌或病毒病原体）或非生物胁迫（寒冷、干旱、盐）的耐受性、改善营养成分、提高产量和谷物质量、获得单倍体种子、研究抗除草剂和其他。

3.1.2.1 改善植物生长特性

在玉米、小麦和马铃薯的改良中，CRISPR/Cas9 在转染中被用来敲除编码颗粒结合淀粉合成酶（GBSS）的基因，从而发展出生产支链淀粉的马铃薯植株（Andersson 等，2017）。

3.1.2.2 提高农产品产量或质量

通过沉默天冬酰胺合成酶-1基因改善高粱和小麦的营养特性，已培育出丙烯酰胺含量较低的马铃薯。通过产生较少的天冬酰胺，由美国Simplot私营公司开发的不变色马铃薯在烘焙、油炸或高温烘烤时，丙烯酰胺的形成减少58%～72%。例如，CRISPR系统将给消费者带来其他营养益处，如降低小麦的醇溶蛋白含量，提高大米的直链淀粉含量，增加葡萄酒的花青素产量。私营公司Calyxt（美国）利用TALENS开发了高纤维含量的小麦和高油酸含量的大豆。美国私营公司Yeld10 Bioscience开发了含有增强omega-3油的山茶花（假亚麻）。2016年4月18日，第一家获得CRISPR技术许可的大型农业公司杜邦先锋公司宣布，它的第一个CRISPR编辑的作物是糯玉米。正常玉米籽粒含有75%的支链淀粉和25%的直链淀粉，而蜡质基因的缺失导致糯玉米籽粒中的淀粉由100%的支链淀粉组成。

3.1.2.3 提高作物对除草剂或昆虫的抗性

如果虫害不加以控制，病虫害和杂草会造成巨大的经济损失，并威胁到食品安全。根据危害的严重程度，可能会造成不同程度的经济损失，因此须大力开发具有天然生物抗逆性的作物。但是将新的农业性状引入香蕉等基本不育或无性系繁殖的作物几乎是不可能的，因此基因改造可能是唯一可用的途径。抗病虫害的植物给农民和消费者都带来了好处。生物抗逆性如对病原体的耐受性或抗性和对除草剂的抗性，是农业中基因编辑最需要的应用之一。在CRISPR/Cas9系统中，对真核翻译起始因子基因elF4E进行灭活，得到的非转基因纯合突变植株对黄瓜静脉黄化病毒（*Ipomovirus*属）具有免疫性（Fidan等，2023），CRISPR系统已被用于使木薯抗褐条病和花叶病毒，菠菜抗霜霉病，苹果抗火疫病，橙子抗绿变，玉米抗致死性坏死，葡萄抗白粉病，番茄抗黄曲叶病毒。杂草控制使农民受益，Cibus的核心专有技术是RTDS，它被用来使植物对除草剂产生抗性。抗除草剂油菜籽已经在加拿大上市。在2019—2021年，抗草甘膦亚麻、抗除草剂大米等众多产品投放市场。

3.1.2.4 对非生物胁迫的抗性

在这些年中，科学家们最关心的与环境有关的问题之一是气候变化，它导致干旱、洪水、盐分和极端温度，所有这些具有挑战性的生长条件，直接影响作物产量。植物对非生物胁迫（干旱、寒冷、盐碱、水分和氮素缺乏）的耐受性有益于农民。除了大豆、棉花、玉米和油菜籽，还有如小麦、水稻、甘蔗以及蔬菜如番茄和马铃薯等其他作物。多酚氧化酶（PPO）催化多酚的氧化，进而导致茄子浆果肉在切割后褐变。Zhang等（2021）用CRISPR/Cas9介导的基因组编辑用于小麦籽粒品质改善。这些蔬菜和水果使消费者从中获益（表3-3）。

表3-3 对作物进行的基因编辑研究（El-Mounadi等，2020）

纲	种	靶基因	目的	编辑方式	靶向性状	参考文献
单子叶植物（Monocotyledon）	玉米（*Maize*）	*ZmTMS5*	导致TGMS特征	基因敲除	热敏性基因雄性不育	Li等，2017
单子叶植物（Monocotyledon）	高粱（*Sorghum*）	*k1C*	编码22-kD α-kafirin蛋白	N端ER信号肽区的基因破坏	高赖氨酸含量和增加的蛋白质消化率	Li等，2018a

续表 3-3

纲	种	靶基因	目的	编辑方式	靶向性状	参考文献
单子叶植物(Monocotyledon)	小麦(*Wheat*)	*TaEDR1*	白粉病防御反应的负调节剂	敲低 *TaEDR1* 的所有三个同源物	白粉病抗性	Zhang 等，2017b
单子叶植物(Monocotyledon)	小麦(*Wheat*)	*TaGW2-A1*，*-B1* 和*-D1*	粒重和蛋白质含量性状的遗传控制	同源基因敲除	谷物重量和蛋白质含量增加	Zhang 等，2018a
单子叶植物(Monocotyledon)	小麦(*Wheat*)	*Ms1*	雄性生育基因	基因敲除	雄性不育	Okada 等，2019
单子叶植物(Monocotyledon)	稻(*Rice*)	*OsRR22*	转录因子	灭活突变	提高耐盐性	Zhang 等，2019a
单子叶植物(Monocotyledon)	稻(*Rice*)	*CAO1* 和 *LAZY1*	叶绿素 a 合成叶绿素 b 并分别调控地上部向地性	基因破坏	叶绿素 b 和分蘖扩散表型的合成缺陷	Miao 等，2013
单子叶植物(Monocotyledon)	稻(*Rice*)	*SBEI* 和 *SBEIIb*	测定直链淀粉含量、支链淀粉的精细结构和理化性质	基因破坏	支链淀粉中长链的比例更高	Sun 等，2017
单子叶植物(Monocotyledon)	稻(*Rice*)	*Gn1a*，*DEP1*，*GS3* 和 *IPA1*	淀粉的性质粒数、穗结构、粒度和植株结构的调节因子理化	基因破坏	粒数增加，直立圆锥花序密实，粒度变大	Li 等，2016
单子叶植物(Monocotyledon)	稻(*Rice*)	*OsERF922*	稻瘟病抗性负调节剂	基因破坏	增强稻瘟病抗性	Wang 等，2016a
单子叶植物(Monocotyledon)	稻(*Rice*)	*OsSWEET13*	蔗糖转运蛋白。白斑病抗性的负调节剂	基因敲除	细菌性枯萎病抗性	Zhou 等，2015
单子叶植物(Monocotyledon)	稻(*Rice*)	*OsMATL*	编码花粉特异性磷脂酶	基因敲除	单倍体种子形成	Yao 等，2018
单子叶植物(Monocotyledon)	稻(*Rice*)	*ALS*	乙酰乳酸合酶编码基因	基因敲除	除草剂抗性	Endo 等，2016

续表 3-3

纲	种	靶基因	目的	编辑方式	靶向性状	参考文献
单子叶植物(Monocotyledon)	稻(*Rice*)	*ALS*	乙酰乳酸合酶编码基因	基因替换	除草剂抗性	Sun 等,2016
单子叶植物(Monocotyledon)	稻(*Rice*)	*TMS5*	热敏基因雄性不育基因	基因敲除	热敏性基因雄性不育	Zhou 等,2016
单子叶植物(Monocotyledon)	卡文迪什香蕉(*Cavendish banana Musa acuminata*)	*PDS*	八氢番茄红素去饱和酶编码基因	基因敲除	白化病表型	Naim 等,2018
单子叶植物(Monocotyledon)	香蕉 *Banana* (*Musa spp.*)	Integrated endogenous *banana streak virus* (eBSV) in the B genome of plantain	eBSV 在压力下激活成传染性病毒颗粒	从香蕉的基因组中敲除 BSV 的整合 dsDNA	无症状植物对香蕉条纹病毒	Tripathi 等,2019
双子叶植物(Dicotyledon)	亚麻荠(*Camelina sativa*)	*FAD2*	脂肪酸生物合成	基因敲除	提高种子油酸含量	Jiang 等,2017
双子叶植物(Dicotyledon)	拟南芥(*Arabidopsis thaliana*)	The*FWA* and the *SUPERMAN* promoters.	开花时间基因和花同源基因的转录调节因子	基因敲入	拟南芥中的靶向基因激活和 DNA 甲基化	Papikian 等,2019
双子叶植物(Dicotyledon)	拟南芥(*Arabidopsis thaliana*)	*CBFs*	C-重复结合因子编码基因,冷应激反应中的关键转录因子	基因破坏。删除和插入	耐寒性	Jia 等,2016b
双子叶植物(Dicotyledon)	番茄(*Tomato*)	*SlJAZ2*	茉莉酸信号通路中的重要阻遏物。生物胁迫期间气孔孔径的关键调节因子	基因敲入,缺少 C 端 Jas 结构域	细菌斑点抗性	Ortigosa 等,2018
双子叶植物(Dicotyledon)	番茄(*Tomato*)	*SlMlo1*	赋予对真菌的敏感性,引起白粉病	基因破坏。48 bop 删除	白粉病抗性	Nekrasov 等,2017

续表 3-3

纲	种	靶基因	目的	编辑方式	靶向性状	参考文献
双子叶植物（Dicotyledon）	番茄（*Tomato*）	*SP5G*	开花抑制因子	基因敲除	快速开花，早期产量	Soyk 等，2017
双子叶植物（Dicotyledon）	番茄（*Tomato*）	*SlAGL6*	转录因子。它在花分生组织和花器官发育中起着重要作用	基因敲除	单性结实表型	Klap 等，2017
双子叶植物（Dicotyledon）	番茄（*Tomato*）	*SlIAA9*	控制单性结实的关键基因	基因敲除	单性结实表型	Ueta 等，2017
双子叶植物（Dicotyledon）	番茄（*Tomato*）	*SlMAPK3*	丝裂原活化蛋白激酶 3 编码基因，响应干旱胁迫	基因敲除	耐旱性	Wang 等，2017
双子叶植物（Dicotyledon）	番茄（*Tomato*）	*CrtR-b2* 和 *Psy1*	类胡萝卜素生物合成的关键基因	基因敲除	类胡萝卜素分布的变化	D'ambrosio 等，2018
双子叶植物（Dicotyledon）	野生番茄（*Wild tomato*）	*SELF-PRUNING*，*OVATE*，*FASCIATED* 和 *FRUIT WEIGHT 2.2*，*MULTIFLORA* 和 *LYCOPENE BETA CYCLASE*	分别编码植物的一般生长习性、果实形状、果实大小、果实数量和营养品质	基因敲除	获得驯化性状（果实数量、大小、形状、营养成分和植物结构）	Zsogon 等，2018
双子叶植物（Dicotyledon）	抗压野生番茄（*Stress-tolerant wild-tomato*）	*SP*，*SP5G*，*SlCLV3*，*SlWUS* 和 *SlGGP1*	开花抑制基因、小肽编码基因、同源盒编码基因和维生素 C-生物合成	基因破坏。插入、删除和倒置	驯化的表型仍保留亲本的抗病性和耐盐性	Li 等，2018b
双子叶植物（Dicotyledon）	马铃薯（*Potato*）	*GBSS*	酶编码基因。颗粒结合淀粉合酶编码基因，负责直链淀粉的合成	基因敲除	支链淀粉含量增加	Andersson 等，2017

续表 3-3

纲	种	靶基因	目的	编辑方式	靶向性状	参考文献
双子叶植物（Dicotyledon）	黄瓜（*Cucumber*）	*eIF4E*	真核翻译起始因子，是翻译机器的核心部分	基因敲除	黄瓜叶脉黄化病毒、西葫芦黄色花叶病毒和木瓜环斑花叶病毒-W 抗性	Chandrasekaran 等，2016
双子叶植物（Dicotyledon）	黄豆（*Soybean*）	*GmFT2a*	大豆光周期开花途径中的整合子	基因破坏。1-bp 插入或短缺失	开花晚	Cai 等，2018
双子叶植物（Dicotyledon）	葡萄（*Grape*）	*VvWRKY52*	在葡萄植物防御调控网络中起重要作用的转录因子基因	基因敲除	灰霉病菌抗性	Wang 等，2018
双子叶植物（Dicotyledon）	橙子（*Oranges*）	*CsLOB1*	促进病原体生长和突然出现的水泡的形成	*CsLOB1* 启动子中断、删除、插入和替换	柑橘溃疡病抗性	Peng 等，2017
双子叶植物（Dicotyledon）	柚子（*Grapefruits*）	*CsLOB1*	柑橘溃疡病的关键柑橘病害易感基因	破坏 *CsLOB1* 两个等位基因的编码区	柑橘溃疡病抗性	Jia 等，2017
双子叶植物（Dicotyledon）	柚子（*Grapefruits*）	*CsLOB1*	横向器官边界（*LOB*）结构域家族中的植物特异性转录因子	Ⅰ型 *CsLOB1* 启动子中 PthA4 效应结合元件的破坏	柑橘溃疡得到缓解	Jia 等，2016a
菌，菌类，蘑菇（Fungus）	蘑菇（*Mushroom*）	*PPO*	使用分子氧将邻二酚氧化为邻醌的酶。这些通常会在组织损伤后引起褐变反应，并且可能在植物防御中很重要。一些 *PPO* 起羟化酶的作用	敲除 6 个 *PPO* 基因之一	非褐变表型	Waltz，2016b

3.2 基因编辑技术在疾病模型中的应用

3.2.1 疾病模型概述

疾病模型是指生物医学研究中建立具有人类疾病模型表现的动物实验对象和材料。

3.2.1.1 疾病动物模型意义

避免了人体实验造成的风险和伦理问题，如急性慢性呼吸系统疾病，用动物代替人做实验对象，可在设计条件下，反复观察和研究。

有利于研究发病率低、病程长的疾病，和遗传性、免疫性、代谢性内分泌血液等疾病，以及在临床上发病率较低的疾病，如再生障碍性贫血肿瘤、慢性支气管炎、动脉粥样硬化等。

可严格控制实验条件，增加方法学上的可比性。

样品收集方便，结果分析容易。

可比较人畜共患病，病原体对人与动物病变的异同，更加全面地了解疾病性质。

3.2.1.2 复制人类疾病的动物模型的原则

1. 相似性

复制动物模型的目的在于从中找出可以推广应用于人体的有关规律，复制的动物模型应尽可能近似人类疾病的情况，最好能找到与人类疾病相同的动物。如自发性疾病模型，小鸡是最适合做高脂血症的模型，因为它的血浆甘油三酯、胆固醇以及游离脂肪酸水平与人非常相似，低密度脂蛋白的指质结构也与人相似。

2. 重复性

影响动物模型的因素有很多，其中主要是动物因素(品种、品系、年龄、性别、健康等)和环境因素(饲养环境、实验环境、实验控制条件)，这是动物模型重现的可靠保证。此外，实验方法步骤、实验者的操作技术熟练程度等要求尽可能一致。

3. 可靠性

复制的动物模型应力求近似人类疾病，并可特异地反映某种疾病或某种功能代谢结构变化，以及复制该疾病的主要症状和体征，并经实验室检查或 X 线照片、心电图、病理切片等证实。如铅中毒，可用沙鼠作为实验模型，而不选用大鼠，因为沙鼠只有在铅中毒时才会表现出相应的肾病变，而大鼠易得地方性肺炎及进行性肾病。

4. 适用性和可控性

复制动物模型，应考虑临床应用和易于控制其疾病的发展，以利于进行研究。选用大小鼠复制细菌性腹膜炎，采用单一的大肠杆菌 0111b4 比混合菌效果好。

5. 易行性和经济性

复制动物模型应遵守经济易行的原则，尽管灵长类动物与人类最类似，复制的疾病模型也很相似，但它稀少，价格昂贵，又受动物保护主义运动团体和组织的关注，而且动物伦理和福利方面的要求很严格，所以实验中都不采用。采用小动物一般也同样能复制出相似的人类疾病模型，而且它们的遗传背景明确，体内微生物可控模型性状显著，可任意选择，便于管理。

3.2.1.3 小鼠模型的优势

小鼠属于哺乳纲(Mammalia)啮齿目(Rodentia)鼠科(Muridae)小鼠属(*Mus*)。小鼠是由小家鼠演变而来的,小鼠的生理特点如表 3-4 所示。

表 3-4 小鼠的生理特点

特点	特点具体内容
体型小,易于饲养管理	是哺乳动物中体型最小的动物
成熟早,繁殖力强	小鼠 6～7 周龄时性成熟,雌性 35～50 日龄,雄性 45～60 日龄。每胎产仔数为 8～15 只,一年产仔胎数 6～10 胎,属全年、多发情性动物,繁殖率很高
性情温顺,胆小怕惊	小鼠经长期的培育,在用于实验研究时,性情温顺,易于抓捕,不会主动咬人,一般很少相互斗架,操作起来很方便,是理想的实验动物
对外来刺激极为敏感	对于多种毒素和病原体具有易感性,反应极为灵敏
便于提供同胎和不同品系动物	可根据实验要求选择不同品系或同胎小鼠做实验,也可选择同一品种(或品系)、同年龄、同体重、同性别的小鼠做实验,由于动物遗传均一,个体差异小,实验结果精确可靠

小鼠广泛分布于世界各地,经长期人工饲养选择培育,已育成 1 000 多近交系和独立的远交群。早在 17 世纪就有人用小鼠做实验,现已成为使用量最大、研究最详尽的哺乳类实验动物。自 20 世纪 70 年代以来,基因工程技术日新月异,利用分子生物学手段,在小鼠体细胞或生殖细胞内实现转基因或者目的基因的敲入或敲除,构造基因工程小鼠疾病模型,在近年来为疾病的研究带来了前所未有的推动。

由于灵长类动物在遗传学上与人类十分接近,曾在医学研究中有着举足轻重的地位,但由于灵长类动物价格昂贵及存在伦理学方面的限制,近年来在医学研究上的应用逐渐减少。小鼠作为实验动物的历史源远流长,但小鼠的遗传学背景与人类相差较大。为解决该问题,研究人员将人类细胞或组织植入免疫缺陷小鼠体内构建免疫系统人源化小鼠模型及人源化小鼠疾病模型,在这种人源化的小鼠动物模型中进行的研究更能模拟人类免疫系统及人类疾病实际情况(龙杰等,2019)。

小鼠具有以下的生物学特性:发育和代谢过程与人类十分相似,其基因组与人的同源率高达 95%;易于饲养、繁育,所需维护费用低。所以,小鼠相比于其他哺乳动物是较理想的实验材料。目前转基因小鼠模型在基因功能以及人类疾病机理与治疗研究领域得到了广泛应用(范艳艳等,2018)。

3.2.1.4 小鼠肿瘤疾病模型

1. 小鼠肿瘤模型的特点

理想条件下的小鼠肿瘤模型应能模拟并真实地重复人类肿瘤的自然发生和发展过程,并具有与之相同的病理和生化特点。肿瘤发生只经历极短的潜伏期,且进展较快,模型动物的生命周期较短,目前的肿瘤模型大部分能模拟人类特定肿瘤的一个或多个主要特征。对特定遗传靶,有效的模型可能适于研究肿瘤进展的早期事件,但不一定适于研究肿瘤转移的情况。相反,一些转基因和基因敲除鼠模型中肿瘤生长和进展快速,可以比较方便地获得肿瘤发展的整个过程,但不适于早期肿瘤的预防研究。随着小鼠肿瘤模型的发展,人们可以根据研究目的选择最适合的小鼠肿瘤模型(梁朝霞等,2004)。

小鼠肿瘤模型按照建立的方法可分为以下几类:①自发和诱发小鼠模型;②同种或异种移植模型;③转基因小鼠模型;④基因敲除小鼠模型;⑤可调变的小鼠肿瘤模型。

2. 自发和诱发小鼠肿瘤模型

自发性小鼠肿瘤模型的产生与饲料和所处环境等有明显关系,很多肿瘤的潜伏期较长,不能反映人类肿瘤的特点,因此实际应用较少。诱发性小鼠肿瘤模型是指利用化学致癌物诱发实验性肿瘤的小鼠模型,目前使用较多的化学致癌物有多环芳烃类、亚硝胺和偶氮染料等。方法有皮肤涂抹、灌注法、穿线法等。但也有很多诱发性模型由于发病率较低,已被摒弃。

3. 同种或异种移植的小鼠肿瘤模型

同种移植是将可移植的肿瘤移植于同系或同种受体小鼠。异种移植的小鼠肿瘤模型是指将人类肿瘤移植在小鼠身上使其生长发育(图 3-5)。目前有以下几种移植方法:①组织块移植法;②细胞种植法;③肾包膜下移植法。

图 3-5 彩图

图 3-5 同系移植小鼠模型

4. 转基因小鼠模型

转基因小鼠是指通过不同的方法将外源基因导入小鼠受精卵,然后产生携带外源基因的小鼠品系,并能通过生殖细胞将外源基因传递给后代的小鼠。目前最常用的转基因方法是显微注射法,利用显微注射仪将外源 DNA 注射到受精卵前核,待其发育为桑葚胚或囊胚后移入假孕母鼠,可获得转基因小鼠。其他还有精子载体法,是将外源基因与活精子共同孵育,通过精子摄取外源基因,体外受精,获得小鼠;体细胞克隆法,是将外源基因在体外转染体细胞,经过筛选后获得稳定携带外源基因的体细胞,然后将该体细胞注射入去核的卵母细胞,经融合、激活后发育至囊胚并移植入同步假孕动物,即可获得携带外源基因的子代动物;逆转录病毒法,是人们利用逆转录病毒 cDNA 能够整合到宿主细胞染色体内的特点,开发了多种逆转录病毒载体,通过转染的方式,实现了生殖细胞的基因转移。以上方法各有优缺点,选择建立转基因小鼠模型应根据实验条件、实验目的和要求而定。

转基因小鼠模型已广泛应用于肿瘤的发生机制、免疫耐受性、胚胎发育、基因治疗、器官移植、生物发育调控、免疫及神经生物学等方面的研究。转基因小鼠技术创立后,被迅速用于创建转基因肿瘤小鼠模型(Zitvogel 等,2016)。

5. 基因敲除小鼠肿瘤模型

基因敲除又称基因打靶,是指利用外源 DNA 与受体细胞染色体 DNA 上的同源序列之间发生重组,使之整合到预定位点上,并替代原有基因,从而改变细胞遗传性的方法。利用此方法产生的去除特定基因的小鼠模型称为基因敲除小鼠模型。对于认识单一基因或数个基因在肿瘤发生中的作用而言，这是一个理想的模型。基因敲除目前最常使用的是小鼠（常用的品系为129SV）胚胎干细胞（ES）。基因敲除小鼠模型的建立是在体外先构建一个含有一段与欲灭活的基因具有高度同源的外源基因的基因打靶载体。在该外源基因中插入一个带有启动子的选择标记基因，如新霉素抗性基因、次黄嘌呤磷酸核糖转移酶基因，把这个含有修饰后外源基因的载体利用显微注射或电转移等方法导入ES细胞中。这样，导入细胞中的外源基因与染色体上的靶基因发生同源重组。通过筛选标记基因而检出发生同源重组的ES细胞并在体外扩增，再将带有此ES细胞的囊胚移植到假孕鼠的子宫内，发育成一个嵌合体，经过进一步杂交传代获得含有外源基因的纯合子，即建立基因敲除小鼠模型（Zitvogel等，2016）。

基因敲除小鼠肿瘤模型的建立为肿瘤的诊断和治疗提供了很好的靶子，而且通过对突变小鼠的表型性状分析，许多与肿瘤相关的新基因的功能得到阐明，从而在现代生物学及医学研究领域中取得了许多突破性进展。当前需解决的问题是建立基因敲除鼠的数据库，对已知基因敲除鼠相关研究进行科学分类和归纳，以便研究者能迅速、有效地选择参考模型。

6. 可调变的小鼠肿瘤模型

移植瘤生长特性和对药物的反应可能与自然发生的肿瘤不同。为了建立更逼真的模型，研究者运用复杂的基因转换技术，使肿瘤基因能够在特定时间及特定细胞类型中开启或关闭。通常，他们效法人类癌细胞中的基因突变机制，在同一细胞型内联合两种或多种的促进肿瘤基因改变的因素用以创制肿瘤模型。

3.2.2 基因编辑技术在小鼠疾病模型中的应用

随着基因编辑技术的快速发展，小鼠疾病模型成为研究的首选。例如，血友病为一组遗传性凝血功能障碍的出血性疾病，其共同的特征是活性凝血活酶生成障碍、凝血时间延长、终身具有轻微创伤后出血倾向，重症患者没有明显外伤也可发生“自发性”出血，分为血友病A、血友病B和血友病C 3种。血友病B是一种肝脏缺乏凝血因子IX的X-连锁的遗传出血性疾病，主要特征为凝血因子IX表达水平极低，不足正常水平的1%。多种基因治疗手段在该疾病前显得束手无策。ZFN的出现为突变型凝血因子IX表达水平的修复提供了希望（Li等，2011）。Li等（2011）通过AAVS病毒载体将靶向凝血因子IX的ZFN导入其缺陷的人源小鼠模型中，通过ZFN介导HR途径对突变基因凝血因子IX基因F9进行替换，并以血浆中的凝血因子IX表达水平是否升高作为最终纠正指标。结果显示，经ZFN介导修饰的小鼠的血液在近乎正常的时间内凝结，这些小鼠中的凝血因子表达水平约为正常水平的6%～7%，足以维持正常的凝血功能。而未经ZFN介导修饰的小鼠维持正常凝血功能的时间仅6周。Paik等（2014）基于TALEN技术在hiPSC细胞中将含有F8基因的140kb染色体片段倒置，旨在建立人源化的小鼠血友病A模型。此外，为了能够更好地验证TALEN技术可以纠正该疾病致病基因，研究人员再次通过TALEN基因编辑工具将其之前倒置的140 kb的染色体片段再重新恢复到正常，结果显示经TALEN纠正修饰的疾病细胞可以检测到F8基因的mRNA，而未经TALEN介导修饰的细胞却未检测到F8基因的mRNA。该项结果提示，TALEN基因编辑工具既可以建立疾病模型，又可以介导疾病的再次纠正（图3-6）。

图 3-6 彩图

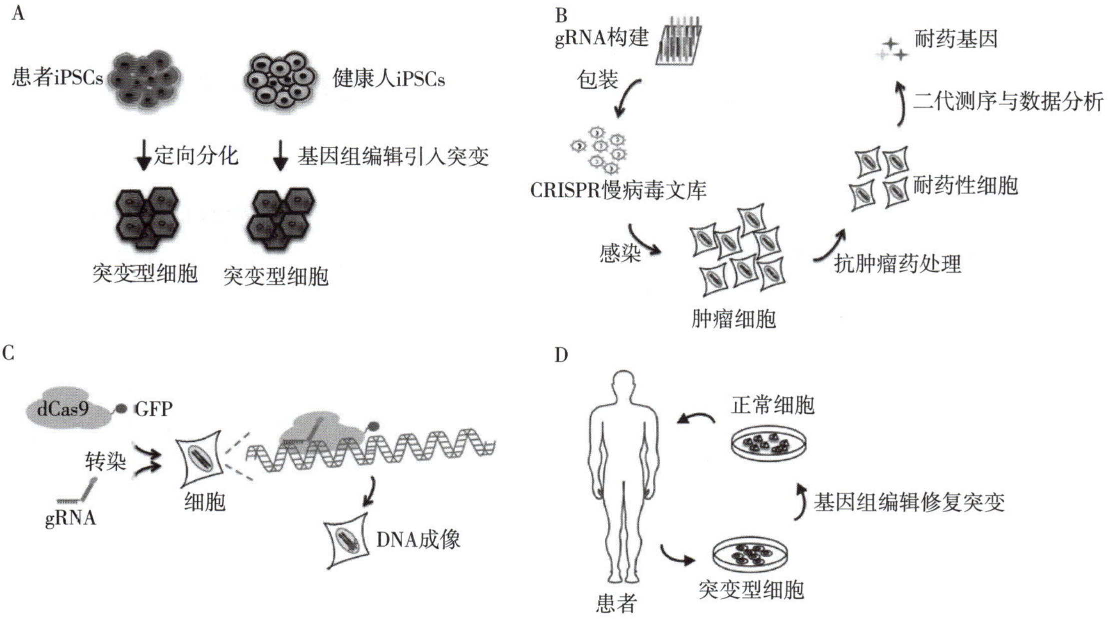

图 3-6 基因编辑技术在精准医学中的应用(图片来源网络)

3.2.3 基因编辑技术在猪疾病模型中的应用

猪基因组由 18 个常染色体和 2 个性染色体(X 和 Y 染色体)组成,估计为 2.7 Gb。猪的基因组比人类的基因组小约 7%,而比老鼠和犬的基因组则小 14%。除了基因组大小的相似性之外,猪基因组与人类也有广泛的同源性。在核苷酸水平上,猪与人的相似性是小鼠与人的相似性的 3 倍。平均而言,猪-人的同构块比小鼠或犬更远离系统发育树。由于猪和人之间存在较大的同位阻滞,因此从猪的位置克隆通常很简单,而增强子区域之间的局部调控相互作用更有可能被保留(Walters 等,2012)。

猪作为一种重要的农业经济动物,由于其在基因组、解剖、生理代谢和疾病特征以及器官大小和功能上与人类十分相似,因此也是非常理想的大动物模型(Gün 等,2014)。自 2013 年 CRISPR/Cas9 基因编辑技术第一次运用到哺乳动物细胞以来,CRISPR/Cas9 技术发展迅速。CRISPR/Cas9 技术为猪遗传改良、抗病育种、构建人类疾病模型及异种器官移植等方面的研究提供了新的思路和手段,极大地推动了畜牧业和生物医学领域等方面的研究(李尚等,2019)。与啮齿动物模型相比,猪在体器官大小、寿命、解剖学、生理学和代谢特征方面与人类具有更高的相似性。与非人类灵长类动物相比,猪具有低成本和成熟的胚胎操作技术(Yang 等,2018)。

3.2.3.1 心血管系统疾病模型

心血管疾病是全球死亡和致残的第一大原因。小鼠与人相比,其心脏大小和心率明显不同,因此通常无法准确地模拟人类心血管系统的生理和病理。例如,PPAR-γ 的选择性配体噻唑烷二酮(TZDs)可使胰岛素敏感用以治疗Ⅱ型糖尿病。尽管 TZD 介导的 PPAR-γ 激活对小鼠模型的心血管疾病具有有益的作用,但由于患者不良心血管事件的风险增加,TZDs 的治疗效果受到了严重损害。而猪与人的心肌高度相似,因此,猪是弥合人类与小鼠之间鸿沟的最有吸引力的模型(Yang 等,2018)。

家族性肥厚型心脏病(familial hypertrophic cardiomyopathy,HCM)是主要的遗传性心脏病,HCM 的病理机制尚未明确,病因包括编码 β-心肌球蛋白重链(β-myosinheavychain,MyHC)的 MYH7 基因发生突变。2017 年,Montag 等(2018)利用 TALEN 技术对猪 MYH7 位点进行 R723G 碱基突变并获得单碱基突变的克隆猪,该模型表现出明显的由 R723G 型 MYH7 突变导致的 HCM 早期症状,如心肌排列紊乱、核畸形以及 MHY7 过表达导致引起的 α/βMyHC 失调,但是该克隆猪存活时间极短(产前死亡或产后 24 h 内死亡),这可能与 MYH 表达紊乱有关。该研究是首次基于 Selection-freeSCNT 通过诱导点突变构建出的心血管疾病模型猪。在医学研究上,由于病变心脏组织较难获得,因此对 HCM 的长期研究需要动物模型加以辅助。以猪为代表的大动物模型实验成果有利于研究 HCM 病人早期心脏衰竭等的遗传机制(图 3-7)。

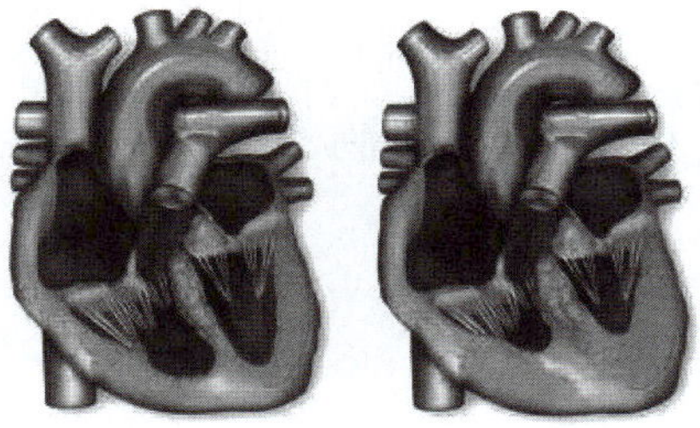

图 3-7 正常心脏和患肥厚性心脏病心脏的区别(图片来源网络)

3.2.3.2 免疫缺陷模型

X 染色体上的白细胞介素-2 受体共同 γ 链基因(*IL-2RG*)编码的受体蛋白对动物体自然杀伤细胞(naturalkillercell,NKcell)的发育起着重要作用。*IL-2RG* 缺陷会导致 NK 细胞活性丧失,机体免疫功能严重受损。Watanabe 等(2013)向猪胎儿成纤维细胞转入 ZFN 表达载体后,靶向敲除了细胞的 *IL-2RG* 基因,经 SCNT 得到的 *IL-2RG-KO* 猪表现出与人类 X 染色体连锁重症联合免疫缺陷(X-severecombinedimmunodeficiencydisease,X-SCID)相似的症状,包括一个胸腺嘧啶完全缺失、T 与 NT 细胞量不足等。

在成熟前 T 细胞发育为成熟 T 细胞以及成熟前 B 细胞发育为成熟 B 细胞的免疫组织分化过程中,发生 *V*(*D*)*J* 基因片段的重排,形成淋巴细胞表面的高度多样性抗体可变区的编码基因。*V*(*D*)*J* 重排的一个早期步骤是 B、T 细胞内 IG 或 TCR 基因 SRR 双链断裂,该过程由重组激活基因(recombination activating gene1/2,RAG1/2)的蛋白产物催化,RAG1/2 中任意一者缺失都会导致 T、B 淋巴细胞分化阻滞、外周血不具成熟淋巴细胞而引发 SCID。猪与人类免疫系统具有相似性,RAG 突变猪可模拟人类 SCID,为进一步解析 SCID 机制和探究治疗方法提供帮助。Lee 等(2014)利用 TALEN 系统对猪体细胞的 RAG2 进行靶向修饰,经 SCNT 后获得的 RAG2 突变纯合子胸腺异常,并有脾脏内炎症与细胞凋亡等发育停滞现象。在接受人类诱导多能干细胞移植后,*RAG2* 基因修饰猪发育为成熟的三胚层畸胎瘤,说明该 RAG2-KO 猪具有免疫缺陷的表型,是成功的 SCID 大动物模型。同年,Huang 等(2014)根据巴马猪的 *RAG1*、*RAG2* 基因,分别设计了 TALEN 表达载体,对成纤维细胞打靶后建立 *RAG1*、*RAG2* 双基因敲除的细胞系,并克隆出 *RAG1*/*2* 双敲猪,*RAG1*/*2* 功能障碍导致胸腺胰腺发育出现缺陷,免疫器官内成熟 T、B 淋巴细胞大幅度减少且淋巴细胞 *V*(*D*)*J* 基因片段重排消失,表现出典型的 SCID 特征。由于小鼠的生理指标以及炎症免疫反应等机制与人类差距较大,因此基于 SCID 小鼠模型进行的药物筛选与临床评价、干细胞治疗长期跟踪等方面的研究、获得的成果难以有效地转化为临床应用,而 SCID 模型猪的应用有望填补这方面的空白。同时,免疫缺陷疾病的致病因素复杂,制备免疫缺陷模型猪有利于研究者对相关功能障碍基因与环境因素进行筛查,推动人体免疫细胞的分化以及机体免疫系统的建立或损伤等研究

（黄耀强等，2018）。

3.2.3.3 代谢异常疾病模型

生物体的代谢是时时刻刻在进行的，因此代谢异常可能导致多种疾病。适当的动物模型能帮助我们了解发病机理。2012 年，卡尔森等（2012）使用 TALENs 靶向技术敲除猪成纤维细胞基因组的 LDLR，并获得了 SCNT 后克隆的 LDLR-/-猪，对模拟脂类代谢综合征具有重要的生物医学价值。另外，在 CRISPR/Cas9 系统的帮助下，有学者通过 Cas9 载体将靶向载脂蛋白 E(ApoE)和 LDLR 的 sgRNA 同时转移到猪胚胎成纤维细胞中，这是第一个模拟脂质代谢紊乱的转基因猪模型（Huang 等，2017）。

3.2.3.4 神经退行性疾病模型

神经病和肌肉疾病模型神经退行性疾病（ND）已成为最严重的疾病之一，由于没有精确的诊断工具或成熟的治疗方法，并且随着人类预期寿命的增加，其患病率也在上升。这些疾病包括亨廷顿氏病（HD）、阿尔茨海默氏病（AD）、帕金森病（PD）等。这些神经系统疾病的共同特征是延迟的神经系统症状和变性，会优先影响大脑中的神经细胞。为了更好地了解 HD 的机制，Yang 等（2018）应用 CRISPR/Cas9 技术将含有 150 个 CAG 重复序列的人类亨廷顿突变基因准确插入猪 HTT 的内源基因位点，并通过 SCNT 建立了基因组编辑的表达人类 HTT 突变的猪，这是世界上第一个模拟神经退行性疾病患者基因突变的大型动物模型。作为神经退行性疾病领域的一项重大突破，亨廷顿基因敲入猪的建立可以促进神经退行性疾病新药的开发（Gun 等，2014）（图 3-8）。

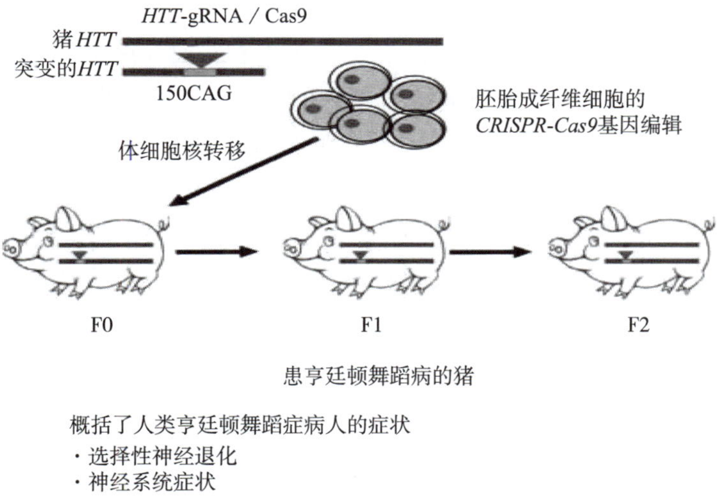

图 3-8 彩图

图 3-8 表达人类 HTT 突变的猪（Li 等，2019）

亨廷顿舞蹈病（HD）是一种常染色体显性遗传，进行性神经退行性疾病，其特征是亨廷顿基因（HTT）中的三核苷酸（CAG）重复序列扩增，从而导致氨基末端的聚谷氨酰胺片段扩展，范围从 36～120 个重复序列。突变的亨廷顿蛋白错误折叠，导致在神经元中聚集积累，影响神经递质的传递，并可能诱导凋亡。表达氨基末端突变型 HTT(105Q)的转基因猪，通过 SCNT 成功生成了 b-肌动蛋白启动子。高水平的突变型 HTT 表达可导致动物的早期死亡。在一窝中，5 只小猪中的 3 只在 3 d 内死亡，第 4 只在 25 d 时死亡，第 5 只重要的仔猪显示出突变型 HTT 的最低表达水平 49。虽然遗传小鼠模型无法复制明显的神经变性和凋亡，但是对这些仔猪的大脑切片进行的组织学分析显示，凋亡的神经元具有激活的 caspase-3 和 DNA 片段的明显迹象（Yang 等，2010）。

3.2.3.5 其他模型

Rogers 等（2008）利用 AAV 介导的同源重组技术成功构建了囊肿性纤维化致病因子 CFTR 突变的猪模型（Rogers 等，2008）。小猪出生后 24～48 h 出现明显的胎粪梗阻，同时其他器官如胰脏、肝脏等均表现出与人类患者相似的特征，为研究与治疗 CF 提供了新的平台。Klymiuk 等（2013）通过敲除抗肌萎缩蛋白（Dystrophin）基因，获得运动能力下降、肌肉萎缩和呼吸衰竭等病症的 DMD 猪模型，可惜这些猪出生 1 周后几乎都死亡，没有一头猪可以活到配种阶段。随后多个研究平台相继建立了 DMD 猪模型，如 Yu 等（2016）通过 CRISPR/Cas9 技术敲除滇南小型猪受精卵 DMD 基因，成功地构建出人类 DMD 疾病模型；另外，利用大动物猪还构建了其他人类疾病模型，如结肠癌、胃癌、神经性耳聋和多囊性肾病。这些疾病模型的建立将为人类疾病和家畜疫病的发病机理提供重要的模型支持，对疾病治疗方法的研究起到推动作用（李国玲等，2019）。

3.2.4 基因编辑技术在反刍动物疾病模型中的应用

绵羊和山羊在生物医学研究中通常被用作模型。与实验啮齿动物相比，绵羊和山羊由于其相似的体型和解剖结构，更适合模拟人类疾病。CRISPR/Cas9 已应用于绵羊和山羊，为生物医学研究提供了研究人类疾病的有用模型（Kalds 等，2019）。

日本黑牛属于在日本培育的一种肉牛品种，其以独特的大理石花纹闻名于世。经过人工 60 多年的选育，虽然获得了较高的肉质，但也导致了遗传病的隐性突变的积累。2013 年通过外显子组测序发现了异亮氨酸 tRNA 合成酶（IARS）综合征。该疾病发生的原因是 IARS 基因的 c.235G>C（p.Val79Leu）替换导致 IARS 蛋白的氨基酰化活性降低 38%，进而影响蛋白质的合成，导致纯合子突变小牛表现出新生儿宫内发育迟缓和虚弱甚至死亡（Islam 等，2021）。Ikeda 等（2017）利用 CRISPR/Cas9 辅助的基因组编辑成功将 IARS 基因中的单个突变核苷酸替换为适当的核苷酸。这一方法有可能恢复遗传多样性，使牲畜的遗传资源得到有效利用。特别是，它可能在遗传改良方面有创新的应用，以改善怀孕周期较长的牲畜（如牛）的基因改良。

朊病毒（由 PRNP 基因编码）疾病，如牛海绵状脑病（BSE）是牛致命的神经退行性疾病，但由于缺乏细胞系或突变模型，其基因缺失的研究受到限制。Choi 等（2015）利用 Bmi-1 和 hTert 基因建立了永生化牛成纤维细胞，并用 TALENs 敲除了永生化细胞中的 PRNP 基因。高效的 PRNP-KO 有望成为进一步了解牛体外朊蛋白功能的有效技术（图 3-9）。

3.2.5 基因编辑技术在其他疾病模型中的应用

3.2.5.1 禽类疾病模型

CRISPR/Cas9 已成功地用于禽体细胞、鸡（ESC）和精原干细胞（SSCs）的高效基因修饰，证明了 CRISPR/Cas9 系统可以精确地编辑鸡基因组（Mulder 等，2016）。使用 CRISPR/Cas9

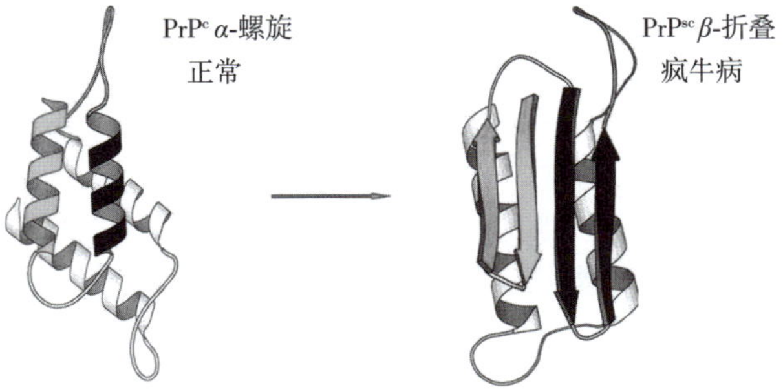

图 3-9 敲除了永生化细胞中的 PRNP 基因

系统在两个鸡细胞系中产生了 *HIRA*、*TYRP1*、*DICER*、*MBD3*、*EZH2* 和其他 6 个基因敲除，并未检测到脱靶效应，可以实现基因非常大片段地删除(>75 kb)。

Ahn 等(2017)设计了一种家禽特异性 CRISPR/Cas9 系统，使用定制的鹌鹑 CRISPR 载体有效地在鹌鹑肌肉克隆 7(QM7)细胞系的染色体中引入靶向的缺失突变。此外，将 CRISPR 载体导入 PGCS，成功地产生了具有卵黏蛋白基因插入突变的基因组编辑鸡，并取代了鸡免疫球蛋白基因中的基因(Oishi 等，2016)。

3.2.5.2 灵长类动物疾病模型

非人灵长类动物和人类在遗传学基础上和生理病理上高度相似，被公认为是理想的疾病研究动物模型。神经退行性疾病是由神经元或其髓鞘的丧失所致，随着年龄老化而恶化，导致功能障碍，如肌肉萎缩性侧索硬化症、额颞叶痴呆、老年性痴呆阿尔茨海默病、亨廷顿舞蹈症、帕金森症等。随着人类生活水平的提高与寿命的延长，老年人比例不断增加，神经退行性疾病逐渐增多，也越来越受到社会的关注。然而，该类疾病大多发病机制尚不明确，没有有效的治疗措施。因此，要筛选和检测出有效的药物和治疗方法，成功使用 CRISPER/Cas9 技术建立基因修饰非灵长类疾病模型，模拟人类神经退行性疾病症状的有效动物模型成为关键。

帕金森病(Parkinsondisease)是发病人数仅次于阿尔茨海默综合征(Alzheimerdisease，AD)的世界上第二大神经退行性疾病。帕金森病病人绝大多数不是基因遗传型，在研究中发现非人灵长类动物模型在衰老的过程中免疫功能方面会出现包括慢性炎症，细胞因子和淋巴细胞因子水平异常以及细胞和线粒体自噬异常方面的情况(Quy 等，2013)。

目前关于帕金森病的研究已经取得了许多进展，发现了许多和帕金森病相关的基因，包括 *α-synuclein*、*PARK2*(*Parkin*)和 *PARK6*(*PINK1*)等。Lazarou 等(2015)在研究中发现 *PINK1* 在诱导线粒体自噬的过程中发挥了重要作用，而 *Parkin* 基因可能扮演了信号放大器的角色，*PINK1* 可以招募 *optineurin* 和 *NDP52* 来标记受损的线粒体，通过线粒体自噬来帮助清除细胞内受损的线粒体。线粒体的自噬是免疫系统清除细胞内受损的线粒体，维持细胞内环境稳定的重要途径。借助慢病毒载体包装和 CRISPR/Cas9 等基因工程技术，成功构建了 *A53T* 过表达和 *PARK6*、*PARK2* 基因敲除两种非人灵长类动物模型，这对于帕金森病的研究十分重要。卫兴浩(2017)等构建了转基因动物模型和基因修饰动物模型并借助慢病毒载体技术，构建慢病毒载体建立了 α-synuclein 过表达的猕猴动物模型，后利用 CRISPR/Cas9 技术构建了 PARK2 和 PARK6 的基因敲除的食蟹猴动物模型(卫兴浩，2017)。

3.3 基因诊断与治疗

3.3.1 基因诊断与治疗概述

基因诊断是指通过 DNA、mRNA、蛋白质的水平检测，判断其是否存在异常之处，以此来对有关疾病进行有效诊断的一种技术（王梦琦等，2017）。基因诊断的基本原理是双链 DNA 在多种酶的作用下可以变性解链成单链，在 DNA 聚合酶与启动子的参与下，根据碱基互补配对原则复制成同样的两份子拷贝。在 PCR 基础上，已经发展了包括多重 PCR、多重巢式 PCR、实时荧光定量 PCR（RQ. PCR）、PCR 直接分析法（DA）、单链构象多态性（PCR. sscP）、序列特异引物 PCR（PCR. ssP）、PCR 寡核苷酸探针杂交（PCR-SSO）和 PCR 产物直接测序分型（PCR. sBT）等多种 PCR 衍生技术。DNA 探针技术、多聚酶链式反应、基因芯片技术等均属于基因诊断技术的原理。基因芯片诊断技术具备快速、高效、敏感、平行化和自动化的特点，因为它把大量基因的 cDNA 作为探针固定于支持物即载体玻片上，通过微量点样技术等方法提取待测组织的 mRNA，然后通过反转录获得其 cDNA，再经荧光标记，与载体玻片上探针进行杂交，杂交信号通过基因芯片扫描仪收集，由特定的分析软件进行分析，从而对基因序列及其功能进行大规模高通量的研究（于志超等，2019）。

基因治疗是指将某遗传物质转移到患者的体内，使其表达，以实现治疗某种疾病的目的的一种治疗方法。在临床上可以通过基因诊断技术预防遗传性疾病，如血友病、苯丙酮尿症、地中海贫血症等。因此，基因治疗包括预防和治疗两个内容。从严格意义上来讲要想真正实现基因治疗，应该包括这 4 方面：首先其作用的对象是人（患者），其次所选用的物质对象应该为核酸，再次是治疗的机制在于影响基因的表达，最后是对疾病相关基因应具有高度的选择性。

3.3.1.1 基因诊断与治疗遗传病的策略

①基因置换，是指为了细胞可以恢复到正常状态，将病变基因替换为正常基因的一种方法。②基因修复，是指在原位修复有缺陷不足的基因，又被称为原位修复。③基因开放。④基因抑制，是指导入外来基因抑制原来的有害基因，使其不能表达。⑤免疫调节，指机体识别和排除抗原性异物，维持自身的生理动态平衡与相对稳定的生理功能。

3.3.1.2 基因治疗的方法

首先是在体外进行操作，就是将受体细胞放在体外进行培养，之后导入外源基因，再通过人工选择后放入病人体内，通过外源基因的正常表达使病人的症状缓解或痊愈，包括完全体外进行的实验和以细胞为介导选择合适的靶细胞，把正常的基因转入细胞内，再把这类细胞重新放入体内的过程。其次是体内进行操作，即将外源基因直接放入受体体内有关的位置，使它可以直接在生物体内进行表达治疗，这种方法虽简单直接，但基因转染率低，这是亟待解决的问题（宋丽丽等，2019）。基因治疗最初仅被用于遗传性疾病的治疗，但现在正被广泛用于肿瘤、心血管疾病、感染性疾病和自身免疫性疾病的治疗，如 CAR-T 细胞免疫疗法。随着基因治疗的快速发展，更多诸如多基因遗传病、神经遗传性疾病等目前医学上束手无策的疾病将有望被根治。在经历了 30 多年的曲折发展后，基因治疗正迅速成为各种人类遗传性和获得性疾病的有效治疗方法。

伴随着现代科技的快速发展，基因诊断和治疗的研究成果也呈上升趋势。越来越多的疾病，都可以通过其方法来得到有效的救治，给人类带来大量方便的同时，也带来了更加准确的结果。在人类医学上，众多的疑难杂症得到有效的解决，而在畜牧上，通过基因诊断和治疗也给更多的动物更多的选择，在人类想要的、符合动物保护福利的基础上，得到饲养者的预期成果。

3.3.2 基因编辑技术在基因诊断与治疗上的应用

基因编辑系统对疾病诊断在精准医疗方面发挥重要作用。利用基因编辑系统，设计可用于特定疾病相关基因的定位。在疾病相关基因未出现 DNA 突变的前提下，对特异的基因组做出准确定位，可以用来诊断由某些基因或染色体结构突变而产生的疾病。

目前以 CRISPR 技术为基础的核酸检测手段仍依赖传统的 PCR 技术或等温扩增技术对靶分子进行扩增，其创新性和适用范围仍有待提高。Zhou 等(2018)利用 CRISPR 系统效应蛋白 Cas9 在与靶核酸分子结合过程中独特的构象变化，作为链取代等温扩增反应的开关，高效启动针对靶核酸分子的指数倍扩增(简称 CRISDA 技术)(图 3-10)。相比于传统 PCR 和其他等温扩增技术，CRISDA 技术有着诸多独特优势。第一，该技术灵敏度高。基于 CRISPR 技术良好的抗干扰性，该技术可在复杂背景条件下，对 10 mol/L 浓度的靶核酸分子进行高效扩增检测。第二，CRISDA 技术特异性强。通过在机理上的特殊优化，该技术很好地规避了在传统 CRISPR 基因编辑技术中普遍存在的脱靶效应，可实现对极低浓度的靶核酸分子进行单核苷酸多态性(SNP)检测。第三，CRISDA 技术普适性强。在针对不同靶位点的检测反应中，所需的扩增引物设计简单、无需优化，可迅速实现对新位点的检测反应体系开发。除此之外，该技术检测过程完全等温，并且在从室温到 42℃ 的范围内均保持良好的扩增检测效果，可充分满足在实际检测中对新靶点的检测需求，提高了基因诊断的精确性。

图 3-10 彩图

基因编辑技术主要应用于人类疾病的诊断和治疗，在人和小鼠模型上体内和体外基因编辑都取得了成功，而在动物上还处于开发阶段。体内基因治疗包括组织特异性靶向，局部递送或靶细胞特异性基因表达；而离体疗法靶向体外的细胞，这些修饰的细胞可用于疾病建模或用作治疗剂。

3.3.2.1 体外基因编辑的治疗

体外基因编辑是从病人身上提取相应的细胞，在基因编辑后将细胞移植回患者相应部位以达到治疗疾病的目的的治疗方法。该技术最大的优点在于它消除了捐赠者组织与移植者之间的免疫排斥。将所需基因转移到造血干细胞，然后移植给患者已经改善甚至治疗了血液系统和免疫系统的单基因病。目前在 X 连锁严重的联合免疫缺陷、腺苷脱氨酶、严重的联合免疫缺陷、肾上腺脑白质营养不良、异染性蛋白质营养不良、Wiskott-Aldrich 综合征和 β-地中海贫血等疾病上开展了相关研究。

3.3.2.2 体内基因编辑

当受影响的细胞或组织无法从患者身上获得，或者离体操作后无法有效地移植回患者体内时，则必须进行体内基因编辑。目前体内基因编辑的研究主要在小鼠上。Blasco 等(2014)

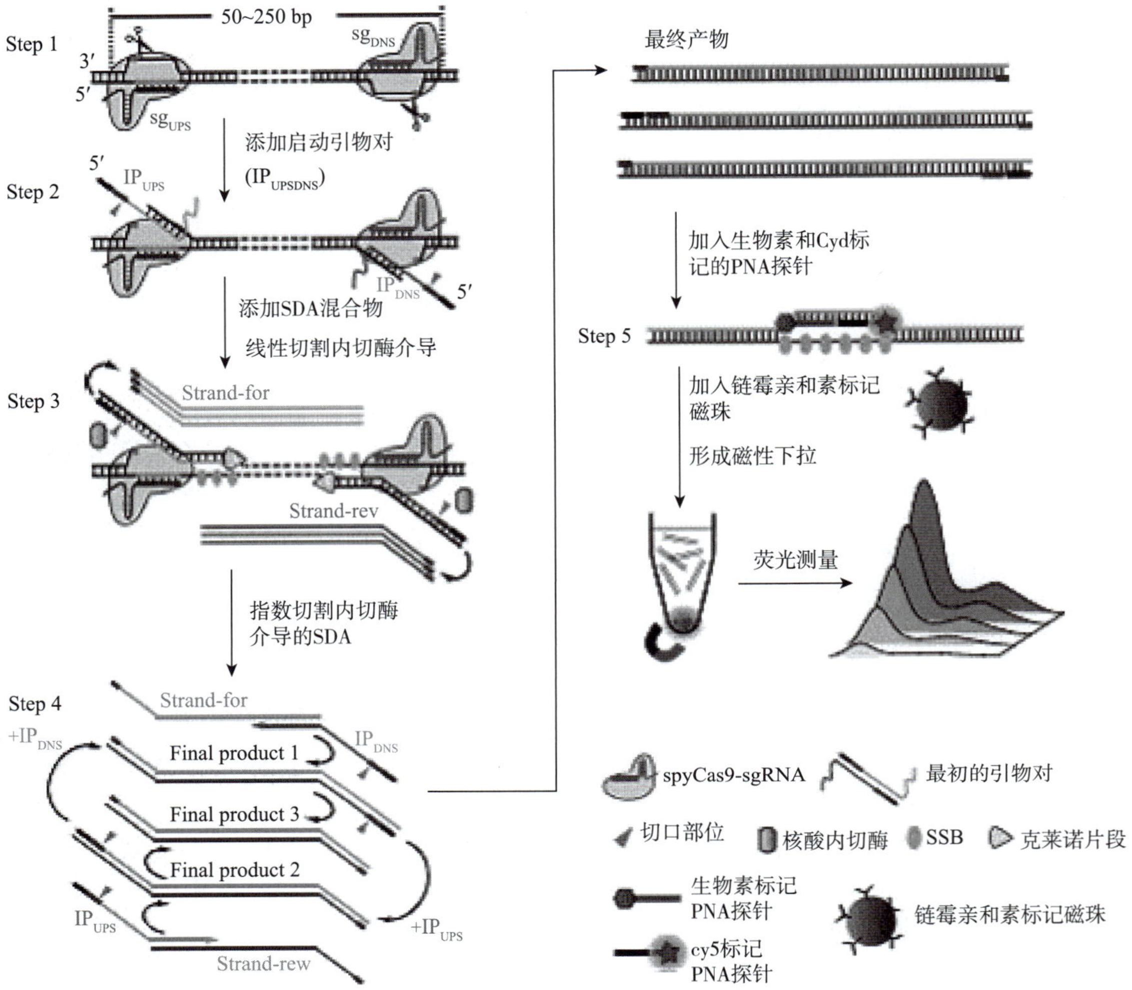

图 3-10　CRISDA 反应机理示意图

在 Blasco 小鼠模型建立的基础上，采用气管内灌注方法将携带两个 sgRNA 的 CRISPR 基因编辑系统载体导入小鼠，证明了肺肿瘤总是以 Eml4-Alk 倒置表达其融合基因，显示了 Alk(+)的人 NSCLCs 典型的组织病理学和分子特征，并对 Alk 抑制剂的治疗做出了反应。Chen 等(2014)利用基因编辑系统对模型小鼠进行实验，发现染色体 7q36.1 处的混合谱系白血病 3(MLL3)基因表达量减少约 50%，促进了白血病的发生，且 MLL3 抑制了 HSPC 的分化，从而证明了 MLL3 是一种单倍体不足的 7q 肿瘤抑制因子，为侵袭性疾病提供了一种治疗选择。

无论是基因诊断还是治疗，用于基因编辑时切割的保真度是重要的问题，在利用基因编辑进行基因诊断与治疗时，最佳工具必须仅在目标位点上引入修饰，而基因组的其余部分保持未修饰状态，以避免基因组其他位点发生意外变化，从而产生不可预期的后果。Cas9 和 Cas12a 是 CRISPR 家族中用于基因组编辑的成员，由于它们之间的显著的相似性和差异，使 CRISPR 的应用具有高度的通用性，两者大小相似(Cas9 为 1 368 个氨基酸，Cas12a 为 1 307 个氨基酸)，都是多结构域效应蛋白，并且与各自的 RNA 复合时采用双叶结构。Cas9 需要两个 RNA 分子：tracrRNA 和 crRNA，而 Cas12a 仅需要单个 RNA 分子 crRNA。Cas9 具有两个核酸酶位点HNH和RuvC域,而Cas12a仅具有一个核酸酶位点在RuvC域中。另外,Cas12a有一个RNA加工位点。在某些情况下,Cas12a提供了优于Cas9的某些优势,例如,Cas12a可用于多重基因组编辑和交错DSB的生产,从而促进了同源直接修复(HDR)而不是非同源末端连接(NHEJ)。当涉及RNA加工、PAM识别、目标DNA结合以及最终催化时,两种蛋白质所采用的机制存在明显差异。目前使用Cas12a成功地对哺乳动物细胞进行基因编辑的诊断和治疗,如杜兴氏肌营养不良症(DMD)的突变,在Cas12a介导的基因编辑后,iPSC中的肌营养不良蛋白表达得以恢复,而在mdx小鼠中,肌营养不良的病理生理学标志得到了纠正(Chen等,2021)。Cas12a介导的基因组编辑还被用于设计模仿人类动脉粥样硬化的大鼠模型,并且该系统在了解早期动脉粥样硬化中具有潜在的应用。尽管最近Cas12a在应用方面取得了许多进步,但是Cas12a在治疗和诊断方面仍存在巨大的待开发的潜力。

成功的基因治疗需要确定影响疾病发展的合适靶基因。基因治疗策略可分为两种基本方法:①试图纠正导致过早疾病发生的特定遗传缺陷;②影响基因的局部治疗。

3.3.3 基因诊断与治疗局限和未来趋势

基因治疗需要解决伦理问题,要在考虑临床试验之前对动物模型的安全性和有效性进行彻底评估。尽管更多的问题仍有待解决,但对动物的研究一直抱有希望(Billings,1999)。在胎儿期疾病的诊断和治疗是早期发现和治疗的关键,子宫内基因治疗会带来感染、免疫反应和早产的风险,并会给母亲和胎儿双方带来风险,开展这类工作的理由和方法必须符合最高的科学和医学标准。人们对子宫内基因转移可能导致除基因治疗靶细胞外的细胞对遗传物质的摄取和表达表示了极大的关注(Yung等,2021)。尤其令人担忧的是,遗传物质可能会被纳入受试者的生殖系,导致永久性的变化,并且这种永久性的变化可能会传递给未来的个体(IUGT)。

由于多重物理和生物屏障,载体进入生殖细胞并造成有害影响的机会非常低。但是,必须将这些风险与不干预的风险或独立于基因治疗的重大出生缺陷的风险进行权衡,据估计,基因治疗在50个生命中有1个会发生风险(Caplan等,2000)。这必须放在已经被接受并被纳入涉及胎儿或胚胎和胎儿创造的医学实践的风险背景中。

未来关于载体的工作将主要集中在工程设计上,产生更安全的载体,具有更好的和更有针对性的治疗效果。

本章参考文献

范艳艳,钟磊发,肖义军. 2018. 转基因小鼠模型的制备与应用. 生物学教学,43:2-3.

黄耀强,李国玲,杨化强,等. 2018. 基因编辑猪在生物医学研究中的应用. 遗传,40:632-646.

李国玲,余志谦,杨化强,等. 2019. 转基因和基因编辑猪的研究进展. 华南农业大学学报,40:91-101.

李尚,石岗,冯韶华,等. 2019. CRISPR/Cas9系统在猪基因编辑中的研究进展. 中国畜牧杂志,55:27-32.

梁朝霞,谢幸,叶大风. 2004. 小鼠肿瘤模型的研究进展. 国外医学(卫生学分册):212-216.

梁旭方. 1999. 肌肉抑制素基因及在食用肉类生产中的应用前景. 生物化学与生物物理进展,(01):4-6.

林祥日. 2005. 我国养殖鱼类育种技术概况. 淡水渔业:61-64.

龙杰,杨志刚. 2019. 重建人类免疫系统的人源化小鼠模型及其在血液系统疾病研究中的应用. 实验动物科学,36:86-92.

宋丽丽,张玲艳,贾伟娟,等. 2019. 1株牛源蜡样芽孢杆菌的分离鉴定及毒力基因检测. 西北农业学报,

28:1735-1741.

宋绍征,陆睿,张婷,等. 2020. CRISPR/Cas9 基因编辑技术在山羊和绵羊中的应用研究进展. 生物技术通报,36:62-68.

宋绍征,朱孟敏,袁玉国,等. 2016. 转录激活因子样效应物核酸酶介导的山羊 β-乳球蛋白基因敲除和人乳铁蛋白基因定点整合. 生物工程学报,32:329-338.

王梦琦,倪炜,张慧敏,等. 2017. 中国荷斯坦牛 CXCR1 基因编码区 SNP 多态与临床乳房炎和生产寿命的关联分析. 中国农业科学,50:2359-2370.

卫兴浩. 2017. 利用灵长类动物模型探究帕金森病早期的发病特点和机制. 昆明:昆明理工大学.

于志超,陈林军,赵治国,等. 2019. 牛病毒性腹泻病毒检测技术研究进展. 动物医学进展,40:93-97.

Abu-Bonsran K D, Zhang D, Newgreen D F. 2016. CRISPR/Cas9 targets chicken embryonic somatic cells in vitro and in vivo and generates phenotypic abnormalities. Scientific Reports, 6.

Ahn J, Lee J, Park J Y, et al. 2017. Targeted genome editing in a quail cell line using a customized CRISPR/Cas9 system. Poult Sci. 96(5):1445-1450.

Andersson M, Turesson H, Nicolia A, et al. 2017. Efficient targeted multiallelic mutagenesis in tetraploid potato (solanum tuberosum) by transient CRISPR-Cas9 expression in protoplasts. Plant Cell Rep. 36(1):117-128.

Ashburner M, Ball C A, Blake J A, et al. 2000. Gene ontology: tool for the unification of biology. The Gene Ontology Consortium. Nat Genet, 25:25-29.

Bevacqua R J, Fernandez-martín R, Savy V, et al. 2016. Efficient edition of the bovine PRNP prion gene in somatic cells and IVF embryos using the CRISPR/Cas9 system. Theriogenology, 86(8):1886-1896.

Billings P R. 1999. In utero gene therapy: the case against. Nat Med,5:255-256.

Blasco R B, Karaca E, Ambrogio C, et al. 2014. Simple and rapid in vivo generation of chromosomal rearrangements using CRISPR/Cas9 technology. Cell Rep, 9(4):1219-27.

Burkard C, Opriessnig T, Mileham A J, et al. 2018. Pigs lacking the scavenger Receptor cysteine-rich domain 5 of CD163 are resistant to porcine reproductive and respiratory syndrome virus 1 infection. J Virol, 92(16):e00415-418.

Caplan A L, Wilson J M. 2000. The ethical challenges of in utero gene therapy. Nat Genet, 24:107.

Carlson D F, Tan W, Lillico S G, et al. 2012. Efficient TALEN-mediated gene knockout in livestock. Proc Natl Acad Sci U S A, 109(43):17382-17387.

Chen C, Liu Y, Rappaport A R, et al. 2014. MLL3 is a haploinsufficient 7q tumor suppressor in acute myeloid leukemia. Cancer Cell, 25(5):652-665.

Chen M, Shi H, Gou S, et al. 2021. In vivo genome editing in mouse restores dystrophin expression in Duchenne muscular dystrophy patient muscle fibers. Genome Med, 13(1):57.

Choi W, Kim E, Yum S Y, et al. 2015. Efficient PRNP deletion in bovine genome using gene-editing technologies in bovine cells. Prion, 9(4):278-291.

Cyranoski D. 2015. Super-muscly pigs created by small genetic tweak. Nature, 523(7558):13-14.

Eenennaam A L V. 2017. Genetic modification of food animals. Current Opinion in Biotechnology, 44.

El-Mounadi K, Morales-Floriano M L, Garcia-Ruiz H. 2020 . Principles, Applications, and Biosafety of Plant Genome Editing Using CRISPR-Cas9. Front Plant Sci, 13(11):56.

Ffleischman R A, MINTZ B. 1979. Prevention of genetic anemias in mice by microinjection of normal hematopoietic stem cells into the fetal placenta. Proceedings of the National Academy of Sciences of the United States of America, 76.

Fidan H, Calis O, Ari E, et al. 2013. Knockout of elF4E using CRISPR/Cas9 for large-scale production of resistant cucumber cultivar against WMV, ZYMV, and PRSV. Front Plant Sci, 14:1143813.

Gjedrem T. 2000. Genetic improvement of cold-water fish species. Aquaculture Research:31.

Gordon J W, Scangos G A, Plotkin D J, et al. 1980. Genetic transformation of mouse embryos by microinjection of purified DNA. Proc Natl Acad Sci U S A, 77:7380-7384.

Gün G, Kues W A. 2014. Current progress of genetically engineered pig models for biomedical research. Biores Open Access, 3:255-264.

Hao F, Yan W, Li X, et al. 2018. Generation of cashmere goats carrying an EDAR gene mutant using CRISPR-Cas9-mediated genome editing. Int J Biol Sci, 14(4):427-436.

Hou L, Shi J, Cao L, et al. 2017. Pig has no uncoupling protein 1. Biochem Biophys Res Commun, 487(4):795-800.

Huang J, Guo X, Fan N, et al. 2014. RAG1/2 knockout pigs with severe combined immunodeficiency. J Immunol, 193(3):1496-1503.

Huang L, Hua Z, Xiao H, et al. 2017. CRISPR/Cas9-mediated ApoE-/- and LDLR-/- double gene knockout in pigs elevates serum LDL-C and TC levels. Oncotarget, 8(23):37751-37760.

Ikeda M, Matsuyama S, Akagi S, et al. 2017. Correction of a Disease Mutation using CRISPR/Cas9-assisted Genome Editing in Japanese Black Cattle. Sci Rep, 19;7(1):17827.

Inc C. 2018. Calyxt receives EU patent on use of CRISPR/Cas9 for genome editing in plants. Biotech Business Week.

Islam M S, Shinya U, Takagi M, et al. 2021. Carrier rate of the c. 235G>C mutation in the bovine isoleucyl-tRNA synthetase (IARS) gene of Japanese Black cows at Kagoshima prefecture, Japan, and analysis of the metabolic profiling and reproductive performance of heterozygous cows. J Vet Med Sci, 83(2):254-259.

Jarvis S. 2018. The risk from African swine fever. Vet Rec, 183(17):515.

Jolly R D, Thompson K G, Murphy C E, et al. 1976. Enzyme replacement therapy—an experiment of nature in a chimeric mannosidosis calf. Pediatr Res, 10: 219-224.

Kalds P, Zhou S, Cai B, et al. 2019. Sheep and goat genome engineering: from random transgenesis to the CRISPR Era. Front Genet, 10:750.

Kivelä A M, Huusko J, Ylä-herttuala S. 2015. Prospect and progress of gene therapy in treating atherosclerosis. Expert Opinion on Biological Therapy:15.

Klymiuk N, Blutke A, Graf A, et al. 2013. Dystrophin-deficient pigs provide new insights into the hierarchy of physiological derangements of dystrophic muscle. Hum Mol Genet, 22(21):4368-4382.

Koenig S P, Furin J. 2016. Update in tuberculosis/pulmonary infections 2015. Am J Respir Crit Care Med, 194(2):142-6.

Kono A, Brameier M, Roos C, et al. 2014. Genomic sequence analysis of the MHC class I G/F segment in common marmoset (Callithrix jacchus). J Immunol, 192: 3239-3246.

Lawrence D A, Kim D. 2000. Central/peripheral nervous system and immune responses. Toxicology, 142: 189-201.

Lazarou M, Sliter D A, Kane L A, et al. 2015. The ubiquitin kinase PINK1 recruits autophagy receptors to induce mitophagy. Nature, 524(7565):309-314.

Li H, Haurigot V, Doyon Y, et al. 2011. In vivo genome editing restores haemostasis in a mouse model of haemophilia. Nature, 475:217-221.

Li M, Ouyang H, Yuan H, et al. 2018. Site-specific Fat-1 knock-in enables significant decrease of n-6PUFAs/n-3PUFAs Ratio in Pigs. G3 (Bethesda), 8(5):1747-1754.

Li Q, Qin Z, Wang Q, et al. 2019. Applications of genome editing technology in animal disease modeling and gene therapy. Comput Struct Biotechnol J, 17:689-698.

Li X, Hao F, Hu X, et al. 2019. Generation of Tβ4 knock-in Cashmere goat using CRISPR/Cas9. Int J Biol Sci. 15(8):1743-1754.

Lillico S G, Proudfoot C, Carlson D F, et al. 2013. Live pigs produced from genome edited zygotes. Sci Rep, 3:2847.

Lu Y, Oura S, Matsumura T, et al. 2019. CRISPR/Cas9-mediated genome editing reveals 30 testis-enriched genes dispensable for male fertility in mice. Biol Reprod, 101(2):501-511.

Montag J, Petersen B, Flögel AK, et al. 2018. Successful knock-in of hypertrophic cardiomyopathy-mutation R723G into the MYH7 gene mimics HCM pathology in pigs. Sci Rep, 8(1):4786.

Mulder C L, Zheng Y, Jan S Z, et al. 2016. Spermatogonial stem cell autotransplantation and germline genomic editing: a future cure for spermatogenic failure and prevention of transmission of genomic diseases. Hum Reprod Update, 22(5):561-573.

Niu Y, Ding Y, Wang X, et al. 2017. Multiplex Gene Editing via CRISPR/Cas9 System in Sheep. Bio Protoc, 7(13):e2385.

Oishi I, Yoshii K, Miyahara D, et al. 2016. Targeted mutagenesis in chicken using CRISPR/Cas9 system. Scientific Reports:6.

Paik E J, Zon L I. 2010. Hematopoietic development in the zebrafish. Int J Dev Biol, 54:1127-1137.

Park CY, Kim J, Kweon J, et al. 2014. Targeted inversion and reversion of the blood coagulation factor 8 gene in human iPS cells using TALENs. Proc Natl Acad Sci U S A, 111(25):9253-8.

Persani L, Rossetti R, Di Pasquale E,et al. 2014. The fundamental role of bone morphogenetic protein 15 in ovarian function and its involvement in female fertility disorders. Hum Reprod Update, 20(6):869-83.

Petersen B. 2017. Basics of genome editing technology and its application in livestock species. Reprod Domest Anim, 52 Suppl 3:4-13.

Proudfoot C, Carlson D F, Huddart R, et al. 2015. Genome edited sheep and cattle. Transgenic Res, 24(1):147-153.

Qian L, Tang M, Yang J, et al. 2015. Targeted mutations in myostatin by zinc-finger nucleases result in double-muscled phenotype in Meishan pigs. Sci Rep, 5:14435.

Quy P N, Mizushima N. 2013. Aging and autophagy. Clin Calcium, 23:39-44.

Reardon S. Welcome to the CRISPR Zoo. Nature, 531:160-163.

Rogers C S, Abraham W M, Brogden K A, et al. 2008. The porcine lung as a potential model for cystic fibrosis. Am J Physiol Lung Cell Mol Physiol. 295(2):L240-63.

Van Eenennaam A L. 2017. Genetic modification of food animals. Curr Opin Biotechnol,44:27-34.

Walters E M, Wolf E, Whyte J J, et al. 2012. Completion of the swine genome will simplify the production of swine as a large animal biomedical model. Bio Med Central, 5.

Wan Y, Guo R, Deng M, et al. 2019. Efficient generation of CLPG1-edited rabbits using the CRISPR/Cas9 system. Reprod Domest Anim. 54(3):538-544.

Wang M, Shi X, Huang X, et al. 2017. Improving gene targeting efficiency on the porcine BMP15 gene mediated by CRISPR/Cas9 by using the RGS surrogate reporter system. Yi Chuan. 39(1):48-55.

Wang X, Cai B, Zhou J, et al. 2016. Disruption of FGF5 in cashmere goats using CRISPR/Cas9 results in more secondary hair follicles and longer fibers. PLoS One, 11(10):e0164640.

Wang X, Niu Y, Zhou J, et al. 2018. CRISPR /Cas9-mediated MSTN disruption and heritable mutagenesis in goats causes increased body mass. Animal Genetics:49.

Watanabe M, Nakano K, Matsunari H, et al. 2013. Generation of interleukin-2 receptor gamma gene knockout pigs from somatic cells genetically modified by zinc finger nuclease-encoding mRNA. PLoS One，8(10):e76478.

Wu H，Wang Y，Zhang Y，et al. 2015. TALE nickase-mediated SP110 knockin endows cattle with increased resistance to tuberculosis. Proc Natl Acad Sci U S A，112(13):E1530-9.

Wu M，Wei C，Lian Z，et al. 2016. Rosa26-targeted sheep gene knock-in via CRISPR-Cas9 system. Scientific Reports，6:24360.

Yan S，Tu Z，Liu Z，et al. 2018. A Huntingtin Knockin pig model recapitulates features of selective neurodegeneration in Huntington's disease. Cell. 173(4):989-1002. e13.

Yang D，Wang C E，Zhao B，et al. 2010. Expression of Huntington's disease protein results in apoptotic neurons in the brains of cloned transgenic pigs. Hum Mol Genet，19(20):3983-3994.

Yang H，Wu Z. 2018. Genome editing of pigs for agriculture and biomedicine. Front Genet，9: 360.

Yu B，Lu R，Yuan Y，Zhang T，et al. 2016. Efficient TALEN-mediated myostatin gene editing in goats. BMC Dev Biol. 27;16(1):26.

Yu H H，Zhao H，Qing Y B，et al. 2016. Porcine zygote injection with Cas9/sgRNA results in DMD-modified pig with muscle dystrophy. Int J Mol Sci，17(10):1668.

Yu S，Luo J，Song Z，et al. 2011. Highly efficient modification of beta-lactoglobulin (BLG) gene via zinc-finger nucleases in cattle. Cell Res，21(11):1638-40.

Yung N K，Maassel N L，Ullrich S J，et al. 2021. A narrative review of in utero gene therapy: advances，challenges，and future considerations. Transl Pediatr，10(5):1486-1496.

Zhang J，Cui M L，Nie Y W，et al. 2018. CRISPR/Cas9-mediated specific integration of fat-1 at the goat MSTN locus. FEBS J，285(15):2828-2839.

Zhang S，Zhang R，Gao J，et al. 2021. CRISPR/Cas9-mediated genome editing for wheat grain quality improvement. Plant Biotechnol J，19(9):1684-1686.

Zhang X，Li W，Liu C，et al. 2017. Alteration of sheep coat color pattern by disruption of ASIP gene via CRISPR Cas9. Sci Rep，7(1):8149.

Zhang X，Li W，Wu Y，et al. 2017. Disruption of the sheep BMPR-IB gene by CRISPR/Cas9 in in vitro-produced embryos. Theriogenology，91:163-172. e2.

Zheng Q，Lin J，Huang J，etal. 2017. Reconstitution of UCP1 using CRISPR/Cas9 in the white adipose tissue of pigs decreases fat deposition and improves thermogenic capacity. Proc Natl Acad Sci U S A，114(45):E9474-E9482.

Zhou W，Hu L，Ying L，et al. 2018. A CRISPR-Cas9-triggered strand displacement amplification method for ultrasensitive DNA detection. Nat Commun，9(1):5012.

Zhou W，Wan Y，Guo R，et al. 2017. Generation of beta-lactoglobulin knock-out goats using CRISPR/Cas9. PLoS One，12(10):e0186056.

Zitvogel L，Pitt J M，Daillere R，et al. 2016. Mouse models in oncoimmunology. Nat Rev Cancer，16: 759-773.

第4章 猪的主要疾病与致病机理

【本章提要】 中国是世界上的养猪大国，养猪历史悠久，生产效率日益提高。但是随着环境的污染、猪的流通日益频繁，各种疫病、疾病对养猪事业造成严重威胁，尤其是几种主要传染病更是制约养猪业发展的瓶颈。本章从猪疾病类型出发，重点关注各种危害严重的主要病毒性猪病，对病原的结构与功能、流行病学、临床症状、病理、诊断、防控等方面进行详细介绍。同时尽可能多地介绍国内外发生的影响深远的重大猪病事件，期望加深读者对危害严重的猪病的认识，为猪分子抗病育种提供参考。

4.1 养猪业面临的主要疾病及其危害

4.1.1 猪细菌性病原

众所周知，猪病的传播与病原、宿主和环境有着密切的联系，在中国有两种饲养模式，一种是家庭式养殖，这种模式的养殖存在着细菌性腹泻、寄生虫和营养等相关的疾病；另一种是集约化养殖，这种类型的养殖模式因猪群高度密集，存在着空气传播的相关疾病，以及病原菌型疾病和各种病原的潜伏感染。目前，由于缺乏治疗猪细菌病的有效药物，且抗菌药物不合理使用的现象普遍存在，使得猪细菌病的死亡率逐年升高。引起猪细菌病的主要病原菌包括致病性大肠埃希菌、产气荚膜梭菌、猪链球菌、沙门菌、金黄色葡萄球菌、幽门螺杆菌、布鲁菌和猪肺炎支原体等，并且不同种类的细菌引起的症状也不尽相同。一般情况下，猪细菌性疾病大多会引起腹泻、浮肿、渗出性皮炎和脓血症等，并且传播方式也各不相同，主要分为接触性传播、血液传播、消化系统传播以及呼吸系统传播等。目前，我国对猪细菌病的防控大多是采用病原菌的检测、优质猪种的筛选、疫苗的接种和药物治疗等方法。不同病原菌带来的危害也各不相同，例如，致病性大肠埃希菌对10日龄以下仔猪的致死率几乎为100%，对成年猪的致死率则相对较低；产气荚膜梭菌的致死率为50%～60%。

4.1.1.1 猪细菌病病原菌

致病性大肠埃希菌主要包括产肠毒素性大肠埃希菌（Enterotoxigenic *Escherichia coli*，ETEC）、肠黏附性大肠埃希菌（Enteroadhesive *Escherichia coli*，EAEC）、肠出血性大肠埃希菌（Enterohemorrhagic *Escherichia coli*，EHEC）和肠侵袭性大肠埃希菌（Enteroinvasive *Escherichia coli*，EIEC）；产气荚膜梭菌分为A～E 5个毒素型（梁光军等，2005）；猪链球菌的致病血清型主要为1型、2型、7型及9型等（李儒曙等，2013）；引起猪发生沙门菌感染的血清型主要为猪霍乱沙门菌、猪伤寒沙门菌、鼠伤寒沙门菌和肠炎沙门菌等（刘芹防等，2009）；猪肺炎支原体有4种致病型，分别是168株、J株、7448型和232型（李彦伟等，2013）；金黄色葡萄球菌主要为耐甲氧西林金黄色葡萄球菌（Methicillin-resistant *Staphylococcus aureus*，MRSA），而MRSA又分为PSA1、PSA2、PSA3和PSA4等（李彦明等，2003）；幽门螺杆菌主要引起猪胃部发生病变;猪种布鲁菌生物 1 型和生物 3 型是引起我国猪布鲁菌病的主要病原体。

4.1.1.2 猪主要致病细菌毒力基因

大肠杆菌是引起仔猪腹泻的主要病原。产肠毒素大肠杆菌是新生和断奶仔猪腹泻的主要病原菌,其毒力基因有菌毛蛋白基因 *F4*(*K88*)、*F5*(*K99*)、*F6*(*987P*)、*F18*、*F41*、肠毒素编码基因 *LT* 和 *STa*、*STb*。肠致病性大肠杆菌根据 pEAF 的有无分为典型和非典型肠致病性大肠杆菌,主要通过 LEE 毒力岛上的 *eae* 基因引起特征性的特异性黏附擦拭损伤(Zuzana 等,2012)。志贺毒素的变异体 *Stx2e* 基因主要引起猪水肿病。肠聚集性大肠杆菌具有编码 EAST1 的 *astA* 基因,弥散黏附性大肠杆菌黏附因子 AIDA 主要由 *aah* 和 *aidA* 基因编码(Wang 等,2014)。

沙门菌是一类对人和畜禽健康危害严重的致病菌。猪霍乱和鼠伤寒沙门菌是引起 2～4 月龄仔猪副伤寒的主要病原菌(Bolton 等,2013)。沙门菌具有染色体和质粒毒力基因。染色体毒力基因包括位于 SP11 上的 *inv*、*hil*、*org*、*spt*、*spa*、*sip*、*iag*、*iac*、*prg*、*sic* 等与细菌侵袭力有关的毒力基因,位于 SP12 上的 *ssa*、*ssr*、*ssc*、*sse* 等在吞噬细胞核上皮细胞内复制的相关基因,位于 SP13 上的 *mgtCB* 基因,位于 SP14 上的 *siiE* 等基因,位于 SP15 上的 *sop*、*sig*、*pip* 等编码参与肠黏膜液体分泌和炎症反应相关蛋白的基因。质粒毒力基因包括 *spv* 基因、菌毛操纵子 *Pef* 基因等,在感染阶段调节细菌对肠上皮细胞的黏附(韩妍等,2013)。

多杀性巴氏杆菌是猪上呼吸道的一种共栖菌。荚膜 A 和 D 型可以引起猪进行性萎缩性鼻炎和猪肺疫。其重要的荚膜合成和毒力相关基因包括:荚膜生物合成位点基因(*hyaD-hyaC*、*bcbD*、*dcbF*、*ecbJ*、*fcbD*),是重要的毒力因子;黏附有关基因(*ptfA*、*fimA*、*hsf-1*、*hsf-2*、*pfhA*),编码菌毛等黏附因子;毒素基因(*toxA*)编码皮肤坏死毒素,是引起猪传染性萎缩性鼻炎的重要毒力因子;唾液酸酶编码基因(*nanB*、*naaH*)编码唾液酸酶,通过减弱宿主防御能力而增强细菌毒力;铁相关蛋白基因(*exbB*、*tonB*、*hgbA*、*fur*)、外膜蛋白相关基因(*OmpA*、*OmpH*、*omc87*、*plpB*)等在致病菌感染和致病过程中起重要作用(Rajkhowa 等,2012)。

副猪嗜血杆菌是一种引起猪格拉斯病的革兰氏阴性菌,其毒力因子主要包括外膜蛋白、脂多糖、铁吸收相关基因和转铁蛋白、三聚转运蛋白、胞外酶等。外膜蛋白 *P2* 基因(*OmpP2*)和外膜蛋白 *P5* 基因(*OmpP5*)是潜在的毒力因子基因;*opsX*、*rfaF* 和 *waaQ* 基因与脂多糖中类脂 A 合成相关,在致病性中发挥重要作用;*fur* 基因和铁吸收有关;转铁蛋白基因包括转铁结合蛋白 A 基因(*TbpA*)和转铁结合蛋白 B 基因(*TbpB*),转铁蛋白为细菌生长提供铁离子且高度保守;细胞膨胀毒素(CDT)是由 *CdtA*、*CdtB* 和 *CdtC* 组成的不耐热细胞毒素蛋白,与对宿主细胞的黏附与入侵有关(马广鹏,2013)。

猪链球菌是一种重要的猪源致病菌,尤其在仔猪和幼龄育肥猪中多发。其毒力因子包括荚膜多糖(CPS),可以决定猪链球菌的侵袭力,具有抗免疫细胞吞噬作用;细胞外蛋白因子(EF,*epf* 基因编码);溶菌酶释放蛋白(MPR,*mrp* 基因编码),具有黏附和诱导上皮细胞凋亡的功能;溶血素(SLY,*sly* 基因编码)能溶解猪红细胞,还有细胞毒性作用;纤连蛋白结合蛋白(FBP,*fbp* 基因编码);谷氨酸脱氢酶(GDH,*gdh* 基因编码);精氨酸脱亚胺酶(ArcA,*arcA* 基因编码);透明质酸酶(*hyl* 基因编码)使链球菌易于在组织中扩散,增强致病菌的致病力(Maneerat 等,2013)。

猪传染性胸膜肺炎由革兰阴性菌胸膜肺炎放线杆菌引起,其毒力因子主要包括:4 型菌毛,其亚单位基因是 *apfA*;荚膜多糖生物合成基因主要包括 *CpsA*、*CpsB*、*CpsC*,其血清型差异决定该菌致病力；外膜蛋白相关基因包括 *OmlA*、*PalA*、*ApaA*，与细菌黏附作用有关；转铁结合蛋白由 *TbpB* 基因编码，具有摄取营养物质的作用；溶血外毒素基因包括 *Apx* Ⅰ、*Apx* Ⅱ、*Apx* Ⅲ、*Apx* Ⅳ，通过溶解红细胞而致病；蛋白酶具有逃逸宿主防御机制的作用；渗透因子具有增加血管壁通透性作用；尿素酶在 App 致病过程中起重要作用，可促进 App 繁殖(Koen 等，2010)。

4.1.1.3 猪主要细菌病病原菌流行病学

1. 接触传播

通过接触传播的病原菌有布鲁菌和金黄色葡萄球菌。布鲁菌可通过野猪、家犬、野猫、家禽和老鼠等动物进行传播；金黄色葡萄球菌则通过病猪脱落的皮肤和分泌的黏液，黏附于健康家猪的皮肤表面，破坏皮肤的屏障功能，进而造成感染。

2. 血液传播

通过血液传播的病原菌有布鲁菌、猪链球菌和沙门菌。布鲁菌可通过蚊虫叮咬进行传播；猪链球菌可通过伤口进入血液，引起炎症反应；沙门菌可长期潜伏在猪体内，在母猪生产时进入血液导致疾病的发生。

3. 消化系统传播

通过消化系统进行传播的病原菌有致病性大肠埃希菌、猪链球菌和幽门螺杆菌等。对于仔猪来说，采食被致病性大肠埃希菌污染的饲料会引起腹泻，食入感染母猪的乳汁也会导致仔猪发生腹泻；猪链球菌大多通过采食进入并栖息于消化道中，当机体免疫力下降时，伺机引起感染；幽门螺杆菌主要是通过采食进入胃中，并定植于胃壁，进而引起胃部病变。

4. 呼吸系统传播

通过呼吸系统进行传播的病原菌为猪链球菌。通过健康猪只吸入含有致病菌的空气，进入并定植于鼻腔、上呼吸道的黏膜上皮、扁桃体及淋巴组织，引起菌血症、败血症或脑膜炎等。猪肺炎支原体也主要通过呼吸系统进行传播，该病原体通过唾液以空气为媒介进行传播。

5. 环境因素

环境因素也是造成猪场细菌性疾病发生和扩散的重要因素之一。大多数致病菌会由于猪舍的卫生条件差而大量滋生，进而造成其在猪舍内广泛的传播和扩散。例如，未对猪舍内的病猪粪便、尿液进行及时清理，未对被病原菌污染的饲料、水源进行合理处理等，都是造成病原菌滋生的原因。

4.1.1.4 猪主要细菌病的临床症状

1. 单一菌感染症状

致病性大肠埃希菌主要引起仔猪发生细菌性腹泻，包括仔猪黄痢和白痢。患有黄痢的病猪粪便为黄色并且为稀粪，并伴有胃黏膜出血，肠内容物为黄色(赵辉，2013)；而白痢的病猪粪便则呈白色、灰白色或黄色，稀如水样，伴有气泡并有腥臭味，肠黏膜充血、出血，肠内容物为白色或黄色(王继华等，2004)，临床症状为全身性水肿、肠道出血等。产气荚膜梭菌引起的猪出血性肠炎大多表现为红痢(邵士慧等，2010)，由于肠黏膜发生炎症和坏死，病猪的粪便大多呈红色或红褐色，并带有坏死组织的碎片等(Stoffregen 等，2013)，其典型的临床症状和病理解剖特征为仔猪在出生 48 h 内，出现非出血性腹泻，粪便呈黏糊状或水样，剖检可见小肠松弛，伴有充气，部分肠道的表面绒毛尖坏死，纤维蛋白和中性粒细胞增多等(孙俊峰等，2012)。猪链球菌可引起脑膜炎和链球菌中毒性休克样综合征，其通常寄生于扁桃体、呼吸道以及肠道内，可逃避宿主机体免疫系统的识别。猪链球菌一旦侵入上皮组织，经血流到达内脏，即可造成严重的炎症反应。由其引起的炎症包括肺炎、心内膜炎、关节炎、阴道炎等，严重时可造成流产和败血症，甚至猝死（郎欠吉，2009）。沙门菌通常引起猪的局部感染，如坏死性肠炎和肺炎等。猪肺炎支原体感染的症状为食欲减退、发热、咳嗽、呼吸困难等，当继发其他病原感染时，症状加重，甚至导致死亡（王华等，2009）。金黄色葡萄球菌感染可导致脓血症和仔猪渗出性皮炎。此外，金黄色葡萄球菌还会导致感染性心内膜炎和肺脓肿等病变。幽门螺杆菌能侵染胃黏液细胞，导致严重的淋巴细胞性胃炎和胃溃疡，造成猪只日增重下降。布鲁菌感染后，会导致母猪不孕、流产和产死胎，同时也会导致公猪的睾丸、附睾、精囊、前列腺和尿道球腺发生纤维化病变，致使公猪生育能力下降。此外，还会引起淋巴结炎、脾炎、肝炎和关节炎等。

2. 混合感染症状

我国发生的猪细菌病大多为混合型感染，分为细菌-细菌型混合感染和细菌-病毒型混合感染。细菌与细菌的混合感染以链球菌、副猪嗜血杆菌的混合感染最多（32.1%），其次是链球菌与波氏杆菌（30.2%），再次是副猪嗜血杆菌与波氏杆菌的混合感染（22.6%）。细菌与病毒的混合感染中的病毒以 PRRSV、PCV-2、PRV 为主，细菌性疾病以 SS、HPS、Pm、APP 和 Bb 为主。细菌性疾病的感染会增加病毒毒力，如副猪嗜血杆菌 4 型的感染增强了 PCV-2 感染仔猪的毒力。而病毒的感染也会增加细菌的感染概率，如伪狂犬病毒的感染，增加了 APP 和 Bb 的分离率。病猪初发高烧、厌食、呕吐，便秘和腹泻交替出现，随后皮肤出现大片出血点或出血斑，结膜红肿，呼吸困难，严重者发生败血症并最终死亡（Chan 等，2012）。例如，高致病性猪繁殖与呼吸障碍综合征病毒和副猪嗜血杆菌引起的混合感染，病猪多表现为发热、咳嗽、呼吸困难、食欲下降、皮肤发绀、关节肿大以及怀孕母猪流产等（Marcelo 等，2010）。又如副猪嗜血杆菌与伪狂犬病病毒引起的混合感染，病猪常出现发热、呕吐、呼吸困难、后躯麻痹、共济失调、咳嗽、呼吸困难、腕关节和跗关节肿大等症状。细菌型混合感染主要包括链球菌、副猪嗜血杆菌、胸膜肺炎放线杆菌、沙门菌、致病性大肠埃希菌和巴氏杆菌等的混合感染。猪链球菌、致病性大肠埃希菌和梭菌的混合感染，可引起病猪精神沉郁、腹泻、胸腹腔内出血以及耳、腹下、四肢末端出现紫斑（于国江等，2009），严重者可发生猝死。

3. 猪主要细菌性疾病的感染风险及危害

致病性大肠埃希菌对 10 日龄以下仔猪的致死率几乎为 100%，但随着猪日龄的增加，死亡率逐渐下降；产气荚膜梭菌对猪的致死率为 50%～60%；猪群中链球菌的携带率最高可达 100%，但感染率与发病率仅为 5%～20%；不同血清型的沙门菌对仔猪的致死率存在差异，其中鼠伤寒沙门菌感染后的致死率最高可达 94%，而其他血清型造成的死亡率则较低；金黄色葡萄球菌的感染风险仅为 0.4%；幽门螺杆菌在猪群中的携带率为 60%，但其致死率相对较低；布鲁菌对成年猪的感染率较高，尤其是对怀孕母猪，最高可达 92%。混合型感染的死亡率较高，最高可达 100%。

4.1.1.5 细菌性疾病的诊断

目前，我国猪细菌性疾病诊断的主要方法包括临床症状观察、病原菌的分离和分子生物学诊断、免疫学诊断等。

临床症状：可根据猪感染病原菌后出现的不同临床症状进行诊断。如仔猪痢疾的临床症状是精神沉郁，采食量减少，粪便变稀并带有黏液，严重时粪便呈水样，并带有血、黏液及坏死组织碎片，高烧，最后因脱水、衰弱而死亡，持续时间大约为 1 周（苏丹萍等，2012）。沙门菌感染的临床症状主要为发病猪的体温升高至 40～41℃，粪便恶臭，后躯沾满稀粪，眼角有大量分泌物，个别猪耳根、胸前和腹下皮肤有紫斑（崔秀花，2012）。

病原菌的分离：无菌取病死猪的血液、淋巴、肝脏、肺脏、脾脏、大肠及小肠组织、粪便等，经研磨或稀释后，将其涂布在选择性培养基上进行培养，然后对疑似菌落进行革兰染色及镜检，以确定感染的细菌种类。在对病原菌进行种属确定的基础上，还可通过血清学试验对其进行血清型的鉴定，从而了解其致病性的强弱。有些细菌具有溶解红细胞的作用，表明其具有较强的致病性，可通过观察其在鲜血培养基上生长的菌落周围是否出现溶血环进行判断（张延和等，2011）。

分子生物学诊断：除了采用临床症状观察和病原菌分离方法外，还可通过分子生物学的方法进行诊断。如直接采用 PCR 法对临床样本中的病原菌特异性基因进行扩增并测序，无需进行病原菌的分离即可确定病猪感染细菌的种类。

免疫学诊断：目前，ELISA 法是我国对猪群细菌性疾病进行免疫学诊断的主要技术，即根据不同病原菌特有的抗原或宿主机体针对某些特定抗原产生的特异性抗体，进行抗原抗体的特异性反应，以确定感染病原菌的种类。

4.1.1.6 细菌性疾病的治疗

疫苗：定期注射疫苗可减少猪群细菌性疾病的发生。疫苗可分为无毒疫苗、减毒疫苗以及基因工程疫苗等。例如，接种无毒性的猪布鲁菌疫苗（353-1 菌株）会引起显著的体液免疫应答，外周血单个核细胞和 γ-干扰素显著增加，从而预防猪布鲁菌的感染。减毒的沙门菌载体也可作为疫苗，预防猪的沙门菌感染。该种减毒疫苗筛选简单，接种方便，降低了生产成本，但缺点是疫苗的稳定性还不够明确（李义民，2009）。

药物治疗：目前，治疗猪细菌病的抗菌药物种类主要包括四环素类、大环内酯类、林可胺类等。此外，可用多种药物联合使用对其进行治疗，如甲氧苄啶-磺胺甲基异噁唑联合使用，也可获得良好的效果。仔猪白痢的治疗可使用 8 万～16 万 IU 的硫酸庆大霉素和 2～4 mg 的维生素 B_1 注射液，肌内或后海穴一次注射，或者喂服，每天 2 次，连用 2～3 d。仔猪黄痢的治疗可使用 0.2～0.8 g 磺胺嘧啶、40～160 mg 三甲氧苄啶和 0.5 g 活性炭，混匀后分 2 次喂服，每天 2 次至痊愈。致病性大肠埃希菌引起的仔猪腹泻，可使用利福平和氟喹诺酮类药物治疗，也可使用枯草芽孢杆菌活菌制进行治疗（林光，2013）。产气荚膜梭菌引起的腹泻病，每千克体重可以使用妥曲珠利（20 mg/kg，Baycox 5%悬浮液）及早进行治疗，也可在母猪分娩前 3 周接种疫苗，从而有效地预防仔猪腹泻的发生。此外，还可以使用碱式水杨酸铋、红霉素、呋喃妥因和四环素等药物。

饲料中添加一定比例的微生态制剂，可提高猪群对条件性致病菌的免疫力，如添加益生菌、合生元等。在猪饲料中加入锌、干燥的粉末血浆蛋白以及酸化的膳食都可以减少猪群腹泻病的发生（刘春喜等，2008）。此外，给仔猪饲喂 *hlz* 转基因山羊奶，即含有溶菌酶的转基因山羊奶，可使猪回肠的促炎性细胞因子 IL-8 表达量显著降低，且回肠肠绒毛显著增长，隐窝变深，黏膜固有层变薄，从而抑制了致病性大肠埃希菌的定植与扩散（李云云等，2013）。

4.1.1.7 猪主要细菌病的综合防控措施

优质猪种的选育：在猪细菌病暴发时，某些猪种天生对某种细菌病具有较强的抗性，并且身体较为强健，该猪种通常被称为优质猪种。猪场对优质猪种的选育，是防止细菌病暴发的一个重要措施。因此，可采取选育优质猪种并配合多种防控措施的实施，对细菌性疾病进行综合防控。

养殖环境卫生的优化：养殖场地理位置应尽量选择在人员稀少、环境和通风良好、空气干燥以及阳光照射充足的地方，且猪的饲养密度不宜太大。在养殖过程中，应避免猪群与其他动物接触，最好与其他动物分开饲养，防止病原菌在不同动物群体间的扩散。此外，还应做好环境卫生保障工作，防止可携带病原菌的老鼠、蚊蝇、蟑螂等的出现。人进入猪舍时，必须进行全方位消毒，防止人与猪的交叉感染。猪舍应常年保持适宜的温度，以提高猪只自身的抵抗力。尤其是在易暴发大规模细菌病的深秋、冬季以及初春，应注意猪舍的保暖。同时，还需在保证猪舍环境温度的前提下，做好通风换气工作，保持猪舍的整洁、干燥和卫生。猪舍应及时进行消毒，以切断病原菌的传播途径。应及时清理猪舍中的粪便以保持猪舍环境的洁净，并且应对猪舍环境以及猪只本身进行全方位的消毒，定期灭鼠和杀蚊蝇以防止其造成病原菌的扩散和传播。

4.1.2 病毒性病原

我国是世界养猪第一大国，猪肉既是我国肉类生产的主体，也是城乡居民肉食消费的主体。但是我国同时也是世界上猪病大国之一，每年因各种疾病造成的直接经济损失达上百亿元，因疾病所导致的生产成本上升、饲料和人工的浪费以及治疗性药物消耗的损失更加惊人。疾病所造成的病原污染及治疗药物的残留引起的食品安全问题对人类健康也构成一定的威胁。随着我国农村产业结构的调整，规模化养猪业的发展，畜产品流通渠道的增多与日渐频繁，使得猪传染病的发生与流行有加重的趋势。猪瘟、猪繁殖与呼吸障碍综合征、猪传染性胸膜肺炎、猪专染性萎缩性鼻炎、猪圆环病毒病、猪附红细胞体病、猪链球菌 2 型等相继暴发流行。各种病毒性、细菌性疾病混合感染、继发感染的现象越来越普遍，使得疫病的快速诊断和有效防治变得越来越困难。因此，分析当前猪病流行的特点，研究猪病的防治对策，对促进养猪业的健康发展具有重要的意义。

4.1.2.1 猪主要病毒病的流行病学

由病毒引起的主要猪病包括：非洲猪瘟（ASF）、伪狂犬病、古典猪瘟/猪霍乱（CSF/HC）、口蹄疫（FMD）、猪细小病毒（PPV）相关疾病、猪繁殖与呼吸障碍综合征、猪流感、猪水疱病（SVD）、猪专染性胃肠炎（TGE）等。一些病毒非常脆弱，只能存活数日，而另一些病毒能存活数月。此处存活时间仅仅是大概时间，病毒因附着物质（排泄物、唾液、血液、水、灰尘等）、温度、湿度、阳光、pH 不同而存活时间各异。总之，如果处于极长时间的潮湿阴冷气候条件下，病毒一般能长期存活；但在炎热干燥、阳光充足的气候条件下，病毒只能短期存活。这就是病毒性疾病在冬季比在夏季更普遍的原因，这一信息对控制病毒传播显然十分重要。大多数的病毒都能用强酸或强碱性溶液消灭，而那些有脂质包膜的病毒经有机溶剂/清洁剂可迅速被灭活。某些病毒可在猪体内以亚临床方式长期增殖（携带者），如伪狂犬病毒（PRV）和可引起包涵体鼻炎的细胞巨化病毒；有些病毒被亚临床型的感染猪携带可达 2～3 个月，如 PRRSV；但某些病毒如 TGEV 通常在 1～2 周后可逐渐被消灭。然而，这些病毒也可通过持续感染连续批次的敏感型断奶仔猪而在养猪场内持续存在。病毒可经唾液、尿液、排泄物、母乳、肺呼出的空气或皮肤分泌囊腺排出。传播可经猪-猪的直接接触发生，或者通过接触猪场的器械设备及运猪的卡车或通过风、鸟、蝇或人类丢弃的猪肉产品等间接接触发生。目前可能仅了解到约5%的病毒群体，还有很多病毒尚待发现。某些病毒如经典猪瘟/猪霍乱(CSF/HC)病毒可扩散至猪体内的各个部位，且可损伤多种器官，产生多种临床症状。一些病毒则更具组织特异性，最初在亚临床阶段仅侵蚀1～2个靶器官，如TGEV主要侵袭肠壁并引起腹泻。一些病毒只能在一种器官中增殖，如猪流感病毒(SIV)通常只出现在肺和呼吸道中。

4.1.2.2 病毒感染的诊断

实验室培养病毒比培养细菌更困难、更昂贵。病毒必须在试管或培养瓶中用活细胞组织进行人工培养，或在鸡胚的活细胞中培养。但一些病毒仍无法用以上这些方法进行培养。病毒性疾病根据其临床症状和剖检后的病理变化进行诊断，并经血清学进行确诊。血清学诊断需要对每头待检猪采集两份样本，两份样本的采集时间间隔1～2周，以能证明抗体水平的上升。单一的样本无济于事，因为无法确定这个水平是由最近一次感染还是由上一次感染造成的。任何抗体在病毒感染后7～10 d才能被检测出。现代生物技术的迅速发展，使实验室诊断得以简化，病毒无需培养。荧光抗体技术使用了经荧光染料标记的抗体。直接荧光抗体试验(DFA)用于确定特定的微生物(抗原)。间接荧光抗体试验(IFA)用于确定血清中是否存在抗特定抗原的抗体。试验结果可通过荧光显微镜或荧光板阅读器观察。酶联免疫吸附试验(ELISA)也常用于很多疾病(如口蹄疫)的诊断，以提供快速准确的诊断。聚合酶链反应(PCRs)等技术已得到发展，能够呈现样本中病毒的遗传物质(DNA或RNA)。这些检测方法已经能够用于大多数病原体，其优势在于能准确地检测到微量DNA或RNA。但如果试验样本数少，单样本的检测价格相对高昂。免疫组织化学是一种在组织样本的细胞中检查病原体是否存在的方法，对病毒感染的诊断特别有效。此外，目前对病毒基因序列的获得，使复杂的传染病学研究得以开展，如对PRRSV的变异进化谱系调查。有时，即使猪没有感染病原体，试验结果也会是阳性，这种现象称为假阳性。另外，试验结果可能是阴性的，但实际上猪的确携带有病原体，即假阴性。几乎没有试验能检测出所有阳性的病例，检测的敏感性和特异性可用于衡量准确性。试验的敏感性是指一项特殊试验能找到某一种病原体的多少病例。试验的特异性是指在不给出假阳性结果的情况下诊断出某一种特定病原体的准确性。一项试验的敏感性和特异性越高，所得结果就越准确。

4.1.2.3 病毒性疾病的治疗和防控

1. 做好消毒和环境保护

重视猪场消毒和环境绿化工作，贯彻落实“自繁自养”和“全进全出”的制度，加强饲养管理，实行全封闭饲养。尽量不要从市场上收购仔猪饲养，饲喂优质的全价饲料，适当添加多种维生素和微量元素。在准备购进仔猪前，应先空舍，将猪舍走廊和猪栏清洗干净，再用高效消毒药物严格消毒。规模化养猪场在猪舍外的空地和道路两侧多栽种树木，可以吸收猪场的有害气体如硫化氢、氨气等，净化环境空气，减少呼吸道疾病的发生，在炎热的季节能够遮阴纳凉，对猪舍降温大有益处。加强消毒工作，进出人员、车辆、用具等都必须消毒。及时清除并无害化处理猪的粪、尿，猪舍严格定期进行消毒，每周全场大消毒1次，每周带猪消毒1～2次。特别在疾病高发季节，改常规消毒为每日消毒，并且减少饲养人员与疫区的交往，防止疫病传入。每批猪转舍后要彻底清扫干净，高压水冲洗，消毒2～3次，空舍3～5 d后再进入另一批猪。

2. 对症治疗以及药物保健

对于有继发细菌性感染病例以及黄疸等附红细胞体病例，应用磺胺类药物以及头孢类抗生素进行对症治疗，防止继发症状扩展。在一些重要生产阶段如产前产后、断奶前后、转群前后都要适当在饲料或饮水中添加些药物。在免疫前后添加电解多维等药物，日常饲养管理过程中尽量少用治疗性抗生素，以减少药物的毒副作用。如果猪场或周边地区有疫情流行时，可以在饲料或饮水中适当添加保健性药物或清热解毒的中草药。

3. 设计合理的免疫程序，定期接种疫苗，并保证疫苗的质量

应用安全高效疫苗对猪群免疫接种，是控制传染病的主要技术措施之一。规模养殖场要根据本场常见猪病的类型及流行特点、母源抗体水平等实际情况对仔猪、后备母猪、母猪、种公猪和育肥猪设计科学合理免疫程序，严格按程序免疫接种，重点做好蓝耳病、猪瘟、口蹄疫、伪狂犬病、猪链球菌病、猪圆环病毒病等疫病的免疫工作。选用疫苗时最重要的是考虑疫苗的质量和效价，要保证是正规厂家生产的，从正规途径购进疫苗。疫苗的保存和运输必须严格按厂家提出的温度要求保存和运输，保证从生产厂家到使用接种前冷冻的完整性，确保疫苗活性和有效性。对于目前市场上常用的疫苗，灭活疫苗一般要求 2～8℃保存，弱毒疫苗（活疫苗）－20℃保存。同时在疫苗的接种过程中一定要确保疫苗剂量，以及选择合适的注射部位和深度，确保免疫效果，并做好免疫纪录，包括疫苗的厂家、接种时间、接种部位、接种剂量、疫苗反应等。

4. 及时进行免疫检测

由于目前市场上的猪用疫苗种类繁多，疫苗质量良莠不齐，有的运输或保管不当，有的猪群在接种前已感染或潜伏传染性免疫抑制病等，这些重要因素往往会造成疫苗免疫失败。规模化养猪场要定期开展免疫监测工作，即定期采血送到相关科研部门监测免疫抗体，一旦发生免疫失败或免疫抗体低于临界保护值，要及时补种疫苗，或适当调整猪场的免疫程序。同时对发病猪场，隔离治疗病猪，避免与健康猪群的接触，减少疫病传播。对于病死猪尸体，不准出售乱弃，要就地进行深埋无害化处理，防止疫病的传播。

4.1.3 寄生虫病原

大多生猪养殖户仅仅重视传染性细菌性疾病和病毒性疾病，而常常忽视了寄生虫性疾病的预防，所以一旦生猪寄生虫病发生，即对生猪的生长速度和繁殖性能产生严重影响，从而导致养殖户在治疗猪寄生虫病上的花费增高，造成养猪成本显著增加，经济效益大打折扣。因此，应提高对寄生虫病的重视程度，及时开展生猪寄生虫病的预防和治疗工作，节约成本、提高经济收益。常见的生猪寄生虫可分为蠕虫类、昆虫类和原生动物类 3 种。对生猪影响较大的蠕虫类寄生虫有姜片吸虫、猪囊尾蚴、猪蛔虫、猪鞭虫、猪钩虫、猪肾虫、猪胃线虫和猪浆膜丝虫等；昆虫类的寄生虫有螨、蚊、蜱、虱、蝇等，对猪生长危害最大的是螨虫；原生动物类的有猪弓形虫、猪巴贝斯虫、猪球虫等。寄生虫的致病性主要表现在它以吸收宿主的营养、血液为生；消化、吞咽或破坏宿主的组织细胞；堵塞寄主肠管造成机械性障碍，引发其他病变等；尤其是寄生虫在寄主体内移行时会对组织造成严重伤害。生猪感染寄生虫病后，成猪的食欲下降，生长速度降低；仔猪的发育变缓，消化不良；怀孕母猪则会出现胎儿发育不良、死胎和流产等严重病理现象。各种不同年龄阶段的猪都存在不同程度的感染，对猪的健康及生产性能具有较大的危害，猪长期感染寄生虫后，生长速度下降 8%～15%，饲料利用率下降 13%～25%。

4.1.3.1 猪寄生虫致病性

寄生虫以摄取组织液为营养来源，猪感染寄生虫会造成猪只营养不良、生长缓慢，贫血、消瘦，形成僵猪；长期严重感染，导致实质器官功能减退或者丧失而死亡。寄生虫在猪机体移动过程中会对组织器官造成机械刺激，在特定寄生部位可使猪的组织、脏器受到不同程度的损伤。如大量的蛔虫寄生于肠道，会导致肠管堵塞、破裂。猪感染寄生虫病后，由于猪抵抗力下降，容易继发感染其他疾病，如肠道蛔虫感染会诱发大肠杆菌病、病毒性肠炎等疾病；猪感染疥螨，容易感染葡萄球菌病等皮肤疾病。寄生虫分泌的有毒成分及代谢物被猪体吸收后，会对神经系统和血液循环系统产生毒害作用。寄生虫的代谢产物和死亡虫体的分解物都具有抗原性，会引起生猪局部或全身过敏反应。

4.1.3.2 猪寄生虫感染途径、传播媒介及中间宿主

猪主要通过采食寄生虫污染的饲料、饮水感染，还会通过接触患病猪只、生产用具、粪便等感染。吸血昆虫叮咬猪只皮肤时，会将幼虫传入猪体内而造成感染。一些寄生虫如弓形体虫还会垂直感染，虫体通过胎盘进入胎儿体内而使胎儿感染。猪寄生虫的传播媒介主要有犬、猫、鼠、节肢昆虫和鸟类等，中间宿主有螺、蚯蚓、水蚤等。

4.1.3.3 猪常见寄生虫病临床表现

1. 猪蛔虫病

致病原为蛔科的猪蛔虫。猪蛔虫主要寄生在猪小肠中，流行和分布极为广泛，加之其生活史简单，繁殖能力和抗外界干扰能力强，所以在我国生猪养殖中感染率较高，达到17.3%～85.71%。生猪主要通过采食遭感染性虫卵污染的水和饲料等感染蛔虫，母猪的乳房也容易沾染虫卵，可使仔猪在吃奶时受到感染。发病时，该种病虫会寄生在猪的小肠内部，尤其是对刚出生不足半年的仔猪危害性大。感染猪蛔虫病的猪会出现不断变瘦以及贫血现象，猪背上的毛缺乏光泽，猪表皮皮肤暗淡，甚至会出现磨牙等症状。仔猪感染蛔虫，表现为消瘦、贫血、腹痛、腹泻等症状，粪便中排出虫卵，因长期营养不良形成僵猪，大量蛔虫长期寄生于肠道，造成肠管阻塞、肠道破裂，严重时会导致仔猪死亡（王海兄，2016）。

2. 猪球虫病

猪球虫病是由于孢球虫等寄生虫的侵入，其寄生于仔猪的小肠上皮细胞而引起病状的又一类原虫病。感染猪球虫病的养殖猪会出现腹部肿胀、腹泻的症状，养殖猪的粪便也会由黄色或灰色较为稀的便状变为发黑发臭且带有少量气泡出现的便状，根据感染程度的不同，有些感染病状的养殖猪的粪便甚至会掺杂血液。出生不久的仔猪易感染此类寄生虫病，一旦感染会导致仔猪食欲下降，身材瘦小，表面皮肤暗淡，出现腹泻、消瘦、皮肤苍白、脱水等症状。身体生长功能停滞，使养殖户的养殖难度大大加大，大批量感染会造成不可挽回的损失。

3. 猪疥螨病

该病是一种常见的多发性体表寄生虫病，疥螨寄生在猪的表皮，摄取渗出的淋巴液及皮肤组织液。猪只感染疥螨表现为瘙痒、擦破出血、结痂等症状，对其采食与健康状态等造成不利影响，导致生长减慢。

4. 猪弓形虫病

弓形虫源是由刚地弓形虫寄生于人、畜、野生动物、鸟类及一些冷血动物的体内所引起的人畜共患病。生猪主要通过摄食遭猫或猫科动物粪尿污染的水或食物等感染弓形虫，感染后，

子孢子溢出浸入血液或淋巴系统，从而扩散至全身侵犯组织器官。当养殖猪感染猪弓形病时，大约发病前 1 周无明显病状，但度过潜伏期将会出现体内温度迅速上升，就是俗称的发高烧，这种状态会停留 1 周以上。继而感染病状的养殖猪会出现食欲大幅下降甚至绝食，有精神萎靡沉闷状态，还会出现大小便不通畅。一般在感染猪弓形病的猪中，有怀孕母猪时更应及时处理，否则会出现母猪流产和胎死腹中。该病的发病特点为急性暴发，病猪体温升高，呼吸困难，咳嗽，流鼻涕，呈犬坐姿势，并且还会出现不食或减食的症状，有的病猪全身出现紫红色瘀斑，严重阻碍猪群的健康生长（吴亚凤，2013）。

5. 猪囊虫病

猪囊虫病俗称“米猪肉”，属于人畜共患病，对人畜健康造成严重危害。患猪常表现为营养不良，生长发育缓慢，被毛长而粗乱。临床主要特征为患猪熟睡时咬肌和肩胛肌出现节奏性的颤动。屠宰后，在猪的肌肉中观察到黄豆大小的白色半透明状囊泡，囊泡中有米粒大的白点，即可确诊。

4.1.3.4 猪寄生虫病的诊断

1. 粪便检查

这是寄生虫病生前诊断的最基本、最常用的方法，包括直接涂片法、饱和盐水漂浮法和水洗沉淀法，适合检查寄生于消化道或者与其相通的器官或系统中的寄生虫。在粪便中检出某种寄生虫的虫卵、虫体或虫体片段，并且数量达到一定程度时即可确诊。

直接涂片法。用镊子或小棒取少许新鲜粪便，置于载玻片上，滴加清洁常水或 50% 甘油水数滴，混匀，除去粗渣，加盖玻片后，置显微镜下检查。一般需反复检查 3 次。适用于猪的各种消化道线虫虫卵和球虫卵囊的检查。

饱和盐水漂浮法。原理是用比虫卵比重大的溶液作为检查用的漂浮液，使寄生虫的虫卵、球虫卵囊等浮聚于液体表面，取表膜液制片镜检，提高检出率。此法适用于检查猪粪便中的各种消化道线虫卵和球虫卵囊。

水洗沉淀法。原理是虫卵比水重，可自然沉于水底，便于集中检查和提高检出率。此法用于吸虫虫卵和棘头虫虫卵的检查。

2. 尿液检查

采集晨尿，收集于小烧杯中，沉淀 30 min 后，倾去上层尿液，在杯底衬以黑色背景，肉眼检查即可见杯底黏有白色虫卵颗粒。虫卵黏性大，须用力冲洗方能冲下。该法主要用于猪肾虫卵的检查。

3. 体表及皮肤刮下物检查

适用于诊断各种外寄生虫病。猪疥螨的检查应选择螨较多的患病皮肤与健康皮肤交界处刮取皮屑。检查时，将皮屑捣碎置于载玻片上，滴加少量 50% 甘油水溶液，若在镜下发现疥螨即可确诊。

4. 免疫学诊断

有些寄生虫寄生后能刺激机体产生相应的抗体，可以通过酶联免疫吸附试验（ELISA）或间接血凝试验等免疫学方法检测诊断。

4.1.3.5 猪寄生虫病的防治

1. 驱虫

驱虫是预防猪寄生虫病的关键措施，猪体寄生虫活动具有一定规律性的特点，选择最佳驱虫时间，才能达到理想的驱虫效果，新引进母猪通常在引种后 3 周和合群前 2 周各驱虫 1 次，能繁母猪在配种前和产仔前各进行 1 次驱虫，种公猪每年在春、秋两季进行驱虫，仔猪断奶后进行 2 次驱虫，每次间隔时间为 2 周。育肥猪育肥开始和育肥中期各 1 次驱虫。驱虫前按照不同年龄选择几头猪做药物毒性试验，无毒副作用后才能大群投药。为增强药物吸收，驱虫前应禁饲 12 h。驱虫药物的选择遵循“高效、低毒、广谱”的原则，常用的驱虫药物有伊维菌素、阿维菌素、阿苯达唑、左旋咪唑等，体内寄生虫（绦虫、吸虫、球虫等）可用伊维菌素或阿维菌素，灭蜱可用 1%敌百虫喷洒体表和圈舍，猪疥螨选用敌百虫或除癞灵涂擦，同一种寄生虫病要选择 2 种以上药物交替使用，以免引发耐药性。为增强药物吸收，驱虫前应禁饲 12 h，驱虫后观察猪的反应，发现有中毒症状，立即用阿托品等解毒药物救治（余和新等，2017）。

2. 消灭中间宿主，保持环境卫生

某些寄生虫需要在中间宿主内发育完成某个阶段对猪才具有致病作用，采取化学药品或生物学方法消灭中间宿主如螺蛳、蚯蚓等中间宿主，可有效控制寄生虫病的发生和流行。养猪场严禁饲养猫、犬等宠物，按期做好灭鼠、驱蚊、灭蝇、灭蟑等工作，以减少猪场发生寄生虫病的机会。

寄生虫的发生与养殖环境密切相关，猪场内杂物应及时清理，每天打扫猪舍粪尿，保持圈舍干燥、卫生、通风。栏舍、生产工具、运输车等用杀灭菊酯、双甲、单甲脒、螨净等进行喷雾消毒。对养殖环境使用纯碱、生石灰等进行定期消毒。

随粪便排出的寄生虫虫卵、幼虫，在自然环境中经过一定时间的发育，经各种途径会再次感染生猪。因此，养猪场要建设规范的堆粪场，禁止猪粪乱堆乱放。猪粪堆集发酵，经 2～3 周就可杀灭粪便中的虫卵、幼虫、卵囊，经处理的粪便通常 3 个月后即可作为农家肥进行使用（李岸峰，2013）。

3. 强化饲养管理

推行“自繁自养”“全进全出”“封闭饲养”等养殖模式，新引进的猪要隔离观察 30 d 后再合群饲养，有效控制外界寄生虫的传入。根据猪的不同生长时期、不同生理阶段的营养需求，科学配制全价饲料，并适当饲喂青绿饲料，满足猪营养需要，有效提高猪体抵抗寄生虫感染的能力（姚四新等，2015）。饲料应保持清洁、新鲜，谨防霉烂、污染，剩料要及时清理。禁止饲喂泔水、动物下脚料，水生植物要洗净后才可饲喂。确保饮水清洁卫生，水源远离堆粪场、垃圾场，防止饮用被虫卵、幼虫、囊蚴以及中间宿主污染的水。

4.2 危害严重的主要病毒性疾病

4.2.1 口蹄疫

口蹄疫是由口蹄疫病毒引起的一种偶蹄动物共患的急性、热性、高度接触性传染病。该病有强烈的传染性，一旦发病，传播速度很快，易造成大流行，不易控制和消灭。因此 OIE（世界动物卫生组织）将其列为 A 类动物疫病名录之首，我国把口蹄疫列为一类动物疫病。近几年每年报告发生口蹄疫（FMD）或存在 FMDV 感染的国家均在 60 个以上，形成了 7 个流行区域，5—6 月份是发病高峰期。截至 2018 年，在亚洲、非洲仍呈现地方性或暴发流行，在欧洲、南美洲部分国家呈散发流行。2018 年全球共报告疫情 1 446 起，感染家畜 4.2 万头。血清型以 O、A、Asia1、SAT2 和 SAT3 为主。发病/感染动物包括牛、猪、羊、骆驼、水牛等家养动物和野牛、野猪等野生动物，总体以牛感染最为普遍，病例数占 75.9%；其次是羊；布基纳法索、哥伦比亚、韩国、越南和中国等 5 个国家报告过猪感染病例。我国报告疫情次数多，病毒污染面广，12 省区 32 次报告疫情，O 型 31 次，A 型 1 次，但实际疫情要多于报告疫情。我国牛疫情发生数高于猪疫情，牛羊 22 次，猪 10 次，总体以牛疫情为主，占比约 69%，其原因是以感染牛为主的 O/Ind-2001 毒株在我国传播强度增加（张永光，2019）。

4.2.1.1 病原

口蹄疫病毒属于微 RNA 病毒科中的口蹄疫病毒属，单股正链 RNA 病毒，其粒子直径为 20～25 nm，呈圆形，无囊膜（张建宁等，2006）。病猪发热期病毒存在于血液中，发病期的病猪，病毒随粪、尿、唾液、气体等排出病毒，污染饲料、饮水及周围环境。目前所知共计 7 个血清型，即 A、O、C、南非 1-3、Asia-1 型，70 多个亚型。其特点是：具有多型和易变的特征；各型病毒引起的症状一样，但无交叉保护的作用，动物感染后，同血清型各亚型之间仅有部分具有交叉免疫性，造成口蹄疫诊断和防治工作复杂化（赵盾，2020）。我国口蹄疫流行病学的血清主要是O 型和 A 型。该病毒抵抗力较强，在污染的饲料、土壤中能保持感染力达数周到数月，尤其在粪便中可维持生命力近 1 个月，耐干燥，但是对酸碱敏感。

4.2.1.2 流行病学

口蹄疫具有易感性，在家畜中牛、羊、猪等偶蹄动物最为易感（牛＞羊＞猪）。其中猪是病毒毒力的"放大器"，人也易感。病猪和带毒猪是主要的直接传染源，在发病初期最危险。1 g 猪蹄部的水疱皮（豆粒大小）内的病毒能使 10 万头猪感染发病。另外，病猪的排泄物、乳汁、气体、唾液及接触的环境等都有病毒的存活，是间接传染源。康复猪的带毒期可达数月（张学强，2019）。

该病可通过消化道、呼吸道、损伤的皮肤黏膜进行直接和间接传播。病猪经呼吸排至空气汇总的病毒量为（2×10^5）～（2×10^6）感染单位，病毒能随风传播 50～100 km，所以气源传播尤其应该受到重视。屠宰场的生猪仓库、城郊及铁路、公路沿线的猪场容易感染（张静，2018）。

该病一年四季均可发生，其中春、冬两季多发。其流行具有明显的季节规律，多在秋季开始，冬季加剧，春季减缓，夏季平息。但是在规模饲养群，发病并无明显的季节性。口蹄疫呈周期性爆发，每隔 1～2 年或者 3～5 年流行一次。成年猪病死率＜5%，仔猪死亡率高达 20%～50%。

4.2.1.3 临床症状

口蹄疫潜伏期为 1～2 d。病猪以蹄部发生水疱和溃烂为特征，体温升高（41～42℃），精神不振，食欲减少；蹄冠、叉、踵发红，形成水疱和溃烂，多是 4 蹄同时发病；病猪跛行，喜卧；病猪口、鼻、舌、乳房也可见水疱；仔猪可因急性肠炎和心肌炎死亡（邹娟，2019）。

4.2.1.4 病理

除口腔、鼻盘及蹄部发生水疱和溃烂外，咽喉、气管、胃黏膜也有烂斑。小肠和大肠可见出血性炎症。哺乳期仔猪多呈急性胃肠炎、急性心肌炎或四肢麻痹，病变会导致胃肠出血，心包膜有出血点，心肌松软，呈煮肉样，呈虎皮斑纹状，有"虎斑心"之称，由于心肌变性，坏死、溶解，病死率可达 60%。

4.2.1.5 诊断

可根据流行病学、症状与病变等特点进行初步诊断，确诊须以实验室检出病毒为准。为了解口蹄疫病毒型，取病猪水疱皮或液，置于50%甘油生理盐水中，迅速进行补体结合试验或微量补体结合试验来鉴定病毒型。也可以病原生物学、免疫学和分子生物学为基础，使用RT-PCR和荧光RT-PCR方法鉴定病原；通过检测血清中特异性抗体，对FMD病毒感染与免疫状况作出诊断，通常采用VNT和ELISA方法，用于诊断急性感染、证实动物未被感染、流行病学调查中检测感染情况及接种疫苗后效价测定等。因目前疫苗多为单价，须疫苗与毒型符合，才能达到预期预防的效果(马应卓，2019)。

猪口蹄疫与猪水疱病相似，可通过小鼠接种实验进行区分：将病料接种1～2日龄(组1)和7～9日龄(组2)乳小鼠，如两组小鼠均死亡，则判断为口蹄疫病；如组1死亡，组2不死亡，则判断为猪水疱病(刘明超等，2011)。

4.2.1.6 治疗

口蹄疫为法定传染病，国家规定不准治疗，要求一律无害化处理，以防止疫情蔓延。

该病需要加强饲养管理和病猪护理，做好病猪隔离，及时治疗，防止继发感染。发病期间做好舍内保温防潮工作，注意通风，干燥，减少应激。

治疗口、鼻、舌等黏膜溃疡糜烂最常用的药物为收敛药。可用0.1%～0.2%高锰酸钾溶液，10%～20%碘酊甘油溶液，1%～2%明矾、硫酸铜溶液等洗涤溃疡糜烂部位，效果明显；还可以涂抗生素软膏，有防止细菌感染的作用，促使溃疡面早日恢复。蹄部由于卫生难以保证，该部位的水疱烂斑容易继发细菌性感染。治疗方法为：将病畜置于地面干燥处隔离饲养以保持蹄部清洁；蹄部有糜烂、脓肿者可用生理盐水冲洗干净后，让病畜踩踏装有抗生素软膏或20%碘酊甘油的药槽，每天至少用药2次，同时要防止病畜踩踏粪泥等污物，以防继发感染，加重病势。乳房发病部位可用肥皂水或2%～3%硼酸水清洗，然后涂以抗菌消炎软膏，防止细菌感染，促进恢复，还可定期将奶挤出，以防乳腺炎(黄虹，2020)。

该病发生早期可及时全群加药。本病传播快，发病急，且继发感染严重，加药不及时达不到加药效果、增加猪的死亡率。可采用泰妙菌素120 g加头孢菌素300 g加维生素C 300 g，连续使用7～10 d，可停药3 d，再用5～7 d，可以很好地控制继发感染(汪洋等，2004)。

4.2.1.7 防控

首先，杜绝传染源。应在充分结合种猪疫病状况的基础上进行引进，坚决不从疫区引入种猪。当这些被引入的种猪进入养殖场后，还要观察隔离超过30 d，确保它们没有任何异常情况后，才能混入种群。当种猪引入后需要结合具体状况做好相应的注射和消毒工作，确保种猪能茁壮成长；遵循“自繁自养”的原则不动摇，这样才能降低传染源；在实际饲养期间，一旦发现病猪，需要在最短的时间内做好隔离治疗工作，并在此基础上做好感染病猪的检查工作，以此来减少伤害(齐艳等，2016)。

其次，免疫接种。免疫接种是预防猪口蹄疫最有效的方法，必须做。对育肥猪，通常每3～4个月进行1次免疫接种；而种公猪以及种母猪在配种期间，必须接受1～2次的免疫接种；对仔猪，常在其断奶后的10～15 d进行首免，4周以后进行1次加强免疫。如果养殖场周边发生了口蹄疫的疫情，养殖户应做好全场生猪的紧急免疫工作。在使用疫苗之前，仔细检查疫苗的有效期以及具体的物理状态等，保证为猪只接种的为有效疫苗。同时还要注意，在疫苗接种的前后3 d，不能给猪只使用任何抗生素以及抗病毒类药物，也不能进行带猪喷雾消毒以及饮水消毒等工作，以保证免疫效果（谭鸿富，2019）。

一旦暴发口蹄疫，应立即上报疫情，早期确诊，尽快封锁、控制、扑灭。对病猪尸体，要求严格无害化处理（掩埋或焚烧），对于所污染器物及环境要及时处理，彻底消毒，杀灭病毒。及时接种疫苗，建立免疫带，以防疫情蔓延。

4.2.2 猪繁殖与呼吸障碍综合征

猪繁殖与呼吸障碍综合征（PRRS）俗称蓝耳病，是由猪繁殖与呼吸障碍综合征病毒所引起的猪的一种接触性传染病。世界动物卫生组织（OIE）将其列为B类动物疫病，我国把其列为一类动物疫病。1987年，猪繁殖与呼吸障碍综合征首先出现于美国北卡罗来纳等州，会造成母猪繁殖障碍和仔猪呼吸困难。当时对于该病了解的尚不清楚，有一段时间被称为"猪神秘病"，随后欧洲国家包括荷兰、德国和法国等及一些亚洲国家相继出现该病的报道（Rossow，1998）。直到1992年，在美国明尼苏达州召开的一次国家学术讨论会上，正式将该病毒命名为猪繁殖与呼吸障碍综合征病毒（Hopper，1992）。目前该病在全世界几乎所有养猪地区都有流行。我国台湾地区于1991年发现该病存在。1996年，该病全国暴发，郭宝清等（1996）分离得到第一株猪繁殖与呼吸障碍综合征病毒。此后该病在全国各地迅速蔓延，造成多个省市的大规模暴发（蔡雪晖，2000）。2006年更是暴发了由高致病性毒株引起的多省市大规模发病和蔓延。据估计PRRS对我国养猪业造成的直接经济损失每年高达数亿美元。如今，PRRS已成为世界性顽疾，成为目前危害养猪业发展最为严重的疫病之一。

4.2.2.1 病原

猪繁殖与呼吸障碍综合征病毒（PRRSV）为不分节的单股正链RNA病毒，归属于尼多病毒目，动脉炎病毒科，动脉炎病毒属（Cavanagh，1997），是一种有囊膜的病毒，呈球形或卵圆形，直径为45～65 nm，囊膜表面有较小的纤突，表面相对光滑。根据遗传学和抗原性的不同，可将PRRSV分为两种毒株：①欧洲株，如Lelysta，主要存在于欧洲；②美洲株，如VR-2332，主要存在于美洲和亚洲。各株致病力差异较大（Dea等，1995）。

PRRSV在宿主体外对温度变化比较敏感。冰冻条件下，病毒可持续存活较长一段时间，－70～－20℃条件下存活时间超过4个月，4℃为30 d、21℃为6 d、37℃为24 h、56℃为20 min。病毒在pH6.5～7.5时可稳定存活，在pH＜6.0或pH＞7.65时感染能力下降（Bloemraad等，1994）。

4.2.2.2 流行病学

PRRSV唯一的易感动物为猪，不同性别、年龄、品种的猪均可被感染，以妊娠母猪和1月龄内的仔猪最为易感，并出现典型的临床症状。处在育肥期的猪感染后无明显临床症状或较轻和不发病。处于感染期和康复期的猪是该病主要的传染源。与病猪的直接接触及交配是PRRS的直接传播途径。猪的分泌物和排泄物，如血液、精液、唾液、粪便及呼出气体均可存有PRRSV。PRRS具有持续感染性，病毒在感染猪的血清、淋巴结、脾脏、肺脏等组织可以存活很长的时间，并不断向外排毒（刘光清等，2002）。如果有呼吸道病原存在（肺炎支原体、猪链球菌），则易合并或继发感染，表现为呼吸系统症状。PRRS的发病无明显的季节性。在间接传播方面，猪场工作人员的衣物、鞋、用品及场外购进货品、饲料等污染病毒后都可能将病毒带进猪场引起感染。另外，昆虫、鸟类、其他非猪哺乳动物都是携带病毒的传染源。

4.2.2.3 临床症状

PRRSV 潜伏期为 2～37 d。感染后因毒株不同、品种不同等因素，导致临床症状多样化。一般急性感染的猪临床表现主要为食欲不振、精神沉郁、呼吸障碍、发热、发绀。①妊娠母猪的繁殖障碍，个别母猪耳部、腹部及阴部出现蓝紫色，发生早产、流产、死产等。②仔猪出现呼吸道症状，第 1 周死亡率较高，可达 60%，生长发育迟缓。③公猪繁殖系统受损，缺乏性欲，精液数量和质量下降，精液变化出现于病毒感染 2～10 周后。高致病性毒株感染的发病猪临床症状表现更为严重和多样：包括体温可以高达 41～42℃，精神沉郁，食欲不振甚至废绝；耳部发绀，呈现典型的“蓝耳”症状，腹部、尾部以及乳头、外阴等肢体末端的多处皮肤出现紫斑；感染仔猪大多表现出为呼吸系统症状，具体表现为呼吸困难，喘气或不规则呼吸，严重的可见腹式呼吸；部分患病猪的眼部和鼻黏膜分泌物增加，咳嗽、喷嚏，并伴有结膜炎症状的出现。仔猪发病率可达 100%、死亡率可达 50% 以上，母猪流产率可达 30% 以上，成年猪也可发病死亡（Tong，2007）。

4.2.2.4 病理

剖检可见仔猪主要表现为眼结膜水肿，颈腹部、胸腹部和腹部皮下显现胶冻样渗出。全身淋巴结胀肿、潮红。肺色泽不均，有暗红色实变病灶。心外膜轻度潮红，心肌色泽不均、变浅。脾脏不肿大。肾脏有出血斑点，肠道浆黏膜潮红，有出血斑纹。膀胱黏膜有细小出血点，扁桃体黏膜有出血斑点。剖检母猪、公猪和育肥猪病例，一般无肉眼可见病理变化，显微镜检查可见间质性肺炎变化。

4.2.2.5 诊断

大型猪场多发，尤其是进口的良种母猪、公猪及哺乳仔猪最易发生，并多发于免疫猪群。体温明显升高达到 41℃以上，便秘与腹泻交替，眼睑水肿，耳朵发红。临床上要与猪圆环病毒病、猪副嗜血杆菌病、猪链球菌、猪瘟等相区别。确诊本病的重要条件是要收集合适的病科样品，可从组织匀浆、血液、血浆、外周血白细胞中分离病毒。

目前常用的检测 PRRS 的方法有病毒分离鉴定、血清学方法和分子生物学方法。其中，分子生物学方法有：血清中和试验、乳胶凝集试验、酶联免疫吸附试验（ELISA）；血清学方法有：核酸杂交、聚合酶链反应（PCR）等诊断方法等。其中，①酶联免疫吸附试验（ELISA）检测抗体是血清学检查 PRRS 常用的方法之一，这个方法不但省时、省钱，还可以自动操作来进行批量检测，敏感性强于微量血清中和实验（SN），但特异性不如微量血清中和实验（SN）。②反转录聚合酶链式反应（RT-PCR）在很多国家和地区的实验室已可以实施。这种方法可很容易地对欧洲型毒株和美洲型毒株进行区分。③试剂盒利用吸附柱提取病毒 RNA 作为反转录的模板，在反转录酶的作用下，利用 RT-PCR 原理，使特异的目标 DNA 片段的复制数放大数百万倍，在凝胶成像仪的紫外灯下，可发现肉眼可见 DNA 片段的扩增带，以达到检测的目的（牛宪翔，2016）。

4.2.2.6 治疗

病原治疗目前没有有效药物。可适当应用抗菌药控制继发感染和对症治疗。肌内注射十项全能（氟苯尼考、多西环素、磺胺嘧啶、眼镜蛇毒）0.1 mL/kg，连用 3 d，可有一定效果。

控制该病的蔓延主要用疫苗免疫与综合防治相结合的方法。现在，商品化的 PRRSV 疫苗有灭活苗和弱毒疫苗，但是都不能给猪只提供足够的保护作用，一方面是因为免疫抗原性差，另一方面则是具有一定的安全隐患。因此，研发高效安全的新型疫苗是当前急需解决的问题，目前主要研究方向有活载体疫苗、亚单位疫苗以及 DNA 疫苗。活载体疫苗：利用基因操作技术将 PRRSV 的保护性抗原基因以及启动调控区域序列插入另外的载体病毒的基因组非必需区域构建的疫苗。常用的病毒载体有腺病毒、猪伪狂犬病毒和痘病毒（Wang 等，2007）。亚单位疫苗：PRRSV 的多个结构蛋白和非结构蛋白都可以诱导产生具有中和效应的抗体，为亚单位疫苗的研制提供了许多选择。目前主要以 GP3 和 GP5 的亚单位疫苗研究较多（Chia 等，2010）。DNA 疫苗：可以有效刺激机体的免疫反应，包括细胞免疫和体液免疫，而且还具有安全稳定、低成本、易操作等优点，是目前 PRRSV 疫苗研究的新热点，具有良好前景（Meulenberg 等，1997）。

4.2.2.7 防控

需要加强引进猪检疫，防止国外毒株传入国内，防止养殖场引入阳性带毒猪只。加强猪场生产生物安全管理，包括全进全出饲养制度、环境卫生消毒制度、兽医防疫管理制度等。同时保证猪只营养，降低饲养密度，创造适宜的养殖环境，减少应激因素。

坚持疫苗接种。一般认为弱毒疫苗效果较好，但只适用于受污染猪场。后备母猪在配种前进行 2 次免疫；仔猪在母源抗体消失前首免，间隔 1 个月再次免疫；公猪和妊娠母猪不能接种弱毒疫苗。接种疫苗前后应对猪群进行抗体检测，制定科学合理的免疫程序，并监测免疫效果。

4.2.3 猪瘟

猪瘟（classical swine fever，CSF），俗称猪霍乱、“烂肠瘟”、经典猪瘟等。该病的致病原为猪瘟病毒（classical swine fever virus，CSFV），是家猪和野猪的一种急性、发热性、败血性、高度接触性传染病。临床上分为急性型、亚急性型和慢性型，对应不同毒力的毒株。

猪瘟于 1810 年在美国田纳西州首次发现，被世界动物卫生组织（OIE）列为 A 类传染病（Edwards 等，2000），在全世界广泛传播，对家畜养殖业具有重要影响。我国 1935 年报道称，绝大部分省、市都有猪瘟的发生。猪瘟严重危害我国养猪业发展，造成了重大经济损失。猪瘟是免疫抑制性疾病，猪瘟病毒可对脾脏、胸腺、淋巴结等重要免疫器官造成直接损害。近年来，人们研究发现，临床上很少发生单纯猪瘟病毒感染，多与 PCV2 型、PRV、PRRSV 等病毒混合感染。混合感染的病猪常常表现为非典型猪瘟症状，这给疾病的诊断和预防带来了很大困难。目前针对该病进行了大量研究工作。一直以来，猪瘟的病原学、临床症状、流行病学、病理变化、诊断检测以及疫苗研究等都是重要的研究领域。

4.2.3.1 病原

猪瘟病毒属于黄病毒科瘟病毒属，呈球形，直径 38～44 nm，有囊膜，对乙醚、氯仿敏感，与羊边界病病毒和牛黏膜病病毒为同一个病毒属。病毒衣壳呈二十面体对称结构，表面有囊膜，囊膜上有 E_0、E_1、E_2 三个囊膜糖蛋白。C 蛋白与病毒基因组相连，是核衣壳蛋白的组成部分，有维持病毒核酸稳定性的作用。CSFV 通常认为只有一个血清型，分为强、中、弱不同毒力的毒株，而根据中和抗体反应亦可分为 1 群和 2 群。CSFV 的抗原性在不同毒株间也存在显著差异，但抗原分群和毒力之间并无明显相关性（Mehak 等，2015）。CSFV 对环境有较强的抵抗力，血液病毒 37℃可存活 7 d。在 60℃条件下，细胞培养物中的 CSFV 10 min 即可失活。而据报道，脱纤血中的猪瘟病毒，在 68℃条件下需要 30 min 才能灭活。病毒对 pH 不敏感，在 pH 5～10 的环境中能长时间稳定存活。其中，最适合病毒生长的 pH 为 5.2。而在猪肉及其制品中的病毒粒子能维持其感染性长达数年之久。CSFV 基因组由单股正链 RNA 组成，该正链 RNA 可作为 mRNA 参与基因的翻译过程。

4.2.3.2 流行病学

猪是唯一自然宿主，不同年龄、品种的猪均可感染，其他动物有抵抗力。病猪和带毒猪是主要传染源。感染猪在发病前即可从口、鼻及泪腺分泌物、尿、粪排毒。因此，强毒株感染在 10～20 d 内大量排出病毒，而低毒株感染后排毒期短。强毒在猪群中传播快，造成的发病率高。当健康猪食入了被病毒污染的饲料、饮水，即可经口腔黏膜感染，吸入被污染的空气中的飞沫，也可经呼吸道黏膜感染，经眼结膜及损伤皮肤也可感染。孕期母猪带毒者，可经胎盘感染胎猪（张志等，2015）。

猪瘟的发生现状趋于病型多样化和复杂化，一年四季皆可发生，以春、秋、冬季多发。在我国，多种养殖方式并存，因而猪瘟的流行方式也多样。局部地区较大规模流行多见于非自繁自养地区，在猪瘟流行季节从外地调回仔猪后大批发病。也有商品猪在育肥中途发病的形式，这种病猪体重在 30～100 kg，主要原因是疫苗剂量不足，次数不够，使体内抗体水平偏低造成的。

4.2.3.3 临床症状

猪瘟潜伏期一般为 5 d，短的 1 d，长的可达 21 d。根据病程长短、临床症状可分为最急性型、急性型、慢性型和温和型 4 种类型。

1. 最急性型

最急性型较为少见，病猪常无明显症状，病症急剧，体温短时间迅速升至 42℃。病猪精神极度沉郁，寒战且行走摇晃，或卧地不起，皮肤和可视黏膜伴有发绀出血。病程短，一般 1～3 d，或数小时突然死亡。

2. 急性型

急性型为最多见的病型，病程为 10～20 d。病猪精神状态差，发热明显，体温一般升高至 40～42℃，呈稽留热。病猪因高热怕冷、弓背、多聚堆，喜卧、行动迟缓。结膜有脓性炎症，严重者致使眼睑粘连。食欲明显减退，甚至废绝。病猪易口渴，有的喜欢饮脏水，易呕吐。发病初期大便干燥，易便秘，干便表面附有白色黏液（王宝苓等，2016）。病程 1～4 周，病死率在 70% 以上，耐过猪成为“僵猪”，并长期带毒。

3. 慢性型

慢性型病程长达月余或更长，多由急性猪瘟转变而成。病猪消瘦，衰弱，贫血，喜伏卧。体温高低变化不定，轻热不明显，伴有咳嗽。食欲不振。多发坏死性肠炎，便秘、腹泻常交替发生。行走时，有后肢摇晃无力、站立不稳等运动障碍症状。有些病猪皮肤呈现紫斑或结痂，少数病猪的耳尖、四肢的下部以及尾端有蓝紫色坏死和脱落。多发慢性关节炎，最终衰弱死亡，有的存活者发展为僵猪（李玉香，2019）。

4. 温和型

温和型猪瘟亦称非典型猪瘟。导致温和型猪瘟发生的因素很多，如 CSFV 变异为弱致病性弱毒株，猪瘟弱毒活疫苗接种量不够或免疫程序错误，妊娠母猪免疫猪瘟弱毒疫苗造成垂直感染，猪群中蓝耳病等免疫抑制性疾病或饲喂霉变饲料等都会导致免疫失败进而形成温和型猪瘟（侯全中，2015）。温和型猪瘟临床上主要以母猪繁殖障碍症状为主（卫金良，2009）。由于临床症状不明显，且没有肉眼可见的病理变化，使得带毒母猪长期存在隐性或潜伏感染。这样带毒母猪能不断向体外排毒，或经胎盘将病毒传染给胎儿。仔猪或肥育猪的症状不典型，较轻微，病情也缓和，病理变化也不明显。患病仔猪十分瘦弱，死亡率较高，虽然也有耐过的，但由于营养不良、消瘦衰弱严重阻碍生长发育而形成僵猪。

4.2.3.4 病理

临床上，病猪的组织病理变化因 CSFV 毒力强弱、机体免疫水平、病毒感染时间长短、继发细菌感染状况以及治疗管理水平等的不同，通常会有明显的差异（Floegelniesmann 等，2010）。最急性型常无显著的特征变化，一般只见浆膜、黏膜和内脏器官有少量的出血斑点。急性型特征较多，周身皮肤出现散在暗紫色斑点，全身淋巴结肿大，淋巴结周边出血，脾、肾、膀胱、会厌软骨、心、盲肠黏膜、结肠黏膜、胃底部黏膜出现出血点。慢性型除了败血症变化，盲肠、结肠黏膜处可发现特征性病变"纽扣状溃疡"。温和型一般仅淋巴结呈现水肿状态，轻度出血或不出血。

4.2.3.5 诊断

猪瘟最为典型的临床症状是发热、消瘦、后肢无力，在皮肤薄处有大量红色斑点，严重者有组织坏死。拉稀和便秘交替进行，便秘时粪便有血丝或坏死肠黏膜脱落，眼睑有脓样分泌物以及口腔黏膜有坏死结节等。抗生素和磺胺类药物治疗无效，猪瘟血清则可减轻病状，就可以初步诊断为猪瘟。

要进行确诊，需进行动物试验，即猪体回归接种试验，因该方法试验要求高、费用高，可采用猪瘟兔体交互试验（王志杰等，2007）代替。另外世界动物卫生组织推荐血清抗体检测方法（ELISA）。以猪瘟单克隆抗体为基础，特异性 100%，方便、快捷。还可以利用荧光抗体技术、RT-PCR 技术进行病原学诊断。

4.2.3.6 治疗

对于猪瘟来讲，除免疫血清早期应用有特效外，其他无有效药物可治，抗生素无效。

4.2.3.7 防控

猪瘟防治在养猪业是一项十分重要的研究工作，对养殖户来说，也是一项非常重视的日常管理工作。目前猪瘟尚无特效治疗药物，预防接种是防止该病发生的关键。每年进行定期接种疫苗和常年不定期补种相结合是一种行之有效的猪瘟预防措施（刘永波等，2017）。制定合理免疫程序，可在 20 日龄进行首免，60 日龄二免。免疫后的母猪所产仔猪，应进行 CSFV 抗体水平监测，确定免疫接种日龄。在已发现猪瘟病例的发病猪场，应对其他附近尚未发病的猪只，用猪瘟兔化弱毒疫苗进行紧急接种，严格执行一猪一针头，防止相互感染。同时应快速封锁整个猪场，并严格进行隔离、消毒。对已死亡的病猪、被污染的用具、场地、圈舍、污水和污物必须严格进行消毒及无害化处理。加强出售、收购、运输等各个环节的检疫管理工作，防止疫病传播扩散。特别在猪场、屠宰场、生猪交易市场等猪只集中地加强检疫管理措施。自繁自养是防止猪瘟病毒感染发病的必要手段。从外地引种，须隔离半个月以上，严格实施疫苗接种后，方可进行混群饲养。加强饲养管理，提高猪体抗病力仍是防治该病的有效方法。定时定量饲喂营养全面、质量可靠的饲料，防止饮食变质、污染。圈舍环境清洁、通风、干燥，并定期清洗、消毒。

4.2.4 猪圆环病毒病

猪圆环病毒相关性疾病(porcine circovirus associated disease，PCVAD)是猪圆环病毒2型(porcine circovirus type 2，PCV2)引起的流行非常广泛的猪传染性疾病，主要包括仔猪先天性震颤、猪皮炎肾病综合征和断奶仔猪多系统衰竭综合征等。猪圆环病毒由Tischer于1974年首次在PK-15细胞系中发现，由于感染的细胞不发生病变，当时研究人员认为这可能是一种细胞污染物(Tischer等，1974)。后来，通过镜检和核酸鉴定，确定这种“污染物”是一种新病毒，并命名为猪圆环病毒(PCV)。1997年Clark等于加拿大报道了一种与PCV相关的新的猪病(Clark，1997)。后经鉴定，引起这种疾病的病毒与最早在PK-15细胞内发现的PCV在基因结构上存在差异，因此将PK-15细胞中无致病性的PCV称为PCV1，而有致病性的PCV称为PCV2。目前，随着规模化养殖业的不断发展，由PCV2引起的疾病呈上升趋势，给全世界养猪业带来了巨大的经济损失。

4.2.4.1 病原

PCV属于圆环病毒科，圆环病毒属，其病毒粒子平均直径为17 nm，呈二十面体，无囊膜，病毒基因组为单链环状DNA，是目前发现的最小的动物病毒。其中PCV1基因组大小为1 759 bp，PCV2约为1 768 bp。PCV1或PCV2内部各毒株核苷酸序列非常保守，同源性均在90%以上，而PCV1和PCV2之间的序列同源性则仅约为68%(Ge等，2012)。

PCV2是危害养猪业最主要的病原之一(Gillespie等，2009)。为了系统地描述PCV2相关疾病，美国猪兽医协会统一使用“PCVAD”，主要包括发育迟缓、死亡率增加、呼吸系统症状、肠炎、繁殖障碍和PDNS等(Opriessnig等，2007)。欧洲文献中“PCVD”应用更为广泛(Segales，2005)。单纯用PCV2感染商品猪不易复制出典型的PCVAD(Tomas等，2008)，但是混合感染其他病原，如猪繁殖与呼吸障碍综合征病毒(porcine reproductive and respiratory syndrome virus，PRRSV)、猪细小病毒(porcine parvovirus，PPV)和猪肺炎支原体(mycoplasma hyopnemoniae，MHYO)，则可以复制出典型的症状(Opriessnig等，2007)。目前，PCV2主要分为PCV2a、PCV2b和PCV2c三种基因型，其中将PCV2北美分离株命名为PCV2a，欧洲分离株命名为PCV2b，只在欧洲少数地区流行的为PCV2c，其中PCV2a和PCV2b较为常见(Cortey等，2011)。虽然目前以PCV2a为基础研制的疫苗可以交叉保护猪抵抗PCV2b感染(Segales等，2009)，但是PCV2a和PCV2b的抗原谱是不同的(Shang等，2009)。

4.2.4.2 流行病学

猪圆环病毒主要感染仔猪，哺乳猪很少发病。如果在采取早期断奶的猪场，10～14日龄断奶猪亦可发病。一般本病集中于断奶后2～3周龄的仔猪。但有报道，在人、牛和鼠血清中也存在能与猪圆环病毒发生群特异性结合的低水平抗体。猪圆环病毒分布很广，猪群血清阳性率达20%～80%，病毒可随粪便、鼻腔分泌物排出体外。病猪和带有病毒的猪是本病的主要传染源。PCV2病毒可间歇性地自公猪精液中排出，感染公猪的精液可看作为一种潜在的PCV2病毒来源。

PCV2既可接触感染、空气传播，也可经胎盘垂直感染和通过口腔、呼吸道、鼻液、粪便等途径水平传播而感染不同年龄的猪群。育肥猪多表现为隐性感染，不表现临床症状。少数怀孕母猪感染猪圆环病毒后，可经胎盘垂直感染给仔猪，造成仔猪先天性震颤或断奶仔猪多系统衰竭综合征。猪圆环病毒常与 PPV 或猪繁殖与呼吸障碍综合征病毒(PRRSV)混合感染，使疾病诊断更趋于复杂化和多样化。

从发病的季节来看，一年四季均可发病，但高峰期在 5 月，其次是 4 月和 6 月。发病日龄随着地区的不同也存在差异，这与独特的诱发因素、母源抗体的水平及它的下降速度不同都有一定关系。在疾病感染流行过程中发病率和死亡率都较低，急性发病猪群中的死亡率可达 10%。在感染 PCV2 的猪群中常常由于并发或继发细菌或病毒感染而死亡率大大增加。本病流行以散发为主，有时可呈现暴发，各种应激因素的存在均可诱发本病。

4.2.4.3 临床症状

断奶仔猪发生多系统衰竭综合征(PMWS)，是一种慢性消耗性疾病。患病仔猪以呼吸急促或困难、腹泻、贫血、明显的淋巴组织病变和进行性消瘦为主要特征。该病主要发生在哺乳期和保育期的仔猪，尤其是 6～18 周龄仔猪最易感，发病率在 10%～20%，死亡率为 4%～20%(Segales 等，2002)，该病严重影响猪的生长发育，耐过后多变为僵猪。

猪皮炎和肾病综合征(PDNS)主要发生于保育仔猪和育肥猪。该病在感染的猪群中发病率较低，一般不到 2%，但有时也很会超过 10%，死亡率一般在 30%～40%，混合感染后死亡率显著提高。发病后体温升高，食欲减退，精神沉郁，步态僵直，不爱运动，不食，消瘦，苍白。在会阴部、四肢、胸腹部及耳朵等处的皮肤上出现圆形或不规则形的红紫色病变斑点。

新生仔猪出现先天性震颤，受感染母猪怀孕期间不表现临床症状，成年猪多为隐性感染。本病由母猪经胎盘传给仔猪。公猪可能通过交配传给母猪。母猪若生过一窝发病仔猪，则以后出生的几窝仔猪都不发病。仔猪出生后出现震颤，一般表现在头部、四肢和尾部。组织学检查可见脑血管及脑膜有充血、出血性变化。

猪间质性肺炎在临床上主要表现为猪呼吸道病综合征(PRDC)，多见于保育期和育肥期的猪，咳嗽，流鼻涕，呼吸加快，精神沉郁，食欲不振，生长缓慢。

发病母猪主要表现为体温升高达 41～42℃，食欲减退，出现流产、产死胎、弱仔或木乃伊胎。病后母猪受胎率低或不孕，断奶前仔猪死亡率上升达 11%。公猪精子活力差，配种能力低。

4.2.4.4 病理

患 PMWS 的仔猪剖检可见间质性肺炎和黏液脓性支气管炎变化，肺脏肿胀，间质增宽，质度坚硬似橡皮样，其上面散在有大小不等的褐色实变区；肝硬化、发暗；肾脏肿大呈灰白色，皮质部有白色病灶；全身淋巴结肿大 4～5 倍，切面为灰黄色，可见出血。

患 PDNS 的猪病变主要是出血性坏死性皮炎和动脉炎及渗出性肾小球肾炎和间质性肾炎。在坏死组织的皮肤表面可见有红色斑点；肾脏、脾脏有出血点；心包积液、胸腔和腹腔积液，有时会出现脾脏梗塞。

4.2.4.5 诊断

实验室诊断是确认猪圆环病毒的重要方式。先在无菌环境下对病死猪的肝脏、肺脏以及淋巴结组织进行样本采集，置于无菌袋中进行标记，在－20℃的保存环境下送往实验室做病毒学和细菌学诊断。然后检测人员选取具有代表性的病料，将其制作为涂片，通过使用革兰氏染色后进行镜检，如果没有发现阳性染色或者阴性染色病毒，将其接种到麦康凯琼脂培养基、血液营养培养基以及普通营养培养基上培育病菌生长。最后可以通过间接免疫荧光试验（IIF）比较特异血清，进行检测和定型；通过使用聚合酶链式试验方法，对病料进行病毒检测，如果阳性对照出现两条显示带，则可确诊为猪圆环病毒病（郭佳慧等，2019），也可通过原位核酸杂交实验（ISH）和酶联免疫吸附试验（ELISA）进行检测。

4.2.4.6 治疗

目前尚无特效的治疗方法。可用抗生素等控制继发感染，减少死亡。应用氟苯尼考、卡那霉素，多西环素、庆大霉素等，肌内注射维生素 B_{12}、维生素 C 及肌苷等有一定效果。

4.2.4.7 防控

购入种猪要严格检疫，隔离观察。隔离饲养 1 个月，健康者方可进入生产区。实行全进全出制度，保持猪舍清洁卫生。猪舍定期消毒，建立独立的粪尿排放系统，粪尿发酵处理。可使用药物预防，控制原发病和继发病感染。做好其他疫病的免疫接种。特别是猪瘟、伪狂犬病、蓝耳病的免疫接种。

4.2.5 猪轮状病毒病

轮状病毒（*Rotaviruse*，RV）为双股 RNA（dsRNA）病毒，属于呼肠孤病毒科（Reoviridae）轮状病毒属（*Rotavirus*）。该病毒是引起人类新生儿和猪、牛、羊等多种幼龄动物的急性胃肠道传染病的主要病原之一，临床表现以呕吐、腹泻、脱水为主要特征。1969 年，RV 在犊牛中首次发现，随后 1973 年在人类中发现，1975 年在猪和其他动物中发现。猪轮状病毒的首次获得是将病毒粒子接种于猪原代肾细胞中而得到的。该病毒可致幼龄猪急性消化道传染病，一旦暴发就可能连年发生。该病在全世界普遍存在，在我国，轮状病毒流行的特点是混合感染，由于饲养环境差，人们常认为这一时期仔猪腹泻是由大肠埃希菌引发的。轮状病毒感染对人类和动物健康都有较大危害，常导致巨大的经济损失，在全球已成为一个重要的公共卫生问题。

4.2.5.1 病原

轮状病毒属分为 A、B、C、D、E 和 F 六个群，在发生腹泻的动物中最常见的是 A 群，感染猪的轮状病毒有 A、B、C、E 群。其中 PoRV 血清 A 型轮状病毒，是引起断奶前后仔猪腹泻最常见的亚型，在由 PoRV 引起商品化猪群的腹泻病中占 90%以上。

A 群称为典型轮状病毒，由三层病毒蛋白组成，称为三层病毒粒子，电镜下观察，其形态像车轮一样，因此命名为轮状病毒（Flewett 等，1974）。RV 粒子呈二十面体对称结构，直径为 65～75 nm。病毒的中央为一个电子致密的六角形核心，直径为 37～40 nm，周围有一电子透明层，壳粒由此向外呈辐射状排列，构成内衣壳。病毒颗粒在感染的粪样和细胞培养物中以两种形式存在：一种是含有完整外壳的实心光滑型颗粒，70～75 nm，具有传染性；另一种是不含外壳且仅含有内壳的粗糙型颗粒，50～60 nm。

4.2.5.2 流行病学

轮状病毒的易感动物很多，主要感染婴幼儿及幼龄动物，仔猪、犊牛、羔羊等都有易感性，均可自然感染发病。各年龄的猪都可感染，感染率最高可达 90%～100%。发病的猪大多是 8 周龄以下的仔猪，日龄越小，发病率越高，发病率一般为 50%～80%，病死率一般为 10%以内。

病猪、隐性感染猪及带毒猪是本病的传播源，由于后两者不易被发现，因而起着重要的传染源作用。痊愈仔猪粪便中排毒期可持续 3 周以上，加之病毒对外界环境有顽强的抵抗力，使轮状病毒在猪群中反复感染并长期存在。人和动物主要通过直接接触或间接接触感染者感染(张忠湛等,2020)。

轮状病毒多发生在寒冷季节,比如秋季、冬季、早春。多为暴发或者散发。传播快,呈地方性流行。卫生条件不良时,易引起大肠杆菌或冠状病毒继发感染,使病情加重,造成大规模的暴发(赵东方,2019)。

4.2.5.3 临床症状

成年猪多为隐性感染,其血清阳性率 70%~80%。症状明显者,急促腹泻,粪便呈水样或糊状,粪便颜色有的呈黄白色、有的呈暗黑色。腹泻 2~4 d 后,严重的发生脱水现象,导致猪的血液酸碱平衡紊乱,衰竭死亡。

10~20 日龄的哺乳仔猪症状较轻,经过 1~2 d 腹泻后,多可康复,死亡率在 10%~30%。30~80 日龄或刚断奶仔猪的病死率为 3%~10%,严重可达 50%。无母源抗体保护的仔猪在感染病毒 12~24 h 后,食欲不振,不愿走动,继而发生腹泻,3~7 d 后出现严重脱水,体重减轻 30%。如果外界温度下降,又继发大肠杆菌感染时,死亡率可达 100%。

4.2.5.4 病理

轮状病毒病的主要病变在小肠。肠壁变薄为半透明,肠管膨胀。小肠广泛出血,肠系膜淋巴结水肿,胆囊肿大,肠绒毛萎缩。电镜观察可以看到肠绒毛萎缩变短,隐窝细胞增生,圆柱状的绒毛上皮细胞变成立方形细胞。心、肝出现水肿。在肺、心、肝、胰、肾组织中均可检测到病毒。

4.2.5.5 诊断

可以根据发病流行、仔猪发病、表现腹泻、日龄越小、症状越重等特点进行初步判断。进一步确证需要进行病毒抗原检查,一般在腹泻开始 24 h 内采取小肠及内容物或粪便进行病毒或病毒抗原检查,方法有电镜法、免疫电镜法、直接荧光抗体试验、酶联免疫吸附试验、ELISA 双抗体夹心法、放射免疫试验及核酸 PAGE 电泳等。其中,电镜检查可观察到轮状病毒粒子,最为准确、检出率高。ELISA 双抗体夹心法,已被世界卫生组织列为轮状病毒的标准诊断方法(冯丽,2020)。

另外,临床上鉴别诊断需要注意与其他几种腹泻疾病进行区分:①猪传染性胃肠炎,仅仔猪发病,10 日龄以内的乳猪死亡率高达 80%以上;②猪流行性腹泻,发病更急,仅仔猪易感,粪中有黄白色凝乳块,运动僵硬;③仔猪白痢,仅仔猪发病,粪乳白色或灰白色,有特异腥臭味;④仔猪黄痢,仅仔猪易感,稀粪呈黄色,含有凝乳块。

4.2.5.6 治疗

本病暂无特异性治疗措施,猪场可以采用一般的支持疗法,发现病猪立即停止吃母乳,通过提高产房温度来减少体温的损失,提供电解质溶液防止脱水,使用抗生素来降低由轮状病毒和继发细菌感染而引起的死亡。饲喂含葡萄糖甘氨酸的电解质溶液,以最大限度地减少由猪轮状病毒感染引起的脱水和体重减轻。口服生长因子 α 可以促进猪轮状病毒肠炎仔猪空肠黏膜的恢复,升高电阻值。富含轮状病毒抗原特异性 Ig 的鸡蛋粉可以用作经产母猪乳汁的添加剂,用于减少 2~3 日龄仔猪腹泻病的发生,而经产母猪的母乳效果更好(韩嘉楠,2017)。

4.2.5.7 防控

购猪时从无病猪场购进猪,防止病的传入。坚持自繁自养,加强冬季饲养管理,提高能量饲料的供给。加强防寒保暖，提高猪群整体抵抗力。加强光照，安装紫外线灯杀灭病毒，保持地面干燥。防止继发感染，可以用抗菌药品和微生态制剂预防。注意猪舍内的环境卫生和消毒工作。

主动进行免疫接种，非特异性免疫特别是黏膜免疫可以有效预防轮状病毒。被动免疫可以通过母源抗体防止仔猪感染轮状病毒，减轻发病率和死亡率。

4.2.6 猪伪狂犬病

猪伪狂犬病（Pseudorabies，PR）是由伪狂犬病病毒（Pseudorabies virus，PRV）引起猪的急性传染病，在世界各地均有报道该病的暴发，是严重威胁养猪业的主要疫病之一。1813 年首次在美国牛群中发生猪伪狂犬病，当时的症状表现为牛的一种“疯痒病”，病牛极度瘙痒，最后死亡，人们误认为本病与狂犬病（rabies）是同一种病。1902 年匈牙利学者 Aujeszky 等首次发现该病（Aujeszky，1902）。1931 年由美国科学家 Shope 从牛体内分离到 PRV，1934 年 Sabin 等证实该病毒属于疱疹病毒，随后该病在很多养猪国家均有发生（张珊珊等，2018）。为防控该病，自 20 世纪 90 年代以来，北美和许多欧洲国家大规模使用 gE 缺失疫苗区别免疫动物和野毒感染动物并淘汰阳性动物消灭了该病（Muller 等，2011）。然而，对于第三世界国家如中国以及猪群密度高的一些国家或地区，猪 PR 仍是动物疫病中最严重的疾病之一（OIE，2012）。1947 年，刘永纯等首次在我国猫体内分离到 PRV，1956 年在宝泉岭农场仔猪群中发生了本病的流行，随后全国各地相继出现大量病例，虽然进行了疫苗接种，但仍呈现流行趋势（李爽，2017）。自 2011 年以来，PRV 变种导致我国养猪场 Bartha-K61 疫苗接种猪群中 PRV 感染频繁暴发，各年龄段猪死亡率高（Yin 等，2017）。该病现已成为危害世界养殖业的灾难性疫病，被世界动物卫生组织（OIE）列为法定报告的动物疫病，我国将其列为二类动物传染疫病（赖宝色等，2017；马震原等，2017）。目前，关于 PRV 变异毒株的报道越来越多，对其研究也日趋成为热点（古金元，2018）。

4.2.6.1 病原

PRV 为疱疹病毒科-亚科 α-疱疹病毒属成员。从分类学上称为猪Ⅰ型疱疹病毒（Suid herpesvirus I），由于 1902 年 Aujeszky 证明该病由病毒引起，因此该病又称 Aujeszky disease，该病毒为甲型疱疹病毒亚科水痘病毒属，它具有疱疹病毒所共有的特征（Ekstrand 等，2008）。人Ⅰ型单纯疱疹病毒、马立克氏病病毒（MDV）等同属于 α-疱疹病毒。PRV 完整的病毒粒子呈圆形，粒子直径为 150～180 nm，具有与其他疱疹病毒粒子一样的大小和结构，主要囊膜、衣壳和核心三部分组成。内部核心区的基因组为线性双链 DNA，大小约 150 kb，其 GC 含量在疱疹病毒中最高约占 73%。核衣壳包裹核酸，对其呈现一定的保护作用；囊膜构成病毒和细胞蛋白组成的中间层，囊膜为糖蛋白，有些形成突出于囊膜表面或放射状的纤突，经基因编码特性分析，疱疹病毒基因组由 A-F 的六类（Geenen 等，2005）组成。

4.2.6.2 流行病学

猪伪狂犬病是阶段性猪体传染类疾病之一，其由狂犬病毒所诱发，在家猪和野猪群体间比较常见，也可以感染其他一些动物（李万芳，2018）。在感染后的猪群中以妊娠期母猪和哺乳期的仔猪发病比较严重，患病妊娠期母猪经常出现流产以及产出死胎和木乃伊胎。在哺乳期的患病仔猪经常出现神经症状和呼吸道症状，15 日龄以内的仔猪发病死亡率可达 100%，断奶仔猪发病率可达40%，死亡率20%左右。随着猪发病的年龄增大，发病后的病情会减轻，比如育肥猪和成年猪发病后一般不会出现死亡情况，但这些不发病的猪会成为病原体的一个贮存宿主，表现为长期带毒。本病的发生还与营养、气候及其他应激因素的作用具有相关性。当带病猪受到这些因素的作用时，体内含有的病毒会出现基因组转录，产生下一代的病毒，致使疾病发生流行。如果没有按照抗体衰减规律制定合理的免疫时间，免疫程序不当，就会导致肥育期的猪抗体效价较低，导致猪群抵抗力降低，进而被病毒侵袭感染。猪场中出现本病后，会在很短的时间内波及全群，并在病猪出现呼吸道症状时加速传播。大多在2～3周内大群被感染，发病率达100%。

空气传播是该病最主要的传播途径，通过口腔和鼻腔的分泌物，传染源将病原体排出体外，这些病原体会对周围环境形成污染，当健康猪接触到这些分泌物就会被病毒侵袭，进而发生感染。另外，乳汁和精液也是可能的传播方式（公猪被病毒感染后，病毒可以在精液中存在12 h左右，如果这些精液被用于人工授精，就会导致母猪出现感染，进而导致配种失败）。该病的传播途径是接触传播（直接接触和间接接触），包括：皮肤伤口传播、空气传播、呼吸道传播、粪便和尿液传播，妊娠母猪垂直传播给胎儿。间接传播包括：饮用受污染的水，通过衣物、食物、运载工具传播本病（王军等，2012）。

4.2.6.3 临床症状

猪伪狂犬病的临床症状呈现多样化。临诊表现取决于感染病毒的毒力和感染量，以及感染猪的年龄。

伪狂犬病毒感染新生仔猪会引起其大量死亡。从感染第2天开始发病，3～5 d内是死亡高峰期，全窝死光。发病仔猪表现为闭目昏睡，精神沉郁，口吐白沫或流出唾液，呕吐或腹泻黄色物质。高热、食欲废绝、呼吸急促等。仔猪死亡率高，仔猪耐过后往往发育不良或变成僵猪。

15日龄以内的仔猪感染本病者，病情极严重，发病率死亡率可达100%。仔猪突然发病，体温上升达41℃以上，精神委顿，痉挛，呕吐，腹泻，极少康复。断奶仔猪发病率在20%～40%，死亡率在10%～20%，主要表现为神经症状、拉稀、呕吐等。20日龄以上仔猪断奶后症状轻微，体温升高到41℃以上，呼吸短促，不食或食欲减少，耳尖发紫。70日龄前的仔猪，由于体内器官发育不完全，免疫系统功能不完善，发病时表现神经症状或神经系统和消化系统功能障碍。70日龄以后的保育猪、育肥猪一般感染病毒3～6 d后，开始表现出精神倦怠，食欲减退，体温升高，往往为41℃，并伴有呼吸困难，鼻内存在分泌物，经常打喷嚏，甚至出现咳嗽，此时体质变差，体重急剧降低。持续5～10 d后，大部分病猪体温降低，食欲恢复后康复。

成年猪一般为隐性感染，轻微症状，易于恢复。主要表现为轻热、呼吸困难、流鼻汁、咳嗽、精神沉郁、食欲不振，有的呈“犬坐”姿势，有时呕吐和腹泻。发病率高，可达100%，但无并发症时，死亡率低，为1%～2%。

4.2.6.4 病理

病理解剖后，心脏的病理变化无报道；肝脏前表面可见拇指大小，边缘整齐的灰白色坏死病灶；脾脏不肿大，呈玫瑰红色；肝、脾等实质脏器常可见灰白色坏死病灶；肺脏充血、出现水肿和坏死点；肾脏表面有大小不等的针尖状出血点；肠系膜淋巴结肿大，充血或表面出血。中枢神经系统症状明显时，脑膜明显充血、出血，脑脊髓液量过多，新生仔猪病变较为严重；卡他性胃炎和肠炎，胃底充血、出血、条状穿孔。慢性病例小肠鼓胀，充满气性或水样物，小肠内黏液很少、肠壁变薄或充血呈鲜红色；子宫内感染后可发展为溶解坏死性胎盘炎。

4.2.6.5 诊断

准确、敏感的诊断方法是 PR 的防控和净化过程中不可缺少的一部分。早在 1980 年以前诊断方法主要是病毒分离、病毒中和实验以及易感动物的攻毒试验。自 20 世纪 90 年代以来，酶联免疫吸附试验（ELISA）、聚合酶链反应（polym erase chain reaction，PCR）和实时定量 PCR 被广泛应用 PR 的快速诊断。PCR 病原检测和 gb/gE ELISA 抗体检测是国内大多数实验室采用的诊断方法。gB 抗体检测用于评定疫苗免疫后的抗体水平，gE 抗体检测用于区分疫苗接种和野毒感染。

酶联免疫吸附试验（ELISA）是当前应用最为广泛的一种免疫血清学测定方法，适用于实验室大批样品检查、产地检疫、流行病学调查和无本病健康猪群的建立。蒋玉雯等建立了检测伪狂犬病病毒抗体的 ELISA 方法（Lou 等，1996），包括间接法、双抗夹心法和竞争法。该方法具有简便、快速、敏感性高、特异性强等优点，可大批量检测样品，被 OIE 作为诊断猪伪狂犬病病毒首选的血清学方法。

4.2.6.6 治疗

目前还未有伪狂犬病病毒急性感染的特异性治疗方法，但是接种疫苗能减轻某些年龄段猪的临床症状。推荐在猪场使用弱毒疫苗进行群体接种。可对母猪与 1～7 日龄以内新生仔猪经滴鼻接种疫苗，同时对其他所有猪群进行肌内注射疫苗，可减少病毒的排除，提高存活率。弱毒疫苗可在注射部位及局部淋巴结进行复制。在基因缺失疫苗中，胸腺嘧啶激酶基因已被敲除，因此，病毒也无法感染神经元以及进行自我复制。

4.2.6.7 防控

加强免疫接种。免疫接种疫苗是预防猪伪狂犬病的重要手段，通过免疫接种以提高易感猪群的免疫力，妊娠母猪产生母源抗体保护初生仔猪，降低阳性猪群病毒的排放数量和时间，从而将经济损失降到最低程度。加强和改善饲养管理条件和水平，饲喂科学配置、营养均衡的优质全价配合饲料，饲料中要确保有充足的维生素、微量元素和矿物质，并保证有充足干净的饮用水。及时清除圈舍粪尿，搞好环境卫生，做好圈舍的通风、干燥、冬季保暖、夏季降温等工作，执行严格的消毒制度。规范引种工作。在猪群的整个饲养过程当中，猪场应坚持“自繁自养、全进全出”的饲养管理模式，这是控制传染性疾病发生的有效手段之一。

4.2.7 猪传染性胃肠炎

猪传染性胃肠炎病毒（TGEV）是一种肠道冠状病毒，能够引起猪的急性、高度接触性肠道传染病（Enjuanes 等，2000）。其常与猪轮状病毒（PoRV）、猪流行性腹泻病毒（PEDV）以及致病性大肠杆菌（*E. coli*）等病原混合感染，是引起规模化养猪场仔猪腹泻性死亡的主要原因。该病毒是一种高度接触性传染病原，经常于早春产仔季节流行，易造成大批仔猪死亡。该病最早于 1946 年确定为病毒性传染病，并在美国做了详细报道。目前已在世界多个国家发生，在新发地域呈流行性暴发，传播极快，感染率高。

1933 年，美国伊利诺伊州就有本病记载。1946 年，Doyle 等将该病的病原体确定为病毒，并作了更详细的报告（Doyle 等，1946）。此后，日本、英国、法国、中国、马来西亚和加拿大等国家都相继报告了这种疾病（殷震等，1996）。中国 1958 年首次在台湾发现本病之后，吉林、江苏、山东、河北等地先后报道了本病(刘登存等,2003;刘云波等,2013)。在我国各地普遍存在,涉及 29 个省、区、市,给我国养猪业带来了严重的经济损失(沈永恕等,2013)。

4.2.7.1 病原

TGEV 是不分节段的有囊膜的单股正链 RNA 病毒,囊膜上覆有长 18~24 nm 的花瓣状纤突,以极小的柄连接在囊膜的表面,纤突长而稀疏,末端呈球形,直径 10 nm 左右,因 TGEV 是 RNA 病毒,制片时容易碰落纤突,所以在通过电镜感染观察病毒时,普遍只能看到囊膜的界线,只能在囊膜某些部位看到花瓣状纤突。病毒粒子形状各异,常呈椭圆形、圆形或多边形,全病毒直径为 60~160 nm。病毒粒子内部有螺旋式核蛋白核芯,由 RNA 和核衣壳蛋白组成,直径为 9~16 nm(Masters,2006)。

4.2.7.2 流行病学

猪传染性胃肠炎病毒是一类只侵害猪体的流行性病毒,不会与其他动物发生交叉感染。各个生长阶段的猪均有易感性,潜伏期一般为 12~18 h,不同生长阶段的猪群的患病率不同,其中低于 2 周岁的幼猪患病率和死亡率较高,一般随生长周期延长,临床症状会减轻,并且大概率恢复(苗小刚,2018)。

病毒的主要传染源是养殖场患病猪和带毒猪,其分泌物、排泄物、呕吐物、呼出的气体和乳汁中均存在大量病毒。其中,病毒在病猪的肠黏膜、肠系膜淋巴结、肠内容物和排泄物中存在时间比较长。病猪污染饲养用具、饲料、饮用水之后,同环境下的健康猪通过接触造成病毒传播,其中呼吸道是主要传播途径。小肠上皮细胞对该病毒非常敏感,因此病毒经胃肠道或呼吸器官侵入机体后会造成空肠和回肠的上皮细胞损伤,导致出现肠绒毛萎缩、吸收障碍、渗透性腹泻和脱水等严重症状。

猪传染性胃肠炎可长期存在于养猪场中,多发生于早春或冬末的产仔期间。但是近年来随着生猪养殖产业不断向着集约化规模化方向发展,造成猪群密集、猪圈邻近,更容易促进病毒流行,因此在每年的夏秋季节也会出现一定的发病率。该病毒通常在新疫区呈暴发流行趋势,通过气溶胶等方式传播,传播速度极快,感染率很高,可达 100%。1 周龄以内的仔猪死亡率为 85%~100%(林后全,2019)。群体内的母猪体内一般具有母源抗体,因此哺乳阶段的仔猪很少发病,但是进入断奶阶段后,很容易造成病毒的传播流行。

4.2.7.3 临床症状

猪传染性胃肠炎具有传播速度快、发病突然的特点,在几天之内会向着整个猪群传播蔓延,潜伏期通常在 15~18 h,有时在 2~3 h。哺乳仔猪群中先是有个别仔猪出现了呕吐症状,随后排出水样腹泻物,粪便颜色呈灰白色或黄绿色,粪便中常常夹杂没有消化的牛乳块,采食量逐渐下降,饮水欲望增加。10 日龄以内的哺乳仔猪常常在发病 3~7 d 内,因为机体严重脱水,衰竭而死,死亡率高达 100%。3 周龄以上的仔猪感染各种病毒之后,症状相对较轻,耐过急性期之后能够恢复健康,但是生长发育受到严重影响,不能正常生长,表现为增重放缓,成为僵猪。成年猪感染该种病毒之后临床症状较轻,哺乳母猪感染该种疾病之后主要表现为采食量逐渐下降,并出现轻微腹泻症状,泌乳量下降。

4.2.7.4 病理

将濒临死亡的猪处死,外观可以观察尸体严重脱水,身体消瘦。将尸体解剖之后,可以发现皮下脂肪消失,胃部空无一物,胃底黏膜存在条状出血充血。在肠道当中充满了黄绿色或白色的内容物，肠壁扩张变薄，失去弹性，肠管呈现半透明状，肠系膜充血严重，淋巴结肿大明显，淋巴管内不存在乳糜。在低倍显微镜下观察可以发现肠道上皮细胞不是圆柱形，而是呈现扁平或方形，黏膜的固有层内存在细胞浸润和浆液渗出。肾脏外观浑浊，质地变软，肾脏脂肪严重变性，在肾脏内部存在大量尿酸盐堆积。

镜检可见在出生后 1～3 d 病死的仔猪，其胃和小肠黏膜上皮细胞发生黏液变性和坏死，黏膜固有层和黏膜下层充血、水肿，2 周龄的仔猪病变更为明显。胃充血、出血、上皮细胞变性和广泛的糜烂和坏死，其周围有中性粒细胞浸润。小肠充血、黏液分泌过多，绒毛上皮细胞黏液和空泡变性、坏死和脱落，直到大片区域的绒毛都完全裸露。许多绒毛缩短，变形，肠绒毛上皮变为扁平状或立方状，固有层和黏膜下层充血、水肿与出血，镜检可发现病毒颗粒（陆嘉，2019）。

4.2.7.5 诊断

结合流行病学临床症状病理学变化，可以对病情做出初步的诊断，也可用其他实验室方法进一步确诊。为进一步有效地提高猪传染性胃肠炎治疗概率，需要从流行病学、临床症状以及病理变化等多个方面进行有效的诊断。

1. 病毒分离与鉴定

将患有传染性胃肠炎死亡的病猪各个组织进行有效的提取和保管，在对病变组织进行系统处理后，进行病毒的有效培养，并将培养的病毒接种在幼猪体内，观察其病理变化，并用标准阳性血清做中和试验进行鉴定。

2. 抗原抗体检测

将病猪肠道黏膜的物质作为涂片使用荧光显微镜进行有效的观察，若观察结果显示细胞膜为原先标记的颜色，即为阳性，这一检测方法原理是将抗原进行标记，当抗原抗体产生反应后便会出现颜色的转移，该检测方法能够很快检测出结果（杨本宋，2018）。

3. 快速诊断法

在传染性胃肠炎病毒标准毒株的基因序列基础上，进行引物的有效设计，并在反转录聚合酶链反应技术的作用下实现病毒的有效检测，若生成物为扩增产物便说明所检测的病毒为传染性胃肠炎病毒（李军等，2001）。

4.2.7.6 治疗

目前，猪传染性胃肠炎没有特效药物，在临床上主要根据患病猪的症状采用对症治疗措施进行治疗。首先在全群猪的饮用水中添加 98% 的盐酸吗啉胍粉剂，每 100 L 饮用水添加 100 g，连续饮水 1 周。患病猪肌内注射柴胡注射液，每头猪肌内注射 10 mL，每天 2 次连续使用 3 d 为 1 个疗程。同时在另一侧肌内注射硫酸庆大霉素，使用剂量为每千克体重 2 mg，每天 2 次连续使用 3 d 为 1 个疗程，预防细菌感染。对于存在明显脱水症状的患病猪，要做好补液工作，患病猪口服补液盐，每次 100 mL。

4.2.7.7 防控

做好疫苗免疫接种工作是预防猪传染性胃肠炎发生的最有效措施。母猪在产前 1～2 个月，肌内注射猪胃肠炎弱毒冻干疫苗，后海穴肌内注射，每头猪肌内注射 2～5 mL。通过对母猪进行疫苗免疫接种，仔猪能够吃乳，从母猪的乳汁中获得被动免疫球蛋白，以提高对该种病毒的抵抗能力。另外养殖场 10～20 kg 的仔猪，每头肌内注射 2 mL，20～50 kg 的仔猪肌内注射 4 mL，50 kg 以上的猪肌内注射 5 mL。一般在疫苗注射 2 周之后，猪体内就会产生抗体，能够有效防范该种病毒的感染。日常养殖过程中应该做好该种疾病的检疫检查工作，禁止将患病猪、带毒猪和健康猪群在一个圈舍内养殖。引种过程中一定要做好严格的流行病学调查和产地检疫，保证不引进带毒猪和患病猪。日常养殖过程中一定要做好饲养管理工作，严禁其他家畜和野生动物进入养殖场。进出入养殖场的饲养管理人员应该穿戴相应的防护设施，做好圈舍的卫生清理和饲养用具的彻底消毒工作，有效隔离病毒的传播途径。

4.2.8 猪戊型肝炎

猪戊型肝炎是由戊型肝炎病毒(HEV)感染引起的经肠道传播的急性病毒性肝炎，主要通过粪口途径传播。而戊型肝炎病毒是近年来发现的一种新型病毒。1983 年，苏联学者 Balayan 等首次用免疫电镜技术从一名志愿受试者粪便中观察到直径为 27～30 nm 的病毒样颗粒，1989 年东京国际会议正式命名经由肠道传播的非甲非乙型肝炎病毒为戊型肝炎病毒。1990 年 Reyes 等首先获得 HEV 的基因克隆并进行了序列分析，由此开始了对戊型肝炎的研究。1997 年 Meng 等用 ELISA 方法证实美国猪中存在戊型肝炎抗体并用逆转录巢式聚合酶联反应法(RT-nPCR)检测到猪 HEV RNA，后发现其与人类 HEV 具有极高的同源性，并可感染黑猩猩和恒河猴(Meng 等，1998)，从而首次证实了 HEV 种间传播的可能性。随后，越来越多的证据表明猪戊型肝炎是一种人畜共患病，突显出猪戊型肝炎的公共卫生意义(Meng，2000)。

4.2.8.1 病原

猪戊型肝炎病毒粒子是直径为 27～34 nm 的球形颗粒，无囊膜，表面有纤突。该病毒有两种形态：一种为内部致密，含有全部基因的全病毒颗粒；另一种为内部透亮，含有部分基因的不完全病毒颗粒。猪戊型肝炎病毒对外界抵抗力不强，高盐、氯化铯及氯仿均可破坏其稳定性，煮沸 5 min 可灭活病毒。戊型肝炎病毒分为 8 个基因型，但只存在 1 个血清型。其中，猪戊型肝炎病毒属于基因Ⅰ、Ⅲ和Ⅳ型，为目前重要的人畜共患病病原。基因Ⅰ型于 2006 年在柬埔寨的猪群中发现(Banks 等，2004)，基因Ⅲ型同样于 2006 年在上海的猪群中发现(Ning 等，2007)，研究表明，其基因序列与美国流行的 US1、US2 毒株同源性较高。基因Ⅳ型为我国猪戊型肝炎病毒的主要基因型，于 1993 年在我国人群中首先被发现。目前我国境内存在戊型肝炎病毒的Ⅰ、Ⅲ、Ⅳ3 个基因型。

4.2.8.2 流行病学

鉴于 HEV 的公共卫生意义，世界各地纷纷对猪、乳牛、鸡、犬、鼠类等动物进行了抗 HEV 抗体的检测。检测结果说明，戊型肝炎病毒在以上动物中广泛存在，在猪群中呈全球性分布，包括 HEV 流行国家、散发国家甚至在一些连 HEV 散发都没有的国家，例如在巴西，人群中从未有 HEV 病例，但是发现 7 日龄乳猪 HEV IgG 的比率为 100%。2～8 周龄降至最低，然后逐步升高，到 25 周龄稳定在 97.3%(Vitral 等，2005)。在我国，葛胜祥等(2003)检测了 20 个省、市、自治区 120 个猪场 8 626 头普通商品成年猪的血清，发现 HEV 感染率高达 83.4%。每个猪场的商品猪中均发现了 HEV 感染，虽然感染率在不同地区、省份有所差别，但最低也有 68.0%，半数感染率在 90%以上，表明在我国商品猪中 HEV 的感染是非常普遍的。王佑春等(2002)对北京、河南、河北、浙江和广东收集的猪血清进行 HEV 抗体检测，结果抗体阳性率分别为 92.8%、85.2%、80.0%、87.5%和 77.7%，各地区抗体阳性率无明显差异，平均阳性率为 83.6%。叶亦菊等(2009)对福建省猪血清进行 HEV 抗体检测,结果 HEV 抗体阳性率为 77.7%,除莆田市猪血清样品未检测到 HEV 抗体阳性外,福建其他区市猪群都有不同程度的 HEV 感染,且规模猪场 HEV 抗体阳性率低于散养户。戊型肝炎可经粪-口途径传播,病毒通过水或者食物进入动物机体,在肝脏中大量繁殖,然后与胆汁一起流入肠道,再与粪便混合排出,其他动物接触粪便而又会感染,形成一个传染的恶性循环。试验证实,正链 HEV RNA 在病毒血症 3～27 d 后几乎可以在所有的器官中检测到,而表明复制活性的负链 RNA 在小肠、肠系膜淋巴结、结肠、肝等几个组织和器官中检测到,表明 HEV 可在肝外复制,这也是粪便中病毒粒子含量往往大于胆汁中病毒粒子的原因(Halbur 等,2001)。

4.2.8.3 临床症状

猪戊型肝炎可分为临床型和亚临床型及健康型。临床型即病猪有典型的特征性黄疸表现;亚临床型即患猪无临床症状,但有肝炎的病理变化;健康型即猪只感染了戊型肝炎病毒,但无任何损害,且带病毒。动物感染 HEV 后 1 周左右便开始出现粪便排毒现象,持续到感染后 55 d 左右;病毒血症出现于感染后 14～32 d;ALT 升高的峰值出现于第 25～38 天;抗 HEV-IgM 出现于 17～24 d;第 50 天左右回到基线水平;IgG 在感染后 3 个月内均保持较高的水平;病理切片呈典型的急性肝炎表现。

4.2.8.4 诊断

猪自身感染 HEV 无明显的肝炎临床症状,对猪 HEV 感染的诊断要通过实验室手段来检验。而且猪 HEV 和人的 HEV 在遗传学上没有太大差异,因此用于人 HEV 的诊断方法也适用于猪 HEV 的诊断。酶联免疫吸附试验:该方法是目前用于检测血清 HEV 抗体最常用的一种方法,检测的血清抗体主要是 IgG、IgM 和 IgA。其中以间接 ELISA 用途最广。IgG 抗体的检测比较常用,IgM 抗体的检测可以区分是新近感染还是既往感染复发。Chau 等于 1993 年首次提出用 ELISA 检测 IgA 抗体。常用的用于检测 HEV 的抗原主要是 ORF2 的表达抗原、ORF3 的表达抗原及同时含有 ORF2 和 ORF3 编码的重组表达抗原。此外应用联合单克隆抗体建立的间接 ELISA 也可用于 HEV 血清抗原的检测(Zhang 等,2006)。这种检测抗原的 ELISA 方法可检测 HEV 的衣壳蛋白,而且实验表明,在 HEV 发展期检测抗原的效果要优于检测抗体。

RT-PCR 检测 HEV 病毒的 RNA,由两步或三步组成。该方法存在着易被污染,不能确定病毒量和费时的缺点。目前快速且敏感性高的实时定量 RT-PCR 可以应用于临床病样的 HEV-RNA 的检测(Joth 等,2006)。值得关注的是这种方法不但可以检测出 HEV 的感染,而且可以对 HEV-RNA 进行基因的分型,有利于流行病学的追踪、分布研究,是今后发展 HEV 检测的重要方向。

4.2.8.5 防控

尽管各国学者对猪戊型肝炎开展了大量的研究,但对于该病仍无有效的治疗方法,采用疫苗进行主动免疫是预防该病最经济、有效可行的手段。目前,猪戊型肝炎病毒没有合适的体外增殖细胞,阻碍了灭活疫苗和弱毒疫苗的开发。随着细胞生物学、基因工程技术的发展,基因工程疫苗方面的研究有了很大进展,Tuteja 等研究了细胞因子对猪戊型肝炎 DNA 疫苗的协同作用,为核酸疫苗的开发打下了良好的基础。

鉴于目前状况,预防是关键。首先要对该病的发生区域、病毒基因型、流行情况等相关信息做好积累和分析。对于存在中间传播的病毒应该保持时刻警惕,因为病毒经常可以通过基因突变在致病性和宿主选择上发生重大改变,如高致病性禽流感、SARS 等人畜共患病都有这样的特性。不排除猪 HEV 也会发生这种改变,尤其在我国猪 HEV 流行十分复杂的情况下,非常有可能出现新的变异型种,因此做好监测,掌握病毒的最新状况十分必要,特别是要做好与猪群接触较多的人群;其次要加强该病与其他疫病协同作用的研究。目前猪场发生疫病往往是多种病毒及微生物引起的,而 HEV 病毒在猪场中的普遍存在对其他病毒的感染有怎样的影响需要深入的调查研究,尤其在致病性和诱导动物机体免疫等方面更值得关注,提高对 HEV 的重视。加强对动物性食品和口岸外来病的检疫工作。猪肉制品和肝脏要熟后食用,注意猪场附近饮用水源的监测等,在传播途径上切断传染源,保障我国养猪业和公共卫生安全。

本章参考文献

蔡雪晖,柴文君,翁长江.2000.猪繁殖与呼吸综合征及其在我国的现状与对策.中国预防兽医学报,S1:202-205.

崔秀花.2012.猪副嗜血杆菌病及混合感染的防控.中国畜牧兽医文摘,7:124.

冯丽.2020.猪轮状病毒病的临床症状与防治方法.中国畜禽种业,4:157.

尕藏吉.2013.猪传染性胃肠炎的诊断及防治.湖北畜牧兽医,34:30-32.

葛胜祥,田克恭,多海刚,等.2003.中国不同地区商品猪中戊型肝炎病毒感染情况调查.中国人兽共患病杂志,19(2):108-109.

古金元.2018.山东省猪伪狂犬病流行病学调查及病毒主要基因遗传变异分析.泰安:山东农业大学.

郭宝清,陈章水,刘文兴,等.1996.从疑似 PRRS 流产胎儿分离 PRRSV 的研究.中国家禽传染病,87(2):1-4.

郭佳慧,肖琦,汪伟,等.2019.两株猪圆环病毒 2 型的分离鉴定和小鼠致病性试验.畜牧与兽医,51(11):102-108.

韩嘉楠.2017.猪轮状病毒病的临床特点、鉴别诊断及其防治.现代畜牧科技,2017(1):91.

韩妍,梁文,李博,等.2013.沙门菌致病相关毒力因子概述.中国抗生素杂志,38(5):s2-s7.

侯全中.2015.非典型猪瘟的临床症状与防治措施.当代畜牧,(09):9.

黄虹.2020.猪口蹄疫的流行与防控.今日畜牧兽医,3:34.

赖宝色,林秋敏,邱阳,等.2017.猪伪狂犬病病原学研究进展.福建畜牧兽医,39(1):13-16.

郎欠吉.2009.仔猪白痢的诊疗报告.养殖与饲料,10:49.

李岸峰.2013.浅谈畜禽寄生虫病的防制.湖北畜牧兽医,34(11):52-53.

李军,陆承平.2001.RT-PCR 检测猪传染性胃肠炎病毒.中国兽医学报,21(3):246-248.

李儒曙,伍时达,罗宝正,等.2013.珠江口西岸地区致病性猪链球菌的分离鉴定与血清型分析.中国人兽共患病学报,29(8):821-825.

李爽.2017.猪伪狂犬病病毒变异株 gE/gl/TK 三基因缺失株的构建及免疫效力初步研究.扬州:扬州大学.

李万芳.2018.动物疫病诊断中兽医病理诊断技术的应用探讨.中国畜牧兽医文摘,34(1):180.

李彦明,张映.2003.猪肺炎支原体及其生物学研究进展.动物医学进展,24(3):25-27.

李彦伟,刘茂军,武昱孜,等.2013.猪肺炎支原体致病机理研究进展.动物医学进展,34(8):84-88.

李义民.2009.猪细菌病诊断识别与综合防治.农技服务,26(5):119-123.

李玉香.2019.猪瘟的诊断与防治.农民致富之友,2:149.

李云云,郭万柱.2013.减毒沙门氏菌载体在兽用疫苗研发中的应用.广东畜牧兽医科技,38(4):9-11.

梁光军,赵李祥,杨旭芹,等. 2005. 应用多重 PCR 方法鉴定粪样和食品中分离的产气荚膜梭菌. 中国人兽共患病杂志,21(5):420-423.

林光. 2013. 猪沙门氏菌病的诊断和防治. 当代畜牧,21:14.

林后全. 2019. 猪传染性胃肠炎的诊疗报告. 今日畜牧兽医,35(6):96-97.

刘春喜,贾昌泽,陈斌,等. 2008. 猪细菌病诊断识别与综合防治(Ⅰ). 农技服务,25(10):94-98.

刘登存,赵华. 2003. 猪传染性胃肠炎的防治. 中国兽医科学,33(10):29-29.

刘光清,仇华吉,蔡雪晖,等. 2002. 猪繁殖与呼吸综合征病毒的持续感染. 中国预防兽医学报,24(4):77-79.

刘明超,牛绪东,刘建柱. 2011. 与猪口蹄疫的比较分析. 猪业科学,28(10):47-50.

刘芹防,崔尚金. 2009. 猪沙门氏菌病病原学、流行病学、诊断及防治进展. 猪业科学,26(12):24-27.

刘思远,刘文青,赵宝华. 2014. 我国猪主要细菌病的危害及防治研究进展. 畜牧与饲料科学,35(11):113-116.

刘永波,宋春莲,谢相悦,等. 2017. 云南 4 个规模化猪场猪瘟抗体水平监测及免疫效果分析. 中兽医学杂志,(1):84-86.

刘云波,赵洪翠,王志成,等. 2013. 猪病毒性腹泻分子流行病学调查. 中国畜牧兽医,40(2):204-207.

陆嘉. 2019. 猪腹泻性传染病的鉴别诊断与防治. 新农业,15:74-75.

马广鹏. 2013. 副猪嗜血杆菌毒力因子研究进展. 动物医学进展,34(2):83-88.

马应卓. 2019. 猪口蹄疫病的诊断和防治方法分析. 畜禽业,362(7):85-87.

马震原,李宁,闫若潜,等. 2017. 猪伪狂犬病病毒变异毒株 HeNZK-2014 的分离鉴定及 gE 基因序列分析. 中国畜牧兽医,44(7):2086-2095.

苗小刚. 2018. 猪传染性胃肠炎的防治. 畜牧兽医科技信息,11:80.

牛宪翔. 2016. 猪繁殖与呼吸综合征综述及 RT-PCR 检测. 农民致富之友,12:274.

齐艳,苏美云. 2016. 猪口蹄疫的发病特点症状及防治措施. 兽医导刊,6:143.

邵士慧,李槿年,王评评,等. 2010. 猪源致病性金黄色葡萄球菌的分离鉴定及其耐药性分析. 中国微生态学杂志,22(4):308-311.

沈永恕,陈陆,皇甫和平,等. 2013. 2011 年河南省猪流行性腹泻病毒流行株的遗传进化分析. 中国预防兽医学报,35(8):672-674.

宋振辉,郭万柱. 2008. 猪传染性胃肠炎病毒的分离鉴定及全基因组序列分析. 病毒学报,24(5):364-368.

苏丹萍,王文豪,张显浩,等. 2012. 高致病性猪繁殖与呼吸综合征、猪圆环病毒病和副猪嗜血杆菌病混合感染的诊断与防制. 中国畜牧兽医,39(8):186-189.

孙俊峰,柳立新. 2012. 猪流行性腹泻的诊疗体会. 畜牧兽医杂志,31(2):124-127.

谭鸿富. 2019. 猪口蹄疫的诊断与防控技术. 畜牧兽医科技信息,9:125.

唐跃富,2008. 地方优良猪种——荣昌猪. 新农业,8:39.

汪洋,亢文华. 2004. 口蹄疫的研究概括. 中国畜牧兽医,31(9):47.

王宝苓,马红荣. 2016. 猪瘟的诊断与防治. 当代畜牧,2:123-124.

王海兄. 2016. 畜禽常见寄生虫病防治. 四川畜牧兽医,43(11):52-53.

王华,张清,王君玮,等. 2009. 猪支原体肺炎流行病学和诊断技术研究进展. 动物医学进展,30 (9):73-77.

王继华,王绥华. 2004. 猪腹泻病因与诊治. 邯郸农业高等专科学校学报,21(1):24-33.

王军,王秀凡. 2012. 河南省猪伪狂犬病流行病学调查. 江苏农业科学,40(4):221-222.

王佑春,张华远,崔鹏,等. 2002. 戊型肝炎病毒(HEV)在猪和牛群中的流行病学研究. 中国预防医学杂志,3(3):199-201.

王志杰，何学谦. 2007. 猪瘟实验室常规诊断方法. 科技信息(学术研究)，16：380.

卫金良. 2009. 规模化猪场猪繁殖障碍性疫病的鉴别诊断. 现代农业科技，23：343-344.

吴亚凤. 2013. 畜禽寄生虫病的综合防治分析. 新农村，2：127.

熊加明. 2017. 近年来江西部分地区猪瘟、猪繁殖与呼吸综合征和猪伪狂犬病流行病学调查. 南昌：江西农业大学.

杨本宋. 2018. 一例仔猪传染性胃肠炎的诊疗报告. 当代畜禽养殖业，9：42.

姚四新，魏刚才. 2015. 猪场卫生、消毒和防疫手册. 北京：化学工业出版社.

叶亦菊，李峰，曹波，等. 2009. 福建省猪戊型肝炎血清学调查. 福建畜牧兽医，31(6)：19-20.

殷震，刘景华. 1996. 动物病毒学. 2版. 北京：科学出版社.

于国江，李小成，王大奎，等. 2009. 养殖户对猪细菌病和病毒病混合感染的防治措施. 现代畜牧兽医，8：39-40.

余和新，罗忠恒. 2017. 寄生虫病对畜牧业的危害分析. 湖北畜牧兽医，38(7)：20.

张建宁，李明莉. 2006. 猪口蹄疫类症病的鉴别诊断. 动物保健，9：54.

张静. 2018. 猪口蹄疫的流行特点及防治措施. 畜牧兽医科学，1：94.

张姗姗，冷雪，时坤，等，2018. 猪伪狂犬病流行状况和疫苗应用的研究进展. 动物医学进展，39(7)：81-85.

张学强. 2019. 猪口蹄疫流行特征及防控技术. 畜牧兽医科学，11：95-96.

张延和，尹殿明，于明，等. 2011. 仔猪猪链球菌、大肠杆菌和梭菌混合感染的诊断与防治. 畜牧兽医科技信息，3：56-57.

张永光. 2019. 猪口蹄疫现状与防控. 兽医导刊，19：7-8.

张志，李晓成. 2015. 我国猪瘟流行现状和防控建议. 中国动物检疫，32(8)：8-12，23.

张忠湛，穆国冬，鲁明鹤，等. 2020. 猪轮状病毒病的流行病学、临床症状、诊断和防控. 现代畜牧科技，64(4)：131-132.

赵东方. 2019. 猪轮状病毒病的流行病学、临床症状及防控措施. 现代畜牧科技，55(7)：89-90.

赵盾. 2020. 浅谈生猪口蹄疫的防治措施. 畜牧兽医，3：76-77.

赵辉. 2013. 猪流行性腹泻的发生及防治措施. 现代农业科技，6：275.

邹娟. 2019. 猪口蹄疫的诊断与防控. 吉林畜牧兽医，11：21-23.

Aujeszky. 1902. A contagious disease，not readily distinguish able from rabies with unknown origin . Vecterinarius，25(12)：387-396.

Banks M，Heath G S，Grierson S S，et al. 2004. DP King，Evidence for the presence of hepatitis E virus in pigs in the United Kingdom. Vet Rec，154(8)：223-228.

Bloemraad M，de Kluijver E P，Petersen A，et al. 1994. Porcine reproductive and respiratory syndrome：temperature and pH stability of Lelystad virus and its survival in tissue specimens from viraemic pigs. Veterinary microbiology，42(4)：361-371.

Bolton D J，Lvory C，McDowell D. 2013. A study of Salmonella in pigs from birth to carcass：Serotypes，genotypes，antibiotic resistance and virulence profiles. International journal of food microbiology，160(3)：298-303.

Cavanagh D. 1997. Nidovirales：a new order comprising Coronaviridae and Arteriviridae. Archives of virology，142(3)：629-633.

Chan G，Farzan A，Soltes G，et al. 2012. The epidemiology of Clostridium perfringens type A on Ontario swine farms，with special reference to cpb2-positive isolates . BMC Vet Res，8：156.

Chia M Y，Hsiao S H，Chan H T，et al. 2010. Immunogenicity of recombinant GP5 protein of porcine reproductive and respiratory syndrome virus expressed in tobacco plant. Veterinary immunology and immunopathology，135(3-4)：234-242.

Clark E G. 1997. Postweaning multisystemic wasting syndrome. In Proceedings of the 28th American Association of Swine Practitioners, 28:188-259.

Cortey M, Olvera A, Grau-Roma L, et al. 2011. Further comments on porcine circovirus type 2(PCV2) genotype definition and nomenclature. Veterinary Microbiology, 149(3-4):522-523.

Dea S, Sawyer N, Alain R, et al. 1995. Ultrastructural characteristics and morphogenesis of porcine reproductive and respiratory syndrome virus propagated in the highly permissive MARC-145 cell clone. Advances in experimental medicine and biology:38095-38098.

Doyle L P, Hutchings L M. 1946. A transmissible gastroenteritis in pigs. J. Am. Vet. Med. Assoc., 108:257-259.

Dunne H W. 1975. Disease of swine, 4th Edition. wiley-Blackwell.

Edwards S, Fukusho A, Lefevre P C, et al. 2000. Classical swine fever: the global situation. Vel. Microbiol, 73(2-3):103-119.

Ekstrand M I, Enquist L, Pomeranz L E. 2008. The alpha-herpesviruses: molecular pathfinders in nervous system circuits. Trends in molecular medicine, 14(3):134-140.

Enjuanes L, Spaan W, Snijder E Cavanagh D, et al. 2000. Nidovirales Classification and Nomenclature of Viruses in Virus taxonomy. New York: Academic Press.

Flewett T H, Bryden A S, Davies H, et al. 1974. Relation between viruses from acute gastroenteritis of children and newborn calves. Lancet, 2(7872):61-63.

Floegelniesmann G, Bunzenthal C, Fischer S, et al. 2010 Virulence of recent and former classical swine fever virus isolates evaluated by their clinical and pathological signs. J Vet Med B Infect Dis Vet Public Health, 50(5):214-220.

Ge X, Wang F, Guo X, et al. 2012. Porcine circovirus type 2 and its associated diseases in China. Virus Research, 164(1-2):100-106.

Geenen K H W, Favoreel L, Olsen L W. 2005. The pseudorabies virus US3 protein kinase possesses anti-apoptotic activity that protects cells from apoptosis during infection and after treatment with sorbitol or staurosporine. Virology 331:144-150.

Gillespie J, Opriessnig T, Meng X J, et al. 2009. Porcine circovirus type 2 and porcine circovirus-associated disease. J Vet Intern Med, 23(6):1151-1163.

Halbur P G, Kasomdorkuba, Gilbert C, et al. 2001. Comparative pathogenesis of infection of pigs with hepatitis E virues recovered from a pig and a human. Clinic Microbiol, 39(3):918-923.

Hopper S A, White M E, Twiddy N. 1992. An outbreak of blue-eared pig disease (porcine reproductive and respiratory syndrome) in four pig herds in Great Britain. The Veterinary record, 131(7):140-144.

Joth ikumar N, Crom eans T L, Robertson B H, et al. 2006. A broadly reactive one step realtime RT PCR assay for rapid an dsensitive detection of hepatitis E virus. J Virol Methods, 131:65-71.

Kabrane L Y, Zhang M, Purcell R H, et al. 2001 Acute hepatitis caused by a novel strain of hepatitis E virus most closely related to United States strains. J Gen Virol, 82:1687-1693.

Kar-Roy A, Korkaya H, Oberoi R. 2004. The hepatitis E virus open Redaing Frame3protein activates ERK through binding and inhibition of the MAPK phosphatase. J. Biol. Chen, 279:28345-28357.

Koen C, Tine D W, Frank P, et al. 2010. Virulence factors of Actinobacillus pleuropneumoniae involved in colonization, persistence ans induction of lesions in its porcine host. Veterinary Research, 41(5):65.

Lou C M, Cuo W Z, Han S W. 1996. Cloning and expression of the gp 50 gene of pseudorahies virus. Chin J Vet Sci, 16:226-233. (in Chinese).

Maneerat K, Yongkiettrakul S, Tongtawe P, et al. 2013. Virulence Genes and Genetic Diversity of Streptococcus suis Serotype 2 Isolates from Thailand. Transboundary and Emerging Diseases, 60(2):67-79.

Marcelo G, Xu J, Calzas C, et al. 2010. Streptococcus suis:a new emerging or an old neglected zoonotic pathogen. Future Microbiol,5(3):371-391.

Masters P S. 2006. The molecular biology of coronaviruses. Adv Virus Res, 66:193-292.

Maven J, Takeda N. 2001. Vim-specific mRNA caping enzyme encoded by hepatitis E virus. J virol, 75(14):6249-6255.

Mebus C A, Underdahl N R, Rhodes M B, et al. 1969. Further studies on neonatal calf diarrhea virus. Proc Annu Meet U S Anim Health Assoc,73:97-99.

Mehak B, Ramneek V, Dipak D, et al. 2015. Sequence Analysis of E2 Glycoprotein from Indian Isolate of Classical Swine Fever Virus (CSFV). Microbiol. Biotechnol. Lett,43(1):22-30.

Meng, X J, Purcell, et al. 1997. A novel virus in swine is closely related to the human hepatitis E virus . Proc Natl Acad Sci USA, 94:9860-9865.

Meng, X J, Halbur, et al. 1998. Genetic and experimental evidence for cross-species infection by swine hepatitis E virus . J Virol,72:9714-9721.

Meng, X J. 2000. Novel strains of hepatitis E virus identified from humans and other animal species is hepatitis E . zoonosis J Hepatol,33:842-845.

Meulenberg J J, van Nieuwstadt A P, van Essen-Zandbergen A, et al. 1997. Posttranslational processing and identification of a neutralization domain of the GP4 protein encoded by ORF4 of Lelystad virus. Journal of virology, 71(8):6061-6067.

Muller T, Hahn E C, Tottewitz F, et al. 2011. pseudorabies virus in wild swine a global perspective. Arch Virnl. 156. 1691-1705.

Ning H, Niu Z, Yu R, et al. 2007. Identification of genotype 3 hepatitis E-virus in fecal samples from a pig farm located in a Shanghai suburb. Vet Micro,121:125-130.

OIE. 2012. Manual of Diagnostic Tests and Vaccines for Terrestrial Animals. 7th Edition.

Opriessnig T, Meng X J, Halbur P G. 2007. Porcine circovirus type 2 associated disease: update on current terminology, clinical manifestations, pathogenesis, diagnosis, and intervention strategies. J Vet Diagn Invest, 19(6):591-615.

Opriessnig T, Meng X J, Halbur P G. 2007. Porcine circovirus type 2 associated disease: update on current terminology, clinical manifestations, pathogenesis, diagnosis, and intervention strategies. J Vet Diagn Invest, 19(6):591-615.

Rajkhowa S, Shakuntala I, Pegu S R, et al. 2012. Detection of Pasteurella multocida isolates from local pigs of India by polymerase chain reaction and their antibiogram. Trop Anim Health Prod, 44:1497-1503.

Robinson R A, Burgess W H, Emerson S U, et al. 1998. Structural of recombinant hepatitis E Virus ORF2 proteinsin baculovirus-infected insect cells. Protein expression and purification, 1275-1284.

Rodger S M, Craven J A, Williams I. 1975. Letter: Demonstration of reovirus-like Particles in intestinal contents of piglets with diarrhoea. Aust Vet J, 51(11):536.

Rossow K D. 1998. Porcine reproductive and respiratory syndrome. Veterinary pathology, 35(1):1-20.

Segales J, Allan G M, Domingo M. 2005. Porcine circovirus diseases. Anim Health Res Rev, 6(2):119-142.

Segales J, Urniza A, Alegre A, et al. 2009. A genetically engineered chimeric vaccine against porcine circovirus type 2(PCV2) improves clinical, pathological and virological outcomes in postweaning multisystemic wasting syndrome affected farms. Vaccine, 27(52):7313-7321.

Segales J. 2002. Update on post weaning multisystemic wasting syndrome and porcine dermatitis and nephropathy syndrome diagnostics. J Swine Health Prod, 10:277-281.

Shang S B, Jin Y L, Jiang X T, et al. 2009. Fine mapping of antigenic epitopes on capsid proteins of porcine circovirus, and antigenic phenotype of porcine circovirus type 2. Mol Immunol, 46(3):327-334.

Spaan W, Cavanagh D, Horzinek C. 1988. Coronaviruses: structure and genome expression. J Gen Virol, 69:2939-2952.

Stoffregen W C, Johnson C S, Olsen S C. 2013. Immunogenicity and safety of a natural rough mutant of Brucella suis as a vaccine for swine. Research in Veterinary Science, 95(2):451-458.

Theil K W, Bohl E H, Agnes A G. 1977. Cell culture propagation of porcine rotavirus (Reovirus-like Agent). Am J Vet Res, 38(11):1765-1768.

Tischer I, Rasch R, Tochtermann G. 1974. Characterization of papovavirus and picornavirus-like particles in permanent pig kidney cell lines. Zentralbl Bakteriol Orig A, 226(2):153-167.

Tomas A, Fernandes L T, Valero O, et al. 2008. A meta-analysis on experimental infections with porcine circovirus type 2 (PCV2). Vet Microbiol, 132(3-4):260-273.

Tong G Z, Zhou Y J, Hao X F, et al. 2007. Highly pathogenic porcine reproductive and respiratory syndrome, China. Emerging infectious diseases, 13(9):1434-1436.

Tong T Z, Fan H Y, Tan Y D, et al. 2006. C3 denhanced DNAvaccination induced humoral immune response to glycoprotein C of pseudorahies virus. Biochem. Biophys. Res. Commun. 4, 845-851.

Vitral C L, PintoM A, Lewis-Ximenez L L, et al. 2005. Serological evidence of hepatitis E virus infection in different animal species from the Southeast of Brazil Mem Inst Oswaldo Cruz. Rio de Janeiro, 100(2):117-122.

Wang S, Fang L, Fan H, et al. 2007. Construction and immunogenicity of pseudotype baculovirus expressing GP5 and M protein of porcine reproductive and respiratory syndrome virus. Vaccine, 25(49):8220-8227.

Wang S, Zhang S, Liu Z, et al. 2014. Molecular Characterization of Enterohemorrhagic *E. coli* O157 Isolated from Animal Fecal and Food Samples in Eastern China. Scientific World Journal, 946394.

Wang Y C, Zhang H Y, Ling H M. 2000. The complete sequence of hepatitis E virus genotype 4 reveals an alternative stratege for translation of opening reading frames 2 and 3. J Gen Virol, 81:1675-1686.

Wu Q M, Wang M. 2003. An review of research progress on animal coronaviruses . RevChina Agi Sci Techno, 5(4):17-24.

Xu Z W, Guo W Z, Zhu L. 2004. Study on the hereditary stability of pseudorabies virus three-gene-deleted strain (SA215). Acta. Vet. Zootech. Sin. 6, 694-697. (in Chinese).

Yin Y, Xu Z, Liu X, et al. 2017. A live gI/gE—deleted pseudora-bies virus (PRV) protects weaned piglets against lethalvariant PRV challenge. Virus genes, 53(4):565-572.

Yuan J, Zhu M, Deng S, et al. 2018. Classical Swine Fever Virus Induces Pyroptosis in the Peripheral Lymphoid Organs of Infected Pigs. Virus Research, 250(5):37-42.

Zhang F, Li X, Li Z, et al. 2006. Detection of hepatitis E antigen as a novel marker for the diagnosis of hepatitis E. J Med Virol, 78:1441-1448.

Zhu L, Cuo W Z, Xu Z V. 2004. Fluctuant rule of colostral antibodies and the date of initial immunization for the piglet from sows inoculated with pseudorabies virus gene-deleted vaccine SA215. Chin. J. Vet. Sci. 24, 320-322. (in Chinese).

Zuzana S Z, Lucie K, Pavel A. 2012. Detection of virulence factors of Escherichia coli focused on prevalence of EAST1 toxin in stool of diarrheic and non-diarrheic piglets and presence of adhesion involving virulence factors in astA positive strains. Veterinary Microbiology, 154(3):369-375.

第 5 章　猪的免疫系统与抗病机制

【本章提要】 免疫学是阐明机体的抗病机制和防止免疫应答不良后果的学科，从牛痘的发明到现在各种疫苗的广泛使用，免疫学已经成为生命科学的前沿领域和现代医学的支撑学科。基于基因编辑技术的分子抗病育种策略依赖于人类对于育种对象免疫系统的全面认知。本章以服务于猪的分子抗病育种为目的，借鉴传统的模式动物的免疫学研究理论和方法，聚焦近十几年来以猪为研究对象的免疫学的最新研究结果，从系统、器官、组织、细胞、基因等水平重点阐明概括猪免疫体系的组成及研究进展，同时尽可能多的与其他物种相比较，希望深化对于猪免疫系统的认识，为猪分子抗病育种提供借鉴。

5.1　猪免疫系统组成

5.1.1　猪的中枢免疫器官

猪的中枢免疫器官是淋巴细胞等免疫细胞产生和分化的场所，主要包括猪的胸腺、骨髓等。根据免疫器官所处的部位，又可分为体内淋巴器官和体表淋巴器官（图 5-1）。

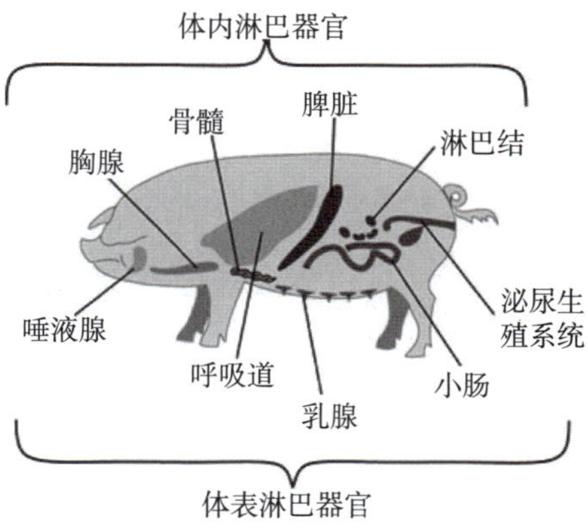

图 5-1　猪的主要淋巴器官

5.1.1.1　胸腺

胸腺位于心脏下方，是猪最重要的中枢免疫器官，它负责建立细胞免疫的中枢，可分为颈胸两部分。颈部胸腺发达，位于颈部器官两侧，向前到枕骨静脉突；胸部胸腺位于前纵膈内，右前腔静脉腹侧，左右胸廓内动脉之间。胸腺呈粉红色，由结缔组织分隔成许多小叶，小猪发达，大猪则逐渐萎缩。初生猪胸腺为体重的 0.3%。退化的胸腺大部分逐渐被脂肪组织替代。胸腺是猪 T 细胞分化成熟的场所，分泌的胸腺素能使骨髓里的小淋巴细胞分化、增殖成为具有免疫活性的 T 淋巴细胞，即胸腺依赖淋巴细胞。此外胸腺还可以促进肥大细胞的分化与发育。

5.1.1.2　骨髓

骨髓是产生各类淋巴细胞的前体细胞，即淋巴干细胞和造血干细胞的场所。调控血液细胞和各种淋巴细胞前体、巨噬细胞、原红细胞等。原红细胞发育成红细胞系、粒细胞系和单核巨噬细胞系等细胞。

5.1.2 猪的外周免疫器官及组织

外周免疫器官和组织是一类特化的器官和组织，是淋巴细胞等定居和发生免疫应答的场所，主要有三项功能：捕获抗原、递呈抗原给淋巴细胞、清除抗原后为抗原特异性的淋巴细胞的生存和免疫记忆的维持提供信号。外周免疫器官主要包含脾脏、淋巴结和黏膜相关淋巴组织。淋巴细胞的起源见图 5-2。

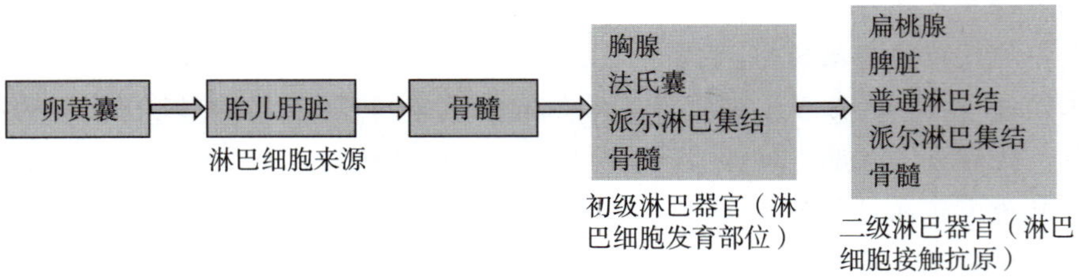

图 5-2 淋巴细胞的起源

5.1.2.1 脾脏

猪的脾脏位于腹前部的左侧，质柔而富有血管。脾脏是猪体内最大的免疫器官，与淋巴结不同，脾脏的实质不能分为皮质和髓质，而是分为白髓、边缘区、红髓。脾脏内没有输入淋巴管，只有输出淋巴管，存在大量血窦。在受到抗原刺激后，猪脾脏生发中心发生明显改变，巨噬细胞数量增多。猪脾脏是产生抗体的主要部位，其中 T 细胞约占 40%，B 细胞约占 60%。

5.1.2.2 淋巴结

猪的淋巴结遍布全身各部位，是淋巴循环的交汇点，呈圆形、扁豆状或条状，由网络细胞构成支架，其内充满淋巴细胞、巨噬细胞和树突状细胞，外有结缔组织包膜。猪的淋巴结的组织结构正好与其他哺乳动物的淋巴结结构相反。具有生发中心的淋巴小结的淋巴滤泡部分，位于淋巴结的内部，相当于其他动物的皮质部分（处在淋巴结的外部）。而相当于其他哺乳动物的髓质部分（一般位于淋巴结内部），则位于淋巴结的外部。猪的淋巴结皮质部分包含许多淋巴小结，由众多的淋巴细胞组成，其中央成为生发中心，为 B 淋巴细胞集中区，含有网状细胞和巨噬细胞。在各小结之间及小结到边缘的一片弥散的淋巴细胞区为 T 淋巴细胞的主要集中场所，也有少量巨噬细胞、浆细胞和 B 淋巴细胞。髓质部分可分为髓索和髓窦，髓索为 B 淋巴细胞居住区，髓索之间的髓窦为淋巴过滤组织，其中的吞噬细胞担负着清除病原微生物及其他抗原物质的作用。

5.1.2.3 猪的黏膜免疫系统

黏膜位于组织器官的内表面，处于机体与感染因子接触的第一线。猪的黏膜相关淋巴组织主要包括肠相关淋巴样组织（gut-associated lymphoid tissue，GALT）、Peyer's 淋巴集结（Peyer's patch，PP）、肠系膜淋巴结（mesenteric lymph node，MLN）、阑尾、气管相关淋巴组织（bronchus associated lymphoid tissue，BALT）、腮腺（parotid gland）、扁桃体（tonsil）、乳腺（mammary gland）、泪腺（lacrimal gland，LG）等。由于上述淋巴组织分布在内外表皮表面，因此称为表面免疫器官（surface lymphoid organs）。黏膜免疫系统从概念上来讲主要指免疫系统的组织解剖学定位，其系统组成包含相关的免疫分子、免疫细胞及介导的免疫应答。黏膜免疫的主要功能分子是分泌型 IgA，它由位于黏膜组织中的致敏性 B 细胞所分泌，识别和中和抗原分子、传递免疫信号。在猪的黏膜组织中，分泌型 IgM 和部分循环的 IgG 抗体也起到识别和中和抗原分子、传递免疫信号的作用。

5.1.3 猪的免疫细胞及其再循环

免疫细胞再循环是免疫细胞接触并识别抗原、成熟分化，形成特异性免疫应答的必要途径。猪的免疫细胞主要包含 B 淋巴细胞、T 淋巴细胞、巨噬细胞、树突状细胞、NK 细胞等。由于猪的淋巴结结构与其他哺乳动物的淋巴结结构不同，在猪的淋巴结内淋巴细胞需要从血管中进入淋巴组织中，因此保证淋巴细胞充分接触抗原非常重要，只有这样才能保证诱导免疫反应。以 α、β、T 细胞为例，淋巴细胞一般在骨髓中产生，然后迁移到胸腺中成熟。对于 B 细胞而言需要到外周淋巴组织中成熟。B 细胞和 T 细胞在进入淋巴组织之前，大约要在血液中循环 30 min，然后离开血管进入淋巴组织。

5.1.4 猪免疫球蛋白及其编码基因

免疫球蛋白是由成熟的 B 细胞分泌的一种由两条轻链和两条重链构成的 Y 字形结构的蛋白。其重链典型的结构包括由 VDJ 重组后所构成的用以识别抗原的可变区(variable region)和由决定抗体类别的重链恒定区(constant region)。其中免疫球蛋白的多样性主要取决于 V 区，V 区的形成机制包括 VDJ 重组(VDJ rearrangment)、体细胞高突变(somatic hypermutation，SHM)、基因转换(gene conversion，GC)等。根据构成重链恒定区的不同，在高等哺乳动物中免疫球蛋白可以划分为 IgM、IgD、IgG、IgE 和 IgA 五种类型，分别由重链恒定区基因 μ、δ、γ、ε、α 所编码，在免疫球蛋白表达的过程中通过类别转换重组(class switch recombination, CSR)形成特异性的免疫球蛋白类型。轻链基因的可变区由 VJ 基因编码，重链恒定区由 κ、λ 基因编码。猪共表达包含 IgD 在内的五种免疫球蛋白重链基因类型，其中 IgG 基因又存在约 6 个亚类(表 5-1)。

表 5-1 猪免疫球蛋白类型(Butler 等，2009)

类型或亚类	分子量	氨基酸组成				GenBank 编号	等位基因
		重链 b	重链 c	轻链 b	其他		
IgM	1 100	69～74	63.8	25	16	U50149	1
dIgA	330	58	51.2	25		U12594	2
sIgA	380	58	51.2	25	70		
IgG1	160～170	55	49.6	25		U03781 U03778	2
IgG2	ND	ND	49.6			U03779 U03780	2
IgG3	ND	ND	50.2			EU372658	1
IgG4	ND	ND	49.6			U03782 EU372654	2

续表 5-1

类型或亚类	分子量	氨基酸组成				GenBank 编号	等位基因
		重链 b	重链 c	轻链 b	其他		
IgG5	ND	ND	49.2			EU372657 EU372656	2
IgG6	ND	ND	49.2			EU372655 EU372653	2
IgE	ND	ND	60.2			U96100	
IgD	160	56		25		AF411239 AF515674	

图 5-3 彩图

图 5-4 彩图

具体基因位点结构如图 5-3、图 5-4 所示，分别编码其重链和轻链基因。IgG 是猪血清中主要的免疫球蛋白类型，在血清和初乳中占比达到 80%左右。IgA 是黏膜中的主要免疫球蛋白类型，主要负责黏膜免疫，多数以单体和二聚体的形式存在。IgM 在血清中和初乳中的占比 5%～10%。对于猪而言，母体免疫的表现之一是通过泌乳将母体产生的成熟抗体分子 IgG、IgM、IgA 等通过乳液传递给幼儿，使之在自身免疫系统健全前获得保护（Butler 等，2017）。2002 年猪体内编码 IgD 的基因首次证实 IgD 的表达量非常低（Zhao 等，2002）。猪体内 IgE 与其他哺乳动物体内的 IgE 功能类似，都是在过敏反应中发挥作用，当血清被加热到 56℃ 以上时，血清中的 IgE 就会丧失生物活性（Roe 等，1993）。常见哺乳动物所表达的免疫球蛋白多样性的基因原件种类如表 5-2 所示。

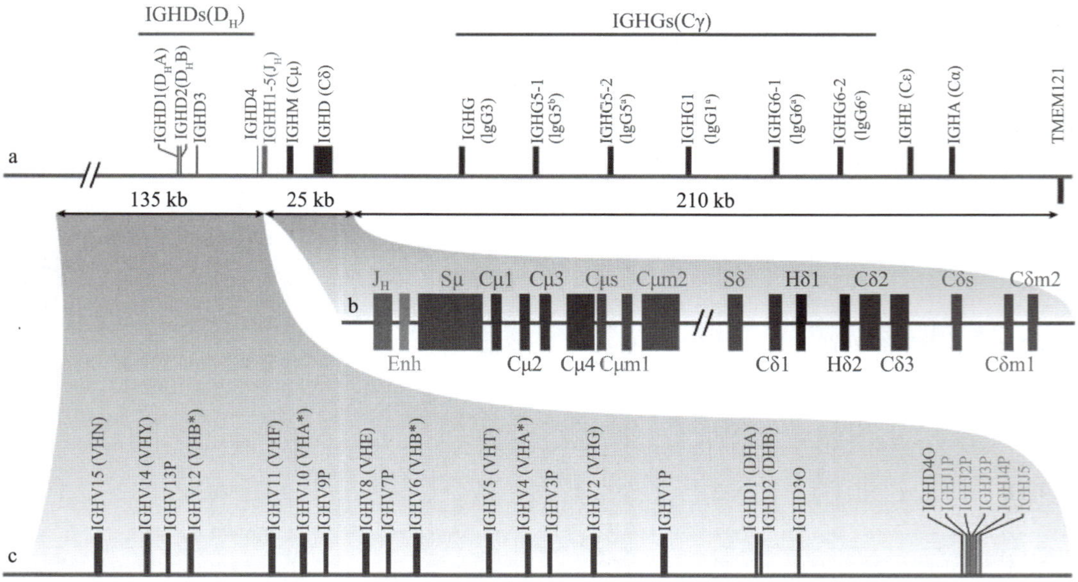

图 5-3　猪免疫球蛋白重链基因全图（Butler 等，2017）

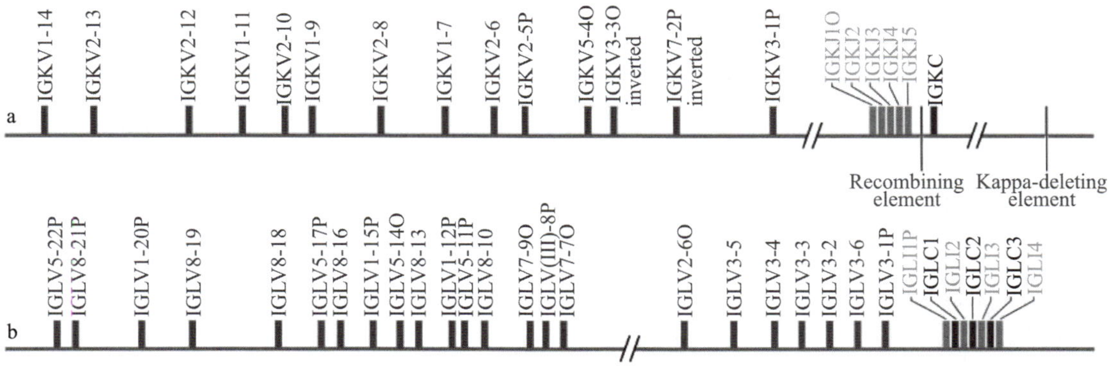

图 5-4 猪免疫球蛋白轻链基因全图(Butler 等,2017)

表 5-2 常见哺乳动物中免疫球蛋白编码基因的元件组成(Butler 等,2012)

物种	VH(F[a])	DH	JH	Vλ(F)	Jλ	Cλ[b]	Vκ	Jκ	Cκ	κ∶λ[c]
人类	37 (7)	30	9	70(7)	7	7	66(7)	5	1	60:40
鼠	>100 (14)	11	4	3(3)	4	4	140(4)	4	1	95:5
兔	>100 (1)	11	6	?	2	2	>36	8	2[d]	95:5
马	>10 (2)	>7	>5	25(3)	4	4	>20	5	1	5:95
牛	>15 (2)	3	5	83(8)	>2	4	?	?	1	5:95
猪	>20 (1)	2[e]	1[e]	22(>2)	>4	4	14～60(5)	5	1	50:50
蝙蝠	>250 (>5)	?	13	?	?	?	?	?	?	?:?

a,可变区基因家族数量;b,Jλ-Cλ 复制单元在哺乳动物中普遍存在;c,成年动物中轻链基因的表达比率;d,兔子中整个 κ 链基因完整复制;e,功能性的 *DH* 和 *JH* 基因;?,数量不明。

猪的免疫球蛋白重链基因结构和其他高等哺乳动物相似,首先在基因组上,编码重链可变区的基因顺次可以分为可变区(variable segments, VH segments)、多样区(diversity segments, DH segments)、连接区(joining segments, JH segments)三类结构原件。其中 VH 大约有 30 个基因,这些基因同属于 *VH3* 基因家族(Sun 等,1994)。*DH* 基因和 *JH* 基因分别有 5 个,但其中只有 2 个 DH 基因和 1 个 JH 基因是有功能的(Butler 等,1996;Eguchi-Ogawa 等,2010)。这些基因的产生主要是长期以来基因复制、点突变和基因组水平基因转换的结果。每一类结构元件由若干个基因构成,根据同源性的不同可以划分为若干家族,一般来讲将同源性超过 95%的结构元件视为同一家族或同一起源。在 *J* 基因的下游是编码恒定区的结构基因,依次为 C_μ、C_δ、6 个 C_γ、C_ε 和 C_α 基因。猪的重链基因在基因组约占据 370 kb,其中可变区约占据 140 kb,重链恒定区编码基因约占据 230 kb。在免疫球蛋白基因表达的过程中,伴随着 B 细胞的发育,首先是轻链基因发生 VLJL 重排,表达低水平的 kappa 链,然后发生 lamda 链的重排和表达,最后在 B 细胞成熟的末期,重链基因发生 VHDHJH 重排,构成编码免疫球蛋白可变区的编码序列,然后与下游的恒定区基因进行组合,形成最终的免疫球蛋白类型(图 5-5)。

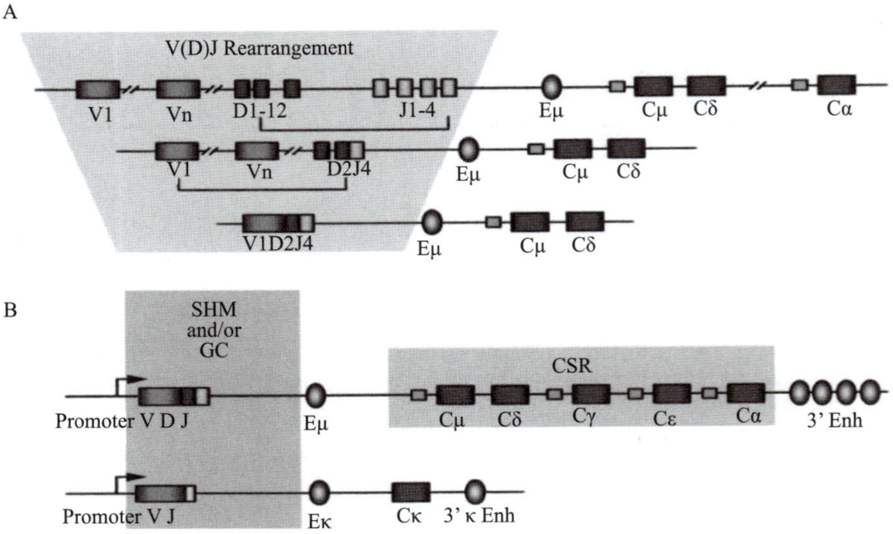

图 5-5 彩图

（A）VDJ 重排。（B）SHM 体细胞突变、GC 基因转换、CSR 类别转换重组

图 5-5　免疫球蛋白基因表达示意图

在这个过程中涉及依赖于 RSS 信号的 VDJ 重组过程以及类别转换重组（CSR）、基因转换（GC）、体细胞高突变（SHM）等免疫球蛋白成熟表达的分子机制。与其他哺乳动物不同的是，猪体内的 7 个 *VH* 基因同属于一个家族，由该 *VH* 与 2 个 *DH*、1 个 *JH* 通过 VDJ 重组构成的多样性约占到所有 VDJ 重组子的 90%（Butler 等，1996；Sun 等，1998）。

猪的免疫球蛋白轻链基因结构和重链结构相似，不同之处在于构成轻链基因可变区的基因元件只有 V 元件和 J 元件，没有 D 元件，在基因表达的时候轻链只发生 VJ 重组。此外编码轻链恒定区的基因只有 *kappa* 和 *lamda* 两种基因类型。在基因组上，猪的 *kappa* 基因座由两个家族共 14～60 个 *Vκ* 基因构成，在 *Vκ* 下游是 5 个 *Jκ* 基因和 1 个 *Cκ* 基因（Butler 等，2004；Schwartz 等，2012）。猪的基因座由 22 个 *Vλ* 基因构成，其中 13 个 *Vλ* 是有功能的，然后是 4 个 *Jλ* 基因（Schwartz 等，2012）。猪的免疫球蛋白基因在表达的时候，轻链基因的重排和表达要早于重链基因，导致在一段时间内 B 细胞表面只有轻链蛋白存在的情况。其中轻链基因的表达也存在 *C-kappa* 基因与 *C-lamda* 基因表达先后的问题。通常情况下细胞率先通过类别转换重组，转录表达 Cκ 链，紧接着细胞快速启动 *C-lamda* 基因的重排和表达，形成 B 细胞表面特点的 *C-kappa* 与 *C-lamda* 双蛋白时期。这一前体随着 B 细胞的发育，在抗原的刺激下，与重链的翻译产物形成特异性的免疫球蛋白分子，并在成熟分子中形成特定的 *kappa* 链与 *lamda* 链比率问题。

猪免疫球蛋白的表达基本遵循人与小鼠中免疫球蛋白基因表达的规律，免疫球蛋白的表达伴随着 B 细胞的发育和成熟，同时也是 B 细胞发育和成熟的标志之一。猪的免疫球蛋白表达及 B 细胞发育的阶段性标志物如图 5-6 所示。

作为在猪体内发挥识别和捕获抗原主要抗体类型 IgG 在猪体内存在多达 11 个编码基因，翻译表达 6 种亚类类型，亚类间的产生机制主要是通过基因复制的办法，同时由于长期的进化选择，对准确识别抗原，对亲和力有重要影响的 IgG 铰链区也发挥了不同程度的变化。研究表明 IgG1 与 IgG4 铰链区相同，IgG5 与 IgG6 铰链区相似度最高，进化分析表明 IgG3 是猪种

	Precursor cells	ProB cells	PreB-I cells		PreB-II cells		Immature B cells
Size	Large	Large	Large	Small	Large	Small	Small
Subset	0	1a−1b	2a−2b	3	4	5	6
CD172a	bright	high	low	low	−	−	−
CD25	−	−/low	−/low	−/low	high	high	high
CD2	−	−/+	−/+	−/+	+	+	+
CD21[a]	−	−	−/low	−/low	high	high	bright
CD45RC	−	−/low	high	high	−/low/high	−/low/high	bright
SWC7	−	−	high	high	−/low	−/low	−/low
CD21[b]	−	−	−	−	−	−	+
IgH	−	−	−	−	low	low	high
IgLκ	−/low	−/low	−/low	−/low	−/low	−/low	high
IgLλ	−	−/low	−/low	−/low	−/low	−/low	high

图 5-6　B 细胞的发育与成熟及相关细胞标志因子

内所有 IgG 的祖代 IgG，其他 IgG 的亚类都是在此基础上基因复制的结果(Butler 等，2009；Butler 等，2012；Butler 等，2017)(图 5-7)。

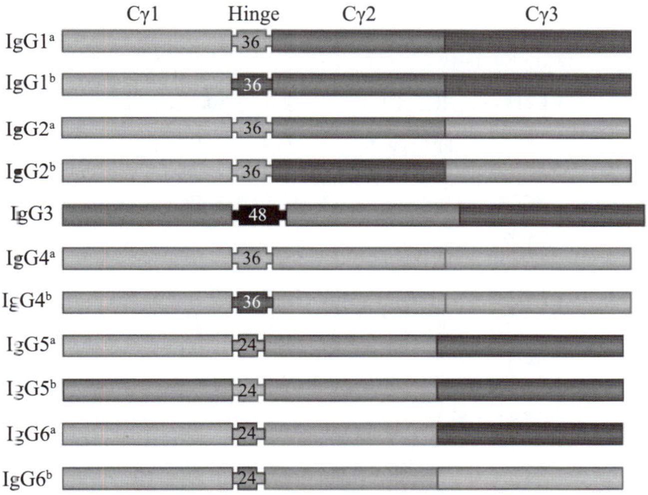

图 5-7　猪的 IgG 类别及其铰链区结构(Butler 等，2017)

图 5-7 彩图

5.1.5　猪的 T 细胞受体类型、基因结构及其多样性机制

猪的 T 细胞受体与其他哺乳动物的 T 细胞受体相似，在基因组上都存在 α、β、γ、δ 四个编码恒定区的基因，基因结构也高度保守，与人类和小鼠的 *TCR* 基因结构相似。在恒定区基因的上游存在若干个由 *V segment*、*D segment* 和 *J segment* 基因元件构成的编码可变区的基因片段。猪的 *TCR αδ* 基因座在基因组大约覆盖 132 kb 的区域(Uenishi 等，2003)。*TCR-α* 和 *TCR-δ* 编码基因位于猪的 7 号染色体上。*TCR-β* 编码基因位于 18 号染色体上，*TCR-γ* 编码基因位于猪的 9 号染色体上(Hiraiwa 等，2001)。目前的研究表明在猪的 7 号染色体上至少存在 28 个 *V segment*(其中包含 4 个 *TCR-δ* 的 *V* 基因 *Vδ*)和 6 个功能性的 *D segment*，这些基因具有完整的 RSS 重组序列(Uenishi 等，2009)。猪的 T 细胞受体基因结构与人和小鼠的 T 细胞受体基因结构高度相似，同时也存在体细胞高突变的多样性机制。猪 *TCR-α*、*TCR-δ* 和 *TCR-β* 基因的基因结构如图所示(图 5-8 至图 5-11)。

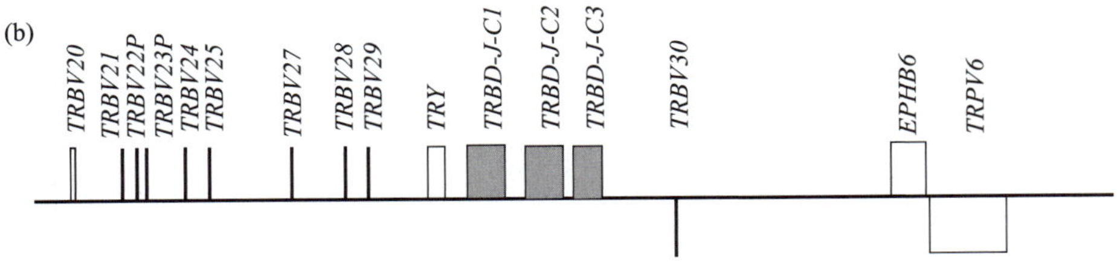

图 5-8　猪 *TCR-β* 基因位点结构（按照基因组上的编码元件的位点结构排列，字母 B 代表 β）

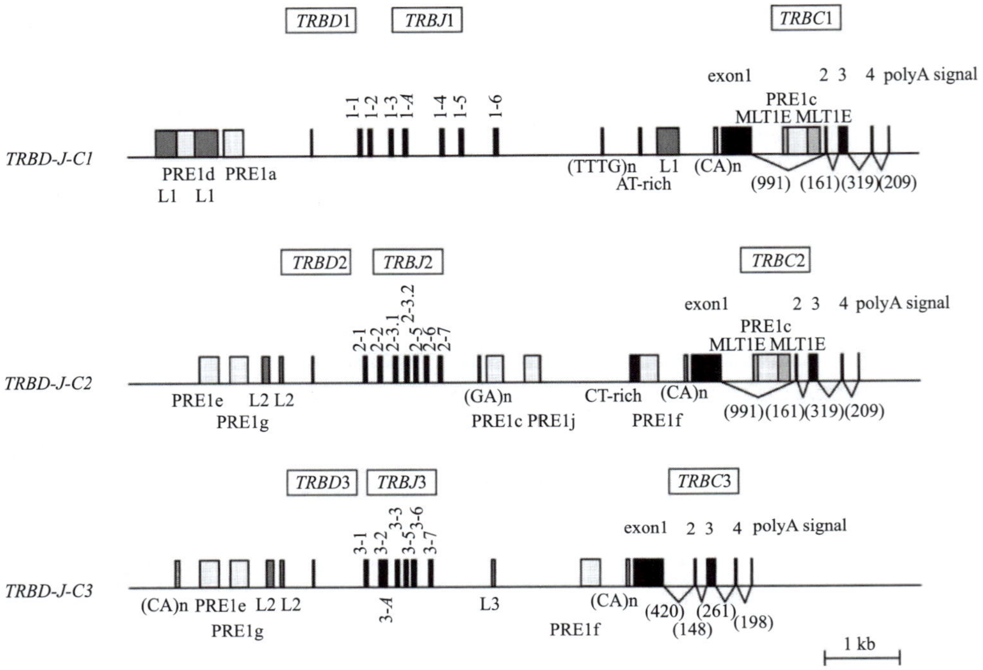

图 5-9　猪 *TCR-β* 基因三个拷贝结构特点（Eguchi-Ogawa 等，2009）

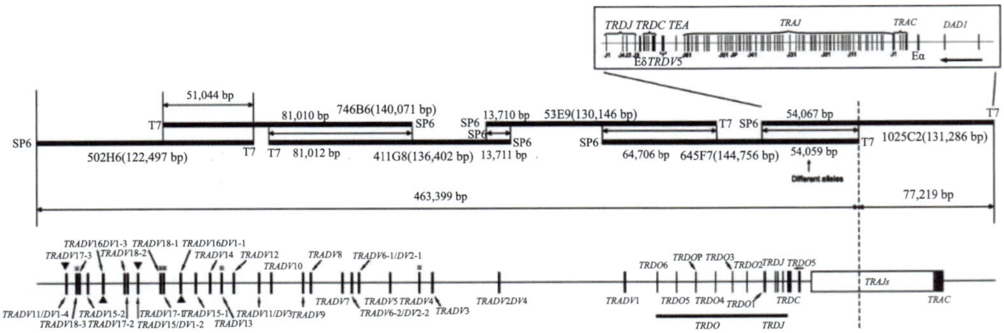

图 5-10　猪的 *TCR-δ* 基因结构（Uenishi 等，2009）

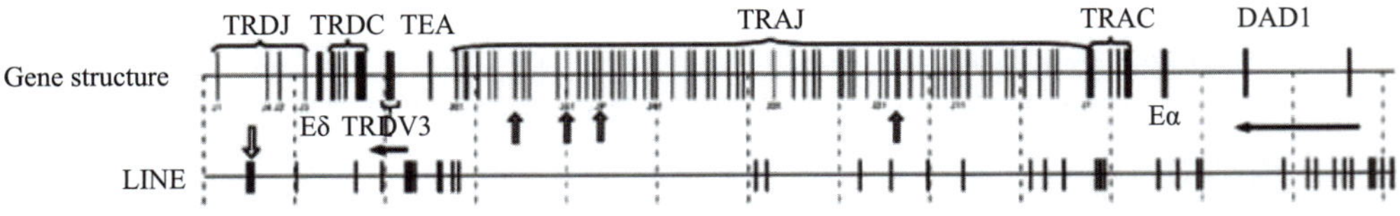

图 5-11　猪的 *TCR-α* 基因结构（Uenishi 等，2003）

5.1.6 猪的主要组织相容性复合体

猪的主要组织相容性复合体(swine major histocompatibility complex)又称猪的白细胞抗原 the swine leukocyte antigens (SLA)。

猪的主要组织相容性复合体的编码基因是猪基因组中最为庞大和密集的基因区域,位于猪的 7 号染色体上,主要包含有三个基因簇。其中家族 1 和家族 3 主要位于染色体短臂端,家族 2 位于染色体长臂端。家族 1 的大小约为 1.1 Mb,家族 2 的大小约为 0.5 Mb,家族 3 的大小约为 0.7 Mb,相对于已知的其他物种的主要相容性组织复合体基因组的大小而言,猪的基因组是最小的(Lunney 等,2009)。人和猪的主要组织相容性复合体一类分子和二类分子的基因组结构见图 5-12 和图 5-13。

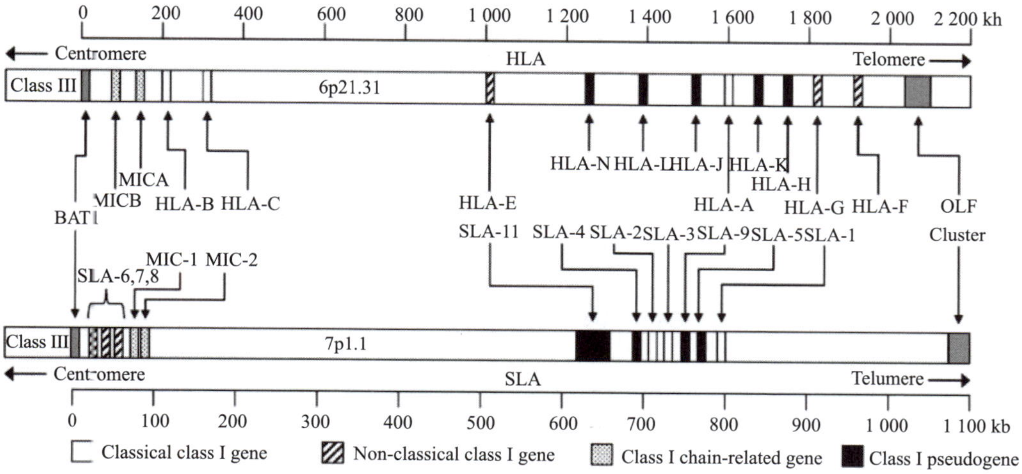

图 5-12 人和猪主要组织相容性复合体一类分子基因组结构(Liu 等,2015)

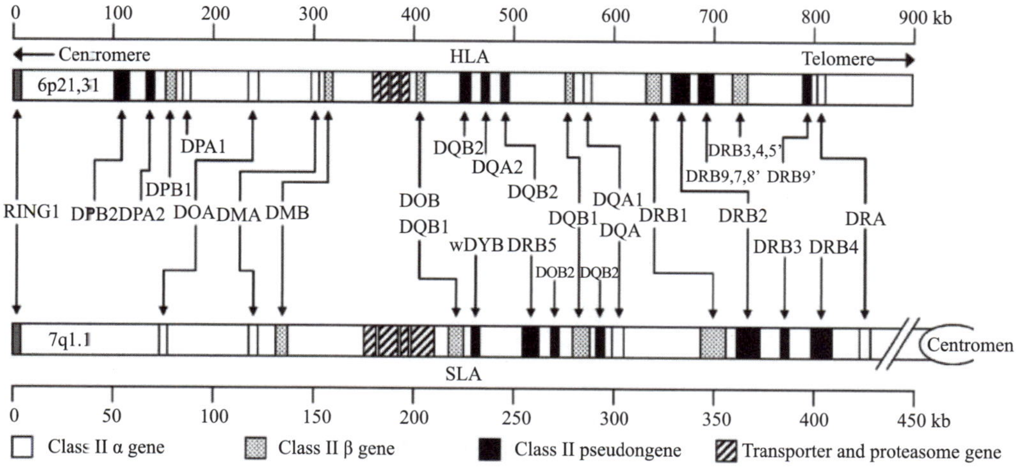

图 5-13 人和猪主要组织相容性复合体二类分子基因组结构(Pedersen 等,2014)

根据猪基因组 11.1 版的信息,整个猪的组织相容性复合体因单倍型的不同,大小在 2.4~2.7 Mb 之间浮动,编码约 150 个位点,其中至少约 120 个是有功能的。具体结构如图 5-14 所示。

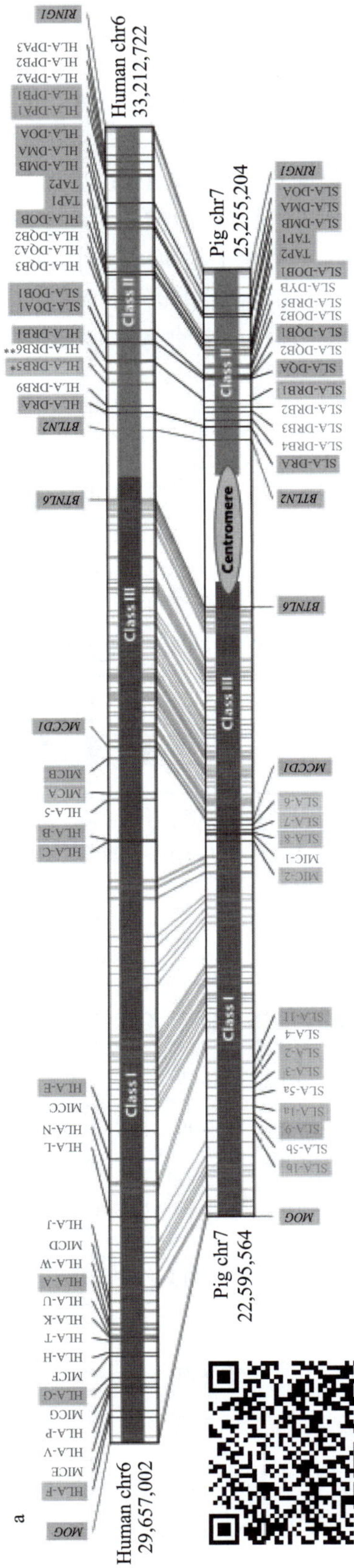

图 5-14 猪主要组织相容性复合体（SLA）与人主要组织相容性复合体对比图（MHC）

图 5-14 彩图

人类的 *MHC Ⅰ* 基因划分为 *MHC-Ia* 和 *MHC-Ib* 两大类。*MHC-Ia* 展示高度的多态性，而 *MHC-Ib* 多态性非常有限。猪的 *SLA* 除了拥有上述两大类基因外，还拥有 *MHC-I* 相关基因(MHC class I chain-related genes,MIC)。这三类基因在猪的 7 号染色体上形成两组基因簇，相比之下，人类形成三组基因簇。其中 *SLA-Ia* 基因的 *SLA-1*、*SLA-2* 和 *SLA-3* 是有功能的，*SLA-Ib* 基因中的 *SLA-6*、*SLA-7* 和 *SLA-8* 是有功能的。*SLA-4*、*SLA-5* 和 *SLA-9*、*SLA-11* 过去认为可能是假基因，但最近有文献报道发现 *SLA-9*、*SLA-11* 的转录。*MIC* 基因家族目前认为 *MIC-2* 基因是有功能的，而 *MIC-1* 基因是个被遗弃的假基因。*SLA-Ia* 基因(*SLA-1*、*SLA-2* 和 *SLA-3*)一般拥有 8 个编码外显子，其中外显子 1 编码的是信号肽，外显子 2、3、4 对应编码 3 个细胞外结构域(α1,α2 和 α3)，外显子 5 编码 1 个跨膜结构域，外显子 6、7、8 编码细胞内部分。*SLA* 编码蛋白的结构示意图与多态性示意图如图 5-15 所示。

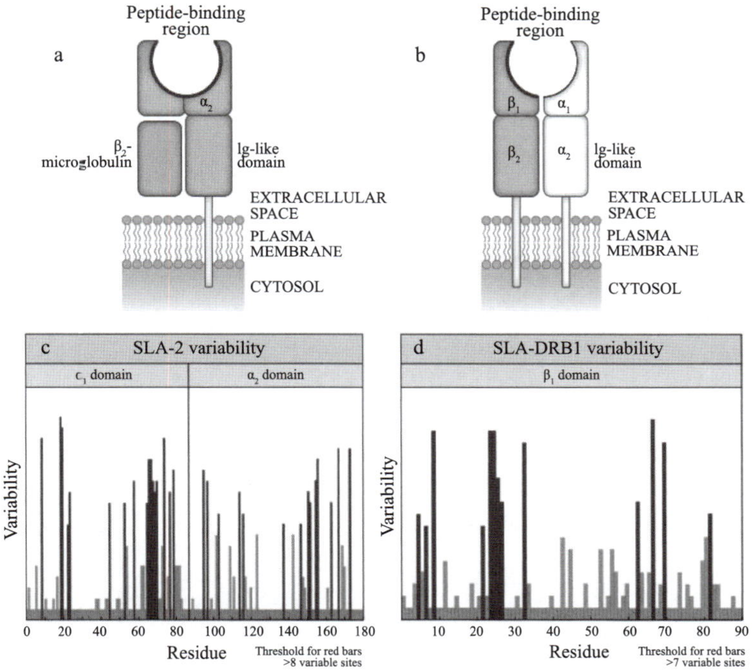

图 5-15 *SLA* 编码蛋白的结构示意图与多态性示意图(Hammer 等,2020)

图 5-15 彩图

SLA 基因与 *MHC* 基因一样，家族异常庞大，拥有巨量的等位基因(表 5-3)，通过其庞大的基因家族及其发育过程中的重组机制，形成丰富的多态性和组织相容性，从而形成个体间独特的遗传差异。

表 5-3 已经证实的猪的 *SLA* 等位基因数量及编码蛋白(Hammer 等,2020)

类别	位点	等位基因	蛋白
猪主要组织兼容性复合体典型Ⅰ类	*SLA-1*	90	88
	SLA-2	97	94
	SLA-3	41	39

续表 5-3

类别	位点	等位基因	蛋白
猪主要组织兼容性复合体Ⅰ类非典型	*SLA-6*	10	10
	SLA-7	3	3
	SLA-8	5	5
猪主要组织兼容性复合体Ⅰ类未分类	*SLA-12*	6	6
猪主要组织兼容性复合体Ⅰ类假基因	*SLA-4*	3	0
	SLA-5	4	0
	SLA-9	5	0
	SLA-11	2	0
主要组织兼容性复合体Ⅰ类总数		266	245
猪主要组织兼容性复合体Ⅱ类	*DRA*	14	6
	DRB1	99	92
	DQA	26	24
	DQB1	53	48
	DMA	7	5
	DMB	1	1
	DOA	2	2
	DOB1	3	3
猪主要组织兼容性复合体Ⅱ类假基因	*DRB2*	12	0
	DRB3	5	0
	DRB4	1	0
	DRB5	1	0
	DQB2	1	0
	DOB2	1	0
	DYB	1	0
主要组织兼容性复合体Ⅱ类总数		227	181
其他非猪主要组织相容复合体基因	*MIC1*	1	0
	MIC2	1	1
	TAP1	1	1
	TAP2	1	1
猪主要组织相容复合体相关基因总数		4	3

5.1.7 猪的主要免疫相关细胞因子

细胞因子是由细胞分泌为细胞间信号传导作用的小分子蛋白质或糖蛋白分子。免疫系统的所有细胞都能分泌某种细胞因子并被上下游相应的细胞因子所识别，完成免疫信号的传递，行使免疫应答。细胞因子的分泌受到免疫信号的精准调节，具有时空属性。如果分泌的细胞因子浓度低，那么它们会作用于局部，浓度高则会产生全身效应。细胞因子相关的信号传导系统是机体免疫应答的重要组成部分，严格受信号-受体调节。

猪的主要免疫相关细胞因子依据其功能，一般可以划分为四类。

第一类细胞因子主要包括干扰素 αβ，促炎症因子 IL-1、IL-6 和肿瘤坏死因子 TNF-α 等介导天然免疫的细胞因子。在病毒感染时，多种细胞分泌的干扰素 αβ 类因子的表达量上升，能够增强自然杀伤细胞的活性，同时通过增加细胞表面 MHC 分子的表达来提高抗原递呈效率。促炎症因子 IL-1、IL-6 和肿瘤坏死因子 TNF-α 等主要由巨噬细胞产生，该类因子的表达能够引起机体发热、疲劳、食欲下降等症状，在体液免疫过程中，促进淋巴细胞黏附于血管内皮细胞，引起白细胞浸润组织，激活适应性免疫应答。

第二类细胞因子主要包括 IL-2、IL-4 和转化生长因子 β(TGF-β)等，它们由 T_H 细胞在识别抗原的过程中产生，用于调节淋巴细胞的活化和生长分化。其中 IL-2 可刺激致敏 T 细胞、B 细胞的增殖，也可活化 NK 细胞，增强其细胞毒性。IL-4 在寄生虫感染引起的炎症反应过程中发挥重要作用。IL-12 可以活化自然杀伤细胞，诱导 CD4 和 CD8 细胞的分化成熟。TGF-β 可以通过抑制免疫应答过程中相关免疫因子的表达，进而抑制多种淋巴细胞的活性，起到负向调控作用。

第三类细胞因子主要包括干扰素-γ、IL-5、IL-10 等，其主要功能是激活或钝化天然免疫系统的细胞。

第四类细胞因子主要包括 IL-3、集落刺激因子 CSFs 等，主要功能是刺激骨髓祖细胞增殖分化，促进造血，提升血液中巨噬细胞和中性粒细胞的数量和活性。

5.2 猪的固有免疫应答

猪的免疫系统在结构组成、细胞分类、免疫应激特点、免疫器官大小等方面与人类的免疫系统非常相似，相似度接近 80%。固有免疫是机体应对病原微生物侵袭的过程中的第一道屏障，固有免疫系统除了溶菌酶和体表屏障外，发挥主要作用的是由不同类型的固有免疫细胞和补体系统构成的固有免疫体系。固有免疫具有三个特点：第一，产生于系统发育的早期和出现在宿主抗感染应答的早期阶段；第二，以抗原非特异性方式识别和清除各种病原体；第三，发生于所有个体和所有的时间段，先天已经拥有，在抗原入侵前已经存在，因此固有免疫又称为先天性免疫。

5.2.1 猪固有免疫(先天性免疫)的组成

固有免疫系统或先天性免疫系统中发挥主要功能的是嗜中性粒细胞(neutrophil)、嗜酸性粒细胞(eosinophil)、嗜碱性粒细胞(basophil)和肥大细胞(mast cell)，此外自然杀伤细胞(natural killer)、T 淋巴细胞、巨噬细胞和单核细胞等也都参与固有免疫应答。其中 T 辅助淋巴细胞和细胞毒性 T 细胞以及 B 淋巴细胞产物也参与部分固有免疫。其组成包含特定的细胞群体和细胞因子、模式识别受体，以及特定的防御屏障。防御屏障主要包括物理屏障和解剖屏障（主要由皮肤和黏膜组成）、生理屏障（温度对病原体的生长抑制作用，胃酸对病原体的杀灭作用）和吞噬屏障（胞吞和吞噬作用）。

5.2.2 猪固有免疫（先天性免疫）主要受体和细胞因子

5.2.2.1 模式识别受体

模式识别受体（PRR）是固有免疫中免疫受体的代表，全部由有限的胚系基因所编码，具有普遍表达、快速应答和普遍识别病原体的特点。模式识别受体主要包含甘露糖受体（mannose receptor，MR）、清道夫受体（scavenger receptor，SR）、N-甲酰甲硫胺酰肽受体、ToLL 样受体（Toll like receptor，TLR）、NOD 样受体（NLR）、RIG-190（retinoic acid inducible，RIG-1）受体（RLR）。甘露糖受体主要表达在巨噬细胞的表面，为单链跨膜分子。清道夫受体主要包含 SRA、SRB 和 SRC 三类分子。在猪中最为典型的是在猪繁殖与呼吸障碍综合征病毒入侵过程总发挥重要作用的猪 SRC 分子，又称 CD163 分子，该分子直接影响病毒能否成功在宿主体内增殖或逃避免疫监控（图 5-16）。利用基因编辑技术通过敲除 CD163 分子的第五个结构域（图 5-17），成功获取了抗猪繁殖与呼吸障碍综合征病毒入侵的细胞系和转基因克隆猪。

图 5-16 彩图

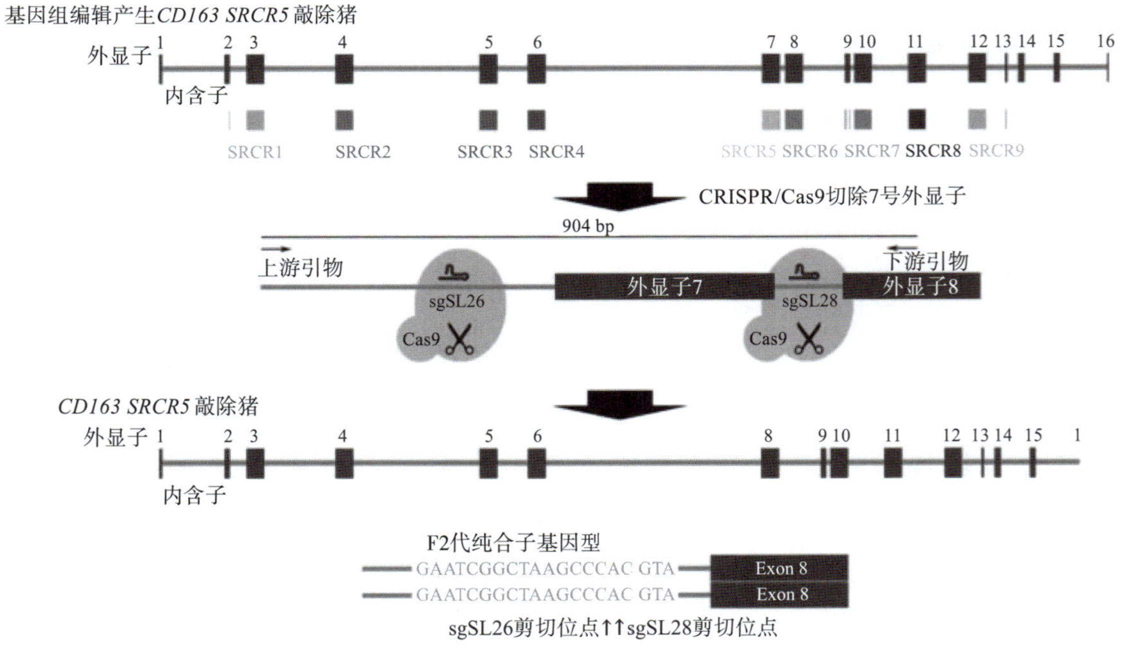

图 5-16 CD163 分子 *Exon7* 基因编辑模式（Burkard 等，2018）

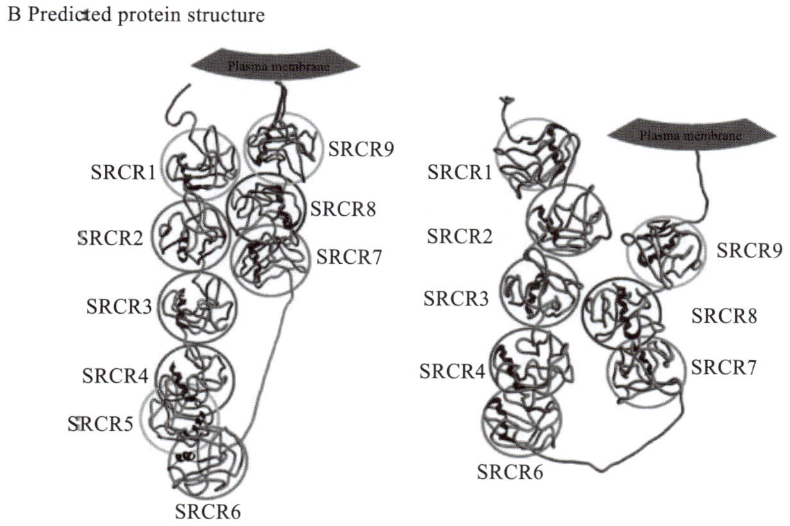

图 5-17 彩图

图 5-17 CD163 分子 *Exon7* 敲除导致 SRCR5 结构域缺失，引起 PRRSV 宿主内增殖失败(Burkard 等，2018)

5.2.2.2 防御素

防御素(defensins)包含一系列由宿主上皮细胞分泌的、用来阻止病原入侵的化学物质，也称为防御肽或抗菌肽。在猪体内，大约发现了有 30 多种防御素(Brogden 等，2003；Sang 等，2009)。防御素之间的结构和抗菌能力差别较大。有些防御素随着炎症反应的增强而增加，有些防御素随着微生物侵袭的增强而增加。防御素的存在为新型抗菌药物的开发提供了无限空间。

5.2.2.3 补体

补体(complement)是一组具有酶原活性的球蛋白，它广泛存在于猪的血清中，性质极不稳定，对温度很敏感。猪血清中的补体由 9 种 12 个血清球蛋白组成，不具有免疫球蛋白的功能和性质，但具有补充抗体的作用。补体 C1 由肠胃上皮细胞合成，C2 和 C4 由巨噬细胞合成，C3 由肝脏的巨噬细胞合成，其他由肝脏及相关组织合成。补体的主要免疫功能是非特异性地除去体内的抗原抗体复合物、衰老损伤病变的细胞及病原物质。同时也可通过吞噬作用、补体诱导的靶细胞溶解作用等引起免疫病理损伤，促发炎症反应。根据激发反应途径的不同，补体系统可以划分为经典反应途径、替代途径等四种不同的反应途径。经典反应途径一般由 IgM、IgG 抗体与抗原组成的复合体激发。替代途径由 IgA 和 IgE 抗体与抗原组成的复合体激发，有时细菌内毒素和受损组织释放的蛋白酶也能激发替代途径补体反应。

补体反应在介导炎症反应控制细菌感染方面发挥重要作用。但同时补体反应的非正常激活也会对动物机体造成严重损伤，这种损伤有时候甚至会危及动物生命。

5.2.2.4 Toll-蛋白受体(TLRs)家族

Toll-蛋白受体(TLRs)是天然免疫的关键组分，是位于细胞表面的一大类细胞因子家族，可与微生物等多种分子结合，例如脂多糖、肽聚糖、双链 RNA 等，在病原入侵早期引起免疫应答，启动免疫反应。Toll 样受体实际上是模式识别受体家族中最为重要的一类，该家族包含

TLR 家族、NOD 家族和 RIG 家族，这些受体在病原入侵的时候共同感知病原体。最典型的是在猪流行性腹泻病毒入侵过程中，RIG-1 蛋白参与了病毒的免疫逃避。研究表明，许多细菌疫苗佐剂通过与 TLR 受体结合，增强了接种引起的免疫应答。在猪中目前已经发现至少 8 种 *TLRs*（Uenishi 等，2009），其类别及功能如表 5-4 所示。

表 5-4　猪体内 TLR 受体的种类、配体及其在免疫反应中的功能（Max 等，2010）

基因名称	染色体定位	配体名称	作用	参考文献
TLR1	8	脂肽	识别革兰氏阳性菌	Uenishi 等，2009
TLR2 *TLR6*	88	肽聚糖、脂磷壁酸、热休克蛋白	增加小肠中 *TLR2* 的表达	Willing 等，2007 Muneta 等，2003
TLR3	15	双链 RNA	增加 IFN-α 的表达，激活病毒免疫	Miller 等，2009
TLR4	1	LPS，热休克蛋白	对革兰氏阴性菌应答	Burkey 等，2009
TLR5， *TLR9*	1013	鞭毛蛋白、CpG DNA	识别特性性 DNA 和蛋白，并做出免疫应答	Burkey 等，2007
TLR6	8	脂肽	识别革兰氏阳性菌并免疫应答	Uenishi 等，2009
TLR7	X	单链 RNA	激活自然杀伤细胞；对病毒免疫应答	Fernandez-Sainz 等，2010
TLR8	X		激活自然杀伤细胞；对病毒免疫应答	Toka 等，2009
TLR9	13	包含有高度非甲基化的 CpG DNA	对细菌和病毒感染做出免疫应答，诱导细胞因子产生	Hasslung 等，2003；Vincent 等，2007；Wikstrom 等，2007；Shimosato 等，2003
TLR10	8			Shinkai 等，2006
NOD1	18	肽聚糖、乳酸菌	诱导促炎细胞因子产生	Tohno 等，2008
NOD2	6	免疫胞壁酰二肽、乳酸菌	诱导促炎细胞因子产生	Tohno 等，2008；Jozaki 等，2009

TLR4 位于猪的 1 号染色体上，由 3 个外显子所编码。它的开放阅读框由 2 526 个核苷酸组成，共编码 841 个氨基酸，其主要功能是识别 LPS。

TLR5 主要识别鞭毛蛋白。

5.2.2.5　细胞因子

细胞因子是由细胞分泌的小分子蛋白质类分子，免疫系统所有的细胞都能分泌某种细胞因子，细胞因子仅作用于有特定受体的细胞，受体的表达调控是调节细胞因子应答的重要机制。细胞因子作为细胞间相互作用的信号分子，能够引起受调控细胞形态和功能的改变进而发挥生物学效应。细胞因子包括Ⅰ型干扰素、肿瘤衰减因子 α、白细胞介素 6、白细胞介素 8 等。

5.2.3　猪固有免疫(先天性免疫)细胞

固有免疫细胞主要包括颗粒细胞和单核吞噬细胞两大类。嗜中性粒细胞、嗜酸性粒细胞、嗜碱性粒细胞、肥大细胞都属于颗粒细胞；单核细胞主要包括巨噬细胞和单核吞噬细胞。此外，自然杀伤细胞和 γδ-T 淋巴细胞也参与固有免疫应答。事实上许多细胞在固有免疫和适应性免疫中都发挥作用。适应性免疫的本质特征是通过机体的记忆性细胞特异性、高效性地激发功能分子，通过提升固有免疫的效率击败二次入侵病原体（图 5-18）。

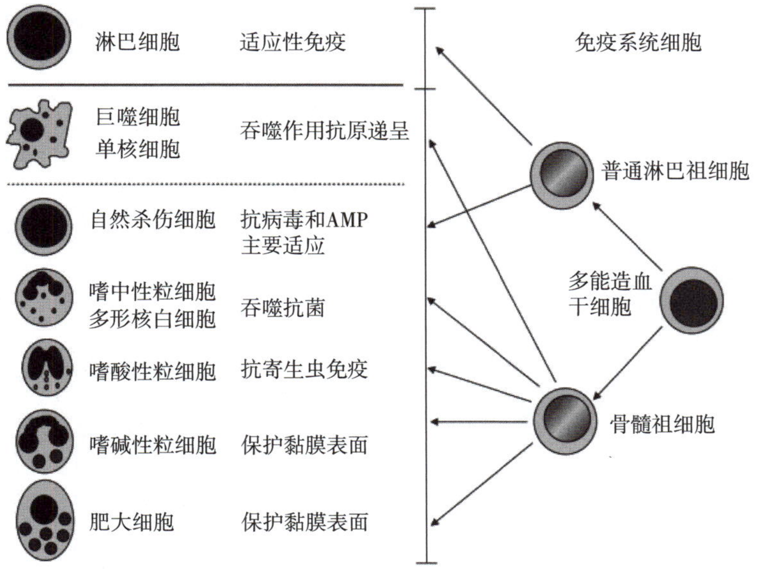

图 5-18　免疫系统中的主要单核细胞的起源、功能与分化（Jeffrey 等，2019）

5.2.3.1　单核吞噬细胞

猪的单核细胞根据表达的细胞因子或细胞标注物的不同，一般划分为两类：粒细胞（PMN）和巨噬细胞（macrophage）。在猪大多数组织中，细胞因子 CD14 广泛表达，其中在单核细胞和组织内的巨噬细胞中表达量最高，在颗粒白细胞中表达量最低。细胞因子 CD16 被认为是单核细胞的细胞标志物，人类、小鼠、猪的单核细胞都表达 CD16。组织中的巨噬细胞（macrophage）和血液中的单核细胞都可以通过吞噬作用清除病原体。单核吞噬细胞（monocyte）主要包括循环单核细胞（circulating monocyte）、组织巨噬细胞（tissue macrophage）、迁移巨噬细胞（migrating macrophage）和树突细胞（dendritic cell）。单核细胞均起源于骨髓中的造血干细胞，然后经过血流迁移到特定的组织中发育成驻组织巨噬细胞。驻组织巨噬细胞一般定位在毛细血管的内表皮，在此俘获和除去来自血液和淋巴结中的外来抗原，充当抗原递呈细胞的角色（APC）。迁移中的巨噬细胞起源于血液中单核细胞，随着血流四处流动，在特定的位置进行特殊的分化，转变成诸如树突细胞、神经胶质细胞、朗格汉斯细胞等。巨噬细胞具有强大的杀菌能力，构成固有免疫的第二道防线。巨噬细胞能够杀死中性粒细胞无法杀灭的病原体。同时作为抗原递呈细胞，巨噬细胞和树突细胞能够通过抗原递呈，诱发机体的获得性免疫，提升 B 细胞的反应效能。猪肺泡巨噬细胞是停留在猪肺内的一种典型巨噬细胞，一般情况下通过吞噬病原体，然后通过呼吸道将病原体以痰的形式排出体外。此外巨噬细胞主要通过淋巴系统以抗原递呈细胞的形式将感染信号传送至淋巴结，诱导产生免疫反应并激活获得性免疫。典型的蓝耳病病毒攻击的就是猪的肺泡巨噬细胞，从而导致患病（图 5-19）。

图 5-19 彩图

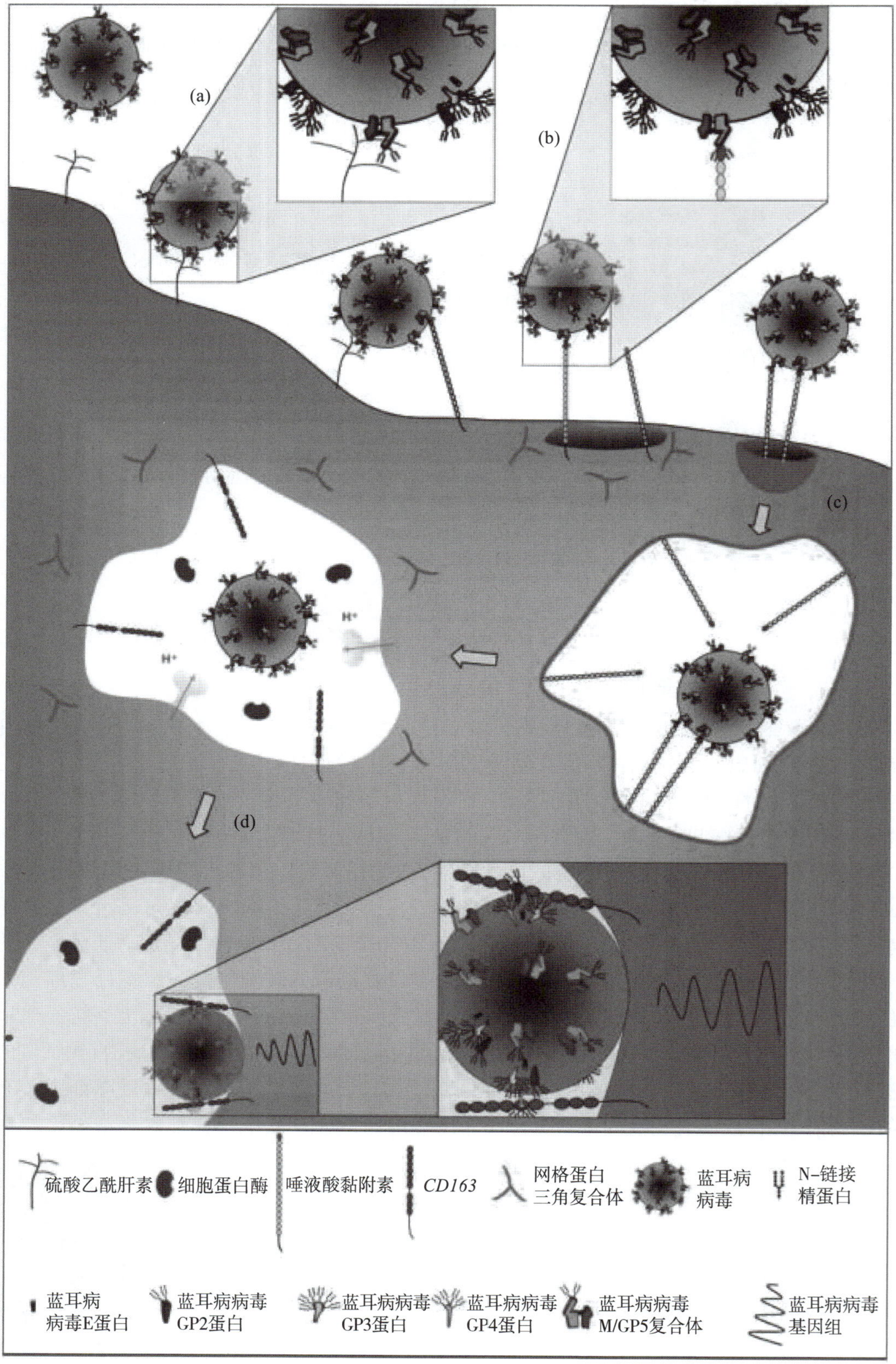

图 5-19　猪蓝耳病病毒侵袭猪肺泡巨噬细胞的途径（Van Breedam 等，2010）

5.2.3.2 多形核粒细胞

多形核粒细胞(granulocyte)也称多形核白细胞(polymorphonuclear leukocyte),来源于骨髓干细胞,参与适应性免疫和固有免疫,在炎症反应中发挥作用,是机体细胞免疫的第一道防线,包含嗜中性粒细胞(neutrophil)、嗜酸性粒细胞(eosinophil)和嗜碱性粒细胞(basophil)。嗜中性粒细胞的主要功能是在趋化因子的引导下到达炎症区域,吞噬病原体,利用细胞质中的大量溶酶体、水解酶、抗菌肽等物质,分解病原体(Sang 等,2009)。中性粒细胞中的蛋白因子可以诱导单核细胞到达炎症位点,参与固有免疫。中性粒细胞杀灭细菌的分子机制主要是依赖于氧化酶系,其抗病毒能力主要依赖于抗体依赖细胞介导的细胞毒性作用。嗜酸性粒细胞具有与中性粒细胞相似的吞噬与消化能力,但其功能更多体现在对入侵宿主或在宿主体内迁移的寄生虫的特异性吞噬和杀灭。同时,在过敏反应过程中也有一定的作用。

5.2.3.3 肥大细胞

肥大细胞(mast cell)主要分布在黏膜或结缔组织中(血液中即嗜碱性粒细胞)。

5.2.3.4 自然杀伤细胞

自然杀伤细胞(NK 细胞)是一种能够杀死多种不同类型有核细胞的淋巴细胞。它的特点是激活迅速,反应快,一般感染 1～2 d 内便会被激活去杀灭受感染的细胞,同时参与获得性免疫反应的激活。猪体内的 NK 细胞与其他物种不太一样,它需要能表达 CD2 体细胞标记的小颗粒淋巴细胞来激活。当有干扰素 γ 和白细胞介素 2 存在的情况下,NK 细胞的活力会增强。NK 细胞是固有免疫的重要效应细胞,但也参与适应性免疫的细胞免疫应答,在抗病毒免疫过程中发挥重要作用。

5.3 猪的获得性免疫应答

猪的获得性免疫,从某种程度上来讲是强调机体在二次对抗原产生快速免疫应答的过程中发挥主要作用的分子及其记忆产生机制。获得性免疫应答是在机体首次遭遇病原入侵后,通过调动相关功能细胞,激活依赖于 RSS 重组而产生具有对抗原特异性免疫应答的效应分子和细胞,该特异性的功能细胞和分子会让机体识别并记忆特异性的病原,当该病原再次入侵机体的时候,机体会快速调动免疫力量对病原进行清除,清除效率高,特异性好,具有高效快速的特点。但首次获得特异能力的过程耗费时间较长,如图 5-20 所示,猪体内获得特异性的免疫力一般要在病原入侵 7 d 以后,7～15 d 达到免疫力高峰。

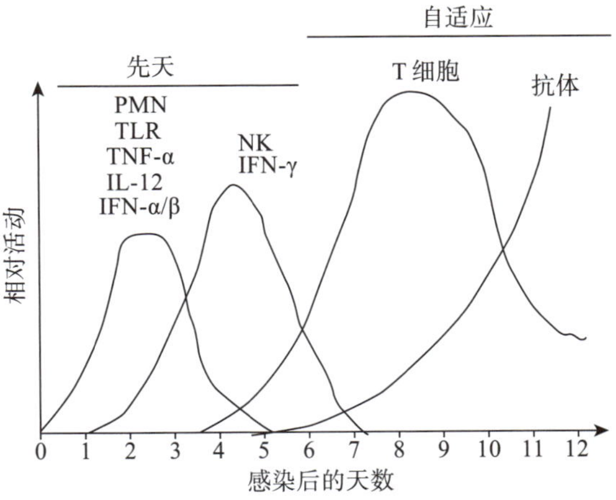

图 5-20 固有免疫与获得性免疫应答时效
(Jeffrey 等,2019)

5.3.1 获得性免疫的概念与细胞群体

B细胞和T细胞及其细胞产物是构成获得性免疫体系的主要组成单元。获得性免疫与固有免疫的最大不同在于获得性免疫首次应答迟缓，一般在感染病原后的10～20 d才发挥作用。但在第二次接触病原的时候，B细胞和T细胞及其产物会对病原迅速产生特异性的免疫反应，在此过程增强固有免疫的清除病原效率。

B细胞和T细胞是构成获得性免疫的重要细胞群体。B细胞和T细胞都可以通过体细胞高突变等机制产生特定的效应分子和细胞类型，当机体二次遭遇特定的抗原分子时，机体可以在记忆性B细胞和T细胞的作用下，特异性地迅速激活固有免疫过程中的效应分子和效应细胞，增强固有免疫的时效性。

猪体内淋巴细胞有自己物种的独特之处。猪血液中淋巴细胞的数量普遍高于其他哺乳动物。虽然猪体内T淋巴细胞的分类与其他哺乳类相似，主要包括αβT细胞和γδT细胞两类，但是仔猪血液中淋巴细胞的亚型更多。其中αβT细胞有3个特殊之处：第一，猪外周血中的T细胞至少有25%的细胞同时表达CD4和CD8抗原，而人和小鼠通常只表达其中的一种抗原。第二，猪体内CD4+细胞与CD8+细胞的比率为0.6，与其他物种T细胞的比率显著不同，第三，静息期的CD8+细胞表面还表达MHCⅡ类抗原。

γδT细胞主要分布在黏膜表面，尤其是内消化道表面，在小肠表皮黏膜免疫过程中发挥重要作用。γδT细胞在小肠接触抗原分化，通过淋巴与血液中的循环成熟返回小肠发挥作用。获得性免疫主要功能分子遗传多样性机制见表5-5。

表5-5 获得性免疫主要功能分子遗传多样性机制

获得性免疫主要功能分子	特异性来源		多样性起源		
	原始种系	体细胞	重排	体细胞高突变	多基因
B细胞受体	−	+	+	+	+
T细胞受体	−	+	+	−	+
Ⅰ类主要组织相容性复合体	+	−	−	−	+
Ⅱ类主要组织相容性复合体	+	−	−	−	+
非典型主要组织相容性复合体	+	−	−	−	+ −

5.3.2 猪获得性免疫的主要分子

获得性免疫的分子主要包括以BCR、TCR、MHC等依赖于RSS重组信号产生的特异性分子。这些分子通过特异性迅速激活调动固有免疫体系细胞和分子，通过提升固有免疫识别和清除抗原的能力来展示获得性免疫的效果，如图5-21所示，该类分子的多样性机制除了数量庞大的胚系基因外，还存在包括体细胞高突变（somatic hypermutation，SHM）、类别转换重组（class switch recombination，CSR）、基因转换（gene conversation，GC）等，在此不再赘述。

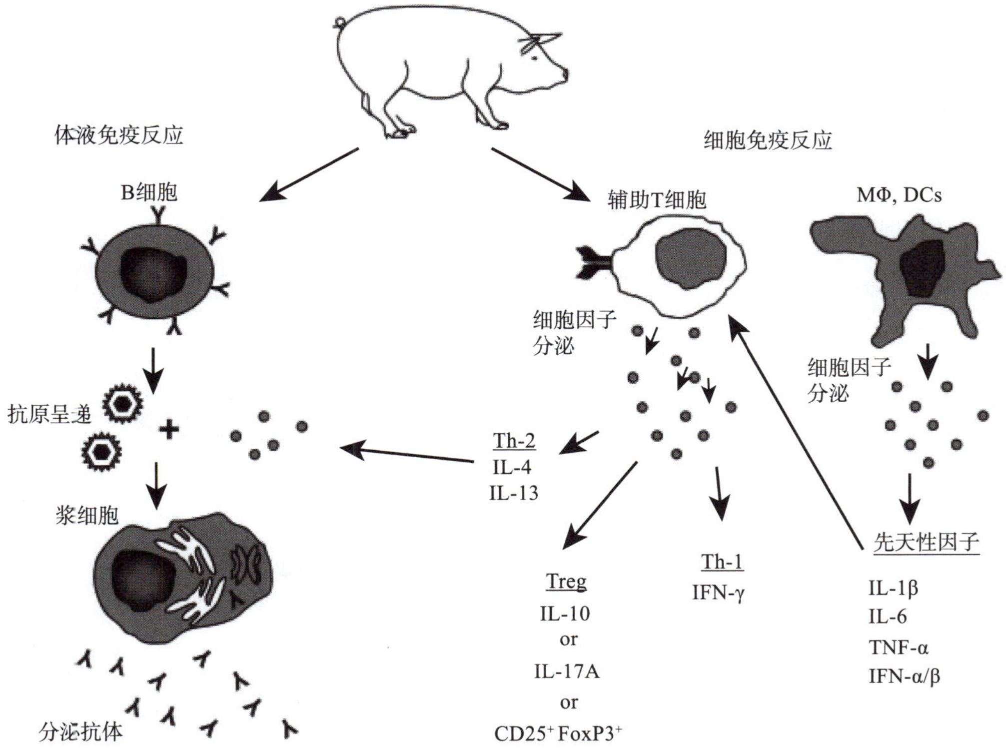

图 5-21 依赖于 T 细胞和 B 细胞的猪获得性免疫体系的激活(Jeffrey 等,2019)

5.3.3 猪获得性免疫细胞的分类与成熟

B 细胞和 T 细胞是猪体内行使获得性免疫机制的主要细胞。主要表现在初次受抗原刺激的时候免疫应答所需要的时间较长,第二次遭遇抗原的时候特异性免疫应答迅速。同时还表现在二次应答时激活固有免疫系统的效率更高,活力更强,比如可以快速激活 NK 细胞等固有免疫细胞。猪的 B 细胞和 T 细胞的分类和成熟都涉及一系列细胞标志物的表达与分泌。

其中 B 细胞的发育起源于骨髓干细胞,先后经历造血干细胞、原 B 细胞、前 B 细胞、待成熟 B 细胞和成熟 B 细胞几个准备阶段,在转变成为成熟 B 细胞后,经过淋巴循环和与抗原的接触,B 细胞会在生发中心进行有 AID 驱动的类别转换重组和体细胞高突变,进而分化成具有抵抗特定抗原的记忆性 B 细胞,并分泌表达特定的抗体分子,成为浆细胞(图 5-22)。

T 细胞的种类特别多,主要可以分为表达 αβ 链的 T 细胞和表达 γδ 链的 T 细胞。根据品种的不一样,不同的 T 细胞类型表达的细胞因子不同,行使的功能也有一定差异。比如在部分猪的 γδT 细胞,不具有在淋巴组织和血液组织中的循环能力,不具有 NK 细胞的活力,但却可以表达 CD8-α 和 SLA Ⅱ 分子,具有潜在的抗原递呈能力。

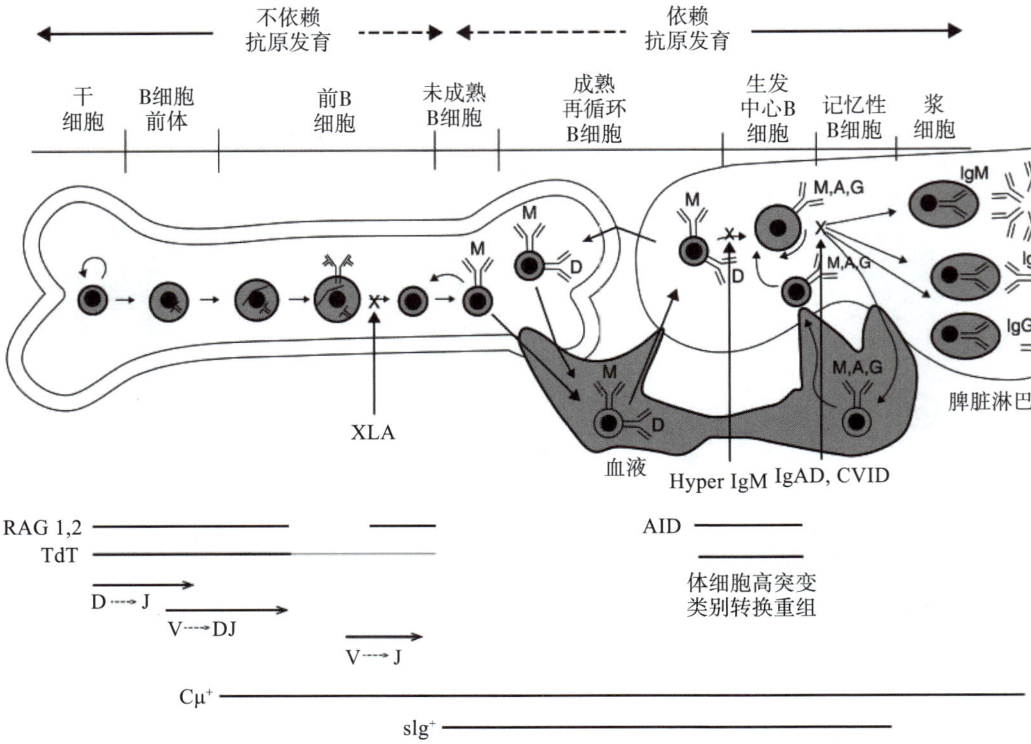

图 5-22　B 细胞的发育与抗体的表达(Jeffrey 等,2019)

5.3.4　获得性免疫的主要分子机制(猪体内)

获得性免疫的分子机制主要是通过淋巴细胞循环、细胞介导的抗原递呈、细胞的特异性筛选与克隆增殖、记忆性细胞的储存与激活等机制来行使特异性快速应答的过程。其过程与人和小鼠体内的获得性免疫分子机制相似。刚出生的仔猪几乎没有血清抗体,仔猪通过吸收初乳获得抗体。母猪初乳中 IgG3 和 IgA 的含量是血清中的 3～4 倍。初乳中 IgM 的含量与血清中相当。在初乳停止后,乳液中 IgG 的含量只有原先的 1/5。从 3 日龄到哺乳期结束这段时间内,母乳中含量最高的免疫球蛋白分子是 IgA。泌乳期间乳液中的免疫球蛋白主要在乳腺中合成,但初乳中的抗体主要来源于血清。新生仔猪中主要的三种免疫球蛋白分子(IgM、IgG 和 IgA)是通过吸收母猪的初乳获得。但 IgA 的吸收效率要低于其他几种抗体,原因在于血清中 IgA 以二聚体的形式存在,缺少单体。

淋巴细胞循环是淋巴细胞在淋巴组织和血液组织中的穿梭成熟过程,猪特异性的反向淋巴结结构为淋巴细胞在血液中接触识别抗原到进入淋巴组织成熟诱导免疫反应提供了基础。淋巴细胞主要在骨髓中发育,在外周淋巴组织中成熟。其中 T 淋巴细胞主要在胸腺中成熟,而 B 淋巴细胞主要在二级淋巴组织如淋巴结中成熟(图 5-23)。

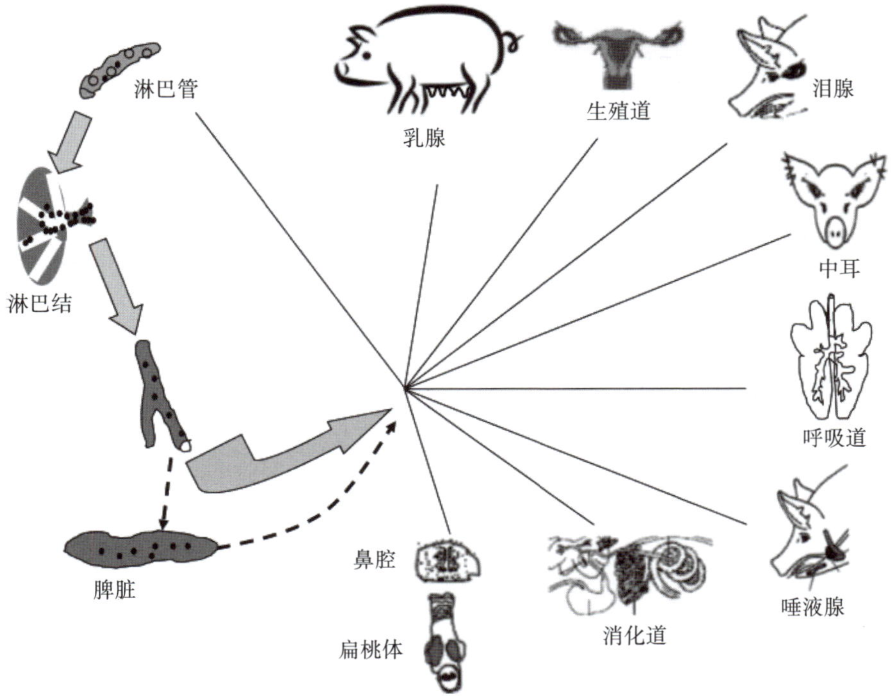

图 5-23 淋巴循环与猪的黏膜免疫组织（Jeffrey 等，2019）

5.4 病毒逃逸宿主免疫的机制

病毒逃逸宿主免疫的核心机理主要在于病毒基因组的突变概率远远高于宿主的突变概率。当宿主在面对一般病原菌侵袭的时候，宿主往往可以通过体细胞高突变、基因重排等机制产生适应大更强的获得性免疫机制来应对并击败病原菌的侵袭，然而对于病毒性疾病来说，由于病毒基因组的突变速率远远高于宿主，宿主能够采用的应对办法主要是依赖于先天性免疫或者经过疫苗免疫或自然免疫而产生病毒特异性的抗体来应对。

但还有一些情况就是机体面对病毒的攻击没有获得有效的适应性免疫之前，生命就已经终结，先天性免疫自身不能有效抵挡病毒的进攻，原因在于病毒通过其长期进化形成的独特的分子特点，有效逃逸了宿主免疫体系的攻击，使得宿主不能通过固有免疫体系激发适应性免疫的建立，导致免疫失败。这类病毒性疾病往往给宿主群体造成重大损伤。下面就个别在养猪业中影响较大的病毒性疾病的致病机理进行阐述。

5.4.1 流行性腹泻综合征病毒

猪流行性腹泻是由猪流行性腹泻病毒引起一种烈性传染病，引起该病的病毒为 δ 型冠状病毒，属于一种双链 RNA 病毒。正常情况下，猪流行性腹泻病毒通过猪 APN 细胞上的受体感染猪，在细胞浆中，病毒释放病毒基因组 RNA，然后起始反转录和复制过程，在这个过程中 RNA 能够被猪细胞质中存在的内源性的核酸探测器感知到，进而诱导 Ⅰ 型干扰素反应来摧毁外源核酸。其中 RIG Ⅰ 是 Ⅰ 型干扰素反应所必须的。E3 泛素连接酶 Riplet 能够通过 K63 连接的泛素化来激活 RIG Ⅰ，进而激活 JAK-STAT 信号通路，诱导产生相关干扰反应。然而 Likai 等(2019)研究表明，在由猪 delta 型冠状病毒 Porcine delta coronavirus (PDCoV)引起的严重仔猪流行性腹泻综合征中，该冠状病毒就是通过该病毒在宿主细胞内翻译表达的核衣壳蛋白 N 直接结合宿主细胞内 RIG-Ⅰ蛋白，从而阻断 RIG-Ⅰ蛋白与病毒双链 RNA 的结合，同时通过干扰 Riplet 蛋白，进而阻断 RIG-Ⅰ蛋白的泛素化，而该泛素化依赖于 K63 蛋白(图 5-24)。通过该种机制，使得宿主免疫体系的干扰反应失败，进而逃逸宿主免疫体系的攻击(Likai 等，2019)。基于以上对病毒入侵及逃避宿主免疫系统攻击上认识，国际上多个研究团队通过动物基因编辑技术取得了 pAPN 敲除的转基因猪材料，实验证明在对 pAPN 进行基因编辑后获得的转基因克隆猪具有抵抗流行性腹泻病毒侵袭的能力，显著降低仔猪死亡率。2018 年来自安徽农业大学的张云海团队在转基因重大专项的资助下，获得了 pAPN 位点专一性编辑的转基因克隆猪，为我国猪的分子育种提供了新的材料和技术储备。

图 5-24 彩图

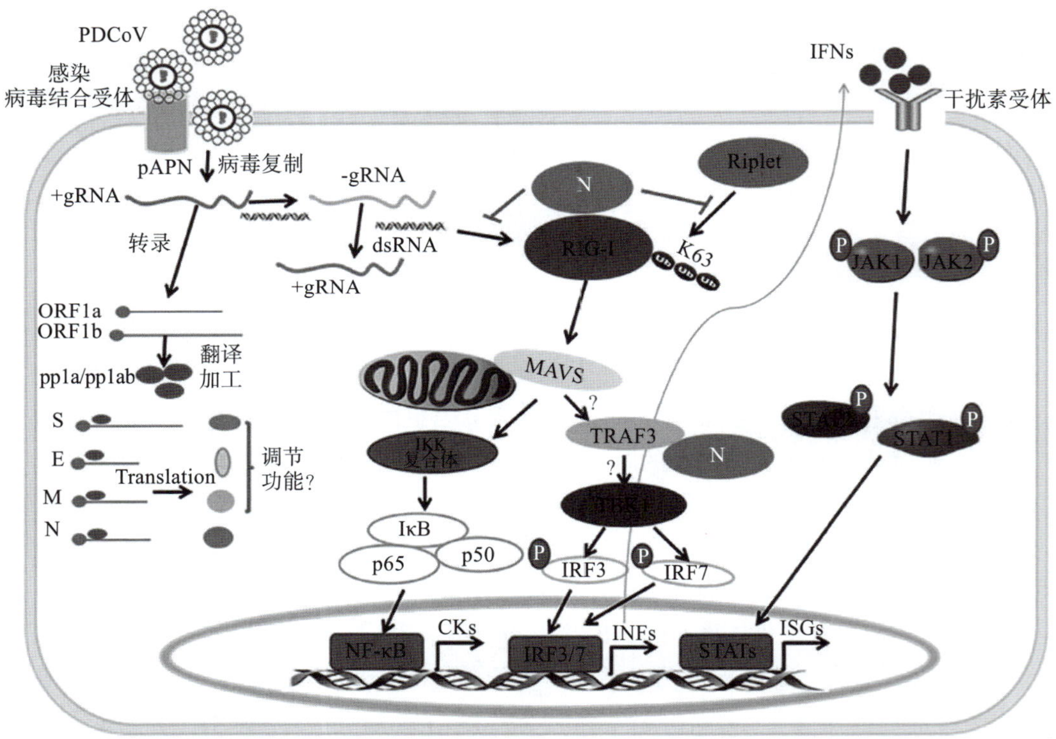

图 5-24 猪流行性腹泻冠状病毒逃避宿主免疫攻击分子机制示意图(Likai 等，2019)

5.4.2 蓝耳病病毒

蓝耳病又称为猪繁殖与呼吸障碍综合征，是由猪繁殖与呼吸障碍综合征病毒(porcine reproductive and respiratory syndrome virus，PRRSV)引起的烈性传染病。1987 年该病最早在美国发现，长期以来没有合适的疫苗用来控制它的流行和暴发。2005 年以来，高致病性毒株在中国的流行导致了生猪产业的巨大损失。蓝耳病病毒是一种典型的正链 RNA 病毒，由核蛋白所包被，外层由磷脂双分子层构成。病毒包膜包含有 6 种结构蛋白，分别是小包膜蛋白

E、跨膜蛋白 M 和 4 种氨基末端糖基化的糖蛋白 GP2、GP3、GP4 和 GP5。目前研究表明，蓝耳病病毒在猪体内靶标细胞范围非常有限，主要通过攻击猪肺部的驻肺巨噬细胞引起一系列下游的病理反应。通常情况下，蓝耳病毒首先通过黏附于驻肺巨噬细胞表面的硫酸乙酰肝素分子上，然后通过 M/GP5 糖蛋白结合到唾液酸黏附蛋白受体上形成病毒颗粒-唾液酸黏附蛋白复合体，然后进一步通过内涵素介导的胞吞作用进入到巨噬细胞内部。在巨噬细胞内部，在 GP2、GP4、细胞蛋白酶、CD163 等分子的作用下，病毒衣壳蛋白解体并释放出病毒 RNA，开始借助宿主细胞的转录翻译体系，加工新的病毒颗粒(图 5-25)(Van Breedam 等，2010)。在此过程中 CD163 分子是 PRRSV 入侵的关键受体(Welch 等，2010；Whitworth 等，2014)。基于以上模型，来自中国、苏格兰、美国等地的科学家先后在细胞水平、个体水平通过基因定点编辑技术，敲除了 CD163 分子或敲除 CD163 分子的第五个结构域，培育出一批具有抵抗蓝耳病病毒侵袭的基因编辑猪品系(Whitworth 等，2014；Wells 等，2017；Burkard 等，2018；Yang 等，2018)。值得庆贺的是，2019 年 9 月份，来自中国农业科学院畜牧兽医研究所李奎教授的团队联合华中农业大学、加拿大圭尔夫大学的研究人员，通过基因编辑技术和再克隆技术，获得 *CD163* 和 *pAPN* 双基因编辑猪(图 5-26)。

图 5-25 彩图

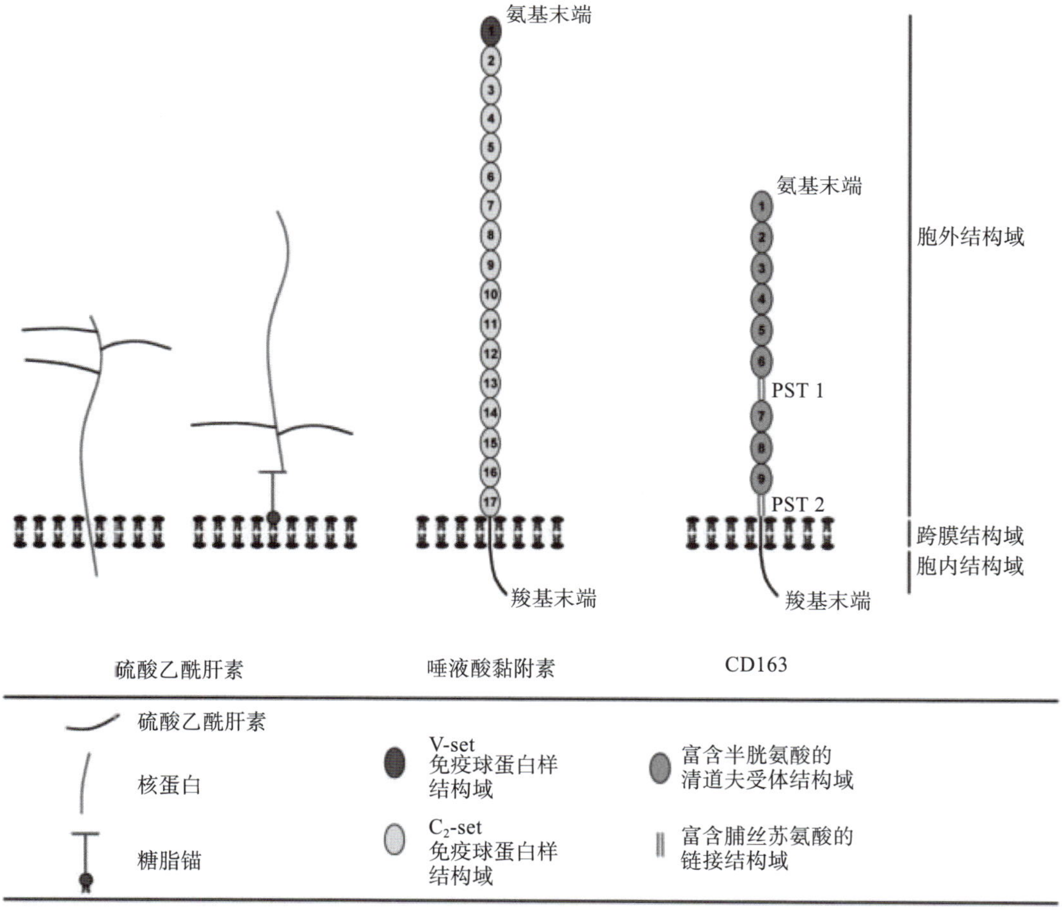

图 5-25 蓝耳病病毒入侵宿主过程中发挥作用的关键分子示意图(Van Breedam 等，2010)

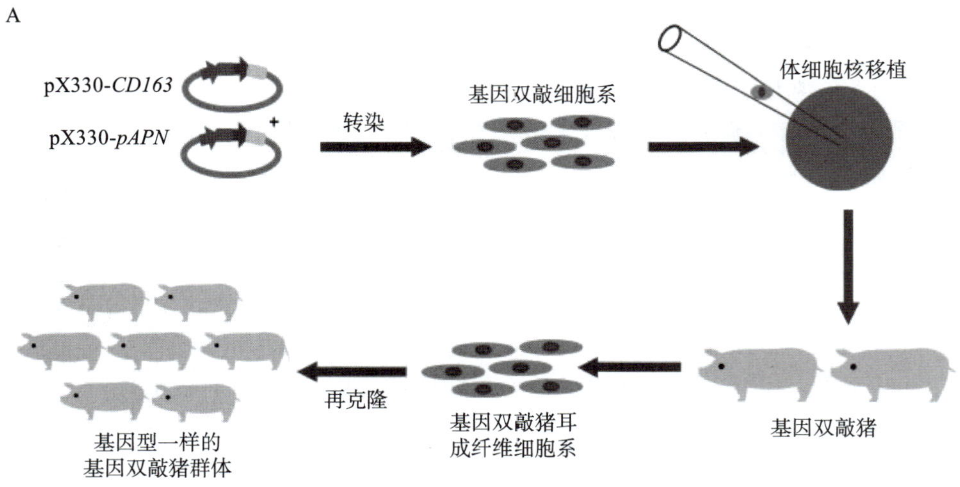

图 5-26　CD163 与 pAPN 同时敲除的转基因克隆猪技术流程(Xu 等,2020)

在世界上首次获得采用基因编辑技术同时对 *CD163* 基因第 7 外显子和 *pAPN* 基因第 2 外显子进行编辑,使病毒受体 CD163 和 pAPN 蛋白失活,该猪能够完全抵御猪繁殖与呼吸障碍综合征病毒、猪传染性胃肠炎病毒的感染,同时显著降低猪德尔塔冠状病毒的感染,同时保持正常生产性能指标(Xu 等,2020)。这标志着改革开放以来尤其是 2008 年启动转基因重大专项以来我国在动物分子育种领域的巨大突破。

5.5　通城猪具有显著的抗蓝耳病特性

通城猪主要分布在湖北省通城县附近,是我国典型的地方猪品种。在标准分类上与沙子岭猪、监利猪、赣西两头乌猪及东山猪同属于华中两头乌猪,即头颈部、臀部及尾部为黑色,躯干和四肢为白色。2006 年在江西暴发的高致病性猪繁殖与呼吸障碍综合征(highly pathogenic porcine reproductive and respiratory syndrome,HP-PRRS,简称蓝耳病)迅速肆虐全国,给我国养猪业及世界养猪业造成巨大损失。然而在这次蓝耳病肆虐期间,通城县的通城猪表现出优越的抗病能力,无一头通城猪因猪蓝耳病病毒导致死亡。通过对通城猪与大白猪病毒攻毒实验发现,相对于大白猪,通城猪体内病毒滴度上升较慢,临床症状和肺部炎症较轻。通城猪体内攻毒后引起免疫抑制的免疫抑制因子 IL-10 表达量较低,具有抗病毒作用的白细胞介素 γ(IFN-γ)表达量较高,表明通城猪对于高致病性猪繁殖与呼吸障碍综合征病毒(highly pathogenic porcine reproductive and respiratory syndrome virus,HP-PRRSV)具有特异性的抵抗作用。而大白猪则表现出明显的免疫抑制作用,并引发急性损伤因子 TNF-α、IL-1 和 IL-6 的迅速升高,导致大白猪的组织损伤(刘榜,2017)。由于国内地方品种保种的落后,很多地方品种已经灭绝或濒临灭绝。而国外商品猪则存在二元、三元甚至多元杂交。因时间所限,把不同品种猪对病毒的感染性差异作为未来的猪育种过程中的一个巨大阵地,留到未来研究。

本章参考文献

刘榜. 2017. 通城猪抗蓝耳病的遗传基础研究进展. 现代牧业, 1(1): 4.

Brogden K A, Ackermann M, McCray Jr P B, et al. 2003. Antimicrobial peptides in animals and their role in host defences. Int J Antimicrob Agents, 22(5): 465-478.

Burkard C, Opriessnig T, Mileham T A J, et al. 2018. Pigs Lacking the Scavenger Receptor Cysteine-Rich Domain 5 of CD163 Are Resistant to Porcine Reproductive and Respiratory Syndrome Virus 1 Infection. J Virol, 92(16).

Burkey T E, Skjolaas K A, Dritz S S, et al. 2007. Expression of Toll-like receptors, interleukin 8, macrophage migration inhibitory factor, and osteopontin in tissues from pigs challenged with Salmonella enterica serovar Typhimurium or serovar Choleraesuis. Vet Immunol Immunopathol, 115(3-4): 309-319.

Burkey T E, Skjolaas K A, Dritz S S, et al. 2009. Expression of porcine Toll-like receptor 2, 4 and 9 gene transcripts in the presence of lipopolysaccharide and Salmonella enterica serovars Typhimurium and Choleraesuis. Vet Immunol Immunopathol, 130(1-2): 96-101.

Butler J E, Sun J, Kacskovics I, et al. 1996. The VH and CH immunoglobulin genes of swine: implications for repertoire development. Vet Immunol Immunopathol, 54(1-4): 7-17.

Butler J E, Sun J, Navarro P. 1996. The swine Ig heavy chain locus has a single JH and no identifiable IgD. Int Immunol, 8(12): 1897-1904.

Butler J E, Wertz N. 2012. The porcine antibody repertoire: variations on the textbook theme. Front Immunol, 3: 153.

Butler J E, Wertz N, Deschacht N, et al. 2009. Porcine IgG: structure, genetics, and evolution. Immunogenetics, 61(3): 209-230.

Butler J E, Wertz N, Sinkora M. 2017. Antibody Repertoire Development in Swine. Annu Rev Anim Biosci, 5: 255-279.

Butler J E, Wertz N, Sun J, et al. 2004. Antibody repertoire development in fetal and neonatal pigs. VII. Characterization of the preimmune kappa light chain repertoire. J Immunol, 173(11): 6794-6805.

Eguchi-Ogawa T, Toki D, Uenishi H. 2009. Genomic structure of the whole D-J-C clusters and the upstream region coding V segments of the TRB locus in pig. Dev Comp Immunol, 33(10): 1111-1119.

Eguchi-Ogawa T, Wertz N, Sun X Z, et al. 2010. Antibody repertoire development in fetal and neonatal piglets. XI. The relationship of variable heavy chain gene usage and the genomic organization of the variable heavy chain locus. J Immunol, 184(7): 3734-3742.

Fernandez-Sainz I, Gladue D P, Holinka L G, et al. 2010. Mutations in classical swine fever virus NS4B affect virulence in swine. J Virol, 84(3): 1536-1549.

Hammer S E, Ho C S, Ando A, et al. 2020. Importance of the Major Histocompatibility Complex (Swine Leukocyte Antigen) in Swine Health and Biomedical Research. Annu Rev Anim Biosci, 8: 171-198.

Hiraiwa H, Uenishi H, Kiuchi S, et al. 2001. Assignment of T cell receptor (TCR) alpha-chain gene (A), beta-chain gene (B), gamma-chain gene (G), and delta-chain gene (D) loci on swine chromosomes by in situ hybridization and radiation hybrid mapping. Cytogenet Cell Genet, 93(1-2): 94-99.

Jeffrey J Z, Locke A K, Alejandro R, et al. 2019. Diseases of Swine, 11ed. Diseases of Swine Immune System.

Jozaki K, Shinkai H, Tanaka-Matsuda M, et al. 2009. Influence of polymorphisms in porcine NOD2 on ligand recognition. Mol Immunol, 47(2-3): 247-252.

Likai J, Shasha L, Wenxian Z, et al. 2019. Porcine Deltacoronavirus Nucleocapsid Protein Suppressed

IFN-beta Production by Interfering Porcine RIG-I dsRNA-Binding and K63-Linked Polyubiquitination. Front Immunol, 10:1024.

Liu Z Z, Xia J H, Xin L L, et al. 2015. Swine leukocyte antigen class II genes (SLA-DRA, SLA-DRB1, SLA-DQA, SLA-DQB1) polymorphism and genotyping in Guizhou minipigs. Genet Mol Res, 14(4): 15256-15266.

Lunney J K, Ho C S, Wysocki M, et al. 2009. Molecular genetics of the swine major histocompatibility complex, the SLA complex. Dev Comp Immunol, 33(3):362-374.

Max F, Rothschild A R. 2010. The Genetics of the Pig 2nd Edition. chapter 6.

Miller D M, Thornley T B, Pearson T, et al. 2009. TLR agonists prevent the establishment of allogeneic hematopoietic chimerism in mice treated with costimulation blockade. J Immunol, 182(9):5547-5559.

Muneta Y, Uenishi H, Kikuma R, et al. 2003. Porcine TLR2 and TLR6: identification and their involvement in Mycoplasma hyopneumoniae infection. J Interferon Cytokine Res, 23(10):583-590.

Pedersen L E, Jungersen G, Sorensen M R, et al. 2014. Swine Leukocyte Antigen (SLA) class I allele typing of Danish swine herds and identification of commonly occurring haplotypes using sequence specific low and high resolution primers. Vet Immunol Immunopathol, 162(3-4):108-116.

Roe J M, Patel D, Morgan K L. 1993. Isolation of porcine IgE, and preparation of polyclonal antisera. Vet Immunol Immunopathol, 37(2):83-97.

Sang Y, Blecha F. 2009. Porcine host defense peptides: expanding repertoire and functions. Dev Comp Immunol, 33(3):334-343.

Schwartz J C, Lefranc M P, Murtaugh M P. 2012. Evolution of the porcine (Sus scrofa domestica) immunoglobulin kappa locus through germline gene conversion. Immunogenetics, 64(4):303-311.

Schwartz J C, Lefranc M P, Murtaugh M P. 2012. Organization, complexity and allelic diversity of the porcine (Sus scrofa domestica) immunoglobulin lambda locus. Immunogenetics, 64(5):399-407.

Shimosato T, Kitazawa H, Katoh S, et al. 2003. Swine Toll-like receptor 9(1) recognizes CpG motifs of human cell stimulant. Biochim Biophys Acta, 1627(1):56-61.

Sun J, Hayward C, Shinde R, et al. 1998. Antibody repertoire development in fetal and neonatal piglets. I. Four VH genes account for 80 percent of VH usage during 84 days of fetal life. J Immunol, 161(9): 5070-5078.

Sun J, Kacskovics I, Brown W R, et al. 1994. Expressed swine VH genes belong to a small VH gene family homologous to human VHIII. J Immunol, 153(12):5618-5627.

Tohno M, Shimazu T, Aso H, et al. 2008. Molecular cloning and functional characterization of porcine nucleotide-binding oligomerization domain-1 (NOD1) recognizing minimum agonists, meso-diaminopimelic acid and meso-lanthionine. Mol Immunol, 45(6):1807-1817.

Tohno M, Ueda W, Azuma Y, et al. 2008. Molecular cloning and functional characterization of porcine nucleotide-binding oligomerization domain-2 (NOD2). Mol Immunol, 45(1):194-203.

Toka F N, Nfon C K, Dawson H, et al. 2009. Accessory-cell-mediated activation of porcine NK cells by toll-like receptor 7 (TLR7) and TLR8 agonists. Clin Vaccine Immunol, 16(6):866-878.

Uenishi H, Hiraiwa H, Yamamoto R, et al. 2003. Genomic structure around joining segments and constant regions of swine T-cell receptor alpha/delta (TRA/TRD) locus. Immunology, 109(4):515-526.

Uenishi H, Shinkai H. 2009. Porcine Toll-like receptors: the front line of pathogen monitoring and possible implications for disease resistance. Dev Comp Immunol, 33(3):353-361.

Uenishi H, Eguchi-Ogawa T, Toki D, et al. 2009. Genomic sequence encoding diversity segments of the pig TCR delta chain gene demonstrates productivity of highly diversified repertoire. Mol Immunol, 46(6):

1212-1221.

Van Breedam W, Delputte P L, Van Gorp H, et al. 2010. Porcine reproductive and respiratory syndrome virus entry into the porcine macrophage. J Gen Virol, 91(7):1659-1667.

Vincent I E, Balmelli C, Meehan B, et al. 2007. Silencing of natural interferon producing cell activation by porcine circovirus type 2 DNA. Immunology, 120(1):47-56.

Welch S K, Calvert J G. 2010. A brief review of CD163 and its role in PRRSV infection. Virus Res, 154 (1-2):98-103.

Wells K D, Bardot R, Whitworth K M, et al. 2017. Replacement of Porcine CD163 Scavenger Receptor Cysteine-Rich Domain 5 with a CD163-Like Homolog Confers Resistance of Pigs to Genotype 1 but Not Genotype 2 Porcine Reproductive and Respiratory Syndrome Virus. J Virol, 91(2).

Whitworth K M, Lee K, Benne J A, et al. 2014. Use of the CRISPR/Cas9 system to produce genetically engineered pigs from in vitro-derived oocytes and embryos. Biol Reprod, 91(3):78.

Wikstrom F H, Meehan B M, Berg M, et al. 2007. Structure-dependent modulation of alpha interferon production by porcine circovirus 2 oligodeoxyribonucleotide and CpG DNAs in porcine peripheral blood mononuclear cells. J Virol, 81(10):4919-4927.

Willing B P, Van Kessel A G. 2007. Enterocyte proliferation and apoptosis in the caudal small intestine is influenced by the composition of colonizing commensal bacteria in the neonatal gnotobiotic pig. J Anim Sci, 85 (12):3256-3266.

Xu K, Zhou Y, Mu Y, et al. 2020. CD163 and pAPN double-knockout pigs are resistant to PRRSV and TGEV and exhibit decreased susceptibility to PDCoV while maintaining normal production performance. Elife, 9.

Yang H, Zhang J, Zhang X, et al. 2018. CD163 knockout pigs are fully resistant to highly pathogenic porcine reproductive and respiratory syndrome virus. Antiviral Res, 151:63-70.

Zhao Y, Kacskovics I, Pan Q, et al. 2002. Artiodactyl IgD: the missing link. J Immunol, 169(8):4408-4416.

第6章 猪抗病基因的功能基因组研究

【本章提要】 抗病育种是猪病综合防控的重要环节。自然和人工选择不断促使形成猪抗病新品种（品系），猪的抗病育种研究也是当前国内外学者高度关注的领域。本章从猪各类抗病性状的遗传特性出发，首先介绍猪抗病育种研究的传统方法和新的研究思路，随后重点关注不同抗病性状致因/候选基因的筛查、鉴定和应用情况，为猪抗病基因的研究和抗病育种提供参考。

6.1 猪抗病性状的遗传特性

猪的疾病种类繁多，致病机理也较为复杂。研究人员一般将畜禽的抗病性解析为广义抗病性和狭义抗病性两个层次。广义的抗病性是指个体对各种不良环境的抵抗能力，包括机体所不适应的环境温度、湿度、海拔等，也包括不良的饲养管理和各类疾病的入侵等。而狭义的抗病性专指机体对疾病（细菌、真菌、病毒、寄生虫等）的抵抗能力（张杰，2017），这也是本章主要讨论的问题。所谓的“疾病抵抗能力”是一种综合的复杂性状，个体或者群体的疾病抵抗水平是由遗传、环境等多方面因素共同作用的结果。在遗传层面，绝大部分疾病的发生都在一定程度上受到遗传因素的影响，根据其遗传基础的差异，可将不同的抗病性状分为特殊抗病力和一般抗病力性状。特殊抗病力是指机体对某一特定疾病或病原体的抗性，这一抗性主要受一个或者少数主效基因控制，即宿主体内存在或缺失某种特定的分子或者其受体将很大程度决定个体是否发病，其他微效位点和环境因素的影响较为有限。这类功能位点也是目前猪抗病基因功能基因组研究较为明晰的部分，将在下文对主要功能基因进行详细介绍。一般抗病力不限于某种特别的病原体，其抗原性差异对一般抗病力影响较小，是受多基因和环境因素的综合影响，这种抗病力体现了机体对疾病的整体防御功能，如免疫系统对抗原的免疫应答反应。猪的抗病性状通常是复杂的，机体免疫调控一般涉及多个生物学过程，因此在实际研究中，通常只能使用抗病性状间接的表型，即对抗病力的指示性状（例如各类免疫指标）开展遗传学的分析和育种选择（王超等，2014）。

为了比较遗传因素在不同抗病性状的重要性占比，通常个体抗病能力受遗传因素影响的程度可以用遗传力（heritability）来进行表征和评价。遗传力是指遗传方差在总方差（表型方差）中所占的比值。绝大部分抗病性状均属于数量性状，服从“主基因-微效多基因”模型，一方面受到环境因素的影响很大，另外，抗病指示性状通常也只是替代表型，无法直接建立遗传因素与疾病的因果关联，因此抗病类性状遗传力的估算存在一定偏差。目前，与抗病力有关的免疫指标或性状的遗传参数估计已有不少研究。王超等系统总结了相关报道的结果（王超等，2014）：Rothschild 等（1984）用支气管败血巴氏杆菌商品疫苗和伪狂犬病毒疫苗进行接种，其免疫应答呈低到中等遗传力（0.05～0.52）；Kennedy 等（1980）估计猪萎缩性鼻炎指标的遗传力为 0.12；Rothschild 等（1984）对猪萎缩性鼻炎的遗传力的估计值分布范围为 0.12～

0.15；伪狂犬病病毒抗体滴度的遗传力估计值为 0.18；Edfors-Lilja 等（2000）通过 124 头大约克夏猪的免疫数据分析发现，多形核白细胞总数的遗传力高达 0.87，丝裂原诱导的单核细胞增殖和 IL-2 等多个细胞因子的遗传力为 0.3～0.4，达到中等水平遗传力，但干扰素 α 的遗传力只有 0.08；Przytulski 等（1980）对猪的螺旋体抗病力估计为 0.20～0.21；Edfors-Lijia 等（1994）通过对 19 头大白公猪和 55 头大白母猪的 220 头 8 周龄仔猪一些免疫指标进行测定，发现颗粒细胞数的遗传力最高（0.87±0.41），颗粒细胞的吞噬功能、丝裂原刺激淋巴细胞转化数 IL-2 生成和总白细胞数的遗传力处于中等水平（0.3～0.4），总淋巴细胞数、血清中总的 Ig 和 IFN-α 产生的遗传力较低 [（0～0.08）±0.12]。

综合目前多数研究结果来看，多数抗病相关指标的遗传力估计值都相对较低。这反映出猪的抗病力多属中低遗传力性状，仅从基因组层面解析抗病性状遗传机制难度较大，这也说明大部分抗病性状利用常规育种手段较难对抗病力实施高效的遗传改良，需要结合新型分子生物学，多组学数据和大规模的新型基因编辑手段进行进一步研究。

6.2 猪抗病基因的研究方法与进展

6.2.1 基因组连锁和关联分析

根据不同性状遗传结构的差异，抗病性状基因研究主要包括候选基因法和基因组扫描。其中，候选基因法适用于加性效应较大的、功能较为明确的基因的研究，它们的功能大多已经过实验验证并应用于育种实践，但是这类基因数量有限，本书将在 6.3 节进行详细阐述。而基因组扫描适用对象范围较广，定位的主要研究思路是首先判定是否存在主效数量性状基因座（quantitative trait locus，QTL），然后利用质量性状的研究思路去寻找主效 QTL 内部的主效基因和致因突变，分析过程中还要采用严谨的研究方案和适合、准确的统计模型来校正各种其他因素带来的协方差。现在基因组扫描的主要方法是基于连锁不平衡的原理（linkage disequilibrium）的连锁分析（linkage analysis，LA）和全基因组关联分析（genome-wide association study，GWAS）。

连锁分析的核心是检测两个遗传标记间的重组率（recombination fraction）是否显著小于 50%。不显著小于 50%时则认为这两点相互独立遗传；若显著小于 50%，则认为这两点之间是共分离状态，即相互连锁。基于连锁关系定位基因，依赖的是分析所用的标记位点和目标致因突变位点的共分离。连锁分析的一般过程是：利用适当的性状分离群体，构建均匀覆盖全基因组的遗传连锁图谱，然后对分离群体中标记的基因型和性状的表型进行统计分析，将决定数量性状的 QTL 定位在遗传连锁图谱中。

全基因组关联分析依赖的是不同样本/群体之间的连锁不平衡（linkage disequilibrium）带来的不同遗传结构（genetic architecture）。同一配子中某种等位基因组合频率的增加即连锁不平衡。连锁不平衡会受到多种进化选择活动的干扰。连锁不平衡可以通过遗传漂变、奠基者效应（founder-effect）、人工选择等方式产生；而破坏连锁不平衡的主要动力是重组，其他因素还包括突变和种群的混合等。有很多因素会影响最终关联分析的统计功效，包括实验群体的大小、群体间分离的致因突变效应值大小、致因突变的频率以及标记位点与致因位点之间的 LD 状态等。因此在设计 GWAS 实验时需要考虑的因素包括：①实验分离群体中有多少基因组座位影响着目标表型；②基因座的等位基因频率以及其效应值的联合分布状态（即遗传结构，但在一般实验中，这一点很难提前预测）；③实验群体大小以及群体内是否存在亚群分层现象；④所使用的标记类型的特性及标记的基因组分布状态（王宇哲，2017）。

随着近些年基因组测序技术和基因芯片技术的迅速成熟以及成本的不断优化，基因组扫描已经成为鉴定各类性状 QTL 的标准方法之一，目前也已经发表了海量的和猪抗病性状相关的 QTL 研究结果。

血液相关特征主要由白细胞特征、红细胞特征和血小板特征组成，已经被确认在动物免疫功能和抗病性能中起着极其重要的作用。基于此，Gong 等利用微卫星标记检测了长白猪、大白猪、松辽黑猪中和 18 个血液学指标有关的数量性状基因座，最终鉴定了全基因组 35 个影响血液指标的 QTL（Gong 等，2010）。Cho 等在长白和韩国本地猪的杂交系中也挖掘到了 9 条染色体上存在的各项血液参数的新 QTLs，并进一步分析鉴定了位于 8 号染色体（SSC8）的 *KIT* 基因是最重要的候选基因座（Cho 等，2011）。Edfors-Lilja 等利用野猪与大约克猪杂交群体，结合记录的免疫数据定位了白细胞计数、促分裂原诱导增殖、嗜中性白细胞吞噬作用、细胞因子 IFN-α 和 IL-2 水平等与免疫功能调节相关指标的 QTL 位置（Edforslilja 等，1994）。Uddin 等利用杜洛克猪和皮特兰猪构建的仔猪群体，也定位了 33 个和 IL-2、IL-10 等细胞因子相关的 QTLs（Uddin 等，2011）。Samuele Bovo 等利用 3 种全基因组关联分析方法（单性状、多性状和贝叶斯模型）分析了 843 头大白猪的 15 项血液学和 15 项临床生化指标，一共鉴定到了 52 个 QTL 位点和 29 个性状，其中最显著的是位于 14 号染色体上的嗜碱性粒细胞相关的 QTL。此外，还鉴定了和胆固醇代谢相关的重要候选基因（*ADCY8*、*APOB*、*ATG5*、*CDKAL1*、*PCSK5*、*PRL* 和 *SOX6*）（Bovo 等，2019）。

结核病（tuberculosis，TB）影响着世界范围内的多种宿主物种。宿主和病原体之间存在着复杂的相互作用和共同进化模式。João Queirós 等观察到一个特有的野猪群体，该群体的分枝杆菌感染率从 2002 年的 45%上升至 2009 年的 83%。研究人员利用高密度单核苷酸多态性（SNP）阵列对基因组变异进行了分析，并用病理学特征和分枝杆菌培养的方法来评估猪结核病的表型。针对未感染的亚群体和 2002—2009 年染病的亚群体进行了全基因组关联分析，鉴定了一系列的 SNP 突变和候选致因基因（例如 *LOC102164072*、*BDNF/NT-3*、*NTRK2*、*CDH8*、*IGSF21* 等），该研究解析了宿主遗传学对宿主结核病结局和疾病动态的影响（Queiros 等，2018）。

猪繁殖与呼吸障碍综合征（porcine reproductive and respiratory syndrome，PRRS）是一种最有经济影响的猪疾病之一，患病猪繁育出的死胎和木乃伊胎给北美、欧洲、亚洲等地造成了巨大的损失。Serao 等（2014）为了研究宿主对 PRRS 病毒入侵响应的遗传机制，对一个大型的商业化长白猪群体详细记录了免疫相关性状和繁殖力性状，并比较了发病前后的特征变化。全基因组关联分析使用了 PorcineSNP60 芯片，模型采用了 Bayes B 方法。研究发现繁殖相关性状（例如木乃伊胎数，死胎数，断奶仔猪数）的遗传力均极低或较低，而 ELISA 检测的 PRRSV IgG 抗体含量[sample-to-positive（S/P）ratio]的遗传力高达 0.45，并且 S/P ratio 这一性状的主效 QTL 被定位到了 7 号染色体包括主要组织相容性复合体（the major histocompatibility complex）的区间，解释了 40%的遗传变异，该研究建议 S/P ratio 可以作为 PRRS 监查的一项重要生物学指标（Serao 等，2014）。

综上，猪抗病或免疫应答相关数量性状基因座（quantitative trait locus，QTL）的研究已经取得丰硕的成果。在 AnimalQTLdb 数据库（http://cn. animalgenome. org/cgi-bin/QTLdb/SS/index）中囊括了从国际上已发表的数据中收集的动物 QTL 信息和关联数据。该数据库的主要目的就是为了方便研究人员比较、确认和定位动物遗传研究中重要数量性状在基因组的位置。截至 2020 年 6 月，在 PigQTLdb 分数据库中，已经记录了 698 份研究中鉴定的 30 580 个关联 QTL 信息，覆盖了 691 种不同的性状。其中，猪疾病或免疫类性状被归为健康性状（health traits）一类，其下又包括了血液参数（blood parameters）、疾病易感性（disease susceptibility）、综合健康指标（general health parameters）、免疫能力（immune capacity）及病原体和寄生虫（pathogens and parasites）五个亚类，每个亚类分别包括 1 至数十种数量不等的具体性状。以下内容将基于白细胞数量（white blood cell number，WBC）这一性状的 QTL 统计结果来进行举例说明（图 6-1）。

白细胞数量（WBC）属于免疫能力（immune capacity）分类，图 6-1 中展示了截至目前 WBC 性状相关 QTL 定位在基因组的分布。图中红色的线代表全基因组水平显著的 QTL 位点，蓝色的线代表候选的 QTL 位点，绿色的线代表经过实验验证的 QTL 位点（本图无）。可以看到，除 9 号染色体（SSC 9）和 Y 染色体（SSC Y）以外的所有染色体上，均有和 WBC 有关的 QTL 存在，这充分说明了 WBC 是一个典型的数量性状。事实上，猪的绝大部分健康性状均为复杂的数量性状。从性状的角度来说，所谓的健康性状，一般均为多个基础性状综合而来的复合表型，这就使得基因型-表型的对应关系变得极其复杂，很难直接通过该种表型进行功能基因的确认。另外，从基因调控的角度来说，数量性状符合微效多基因模型，每个基因的效应较小，只利用有限的样本和数据，对于微效 QTL 的鉴定也是较为困难的。

图 6-1 彩图

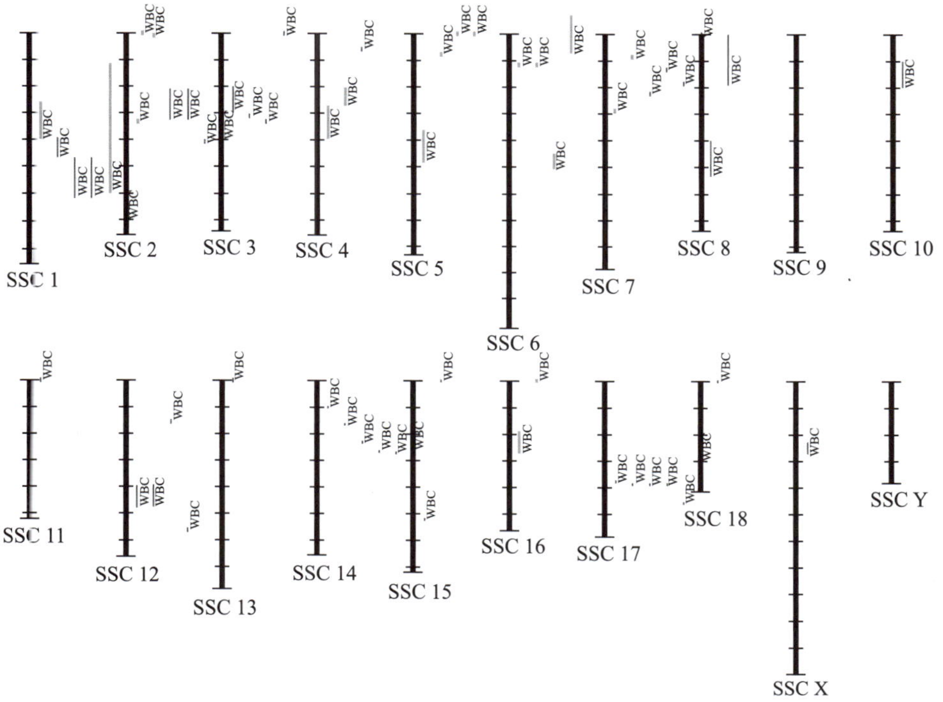

图 6-1 猪白细胞数量（white blood cell number，WBC）的 QTL 定位结果基因组分布

总体来讲,抗病相关的 QTL 定位已经取得了丰富的成果。不过,虽然 AnimalQTLdb 数据库为我们提供了各种性状大量的 QTL 信息,但由于抗病性状遗传力普遍偏低,环境及动物营养水平差异较大且难以剖分,群体的重组事件有限,遗传标记密度不足,数量性状单一位点解释表型方差较小等困难,多数性状的结果依然是一个“半黑箱”状态,停留在 QTL 的水平。因此,如何利用这些前期的初步定位结果辅助挖掘真正的功能基因,仍然是正向遗传学目前的一道难题。未来的遗传关联分析思路,正由单位点向多位点、单倍型关联分析转变;由单一性状关联向多个相关性状联合关联转变;由单一 GWAS 结果向基于 GWAS 的下游基因集功能和通路富集分析转变。

6.2.2 基因表达与转录调控

细胞或组织的基因表达模式能够反映它们的功能状态。近十几年的研究表明,虽然只有约 3%的基因组编码蛋白质,但是高达 80%的基因组区域可以转录 RNA。在哺乳动物细胞中已知很多长链非编码 RNA (LncRNA) 在许多生理过程中起着至关重要的作用。现在的转录调控分析应用于猪的抗病育种研究主要是探讨猪在不同病原刺激、不同病理状态下免疫器官、免疫细胞中的基因表达变化规律,以此揭示宿主免疫系统对病原的响应机制或病原诱导的免疫应答机制,从而解析宿主的抗病机制。常见的转录调控分析目前主要是通过转录组测序完成的,以下一代测序 (next generation sequencing, NGS) 为基础的转录组测序 (RNA-Seq) 包括基因表达谱定量分析、新转录本鉴定以及非编码 RNA 的鉴定,如 miRNA/LncRNA/cir-RNA 等。所涉组织器官和细胞类型主要包括肺或肺泡巨噬细胞、脾脏、肝脏、骨髓、外周血单核细胞 (PBMCs)、淋巴结、呼吸道或胃肠黏膜等,例如,棕色脂肪分化以及内分泌调节等。

举例来说,LncRNA 的表达模式在天然免疫反应、T 细胞的发育分化和激活等过程发生了显著的变化,这说明 LncRNA 在免疫过程中起到了重要的作用。在人乳腺表皮细胞和巨噬细胞中的研究发现,位于 Cox2 启动子上游的 LncRNA-PACER 可以通过与 p50 结合促进 NF-κB p65/p50 二聚体与 Cox2 启动子的结合,增强转录活性 (Krawczyk 等,2014)。Poly I:C 诱导和病毒感染均能诱导 LncRNA-NEAT1 上调表达,SFPQ 可以抑制 IL-8 的转录活性,而 NEAT1 通过与 SFPQ 结合减少其对 IL-8 的抑制,促进其转录活性(Imamura 等,2014)。Peng 等利用禽流感病毒和 SARA-Cov 病毒分别感染 4 个不同系的小鼠,通过测序发现 1 500 个已知或新的 LncRNA 在攻毒前后发生了变化(Peng 等,2010)。Li 等通过比较感染 PRRS 病毒和对照组的通城猪和长白猪的转录组数据筛选得到抗 PRRS 病毒的候选基因 (*BTG2*, *BID*, *MX1*, *IFIT1*, *BCL-XL* 和 *SOD1*),并发现 4 024 个 LncRNA 在通城猪和长白猪肺组织感染 PRRS 病毒的过程中呈现了相反的表达模式(Li 等,2015)。大量研究表明 miRNA 可以通过调节宿主的免疫反应来影响病毒的复制。例如,TLR 和 RIG-I 信号通路通过感知 RNA 病毒的入侵产生干扰素来抑制病毒的复制。在巨噬细胞中,RNA 病毒感染依赖 IRF 信号通路上调 *miR-526a* 的表达,进而促进 I 型干扰素的表达,抑制病毒复制,*miR-526a* 还可以调节 *CYLD* 基因调节 I 型干扰素的表达(Xu 等,2014)。研究人员还发现,*miR-181* 可以与 PPRS 病毒的受体 CD163 结合进而抑制病毒进入细胞进行复制;*miR-125b* 负调控 NF-kappaB 信号通路也导致 PRRS 病毒受到抑制 (Guo 等,2013)。Zhao 等(2020)对人类免疫相关基因进行了整理并提出免疫基因网络的方法,并将该网络应用于极端猪个体的表达谱芯片数据网络分析,辅助缩小锚定候选基因并进行功能分析。

6.2.3 猪规模化基因编辑与筛选体系

生物体内，由单一基因调控性状表型的情况较少，绝大多数情况下控制数量性状的基因是由大量基因组成的，等位基因之间无显性隐性区分，各基因对表型的作用是累加的。猪病产生的原因错综复杂，并且受到各种各样基因表达调控的影响。传统的单个基因功能的研究无法解开猪病发生与发展的具体机制，亟需建立高通量型的基因功能研究平台与筛选体系。CRISPR/Cas9 基因编辑技术最大的突破是不仅可以对单个基因进行编辑，更重要的是可以同时对多个基因进行编辑，这为猪规模化基因编辑与筛选体系的建立提供了有效的方法。

2014 年，Broad 研究所的两个研究团队分别在 Science 杂志同一期上发表了 CRISPR 文库的相关研究。这是首次关于 CRISPR 文库的研究，显示了比 shRNA 文库更有效的筛选结果(Shalem 等，2014；Wang 等，2014)。其中张峰课题组在 Science 上发表的研究表明他们构建了人类全基因组水平的 Cas9 靶点筛选系统，并利用此信息分析系统构建的人的 Cas9 全基因组靶点芯片，这也是第一个全基因组的 Cas9 靶点文库。在此之后，基于 CRISPR/Cas9 的工具得到了快速发展，这其中包括 CRISPRa 和 CRISPRi，CRISPR 敲除文库已经广泛用于证明新的生物学机制，如耐药性和细胞存活信号。在筛选功能增益方面 CRISPRa 非常有效；在筛选缺失功能方面 CRISPRi 文库比 RNAi 文库更有效。Broad 研究所的 David Root 和 John Doench 实验室开发出了人类全基因组范围的 CRISPRko（敲除）、CRISPRi（干扰）和 CRISR-Pa（激活）文库（Sanson 等，2018)，同时他们已经证明，CRISPRko、CRISPRi 和 CRISPRa 文库在探索基因功能上是非常有效的，并且需要的 sgRNA 更少。这些文库让研究人员能够在更加严苛的条件下开展全基因组范围的筛选，比如数量有限的原代细胞。目前比较常见的文库类型包括：CRISPR/Cas9 knock out 文库、CRISPR panal 文库、CRISPRa/i 文库、psgRNA 文库等。CRISPR/Cas9 筛选技术可以应用于药物靶点筛选中，通过大规模筛选技术，可以系统地分析、验证一些与抗药性相关的基因，从而为疾病治疗提供相关数据。研究人员利用 CRISPR/Cas9 文库筛选人类黑色素瘤 A375 细胞中的 18 080 个基因进行筛选，最终发现 *NF2*、*CUL3* 等基因参与了黑色素瘤 A375 细胞中的耐药调节过程（Shalem 等，2014)。CRISPR/Cas9 文库筛选技术不仅可以用于编辑人类细胞蛋白编码基因，对于基因组中的调控元件也同样有效，利用这种方法可以对基因环路上游调控机制进行分析。科研人员利用 CRISPR/Cas9 文库对癌症细胞中关键的转录因子 p53 和 ERα 的增强子元件的 685 个基因位点进行筛查。通过 CRISPR/Cas9 文库筛选，共鉴定出 3 个增强元件与 ERα 的相关；3 个增强元件与 p53 功能相关联的 3 个增强子，其中 2 个增强元件与 p53 完全结合才能激活细胞衰老过程（Kcrkmaz 等，2016)。CRISPR/Cas9 技术在植物代谢调控中也有相关成果。研究人员选择对番茄植株 GABA 代谢通路中多个关键基因进行基因编辑，GABA 作为人体中的抑制性神经递质，能调节人体免疫、血糖、血压，具有促进睡眠等功效，对人类健康有重要意义。通过得到 6 种 GABA 突变体(包含单基因突变、双基因突变、三基因突变、四基因突变)，其中四基因突变的 GABA-6 突变体叶子 GABA 含量与 WT 相比提高了 19 倍，这为 CRISPR/Cas9 多靶点敲除技术在植株代谢调控中的应用研究提供了参考(Li 等，2018)。CRISPR/Cas9 文库的建立可以实现基因组的大规模筛选，为了对非编码基因的功能进行验证，研究提出构建了 psgRNAs 文库的方法，这种成对的 sgRNA 可在同一基因中造成两处断裂，形成大片段缺失，从而影响表型变化，成为研究非编码基因的重要方法。使用慢病毒 psgRNA 文库，对人源肝癌细胞系 Huh7.5OC 进行基因组的 700 个 LncRNA 和另外 5 种癌症细胞进行敲除实验，最终筛选到 51 个 LncRNA 基因能够促进或者抑制肿瘤的生长(Zhu 等，2016)。

随着合成、测序成本的大幅度下降以及高通量深度测序技术的发展，CRISPR 基因编辑文库作为一种高效的新型遗传筛选技术，逐渐展现出了其巨大的技术优势。目前已经有研究人员将 CRISPR/Cas9 ko 文库应用到农业动物育种领域。华中农业大学张淑君等建立和利用猪全基因组基因敲除 CRISPR/Cas9 技术筛选鉴定猪流感病毒感染相关的宿主（猪）基因。在猪 PK15 细胞系中，证实了 CRISPR/Cas9 系统在猪细胞系中能高效地诱导猪基因敲除。研究人员设计和构建了猪全基因组基因敲除 CRISPR/Cas9 文库，该文库包含了 65 316 个 gRNAs、覆盖了 13 229 个基因，其中含有 5 个 gRNAs 的基因有 11 400 个基因、含有 4 个 gRNAs 的基因有 1 829 个，并且全部的基因都含有至少 2 个 gRNAs（最多不超过 5 个）。利用该猪全基因组基因突变 gRNAs 文库进行大规模的基因筛选，初步筛选出了 140 个候选宿主基因，并证实了其中的 32 个候选基因在病毒复制增殖中具有一定的调控作用。日本脑炎病毒（JEV）是一种由蚊子传播的人畜共患病的黄病毒，可引起哺乳动物的脑炎和生殖障碍。然而，对其进入、复制和组装至关重要的主要因素却知之甚少。研究人员为此设计了一款猪基因组规模的 CRISPR/*Cas9* 基因敲除（PigGeCKO）文库，包含了 85 674 个靶向 17 743 个蛋白编码基因（mRNAs）、11 053 个 LncRNAs 和 551 个 miRNAs。利用该文库鉴定了促进猪 JEV 感染的关键宿主因子。另外，之前的研究还未有报道 JEV 感染所需的基因在 JEV 选择后高度富集。后续研究也验证了 JEV 对这些基因的依赖性，并确定了许多候选 JEV 相关宿主基因，例如 *EMC3* 和 *CALR*。此外，研究人员还发现与硫酸乙酰肝素蛋白多糖（HSPGs）代谢相关的 4 个基因，特别是负责 HSPGs 磺酰化的基因，促进了 JEV 进入猪细胞。该研究还为治疗和预防 JEV 引起的疾病的医疗和育种技术的发展确定了多个潜在的目标(Zhao 等，2020)。

CRISPR 文库在人类遗传疾病研究、药物靶点筛选、多基因功能研究及动植物抗病育种等领域展现出了巨大的应用前景。在农业动物抗病育种领域，CRISRP/Cas 文库筛选技术终将成为领域研究的一把利器，加快基因水平研究的进展，为研究病毒致病机理、新型疫苗研发及抗病毒药物研发等提供有力工具，更好地服务于动物抗病育种研究工作。

6.3 猪主要抗病基因

6.3.1 *CD163* 基因

CD163（cluster of differentiation 163）是一种清道夫受体蛋白，由吞噬细胞表达，参与机体的多个免疫活动过程，在正常生理的过程中扮演着重要的角色，常常与某些疾病的发生发展具有紧密的联系（Martinez 等，2011）。近年来，猪繁殖与呼吸障碍综合征（porcine reproductive and respiratory syndrome，PRRS）使得国内外养猪业遭受了巨大的经济损失，其主要致病机制和生理过程就与这种清道夫受体紧密关联。具体而言，猪繁殖与呼吸障碍综合征的病原体为猪繁殖与呼吸障碍综合征病毒（PRRS virus，PRRSV），属于一种 RNA 病毒，只能对猪造成侵染，可在体外或体内感染肺泡巨噬细胞及其衍生细胞系。PRRSV 的感染分为病毒的入侵、复制和基因组的释放，整个过程中均有细胞表面受体参与介导。PRRSV 感染靶细胞的受体包括唾液酸黏附素家族的成员 Sn、硫酸乙酰肝素 HS、清道夫受体蛋白 CD163 等，其中

CD163参与了整个感染过程。

CD163的分子量大小为130 kDa,属于一种跨膜糖蛋白,位于半胱氨酸重复序列内部,每6～8个残基通过二硫键连接,属于B型清道夫受体成员(Freeman等,1990;Martinez等,2011)。在胞外的CD163分子中,富集有9个半胱氨酸结构域,由一个跨膜片段和一个短小的细胞内胞质尾区构成。猪的*CD*163基因在13号染色体短臂的p13区域,包含17个外显子和16个内含子,主要由大的细胞外结构域、单一跨膜区和短的胞质尾组成。

基于以上所述,CD163是除了HS和Sn以外的第三种被发现的PRRSV受体。在早期的研究中,表达HS和CD169的PRRSV非敏感细胞可以实现病毒的黏附和内吞,但无法实现病毒脱衣壳和释放的过程。2007年,研究人员发现通过转染CD163后的细胞对PRRSV较为易感,并且在多个不易感的细胞系中,表达CD163分子后亦会使PRRSV的易感性上升(Calvert等,2007)。在之后的研究发现,当CD163的表达受到抑制时,猪的肺泡巨噬细胞PAMs对于PRRSV的感染性也会降低。降低CD163的表达也会降低易感细胞对PRRSV的感染性,使用CD163抗体处理也可以阻滞PRRSV对PAMs的感染(Guo等,2014)。CD163可以介导PRRSV的完整感染周期,而HS和CD169只能介导病毒的黏附和内吞。其中,CD163的抗体可以完全阻止PRRSV的感染(Van Gorp等,2008)。

在猪CD163的9个胞外结构域中,与病毒感染相关的关键结构域为第7个外显子编码的SRCR5结构域。CD163的第1～4个SRCR结构域对PRRSV的感染无明显影响,第6个SRCR结构域可促进PRRSV的感染,第7～9个结构域与CD163和PRRSV的结合相关,将SRCR6-9及PST2片段去除后,PRRSV的感染能力明显降低(Gorp等,2010)。另外,PST1的缺失或替代也会使得PRRSV的感染性降低。与SRCR5结构域结合的PRRSV蛋白为GP2a和GP4二聚体,GP4与GP2a、GP3和GP5形成复合体,促进GP2a和GP4的二聚体与CD163的结合(Das等,2010)。虽然PRRSV感染的关键区域是SRCR5,但单独表达SRCR5结构域的非易感细胞系并不能改变PRRSV易感性,而SRCR5～9经转染后则促使细胞具备感染性,表明SRCR5结构域不能单独使细胞具备感染能力,需要结合其他结构域共同作用(Gorp等,2010)。在SRCR5结构域中,loop5～6区域是配体结合区域(Graversen等,2002)。猪CD163的SRCR5结构域中包含一个长环形区域,其中的第561个氨基酸位点对于CD163与PRRSV的结合过程具有关键作用,单个氨基酸单位的突变可使易感细胞的感染能力明显降低(Ma等,2017)。

随着对CD163研究的深入,通过*CD163*基因编辑的抗蓝耳病研究效果相对于RNAi及转基因抗PRRSV的研究更加有效。研究人员通过CRISPR/Cas9介导而获得内源*CD163*敲除猪,敲除猪在实验中未表现出高热病症,且未在血液中检测到PRRSV的RNA及抗体,表现出较强的抗PRRSV能力(Whitworth等,2014;Whitworth等,2016)。此外,通过Cas9结合体细胞核移植获得*CD163*第7外显子处移码突变,对敲除猪进行体外及体内攻毒实验,在*CD163*敲除猪中未观察到症状,在血液中也未检测出病毒载量,表现出完全的抵抗PRRSV能力。因此,介于*CD163*的第7外显子编码的SRCR5结构域在病毒入侵中起关键作用,对第7外显子的基因编辑成为抗PRRSV研究的主要方法。目前,替换*CD163*第7外显子所使用的同源序列均为人*CD163*的序列,使用人的基因序列进行抗病研究存在一定的风险,只敲除*CD163*的第7外显子反而可使猪获得抗病能力。英国Roslin研究所Burkard等将SRCR5结构域敲除后的基因编辑猪在体外具有抗1型和2型PRRSV毒株的能力。活体攻毒实验中使用了 1 型毒株 BOR-57，基因编辑猪未出现症状，野生型猪表现出轻微症状，表明其具有抗欧洲型 PRRSV 的能力(Burkard 等，2017；Burkard 等，2018)。针对 *CD163* 的 SRCR5 结构域，研究人员对其进行了结构解析，将其含有的猪 *CD163* 位于第 561 位点的精氨酸突变后，PRRSV 毒株的结合量和侵入量显著降低，证明 561 位氨基酸位点的重要作用(Ma 等，2017)。因此，现有研究证明了针对 *CD*163 的基因编辑可以使猪具有抗 PRRSV 的能力。

6.3.2 氟烷基因

氟烷基因，又称兰尼丁受体基因 (rynodine receptor, *RYR1*)，是控制猪应激综合征 (porcine stress syndrome, PSS)的主效基因。PSS 是一种猪的分子遗传缺陷疾病，具体病症表现为呼吸急促、心跳急速、肌肉僵硬、机体水及电解质代谢紊乱等，严重时会造成猪只猝死。在猪只死亡后，其肌肉呈现 PSE (pale soft exudative meat) 和 DFD (dark, firm and dry) 征候，其中 PSE 肉质呈现为灰白色、柔软及汁液渗出等特性，而 DFD 肉质呈现暗黑色、质地坚硬及表面干燥等特征 (邓雯等，2004)。除了肉质，猪氟烷基因突变还会导致猪的繁殖性能降低，致使养猪业遭受极大的经济损失 (Stalder, 1995)。因此，非常有必要对该基因进行进一步的改造和人为控制，维持猪肉生产的正常运行。

目前，研究人员通过多种基因检测的手段，确立了猪 *RYR*1 基因 CDS 序列的第 1 843 位碱基“C”突变为“T”的错义突变，使得蛋白第 615 位精氨酸单位 (Arg, CGC) 突变为半胱氨酸 (Cys, TGC)，从而造成了蛋白结构和功能的改变，最终导致了 PSS 病症的发生。

随着三元杂交瘦肉型种猪的育种推广，为了追求较高的饲料报酬和生产性能优化，大多育种场采用了封闭式的规模化圈养，对猪群饲喂高蛋白能量的全价饲料，提高了生长及瘦肉率等性状的性能。然而，部分高瘦肉率和高屠宰率的猪的应激刺激反应较为强烈，容易引起 PSS 的发生，导致产生了肉质较差的 PSE 肉，降低了总产仔数、产活仔数及断奶仔数等繁殖性能。自 20 世纪 80 年代以来，我国从国外大量引入了瘦肉型猪种，可能也会使得氟烷基因的有害突变在我国地方猪种中流传扩散，进一步降低了我国养猪业的经济效应。因此，针对携带氟烷基因的抗病育种，需要从以下几点进行预防：①从国外引种时，将 PSS 作为猪的遗传病进行基因检测，严格氟烷基因检验，在引种后，后续世代也应进行相应的连续检测，防止氟烷基因在群体中扩散；②严格对外来品种猪进行大型集约化的氟烷基因普查；③在组织种猪杂交育种工作中，慎重选择外来品种猪，例如长白猪、皮特兰猪的发病率普遍偏高，属于强应激敏感性猪种，对于这些群体应加大检测力度。

6.3.3 干扰素基因

干扰素 (Interferon) 是病毒感染细胞过程中由细胞产生的一类细胞因子，在感染后的固有和获得性免疫反应过程中起到调控作用(Dussurget 等，2014)，在正常机体的肝脏、肾脏、脾脏、外周血淋巴细胞和骨髓中均有分布。在通常情况下，干扰素会作用于动物机体细胞内的干扰素受体，经过一系列信号传导的过程，启动基因合成相关抗病毒蛋白，从而抑制病毒产生，阻断病毒的繁殖过程，使病毒无法在动物机体内生长和繁殖。干扰素是由英国病毒学家 Alick 和瑞士的 Jean 在研究鸡胚尿囊膜和绒毛膜培养液时，加入流感病毒后产生的抗病毒物质，研究人员将其命名为干扰素。根据干扰素的抗原特性，国际干扰素命名委员会将干扰素分为 IFN-α、IFN-β 和 IFN-γ 三个类型，根据对酸的敏感性分为Ⅰ型和Ⅱ型。目前，研究人员在猪中检测出多种干扰素，包括Ⅰ型干扰素 IFN-α、IFN-β、IFN-ω、IFN-δ 及Ⅱ型干扰素 IFN-γ 等，其中 IFN-δ 未在其他物种中被发现(Domeika，2003)。猪 IFN-α 及 IFN-ω 两种亚型的干扰素同源性最高，因此，IFN-α 通常是 IFN-α 及 IFN-ω 的功能基因表达混合体，而其他三类均由单一基因编码 (Bonnardière 等，1994)。Ⅰ型及Ⅱ型干扰素起源不同，其中，IFN-α 主要由单核巨噬细胞产生，IFN-β 来源于成纤维细胞，而 IFN-γ 主要产生于 αβT 细胞、γδT 细胞及 NK 细胞，其生物学作用也存在着一定差异性。例如，Ⅰ型干扰素可增强 MHC-Ⅰ类分子表达，而Ⅱ型干扰素可促进 MHC-Ⅱ类分子表达 (Samuel，2001)。

干扰素的生物活性好，作用广泛，在临床的应用较多。其本质是一类糖蛋白，可以经过病毒或诱导剂作用于免疫细胞，经过信号转导激活基因表达。IFN-γ 由 ISG 干扰素基因编码，其位于人 12 号染色体上，包含 4 个外显子，IFN-γ 不是免疫球蛋白，其参与的免疫过程属于非特异性免疫，因此虽然具有免疫功能但不具备特异性。病毒入侵细胞后，能诱导细胞产生多种细胞因子，例如 IL-12 等，均能诱导 T 细胞、NK 细胞产生 IFN-γ，属于第一批细胞因子，而 IFN-γ 是在早期免疫反应因子的诱导下产生的，属于第二批细胞因子。第一批细胞因子大多数由巨噬细胞和抗原提呈细胞产生，在到达细胞膜后，与细胞表面受体例如 TLR2 等结合，激活下游的 JAK-STAT 等信号通路，从而进一步转导至 IFN-γ 的编码区，与位于编码区的调控元件(如 NF-κB、NFAT、Stat、T-bet、AP-1、CREB-ATF、GATA-3 等)共同调节 IFN-γ 的表达(宋世斌等，2018)。IFN-γ 的下游信号分子包括 STAT1 等合成具有抗病毒功能的酶类，可以抑制病毒蛋白质的合成，减慢病毒的增殖速度。此外，IFN-γ 还具有阻止病毒结合细胞以及进入细胞内，抑制病毒的装配和释放的功能。研究表明，IFN-γ 使动物具有抗病毒、抗肿瘤、调节免疫功能的能力。克隆的 IFN cDNA 在大肠杆菌，酵母和哺乳动物细胞的体外实验表明，重组的干扰素与天然干扰素具有相同的生物学活性。Young 等(1989)将含有 IFN 基因的质粒转入小鼠受精卵后，获得了表达 IFN 的小鼠并具有抗病能力。体外实验表明，IFN-γ 也可以在猪中发挥抗病能力。Balltista 等发现，使用 IFN-γ 处理感染繁殖与呼吸障碍综合征病毒的猪巨噬细胞可以抑制病毒的增殖 (Bautista 等，2005)。Suradha 等发现，在干扰素存在的情况下，可以提高猪瘟疫苗的作用(Suradhat 等，2001)。

猪干扰素的主要生物学功能具有以下特性。①广谱抗病毒特性：Ⅰ型及Ⅱ型干扰素基因可被病毒或诱导剂激活，通过特定的信号转导过程，激活干扰素诱导基因的转录，从而合成多种具备阻碍病毒复制功能的抗病毒酶，抑制病毒的侵染过程。②免疫调节特性：Ⅰ型及Ⅱ型干扰素可通过协同调节作用，使机体处于最佳的免疫应答状态，此外，干扰素还可结合其他细胞因子对机体产生共同的免疫调控作用，例如，IFN-γ 与细胞因子 IL-4 共同作用，实现免疫干涉过程。③免疫增强特性：Ⅰ型及Ⅱ型干扰素均可增强 NK 细胞对病毒的杀伤功能，促进机体病毒感染的肃清过程；IFN-γ 促进巨噬细胞吞噬能力和炎症反应，同时可促进免疫 T、B 细胞的分化过程，刺激 B 细胞分泌抗体，增强机体免疫性能。

迄今为止，关于猪干扰素基因与综合抗病性的相关分析已有部分报道，例如，一系列体外实验的结果表明采用 IFN-γ 可抑制 PRRSV 增殖过程(Ferrarini 等，2015)；猪 IFN-α 及 IFN-β 可有效抑制猪口蹄疫病毒的活性(Chinsangaram 等，2003)；猪 IFN-γ 可抑制胃肠炎冠状病毒在猪上皮组胞和肺巨噬细胞中的活性(Charley 等，1988)。猪干扰素对众多传染性病毒具备有效的防御功能，可有效抑制病毒在机体内的复制过程及活性，并具有广泛的抗病作用，有望在未来成为猪抗病育种中最理想的生物制品。

6.3.4 大肠杆菌 K88 受体

在仔猪断奶阶段，可能会出现腹泻及水肿病，这些表征可能是由肠毒素型大肠杆菌(ETEC) 所引起的。在此阶段，仔猪发病率通常在 30%～40%，死亡率达到 40%，最高可达到 90%以上(刘月环等，2000)。因此，这种传染病严重危害着国内外养猪产业。

环境和食品的病原体是目前最为普遍的致病传染源之一，其中，大肠杆菌常常遍布于动物粪便中，当环境或食品受到粪便污染后，就可能会引入肠道病原菌，从而引起肠道相关的疾病。ETEC K88 是仔猪中发现的最常见的一种疾病，它使我国养猪业遭受着十分严重的经济损失。菌体表面的黏附性菌毛是 ETEC K88 致病的主要因素，ETEC K88 通过菌毛吸附宿主肠道黏膜上皮细胞的受体，从而遍布于吸附区域，进而进行大量繁殖并生成毒素，损伤宿主的小肠黏膜组织，最终导致腹泻。

导致仔猪腹泻的大肠杆菌菌毛就包括 K88、K99、987P 及 F4 四种，其中，导致初生仔猪腹泻的菌毛主要以 K88 为主 (Rutter 等，1976)。K88 菌毛包括有 K88ac、K88ab 及 K88ad 3 种，这 3 种菌毛均能凝集豚鼠红细胞。K88ac 受体由 13 号染色体中一对等位基因控制 (施启顺，1999)，且呈显性遗传，若猪只存在显性基因控制受体，则表现为 K88ac 敏感性，否则表现为抗性型。通常，在三元杂交过程中，选择 K88 抗性公猪作为终端父本，可明显降低仔猪的死亡率。当 K88ab 附着于猪肠膜组织中时，组织中存在 K88ab 表型特有的糖蛋白，该糖蛋白属于转铁蛋白家族，然而其糖基部分不同于相同黏附表型仔猪的血浆转铁蛋白。与 K88ac 相同，K88ab 受体也处于 13 号染色体中，与 K88acR 的位点遗传距离仅仅相差 1.0 cm (Roth 等，1998)。因此可从生化遗传和分子生物技术的多种途径测定 K88 抗性的遗传标记。

6.3.5 主要组织相容性复合体基因家族

主要组织相容性复合体 (major histocompatibility complex，MHC) 基因是一类具有高度多态性的多基因家族，它们在染色体中紧密连锁，可以编码的产物种类丰富，主要为具有免疫反应功能的蛋白，在免疫应答的过程中起抗原呈递的作用，与机体的免疫反应和抗病能力相关(Khodadoust 等，2017)。研究证明，MHC 与多种动物，例如鸡、猪、牛、羊等动物的抗病能力相关，在不同物种中发挥抵抗不同病原体的功能。

根据基因的功能，MHC 可分为Ⅰ类、Ⅱ类和Ⅲ类，其中Ⅰ类和Ⅱ类 MHC 参与内源性和外源性的抗原呈递，调节免疫反应，而Ⅱ类 MHC 分子主要为补体成分。在不同物种中，MHC 名称各有不同，鸡的 MHC 称为 B 复合体，与鸡的球虫病、禽白血病 (AL) (周刚，2010)、马立克氏病 (MD) 和劳氏肉瘤病 (RS) 等抗病性相关 (Fernando 等，2008)；绵羊的 MHC 称为绵羊白细胞抗原 (OLA)，位于 20 号染色体上，对羊的 MHC 研究主要集中在Ⅱ类基因的 DQ 和 DR 区，羊 MHC 基因与几十种疾病的抗性有关，大部分疾病为由病毒细菌引发的传染病和寄生虫病，例如蛇形毛圆线虫病(Hulme 等，1993)、腐蹄病 (Litchfield 等，1993)、布鲁氏菌病(王元元等，2017)等；牛的 MHC 命名为 BOLA，定位于 23 号染色体上，与牛 MHC 相关的疾病包括肠道寄生虫病、乳腺炎、牛白血病、口蹄疫等。

猪的 MHC 称为猪白细胞抗原 (SLA)，在 1970 年被 Viza D 等发现，定位于猪的 7 号染色体上，也包括三个基因簇 SLAⅠ、SLAⅡ和 SLAⅢ，能够识别 T 淋巴细胞表面的自身肽与非自身肽，从而触发免疫排斥的级联反应。研究证明，猪体内的 SLAⅠ的表达水平高于 SLAⅡ和

SLAⅢ(Smith 等,1995)。功能性 SLAⅠ由重链和轻链组成,表达于有核细胞表面,参与呈递内源性抗原给 $CD8^+$ T 细胞的同时也可以与自然杀伤性细胞相互作用,组织 NK 细胞介导的细胞毒性(Kwiatkowski 等,1999)。SLAⅡ分子主要表达于巨噬细胞、B 细胞、树突状细胞等抗原呈递细胞表面,均与免疫相关。猪的 SLA 基因与猪自身抗病力和经济性状紧密关联(Peng 等,2010;Tanaka-Matsuda 等,2009)。

随着养猪业管理制度的不断规范化,猪可接触和感染的病原体种类也随之改变,创制新型抗病育种猪群也得到越来越多的关注。时至今日,关于采用基因组学方法提高猪抗病力的报道越来越多。例如通过新型猪群的建立,预测群体内具有更高免疫活性的表型,使其具备更高的抗病力。关于基因多态性的研究证明,SLA 等位基因在结合外源抗原过程中呈现出高度的特异性,使其成为免疫反应的重要影响因素(Edfors-Lilja 等,2000)。

SLA 基因调控在不同类型的免疫反应过程中也呈现出不同的变化。例如,在非洲猪瘟病毒感染期间,SLA 抗原处于调节状态,然而,与传统猪瘟病毒感染过程不同,在猪主动脉内皮细胞组织中,SLAⅡ无明显表达变化,而 IL-1a 和 IL-6 等免疫因子的表达量增加(Zhou 等,2015);在猪感染弓形虫疾病后,机体会针对寄生虫产生强烈的免疫应答反应,从而增强标记物和 SLA-DQ 的表达(Bezerra 等,2012)。

SLA 复合体免疫性状数量性状基因座(quantitative trait locus,QTL)与一些经济性状有着密切的相关,研究人员通过检验循环免疫细胞水平和功能,收集免疫细胞亚群的标记物,结合平均日增重、活体和胴体测量、饲料摄取和饲料转化等性状间的关系评估,揭示出影响猪优良经济性状的免疫生物标记物(Edfors-Lilja 等,2000)。因此,通过抗病育种,可以实现针对 SLA 等位基因或其他免疫相关 QTL 基因频率的筛选,从而兼顾动物的抗病力和生产性能。

人类在猪免疫学中关于 SLA 复合体方面的研究已取得了巨大进展,借助于新型基因组学测序技术,现阶段仍需要更加深入地探测 SLA 等位基因和单倍型在控制免疫反应中起到的作用,明确免疫和疫苗反应中特异性抗原识别表位,精细鉴定出免疫应答中关键免疫细胞亚群和 SLA 基因座,结合多组学探索有关 SLA 新型免疫途径。

6.3.6 Toll 样受体

Toll 样受体(Toll like receptors, TLRs)最早发现于果蝇模式动物中的 Toll 蛋白,其直接介导果蝇微生物感染的天然免疫反应(Medzhitov, 2001)。在哺乳动物中,Toll 样受体家族属于Ⅰ型跨膜蛋白受体,广泛遍布于胃肠道及呼吸道组织中,参与机体的固有免疫和诱导适应性免疫过程(Beutler, 2005)。猪源 TLRs 与人类树突细胞群体相似,因此,采用猪作为动物模型进行研究,将为人类疾病研究和疫苗开发提供有效的参考模型和方法,同时,也对猪的抗病育种具有非常积极的作用(戴超辉等,2018)。

在猪中,已经成功克隆并鉴定出了 10 种 TLR 蛋白,其编码基因分别坐落于基因组的不同位置,基因长度在 2.3~3.2 kb。在整个 TLRs 家族中,其进化过程具有高度的保守性,在环境变化中起到不同的重要作用。然而,在不同猪种中,TLRs 家族仍然表现出具有一定的遗传变异多样性及基因表达差异性(戴超辉等,2018),可能代表了不同猪种之间免疫抗病性差异,因此,在猪群中筛选显著影响免疫反应的变异位点,对猪抗病育种具有非常重要的意义。

Toll 受体家族在猪抗病育种中起到重要的作用,目前,关于这些方面的研究报道体现在了衣原体感染、病毒感染、细菌感染及热应激免疫应答过程等。①衣原体感染:TLR2 和

TLR6 抗体协同阻断猪肺泡巨噬细胞中由猪肺炎支原体刺激的肿瘤坏死因子的产生（Shinkai 等，2006）；*TLR2* 特定等位基因频率与肺炎感染发生趋势有关（Uenishi 等，2011）；猪感染肺炎支原体后，可引起 *TLR2* 和 *TLR4* 的表达变化及肺内促炎因子的释放（刘筱等，2011）。②病毒感染：*TLR2*、*TLR3*、*TLR4*、*TLR7*、*TLR8* 等基因可能参与了抗 PRRSV 病毒免疫过程（Liu 等，2009）；*TLR2*、*TLR4* 可能参与了抗猪圆环病毒免疫反应过程（王建立等，2013）；*TLR3* 可能与猪轮状病毒感染过程相关（周敬禹，2014）；*TLR2*、*TLR4* 及 *TLR7* 的表达可能与猪瘟病毒感染有关（曹志，2015）。由此可见，TLRs 家族与多种病毒识别和免疫过程有关，有必要对其表达调控的分子机制进行深入挖掘，实施猪的抗病育种。③细菌感染过程：*TLR2* 可能与内毒素质多糖引起的炎症反应有关（王攀等，2012）；*TLR4* 基因表达下调可能与断奶仔猪对大肠埃希菌 F18 的抗性有关（Wang 等，2013）。④热应激免疫过程：选择性剪接可以导致基因产物的多样性，在疾病和细胞信号调控中起到关键作用。其中，热应激是诱导猪免疫抑制的主要因素。在对猪进行热应激后，*TLR4* 基因剪接体表达水平显著上调，尤其在外周血单个核细胞中，*TLR4* 的选择性剪接变体的表达水平增加了 2～3 倍(Ju 等，2014)，说明热休克可能通过调节 *TLR4* 及其可变剪接变体的表达，从而实现对宿主免疫应答的表达调控。

随着猪中 TLRs 家族被一一鉴定，关于 TLRs 在猪免疫应答过程的研究进展非常迅速，目前，其在机体免疫过程发挥着重要的调控作用，已经成为猪免疫生物学研究的热点之一。随着现代高通量组学技术、基因编辑技术的快速发展，将实现更多关于 TLRs 基因功能的探究，发掘具有应用价值的分子遗传标记，对猪抗病育种具有深远的意义。

6.3.7 天然抗性相关巨噬蛋白基因 I

天然抗性相关的巨噬蛋白 *Nramp* 基因家族包含至少两个蛋白成员，目前研究较多的是 Nramp1 蛋白。最初在研究小鼠控制细胞内病原微生物侵染抗性或过敏性时，发现其受到 1 号染色体上的显性基因 *Bcg*、*Ity* 或 *Ish* 等控制，于是将此类基因命名为天然抗性相关的巨噬蛋白。*Nramp* 基因在体内表达的位置主要为巨噬细胞及外周血细胞，与动物的固有免疫相关。*Nramp* 基因与沙门氏菌及多种胞内寄生病原体的抵抗有关，由于其非特异性，可以作为禽类和家畜的抗病基因。

Narmp1 基因的主要作用对象为细胞内感染或传染性病原体，包括金黄色葡萄糖球菌、结核分枝杆菌、卡介苗分枝杆菌等。*Narmp1* 基因定位于吞噬细胞的内吞小体和多核型白细胞中，通过合成抵抗侵染所必需的金属离子、阳离子或质子活化巨噬细胞，从而抵抗病原菌侵染（Supek 等，1996）。1995 年，Vidal 在研究对病菌具有抵抗能力和易感性和小鼠中发现，*Nramp* 基因突变的小鼠只在感染的早期免疫力低下，而感染后期的免疫功能正常，表明 *Nramp* 发挥的免疫作用主要在早期（Vidal 等，1995）。*Nramp1* 基因在感染分歧杆菌的小鼠中，可影响体内的 T 淋巴细胞免疫应答和体外的巨噬细胞活性。在鸡中，*Nramp1* 基因高度保守区的 SNP 多态性与育成期的鸡 SE 疫苗接种以及接种后的免疫应答有关。在猪中，*Nramp* 基因位于猪的 15 号染色体 q23～26。与猪的 15 号染色体标记的 S0088、S0149 和 S0284 连锁。吴宏梅等通过 PCR-RFLP 对 165 头大白猪和 109 头辽松黑猪 *Nramp* 基因多态性与免疫功能相关性的研究表明，品种内 *Nramp* 基因与免疫功能存在显著的相关性（吴宏梅等，2008）。目前，*Narmp1* 被鉴定出与猪腹泻疾病具有极大的相关性（古少波等，2017；顾永娟，2006；刘艳冬等，2010），是目前控制猪腹泻抗病的主要候选基因之一，然而，还需要更多功

能的鉴定明确其免疫调控机制，这对于猪抗病育种具有重大意义。

6.3.8 组蛋白去乙酰化酶（HDACs）基因

组蛋白去乙酰化酶是一类与基因表达的活化及转录调控相关的酶类，可以在细胞染色质水平，通过诱导组蛋白的去乙酰化发挥调控染色质重组、转录活化和抑制、细胞分化及凋亡的生物学功能。HDACs 家族基因主要分为Ⅰ型、Ⅱ型和Ⅲ型。Ⅰ型 HDACs 的分子量在 400～500 个氨基酸，包括 HDAC1、HDAC2、HDAC3 和 HDAC8。Ⅱ型 HDACs 又分为Ⅱa 型（HDAC4、HDAC5、HDAC7 和 HDAC9）和Ⅱb 型 HDAC6 和 HDAC10（Schultz 等，2004；Verdin 等，2003；Yang 等，2005），约含有 1 000 个氨基酸。Ⅲ型的 HDACs 包括与 Sir2 相似的去乙酰化酶沉默信息调节因子 SIRT1～SIRT7，包含 310～757 个氨基酸。另外还有Ⅳ类 HDACs，为 HDACs11（Marks 等，2003）。不同类型的 HDACs 在细胞中的位置也不同，Ⅰ型主要位于细胞核中，HDAC4、HDAC5 和 HDAC7 在细胞质和细胞核中都有分布（McKinsey 等，2000）。HDAC6 属于Ⅱ型，其结构中包含一个 SE14 结构域，发挥胞质中滞留信号，因而能够在细胞质中稳定存在（Bertos 等，2004），一般来说，HDACs 只有一个催化结构域，而与大多数 HDACs 不同，HDAC6 包含两个催化结构域和一个锌指结构域，使得其对胞质中的微管蛋白的乙酰化也具有调节作用。

HDACs 在细胞中发挥组蛋白去乙酰化的作用，而 HDAC6 还具有在细胞质中调节微管蛋白的能力，微管蛋白在细胞迁移，病毒入侵时的细胞调节过程中具有重要作用。在体外，HDAC6 同样具有生物活性（Haggarty 等，2003；Verdel 等，2000；Zhang 等，2006），HDAC6 的活性可以通过 Zn 的螯合剂被抑制（Haggarty 等，2003），HDAC6 通过去乙酰化酶依赖或非依赖的途径调节细胞功能，在细胞骨架相关的生物膜动力学功能途径中发挥重要作用（Valenzuela-Fernandez 等，2008）。HDAC6 具有广谱的抗病毒作用，可以通过多种机制发挥病毒抗性且提高机体的免疫力。HDAC6 可以调节细胞膜内侧的细胞骨架，从而影响细胞膜动态性，使病毒包膜与细胞膜融合受到抑制，具有阻止病毒入侵的功能（Zhu 等，2011）。HDAC6 还可以通过抑制病毒复制的基因转录以阻止病毒的包装，同时促进具有特异性的 T 淋巴细胞清除被病毒感染的细胞，增强机体的抗病毒能力（Brush 等，2004）。此外，HDAC6 还可以通过促进免疫相关蛋白的表达，例如激活 IRF3 转录因子，促进 β 干扰素的表达（袁林林等，2012）。有学者研究表明，HDAC6 可以调控 HIV-1 的感染能力（Valenzuela-Fernandez 等，2005），主要方式为改变皮层微管蛋白的乙酰化状态，总的来说，HDAC6 过表达时，能够抑制 HIV-1 的感染，而 HDAC6 受抑制时，则会增加 HIV-1 的感染。

本章参考文献

Roch M F，刘荣宋. 猪数量性状位点和候选基因探测研究进展及展望. 国外畜牧科技，1998，25(5)：35-37.

曹志. 2015. 猪瘟病毒及其非结构蛋白对猪巨噬细胞 Toll 样受体介导天然免疫应答的影响. 咸阳：西北农林科技大学.

戴超辉，冯海悦，吴圣龙，等. 2018. 猪源 Toll 样受体家族（TLRs）及其在抗病育种中的应用. 浙江农业学报，30(184)：156-169.

邓雯，庞有志，马彦博，等. 2004. 猪氟烷基因的研究进展. 家畜生态，25：156-160.

古少波，杜倩，舒丹，等. 2017. 猪 Nramp1 基因内含子 6 多态性与仔猪腹泻的相关性. 浙江农业学报，29：

882-887.

顾永娟.2006.猪 NRAMP1 基因与仔猪腹泻及其生产性状关系的研究.哈尔滨:东北农业大学.

刘筱,方晓敏,邹晓龙,等.2011.猪感染肺炎支原体后肺组织 TLR2、TLR4 及促炎症因子 TNF-α、IL-1β 基因表达的变化.中国畜牧兽医文摘,27:1305-1309.

刘艳冬,许厚强,稽辛勤,等.2010.NRAMP1 Gene Polymorphism and Pigs Piglet Diarrhea Research%香猪 NRAMP1 基因多态性与仔猪腹泻的研究.中国畜牧兽医,37:125-127.

刘月环,徐宁迎,吴旧生.2000.肠毒素型大肠杆菌(ETEC)F18 抗原与猪抗病育种的研究进展.上海畜牧兽医通讯:6-8.

施启顺.1999.猪肠毒性大肠杆菌(ETEC)病抗病育种研究.中国畜牧兽医,26:51-54.

宋世斌,陈国华,胡永浩,等.2018.藏獒犬 IFNγ 基因的克隆表达及其生物学活性测定.畜牧兽医杂志,37:1-4,7.

王超,赵书红,朱猛进.2014.猪抗病育种的相关问题及研究进展.中国畜牧杂志,50:67-72.

王建立,杨柳,杨凯,等.2013.猪圆环病毒 2 型感染的猪肺泡巨噬细胞 TLR2/TLR4/CD16/CD18 转录水平动态变化.中国畜牧兽医,40:110-117.

王攀,陶晓莉,沈祖楠,等.2012.五指山小型猪近交系主动脉内皮细胞体外培养模型的建立和 TLR2 介导炎症相关因子的表达.中国农业科学:154-160.

王宇哲.2017.利用简化基因组测序精细定位鸡生长性状功能基因.北京:中国农业大学.

王元元,严国,罗成,等.2017.哈萨克羊 DQB2 基因外显子 2 多态性及遗传变异分析.中国畜牧兽医,44,3543-3553.

吴宏梅,王立贤,程笃学,等.2008.猪 Nramp 1 基因多态性与免疫功能的相关性.中国农业科学:215-220.

袁林林,王峰,李晟磊,等.2012.组蛋白去乙酰化酶 6 表达下调对喉鳞癌 Hep-2 细胞增殖细胞周期和迁移能力的影响.中华肿瘤杂志:430-435.

张杰.2017.杜洛克×二花脸 F_2 资源群体免疫相关性状全基因组关联分析及候选基因功能初步研究.武汉:华中农业大学.

周刚.2010.禽白血病分子诊断及 MHC 单倍型鸡系对禽白血病的抗性研究.北京:中国农业科学院.

周敬禹.2014.TLR3 及 NF-κB 信号通路在猪轮状病毒体外感染小肠上皮细胞免疫应答中的作用研究.长春:吉林农业大学.

Roth M,刘荣宗.1998.猪数量性状位点和候选基因探测研究进展及展望.中国畜牧兽医,025:35-37.

Bautista E A, Ferman G S, Gregg D, et al. 2005. Constitutive expression of alpha interferon by skin dendritic cells confers resistance to infection by foot-and-mouth disease virus. J Virol, 79:4838-4847.

Bertos N R, Gilquin B, Chan GKT, et al. 2004. Role of the tetradecapeptide repeat domain of human histone deacetylase 6 in cytoplasmic retention. J Biol Chem, 279:48246-48254.

Beutler B. 2005. The Toll-like receptors: analysis by forward genetic methods. Immunogenetics, 57:385-392.

Bezerra R A, Carvalho F S, Guimaraes L A, et al. 2012. Comparison of methods for detection of Toxoplasma gondii in tissues of naturally exposed pigs. Parasitol Res, 110:509-514.

Bonnardière C L, Lefèvre F, Charley B. 1994. Interferon response in pigs: molecular and biological aspects. Veterinary Immunology & Immunopathology, 43:29-36.

Bovo S, Mazzoni G, Bertolini F, et al. 2019. Genome-wide association studies for 30 haematological and blood clinical-biochemical traits in Large White pigs reveal genomic regions affecting intermediate phenotypes. Sci, Rep-Uk:9.

Brush M H, Guardiola A, Connor J H, et al. 2004. Deactylase inhibitors disrupt cellular complexes containing protein phosphatases and deacetylases. J Biol Chem, 279:7685-7691.

Burkard C, Lillico S G, Reid E, et al. 2017. Precision engineering for PRRSV resistance in pigs: Macrophages from genome edited pigs lacking CD163 SRCR5 domain are fully resistant to both PRRSV genotypes while maintaining biological function. PLoS Pathog, 13:e1006206.

Burkard C, Opriessnig T, Mileham A J, et al. 2018. Pigs Lacking the Scavenger Receptor Cysteine-Rich Domain 5 of CD163 Are Resistant to Porcine Reproductive and Respiratory Syndrome Virus 1 Infection. J Virol:92.

Calvert J G, Slade D E, Shields S L, et al. 2007. CD163 expression confers susceptibility to porcine reproductive and respiratory syndrome viruses. J Virol, 81:7371-7379.

Charley B, Mccullough K, Martinod S. 1988. Antiviral and Antigenic Properties of Recombinant Porcine Interferon Gamma. Veterinary Immunology & Immunopathology, 19:95-103.

Chinsangaram J, Moraes M P, Koster M, et al. 2003. Novel Viral Disease Control Strategy: Adenovirus Expressing Alpha Interferon Rapidly Protects Swine from Foot-and-Mouth Disease. Journal of Virology, 77: 1621-1625.

Cho I C, Park H B, Yoo C K, et al. 2011. QTL analysis of white blood cell, platelet and red blood cell-related traits in an F-2 intercross between Landrace and Korean native pigs. Anim Genet, 42:621-626.

Das P B, Dinh P X, Ansari I H, et al. 2010. The minor envelope glycoproteins GP2a and GP4 of porcine reproductive and respiratory syndrome virus interact with the receptor CD163. J Virol, 84:1731-1740.

Domeika K. 2003. Porcine immunoregulatory cytokines.

Dussurget O, Bierne H, Cossart P. 2014. The bacterial pathogen Listeria monocytogenes and the interferon family: type Ⅰ, type Ⅱ and type Ⅲ interferons. Front Cell Infect Mi:4.

Edfors-Lilja I, Wattrang E, Andersson L, et al. 2000. Mapping quantitative trait loci for stress induced alterations in porcine leukocyte numbers and functions. Anim Genet, 31:186-193.

Edfors-Lilja I, Wattrang E, Magnusson U, et al. 1994. Genetic variation in parameters reflecting immune competence of swine. Vet Immunol Immunopathol,40:1-16.

Fernando M M A, Stevens C R, Walsh EC, et al. 2008. Defining the role of the MHC in autoimmunity: A review and pooled analysis. Plos Genet:4.

Ferrarini G, Borghetti P, De Angelis E, et al. 2015. Immunoregulatory signal FoxP3, cytokine gene expression and IFN-gamma cell responsiveness upon porcine reproductive and respiratory syndrome virus (PRRSV) natural infection. Res Vet Sci, 103:96-102.

Freeman M, Ashkenas J, Rees D J, et al. 1990. An ancient, highly conserved family of cysteine-rich protein domains revealed by cloning type I and type II murine macrophage scavenger receptors. Proc Natl Acad Sci U S A, 87:8810-8814.

Gong Y F, Lu X, Wang Z P, et al. 2010. Detection of quantitative trait loci affecting haematological traits in swine via genome scanning. Bmc Genet:11.

Gorp H V, Delputte P L, Nauwynck H J. 2010. Scavenger receptor CD163, a Jack-of-all-trades and potential target for cell-directed therapy. Molecular Immunology, 47:1650-1660.

Graversen J H, Madsen M, Moestrup S K. 2002. CD163: a signal receptor scavenging haptoglobin-hemoglobin complexes from plasma. Int J Biochem Cell Biol, 34:309-314.

Guo L, Niu J, Yu H, et al. 2014. Modulation of CD163 expression by metalloprotease ADAM17 regulates porcine reproductive and respiratory syndrome virus entry. J Virol, 88:10448-10458.

Guo X K, Zhang Q, Gao L, et al. 2013. Increasing Expression of MicroRNA 181 Inhibits Porcine Reproductive and Respiratory Syndrome Virus Replication and Has Implications for Controlling Virus Infection. J Virol, 87:1159-1171.

Haggarty S J, Koeller K M, Wong J C, et al. 2003. Domain-selective small-molecule inhibitor of histone deacetylase 6 (HDAC6)-mediated tubulin deacetylation. P Natl Acad Sci USA, 100:4389-4394.

Hulme D J, Nicholas F W, Windon R G, et al. 1993. The Mhc Class-Ii Region and Resistance to an Intestinal Parasite in Sheep. J Anim Breed Genet, 110:459-472.

Imamura K, Imamachi N, Akizuki G, et al. 2014. Long Noncoding RNA NEAT1-Dependent SFPQ Relocation from Promoter Region to Paraspeckle Mediates IL8 Expression upon Immune Stimuli. Mol Cell, 53:393-406.

Ju X H, Xu H J, Yong Y H, et al. 2014. Heat Stress Upregulates the Expression of TLR4 and Its Alternative Splicing Variant in Bama Miniature Pigs. Journal of Integrative Agriculture:2479-2487.

Kennedy B W, Moxley J E. 1980. Genetic factors influencing atrophic rhinitis in the pig. Anim Prod., 30:277-283.

Khodadoust M S, Olsson N, Wagar L E, et al. 2017. Antigen presentation profiling reveals recognition of lymphoma immunoglobulin neoantigens. Nature, 543:723.

Korkmaz G, Lopes R, Ugalde A P, et al. 2016. Functional genetic screens for enhancer elements in the human genome using CRISPR-Cas9. Nat Biotechnol, 34:192.

Krawczyk M, Emerson B M. 2014. p50-associated COX-2 extragenic RNA (PACER) activates COX-2 gene expression by occluding repressive NF-kappa B complexes. Elife:3.

Kwiatkowski P, Artrip J H, John R, et al. 1999. Induction of swine major histocompatibility complex class I molecules on porcine endothelium by tumor necrosis factor-alpha reduces lysis by human natural killer cells. Transplantation, 67:211-218.

Li J, Chen Z S, Zhao J L, et al. 2015. Difference in microRNA expression and editing profile of lung tissues from different pig breeds related to immune responses to HP-PRRSV. Sci Rep-Uk:5.

Li R, Li R, Li X D, et al. 2018. Multiplexed CRISPR/Cas9-mediated metabolic engineering of gamma-aminobutyric acid levels in Solanum lycopersicum. Plant Biotechnol J, 16:415-427.

Litchfield A M, Raadsma H W, Hulme D J, et al. 1993. Disease Resistance in Merino Sheep . 2. Rflps in Class-Ii Mhc and Their Association with Resistance to Footrot. J Anim Breed Genet, 110:321-334.

Liu C H, Chaung H C, Chang H L, et al. 2009. Expression of Toll-like receptor mRNA and cytokines in pigs infected with porcine reproductive and respiratory syndrome virus. Vet Microbiol, 136:266-276.

Ma H, Jiang L, Qiao S, et al. 2017. The Crystal Structure of the Fifth Scavenger Receptor Cysteine-Rich Domain of Porcine CD163 Reveals an Important Residue Involved in Porcine Reproductive and Respiratory Syndrome Virus Infection. J Virol:91.

Marks P A, Miller T, Richon V M. 2003. Histone deacetylases. Curr Opin Pharmacol, 3:344-351.

Martinez V G, Moestrup S K, Holmskov U, et al. 2011. The conserved scavenger receptor cysteine-rich superfamily in therapy and diagnosis. Pharmacol Rev, 63:967-1000.

McKinsey T A, Zhang C L, Lu J R, et al. 2000. Signal-dependent nuclear export of a histone deacetylase regulates muscle differentiation. Nature, 408:106-111.

Medzhitov R. 2001. Toll-like receptors and innate immunity. Nat Rev Immunol, 1:135-145.

Peng X X, Gralinski L, Armour C D, et al. 2010. Unique Signatures of Long Noncoding RNA Expression in Response to Virus Infection and Altered Innate Immune Signaling. Mbio:1.

Przytulski T, Porzeczkowska D. 1980. Studies on genetic resistance to leptospirosis in pigs. Br Vet J, 136:25-32.

Queiros J, Alves P C, Vicente J, et al. 2018. Genome-wide associations identify novel candidate loci associated with genetic susceptibility to tuberculosis in wild boar. Sci Rep-Uk:8.

Rothschild M F, Chen H L, Christian L L, et al. 1984. Breed and swine lymphocyte antigen haplotype differences in agglutination titers following vaccination with B. bronchiseptica. J Anim Sci, 59:643-649.

Rutter J M, Jones G W, Brown G T, et al. 1976. Antibacterial activity in colostrum and milk associated with protection of piglets against enteric disease caused by K88-positive Escherichia coli. Infection & Immunity, 13:667-676.

Samuel C E. 2001. Antiviral Actions of Interferons. Clinical Microbiology Reviews, 14:778-809.

Sanson K R, Hanna RE, Hegde M, et al. 2018. Optimized libraries for CRISPR-Cas9 genetic screens with multiple modalities. Nat Commun:9.

Schultz B E, Misialek S, Wu JS, et al. 2004. Kinetics and comparative reactivity of human class I and class IIb histone deacetylases. Biochemistry-Us, 43:11083-11091.

Serao N V L, Matika O, Kemp R A, et al. 2014. Genetic analysis of reproductive traits and antibody response in a PRRS outbreak herd. J Anim Sci, 92:2905-2921.

Shalem O, Sanjana N E, Hartenian E, et al. 2014. Genome-Scale CRISPR-Cas9 Knockout Screening in Human Cells. Science 343:84-87.

Shinkai H, Muneta Y, Suzuki K, et al. 2006. Porcine Toll-like receptor 1, 6, and 10 genes: complete sequencing of genomic region and expression analysis. Mol Immunol, 43:1474-1480.

Smith T P L, Rohrer G A, Alexander L J, et al. 1995. Directed Integration of the Physical and Genetic-Linkage Maps of Swine Chromosome-7 Reveals That the Sla Spans the Centromere. Genome Res, 5:259-271.

Stalder K. 1995. Effects of porcine stress syndrome genotype on maternal traits in swine.

Supek F, Nelson H, Nelson N, et al. 1996. A Yeast Manganese Transporter Related to the Macrophage Protein Involved in Conferring Resistance to Mycobacteria. Proc Natl Acad Sci U S A, 93:5105-5110.

Suradhat S, Intrakamhaeng M, Damrongwatanapokin S. 2001. The correlation of virus-specific interferon-gamma production and protection against classical swine fever virus infection. Vet Immunol Immunop, 83:177-189.

Tanaka-Matsuda M, Ando A, Rogel-Gaillard C, et al. 2009. Difference in number of loci of swine leukocyte antigen classical class I genes among haplotypes. Genomics, 93:261-273.

Uddin M J, Cinar M U, Grosse-Brinkhaus, C, et al. 2011. Mapping quantitative trait loci for innate immune response in the pig. Int J Immunogenet, 38:121-131.

Uenishi H, Shinkai H, Morozumi T, et al. 2011. Polymorphisms in pattern recognition receptors and their relationship to infectious disease susceptibility in pigs. BMC Proc 5 Suppl 4:S27.

Valenzuela-Fernandez A, Alvarez S, Gordon-Alonso M, et al. 2005. Histone deacetylase 6 regulates human immunodeficiency virus type 1 infection. Mol Biol Cell, 16:5445-5454.

Valenzuela-Fernandez A, Cabrero J R, Serrador J M, et al. 2008. HDAC6: a key regulator of cytoskeleton, cell migration and cell-cell interactions. Trends Cell Biol, 18:291-297.

Van Gorp H, VanBreedam W, Delputte P L, et al. 2008. Sialoadhesin and CD163 join forces during entry of the porcine reproductive and respiratory syndrome virus. Journal of General Virology, 89:2943-2953.

Verdel A, Curtet S, Brocard M P, et al. 2000. Active maintenance of mHDA2/mHDAC6 histone-deacetylase in the cytoplasm. Curr Biol, 10:747-749.

Verdin E, Dequiedt F, Kasler H G. 2003. Class Ⅱ histone deacetylases: versatile regulators. Trends Genet, 19:286-293.

Vidal S, Gros P, Skamene E. 1995. Natural-Resistance to Infection with Intracellular Parasites-Molecular-Genetics Identifies Nramp1 as the Bcg/Ity/Lsh Locus. J Leukocyte Biol, 58:382-390.

Wang J, Pan Z Y, Zheng X R, et al. 2013. TLR4 gene expression in pig populations and its association with resistance to Escherichia coli F18. Genet Mol Res, 12:2625-2632.

Wang T, Wei J J, Sabatini D M, et al. 2014. Genetic Screens in Human Cells Using the CRISPR-Cas9 System. Science, 343:80-84.

Whitworth K M, Lee K, Benne J A, et al. 2014. Use of the CRISPR/Cas9 System to Produce Genetically Engineered Pigs from In Vitro-Derived Oocytes and Embryos. Biology of Reproduction, 91:78-78.

Whitworth K M, Rowland R R, Ewen C L, et al. 2016. Gene-edited pigs are protected from porcine reproductive and respiratory syndrome virus. Nat Biotechnol, 34:20-22.

Xu C Z, He X, Zheng Z R, et al. 2014. Downregulation of MicroRNA miR-526a by Enterovirus Inhibits RIG-I-Dependent Innate Immune Response. J Virol, 88:11356-11368.

Yang X J, Gregoire S. 2005. Class II histone deacetylases: from sequence to function, regulation, and clinical implication. Mol Cell Biol, 25:2873-2884.

Young H A, Komschlies K L, Ciccarone V, et al. 1989. Expression of Human Ifn-Gamma Genomic DNA in Transgenic Mice. J Immunol, 143:2389-2394.

Zhang Y, Gilquin B, Khochbin S, et al. 2006. Two catalytic domains are required for protein deacetylation. J Biol Chem, 281:2401-2404.

Zhao C Z, Liu H L, Xiao T H, et al. 2020. CRISPR screening of porcine sgRNA library identifies host factors associated with Japanese encephalitis virus replication. Nat Commun:11.

Zhou N, Xing G, Zhou J, et al. 2015. In Vitro Coinfection and Replication of Classical Swine Fever Virus and Porcine Circovirus Type 2 in PK15 Cells. PLoS One 10:e0139457.

Zhu J Z, Coyne C B, Sarkar S N. 2011. PKC alpha regulates Sendai virus-mediated interferon induction through HDAC6 and beta-catenin. Embo J, 30:4838-4849.

Zhu S Y, Li W, Liu J Z, et al. 2016. Genome-scale deletion screening of human long non-coding RNAs using a paired-guide RNA CRISPR-Cas9 library. Nat Biotechnol, 34:1279-1286.

第 7 章　基因编辑与抗病育种

【本章提要】 动物疾病的发生与基因的功能密切相关，通过基因改造技术可以在基因水平实现动物的抗病育种。基因编辑是目前最精确且高效的基因改造技术，并且在抗病育种方面已经表现出了巨大的应用前景。本章阐述了基因编辑抗病育种的优势，并且详细介绍了基因编辑抗疾育种的基本策略以及基因编辑猪的制备方法，同时总结了目前通过基因编辑获得抗病动物的实例。

7.1　基因编辑抗病育种的优势

自不同种类的家畜被人类驯化以来，新品种的培育就伴随着家畜的驯养史，并且在畜牧业生产中占据了重要的地位，品种改良是家畜向对人类更有益的性状变化的过程，即具有能带来经济效益的生产性状。一直以来，家畜的作用主要是为人类提供食物来源或作为生产工具或运输工具，到了现代，家畜作为生产工具和运输工具的传统功能几乎消失，为人类提供肉类及一些副产品成为主要的功能。动物的性状与基因相关，通过基因编辑抗病育种，改变动物的遗传物质，不仅能使育种目的更明确，可以大大缩短育种时间，还出现了丰富多样的基因编辑抗病育种的方法，与传统的育种相比具有巨大的优势。

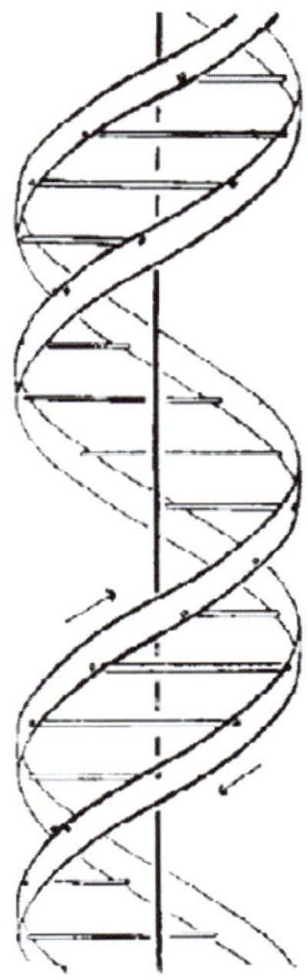

图 7-1　James Dewey Watson 和 Francis Harry Compton Crick 发表的 DNA 双螺旋结构图（Waston，1953）

7.1.1　基因编辑抗病育种通过基因直接改变性状

早期的畜牧业动物或农作物的育种是利用天然存在的优良性状进行改良，其中也运用到了自然的基因突变导致的性状变化，随着科学的进步和技术手段的更新，人类开始利用物理辐射或化学试剂诱发基因突变，以更快的方式获得新性状，但诱变的方法更适合农作物的选育，可直接在植物种子中诱发可遗传的突变，动物没有稳定状态的种子，胚胎或生殖细胞诱变与植物相比操作复杂且难以控制。

动物的基因编辑育种立足于分子生物学、遗传学、发育生物学等学科的发展，在基因的概念被提出之前，人们并不明白动物的性状是如何产生的，1909 年，丹麦遗传学家约翰逊正式提出了基因的概念，即基因是控制生物性状的基本遗传单位，从而建立起基因与性状的关系。随着分子遗传学的发展，1953 年，沃森和克里克首次提出了 DNA 双螺旋结构（图 7-1），基因的本质也被人们熟知，即一段 DNA 序列，具有表达成为蛋白质的功能，并具有遗传效应。基因的结构就是核苷酸的结构，是由一个个碱基排列而成。四种核苷酸即腺嘌呤、鸟嘌呤、胞嘧啶、胸腺嘧啶排列成长链，组成基因的编码区和非编码区，内含子和外显子。

非编码区可以调控基因表达的位置，而外显子则通过转录和翻译形成蛋白质，体现出动物的性状。

动物的育种需要新性状产生，而性状的变化源于基因的突变，突变即是核苷酸的替代、插入、缺失、重组等引发 DNA 序列的变化，继而导致其功能的变化，可能使原有基因的功能加强、减弱或者完全消失，亦或产生新的功能。基因的突变在生殖系统中，则可能遗传到下一代，直到产生新的突变。通过诱变的手段获得的新性状往往是随机的，实际上不好的性状往往多于好的性状。除此以外，新品种选育还需要耗费大量的时间和人力才能获得，一个稳定遗传的新品系往往需要十数年甚至几十年的努力。稳定的新品种形成是在一个群体中建立突变的过程。

在家畜驯化的过程中，通过自然选择或人工选择，现代物种与古代物种在体重、样貌、行为、繁殖能力等性状上已经有了极大的差异，即使是现有的不同品种之间，这些性状也有较大的区别。家畜的主要经济性状体现在其肉（肉品质、产量）、奶（营养成分、产量）、毛（毛的直径、长度、毛色、卷曲度）、抗逆性（抗病、抗寒、耐热、耐高海拔）、繁殖力（产仔数）等方面。猪的主要经济性状在于肉品质、繁殖力和抗逆性等。根据《中国畜禽遗传资源志—猪志》中的记载，中国目前饲养的本土猪品种有 104 个，另有 18 个培育品种和 6 个进口品种。中国地方猪遗传资源非常丰富，而且与国外猪品种相比在特性上更加多样。中国地方猪种的特点体现在繁殖力强、抗逆性强、肉质好、性情温顺、耐粗饲等特点，但缺点包括生长缓慢、屠宰率低、脂肪含量高等。长期的育种使得猪的优良性状被充分挖掘和利用，常规的育种方法在性状的改变上也变得越来越轻微，逐渐无法满足现代育种的需要，分子育种的方式则可以突破这些限制。由于猪在生理结构、器官大小方面相比于小鼠更接近人，因此，通过基因编辑的方式，不仅可在其作为畜牧业动物的经济性状方面进行育种，在制备人类疾病模型、异种器官移植等方面也具有较大的潜在价值（图 7-2）。

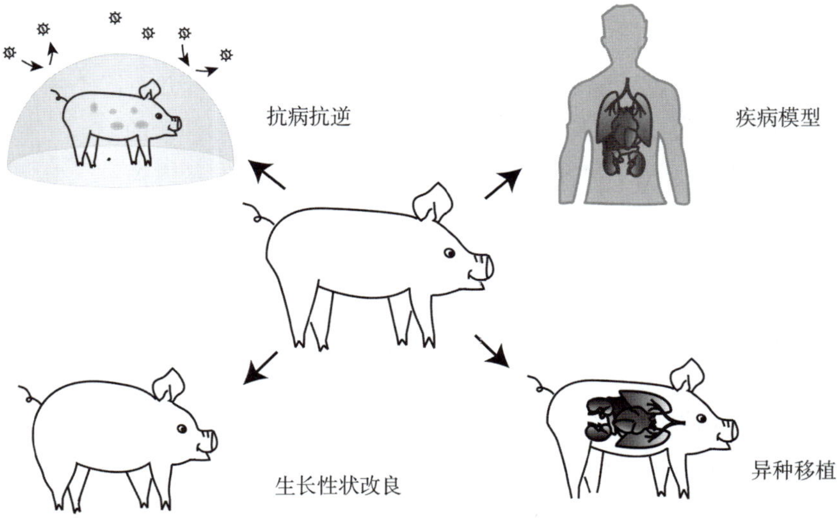

图 7-2　通过基因编辑进行猪遗传育种的主要方向

注：目前在猪中进行基因编辑育种的主要方向包括改变猪的生长性状、提高其抗病抗逆能力以及制备人类疾病模型和异种器官移植等方面

基因编辑育种也是遗传修饰育种的一种方式，遗传修饰就是对基因进行改造，改变遗传物质，建立性状的稳定遗传。基因编辑育种可以将动物的性状拓展到本物种之外，引入其他物种的优质遗传资源，满足现代育种高效、专用化及多性状聚合的需求，可以在保留品种固有优良性状的基础上，引入新性状，改善劣质性状，把不同物种的优质性状集合和重组，实现定向选择育种。例如转基因育种就可以通过克隆其他物种的基因序列，引入目标物种中，筛选高效表达外源基因的后代，通过扩繁建立群体。

动物的性状有的与单独的基因相关，有的则受到多个基因的协同或拮抗调控其表达，常规育种无法利用基因改变性状。近年来，分子遗传学的发展尤其是测序技术的进步对动物基因组的研究起到了有力的推进作用。通过生物信息学分析，可以从 DNA 水平分析基因序列的变化和作用机制，找到性状变化与基因变化之间的联系，从而确定影响性状的功能基因或遗传标记，实现对功能基因的筛选，在了解基因功能的基础上，对其进行编辑，是最直接的育种方法。

7.1.2 基因编辑抗病育种缩短育种时间

育种是一项复杂而系统的工作，传统的动物育种方式主要是杂交育种，一般为不同品种间的杂交，也有属间杂交的存在。其本质是将不同品种间优良基因组合，产生新的优良性状，增加遗传多样性，可以将物种内不同品系间的优良性状集中在一个新品种中，但其缺点也很明显，通过杂交育种需要对很多方面进行考量。首先需要对其亲本进行选种，不仅包括亲本的品系，还需要对个体进行选择，一般需要品种内性状最优的个体；其次确定杂交组合，杂交代数等，为了使育种工作有较快的速度和高质量，育种中产生的不理想个体必须淘汰出核心群，且淘汰的概率非常高，而为了固定表型，需要采用适当的近交，但近交会引起动物的表型退化、品质衰退等。总体来说，杂交产生的后代会出现性状分离，育种过程非常缓慢且复杂。

通过基因编辑的方式进行育种可以大大缩短育种时间，降低育种成本。通过直接对基因进行操作，在获得的基因编辑个体中就能获得稳定的基因型。基因编辑操作的过程对个体的要求较低，需要品种内具有典型性状的个体提供体细胞或卵细胞即可。基因编辑个体的制备需要代孕母畜，但代孕受体的选择标准也较为宽松，不需要本品种内的最优个体，可以用物种内其他品种中具有优良繁殖能力的个体，拓宽了选择范围，同时保有一定数量的受体即可。通过规模化的基因编辑，可以在短时间内获得一定数量的基因编辑动物群体，通过将获得的纯合子进行交配，对群体进行扩繁，可以在几代之内就建立相当规模的稳定遗传品系，相较于杂交育种缩短了时间，提高了效率。

7.1.3 基因编辑抗病育种的方法更加丰富

基因编辑的目的是为了使动物产生突变，自然状态下的突变包括转换和颠换，即嘌呤或嘧啶各自的替换或嘌呤与嘧啶相互替换。碱基的突变可能造成移码突变、同义突变、非同义突变、错义突变和无意突变等，其形式包含碱基的插入、缺失、替换等。基因编辑也可以实现以上突变的形式，且可以实现选择目标位点，对其造成可预见的突变。

在新型的基因编辑方法建立之前，遗传修饰育种的常用方法为转基因育种，即将外源基因导入个体中表达，外源基因需要整合于动物的基因组中才能表达。传统的转基因方法具有很多缺陷。首先具有位置效应，外源基因通过物理、化学或病毒载体等方式进入细胞中时，其在受体细胞中基因组上的插入位置具有随机性。整合在不同位置上的外源基因，可能受到附近序列或蛋白质的影响，使其表达水平表现出较大的差异。在绝大多数的基因组中，大多数区域被压缩成异染色质，具有转录抑制的作用，外源基因很有可能插入这些位置，可能因为表达水平差异较大而产生表达嵌合现象。只有那些能够整合到活性染色质区域的外源基因才有机会表达，这即是位置效应，最初是在果蝇的研究中发现的（Weiler 等，1995）。位置效应可以被染色体的重构所调控，而染色体重构是通过 DNA 的表观修饰作用来实现，主要包括 DNA 甲基化和组蛋白乙酰化等。例如 Krumlauf 等将 α-甲胎蛋白转入并整合在 X 染色体上时，附近的异染色质可抑制其在胚胎的 X 染色体中的表达（Krumlauf 等，1986）。其次，外源基因的随机插入也有可能对内源基因造成破坏，导致染色质结构异位、重排、缺失等，发生插入突变，不仅影响到插入位点附近的内源基因发挥正常功能，也有可能导致正常状态下不表达的基因激活表达，甚至造成癌基因的激活，导致细胞癌变，影响生物体正常机能，阻碍个体的生长发育过程，出现转基因个体的畸形。发育异常甚至死亡等，体现出转基因随机整合的不安全性。另外，转入的基因存在拷贝数不确定的问题，即外源 DNA 进入受体后，会以头尾相连的方式串联成重复结构，形成不同的拷贝数，因此造成转基因的表达量产生差异。但拷贝数与转基因的表达量不一定成正比，如果转入的基因形成的串联重复较多，也可能会引发重复诱导的基因沉默的影响。重复串联结构中也可能存在原有载体中的原核序列，对需要表达的序列也会造成非特异性抑制作用。因此，高效的引入外源基因成为转基因育种中的关键。

基因编辑技术的出现，使外源基因的定点整合成为可能。同源重组在原核生物和真核生物中普遍存在，是保持物种遗传稳定并多样化的重要机制。同源重组是实现定点整合的基本方法，即在外源基因两段添加靶位点相同的一段序列，在基因组中会有一定的概率发生同源重组替换，连同带有的外源基因整合到目标位置，实现定向整合。定向整合不仅可以使外源基因在特定的位置表达，还可以通过插入外显子破坏原有基因的序列，达到使之沉默的目的。除了同源重组的方法，人们还开发出了微同源介导的末端连接（MMEJ），独立同源靶向整合（HITI）（Suzuki，2016），同源介导的末端连接等方式（HMEJ）（Yao 等，2017），本质均为利用高度同源序列的重组特点建立定向整合方式。

近年来，转基因友好位点的发现为提高外源基因的表达效率提供了插入目标。友好位点为基因组中一些表达外源基因比较活跃的区域，经过几十年的挖掘与验证，一些有效的友好位点被逐渐证明具有高效表达外源基因的功能，例如 Hipp11、Rosa26、chr1-attP、Pifs501 等。Hipp11 位点是由斯坦福大学的 Hippenmeyer 等（2010）鉴定并命名的。Hipp11 位点虽然位于小鼠基因组第 11 号染色体 if4nif1 与 Drg1 基因之间，但其两侧的基因具有广泛的时间和空间 EST（expression sequence tag）表达模式，使得整合于次位点的基因也可以稳定表达，且不影响小鼠的正常发育。2014 年，Ruan 等通过同源比对的方法找到了猪源的 Hipp11 位点，证实了 Hipp11 是猪基因组中的一个稳定表达外源基因的友好位点（Ruan 等，2015）。Rosa26 位点是在 1991 年使用逆转录捕获技术在小鼠基因组中发现的，目前已运用到多种实验对象的研究中，是最常用的友好位点。Li 等（2014）通过序列比对找到了猪中的 Rosa26 位点，利用基因编辑酶的作用将报告基因插入位点，实现了报告基因 *GFP* 的高效表达，证明猪源 Rosa26 位点同样适于外源基因高效表达。chr1-attP 是利用 attB 位点介导外源基因整合于 attP 位点的功能实现外源基因的表达，其中链霉菌噬菌体 φC31 整合酶起到特异性结合两个位点的功能。

Bi 等通过将 φC31 与 attB 连同报告基因转入猪基因组中，验证出了 chr1-attP 是利于外源基因高效表达的友好位点(Bi，2013；Bi，2018)。Pifs501 位点是近年来在新发现的友好位点，Ma 等(2018)通过生物信息学方法筛选出的备选位点通过基因编辑整合外源基因，证明了其中的 Pifs501 位点的表达水平远高于另一个备选位点 Pifs302，丰富了猪的友好位点。

以同源重组为基础的定点整合能够有效实现外源基因在特定位置的表达，然而，自然状态下发生同源重组的概率较低，只有在 ES 细胞中才能达到可利用的概率，在大动物基因编辑育种中体细胞内发生同源重组的概率比 ES 细胞中发生的概率更低，约为 10^{-6}(Koller 等，1992)，目前，ES 细胞在小鼠中使用较多，大动物的 ES 细胞较少的用于基因编辑育种中，因此，具有提高同源重组效率的基因编辑工具具有鲜明的优势。

动物基因组中存在的友好位点是定点整合的目标，而同源重组是实现定点整合的基本原理，人工核酸酶则是提高同源重组效率的工具。研究发现，基因组中的 DNA 双链断裂能够显著提高同源重组的效率(Plessis 等，1992)，其原理为当基因组中出现双链缺口时，会启动基因组损伤修复机制，包括非同源末端连接(NHEJ)修复，或者存在同源供体的情况下，启动同源重组修复，同源片段内部如果存在外源片段，则可以引入至重组区域。因此，提高基因组中双链断裂的效率，就能提高同源重组的能力，从而提高基因打靶效率。以 ZFN、TALEN、CRISPR 为代表的人工核酸酶技术就是有效提高双链断裂概率的工具，可以使随机的重组效率由原来的 10^{-7}～10^{-6} 提高至 10^{-2}～10^{-1}。ZFN、TALEN 和 CRISPR 技术均是通过具有导向功能靶向序列和具有切割功能的核酸内切酶发挥作用，三种人工核酸内切酶是依次出现的，每一种酶的出现都迅速取代了上一代的地位，尤其是 CRISPR 技术的出现彻底使原有的核酸酶技术消失，目前已占据了基因编辑的主导地位，并且开发出了具有更高编辑效率的 Cas12a 等(Strohkendl 等，2018)，具有靶向 RNA 编辑功能的 Cas13a(Abudayyeh 等，2017)等系统，能够编辑单链 DNA 的 Cas14 系统(Harrington 等，2018)以及更小分子量的 Cas Ⅹ(Liu 等，2019)等新型工具，在基因治疗、诊断与检测、动物模型建立、动物抗病育种等方面展现出广阔的前景，并且实现了在多个物种中的广泛应用。

借助新型基因编辑工具，不仅能实现外源基因在受体中稳定高效的表达，还可以通过其本身具有的对基因组造成双链断裂的功能实现基因组中序列的缺失、碱基替换和插入等，造成移码突变、氨基酸转换等，使基因发生沉默或部分功能的缺失。因此，介于基因编辑中如此丰富的编辑类型和方式，通过基因编辑的抗病育种产生了不同的策略以及方法。

7.2 基因编辑抗病育种的基本策略

动物的疾病主要来源于病毒、细菌、寄生虫等感染，因此，家畜传统的抗病方式主要通过疫苗接种、饲养环境的改善、管理水平的增强等来阻断家畜接触病原体或使其体内产生抗体。对于基因编辑的抗病育种，则可以针对病原体和自身的遗传物质，从多个方面实现抗病的目的，即对病原体的表达进行干扰，提高动物自身免疫力，在动物体内产生抗体，破坏动物体内的病原体受体等方法(图 7-3)。

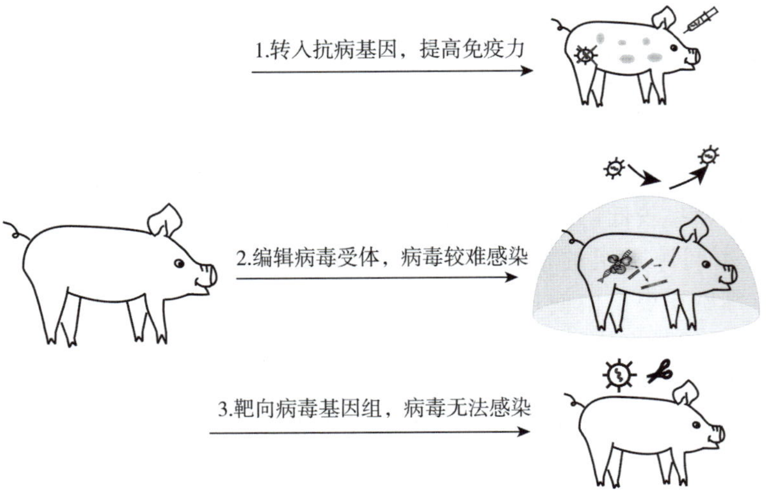

图 7-3 进行猪遗传修饰抗病育种的主要策略

7.2.1 广谱抗病基因的过表达策略

在动物体中存在一些基因，它们表达的蛋白或酶类能够通过参与免疫反应等方式抵抗病原体感染。由于能够抵抗多种病原体的感染，因此具有广谱的抗病能力。在植物中，对抗病基因的研究比较系统，也由此培育了多个有抗病能力的作物品种。在动物中，通过将抗病基因以一定方式转入动物体内，也可以用于培育抗病的品种。利用基因编辑，可以将抗病基因精确转入受体动物中，使之稳定表达，因此也是培育抗病新品种的有效方法。

抗病基因的过表达策略是通过将抗病基因克隆，再将基因转入动物体中，获得的个体将表达抗病基因，具有抗病能力。如前文所述，比较常见且研究较为清楚的基因包括组织相容性复合体基因(major histocompatibility complex，*MHC*)、干扰素基因(interferon)、天然抗性相关的巨噬蛋白 Nramp、抗流感病毒基因 *Mx*、组蛋白去乙酰化酶基因(histone deacetylase，*HDAC*)等。一些基因具有广谱的抗病能力，如 *MHC* 基因在鸡、猪和绵羊中均能发挥抵抗多种病原体的功能。但通过抗病基因在猪中进行过表达抗病的研究较少。在小鼠中，转入外源 *Mx1* 或 *MxA* 基因的小鼠能够抵抗高致病性流感病毒。也有研究构建了小鼠 *Mx1* 过表达载体，制备了转基因猪，但是在转基因猪中没有检测到外源 Mx1 蛋白的表达。组蛋白去乙酰化酶家族的 HDAC6 也被用于研究猪的抗病能力，并且有转基因猪的报道。Lu 等(2016)通过制备 HDAC6 的过表达载体转染猪胎儿成纤维细胞，通过体细胞核移植获得 *HDAC6* 转基因猪。其 F1 代的转基因猪通过体外的 PRRSV 毒株感染实验证明 HDAC6 阳性的肺泡巨噬细胞中的病毒含量显著低于对照组，而通过高致病性 PRRSV 毒株的活体感染实验证明，表达 *HDAC6* 的转基因猪可以阻碍病毒的复制，使发病时间延缓，症状相对野生型较弱。证明了 *HDAC6* 的过表达可以在体内和体外具有抗 PRRSV 能力，为抗 PRRSV 转基因猪的培育以及 *HDAC6* 基因和病毒之间互作关系的研究打下了良好的基础。

由于上述抗病基因均具有广谱抗病能力，因此通过这一策略有利于培育抵抗多种疾病的新品种猪。结合人工核酸酶基因编辑技术，可以将此类外源基因精确引入基因组的特定位点中，提高基因表达效率，或许能进一步提高基因编辑猪的抗病能力，为广谱抗病基因过表达抗病的策略提供新的方法。

7.2.2 受体基因的精确编辑策略

受体是一类具有特异性识别配体或信号分子作用的大分子，主要成分为蛋白质 1 糖蛋白或糖脂，或以上两种分子的复合体。细胞表面也存在一些能够特异性识别病原体表面分子的受体，这些受体可以介导病原体的入侵，有的病原体需要特定的受体存在的情况下才能入侵细胞。病毒受体是引发病毒感染宿主的主要因素，影响宿主特异性和组织亲嗜性。针对受体的研究对于阐明病毒感染和免疫的分子机制、疫苗及诊断试剂的研制具有重要意义。如果宿主细胞表面缺失受体，可以阻断病原体的入侵，达到抵抗病毒感染的目的。受体是由基因所表达的，因此，通过对病原体受体基因进行编辑，破坏其功能，进而通过制备基因编辑动物来实现抗病育种。

7.2.2.1 受体的主要功能

生物体的细胞受体可以与胞外的信号分子结合，将识别和接受的信号放大并传递到细胞内部，引起生物学效应。根据受体在细胞中的部位，可以将受体分为细胞表面受体和细胞内受体。细胞表面受体为镶嵌于磷脂双分子层中的蛋白类物质，通过与配体的结合，激活一系列物理或化学变化导致生物学效应，细胞内部的生理过程常常受到细胞膜受体的影响。细胞内的受体存在于细胞质或细胞核基质中，主要识别和结合小的脂溶性信号分子。受体与配体的结合具有特异性，在同一细胞或不同的细胞中，同一种配体可以识别不同类型的受体，产生不同的细胞反应，引发细胞内的信号转导。与病原体相关的受体可以识别病毒表面分子，从而启动机体内的免疫应答。在这个过程中，固有免疫系统的模式识别受体与病毒的病原分子模式识别，发生受体配体反应，引发固有免疫应答，产生细胞因子。这里阐述的受体主要为介导病原体入侵的受体分子，这类受体的基因编辑具有抗病育种的潜力。

病毒在入侵受体时，需要在受体细胞特定区域才能完成其生命周期，即病毒的黏附、内吞，释放基因组，遗传物质的复制和生物合成，装配和释放病毒。DNA 病毒的基因组需进入细胞核内进行复制和表达，而 RNA 病毒的合成场所在细胞核周围区域。病毒进入细胞核或核周区域需要通过细胞上的分子才能在细胞内活动，这个过程与细胞中的多种蛋白质和分子相关。大部分病毒利用网格蛋白、小窝蛋白或脂质阀调节的内吞机制进入细胞。首先通过受体结合物位点结合，通过胞膜内化作用到内吞囊泡内。大部分病毒通过动力蛋白调节机制被转移到细胞核内体中，动力蛋白是 GTP 酶家族成员之一，有利于包被囊泡的形成。进入胞内的病毒释放基因组，开始其复制过程。研究病毒的感染过程对于其致病机理及治疗具有重要意义。

细菌在宿主细胞表面的黏附是入侵的第一步，受到多种理化因素或生物因素的制约，多种黏附素和受体参与了黏附过程。细菌的黏附具有宿主特异性、组织特异性和细胞特异性。细菌的菌毛一般会参与其对宿主细胞的黏附过程，菌毛凝集素可以与宿主表面聚糖发生特异性作用介导黏附过程。铜绿假单胞菌可以引发细菌性败血症、慢性肺部感染、尿道感染等多种疾病，其表面的凝集素 LecA 与肺部上皮细胞表面的糖脂特异性结合，LecB 则与多种组织上皮细胞的岩藻糖基、甘露糖基等结合，从而黏附宿主表面，进而感染组织引发病变。幽门螺杆菌是引发人类胃炎、胃溃疡及胃癌的细菌，其黏附过程依赖于 BabA、LabA 和 SabA 三种凝集素与胃黏膜表面受体 Lewis b、N，N-二乙酰基氨基乳糖苷、Lacdi NAc、唾液酸化的 Lewis a 和 Lewis x 的识别。通过将小鼠的岩藻糖转移酶失活后，幽门螺杆菌侵染小鼠的概率下降

(Magalhães，2009)，其原因是岩藻糖转移酶的缺失会导致 Lewis a 和 Lewis x 的合成受阻。在猪体内，猪链球菌可以通过失活肺部和脑组织细胞表面的半乳二糖从而引发脑膜炎、败血症及肺部感染等(Haseley，2002)。致病菌与糖类受体的黏附主要通过氢键、金属配位键、范德华力和疏水作用等。

7.2.2.2 病原体受体的特性

病毒受体通常位于细胞表面，可能为蛋白质、糖类或脂类，与病毒引发的免疫调节、信号转导、细胞间黏附相关。病毒的入侵均需要受体的介导，但每种病毒与其受体并不是一一对应的关系。一种病毒可能对应不同的受体，例如介导丙型肝炎进入肝细胞的受体有 CD81 和低密度脂蛋白，两种受体分子的结构几乎完全不同。同一种受体也可能介导不同病毒的入侵，例如柯萨奇病毒腺病毒受体，可以作为 2 型和 5 型腺病毒受体，同时也能作为 B1-B6 型柯萨奇病毒的受体，引发脑膜炎等症状。硫酸乙酰肝素(HS)是多种病毒的受体，包括伪狂犬病毒 (PRV)(Flynn 等，1996)、猪瘟(SFV) (Hulst 等，2001)及艾滋病病毒 (HIV) (Rider 等，1994)等多种。同一种病毒也可能利用不同的受体介导病毒的入侵，例如口蹄疫病毒的受体种类较多，目前已知的 FMDV 受体包括与 FMDV 结构蛋白 VP1 的 G-H 环上 RGD 基序相互作用的四种整联蛋白受体 αvβ3、αvβ6、αvβ1 和 αvβ8；与 FMDV 结构蛋白 VP3 上 56 位精氨酸相互作用的硫酸乙酰肝素(HS)受体；以及仍未被鉴定的第三受体。

受体的变化会导致病毒感染特性的改变，影响病毒对受体的识别，宿主细胞黏附力和发病机制。麻疹病毒 Edmonston 毒株的受体为 CD46，当小鼠转染 CD46 后，可以产生麻疹症状，而缺失 CD46 的猴则对这一毒株不易感，其他毒株可以通过一种激活淋巴细胞的信号分子 CDW150 感染猴。这表明病毒的变异对其侵染性以及对宿主的选择性也发生改变。与受体结合的配体的突变也会改变病毒的感染性，甚至使之能够感染原本无法感染的物种。例如脊髓灰质炎病毒表面受体免疫球蛋白超家族，只存在于灵长类细胞中，可以感染人体鼻、咽、肠和脊髓前角细胞，引发脊髓灰质炎。灵长类的骨髓灰质炎病毒本不能感染小鼠，但 Mahoney 株的核衣壳氨基酸突变后可对小鼠易感，引发脊髓灰质炎。D 型脑心肌炎病毒对小鼠感染后无症状，但病毒一个氨基酸的改变即使其对小鼠易感性增加，导致糖尿病。淋巴细胞脉络丛脑膜炎病毒的糖蛋白氨基酸变异可以使其对受体的亲和力发生改变，在小鼠中亲和力高会导致持续感染，亲和力低则导致感染清除(Sevilla 等，2000)。

水磨石病毒的受体为含唾液酸的糖蛋白，其配体为流感病毒表面的血凝聚，当受体的功能被破坏时，流感病毒则无法吸附于细胞表面，因此，细胞表面受体对于病毒的入侵发挥关键作用。人们熟知的病毒如 HIV 的受体为 CD4 等，病毒的吸附过程还会受到环境中 pH、温度等影响。对病毒特性的研究，有利于疾病的预防和治疗，也能对动物的抗病研究提供参考。

7.2.2.3 主要的猪病受体及相关抗病研究

口蹄疫(FMD)主要感染偶蹄目动物，表现为患病动物的口蹄等部位出现水疱并溃烂，是危害畜牧业的 A 类传染病。口蹄疫病毒的受体包括 αvβ3、αvβ6、αvβ1 和 αvβ8，硫酸乙酰肝素以及第三受体。整联蛋白结合型病毒利用网格蛋白介导的内吞路径感染细胞，并通过早期核内体转运至循环核内体释放病毒。硫酸乙酰肝素结合型病毒通过小窝蛋白介导的内吞途径入侵细胞。这一路径依赖 HS 蛋白聚糖上的部分蛋白聚合物来完成。病毒与 HS 受体结合后陷入胞膜表面的小窝中，再通过出芽方式向胞浆内陷，随后包裹病毒的小窝从胞膜上脱离并进入胞浆中产生小囊，小囊通过膜融合将病毒带入早期核内体中。进入核内体的FMDV依赖低pH环境诱导病毒衣壳裂解，并通过未知机制穿过病毒诱导的核内体膜上的小孔来释放病毒遗传物质。另外，发动蛋白可促使内吞囊泡与细胞膜的分离，在网格蛋白和小窝蛋白介导的内吞中发挥主要作用。FMDV识别受体是感染细胞的重要环节，由于其受体较多，受体介导的内吞机制也不同，所以利用哪种受体就决定了其内吞路径，而受体的突变会使其进入受体的路径发生变化，导致不同的表现。

猪瘟是危害养猪业的烈性传染病之一，由猪瘟病毒(CSFV)引发高热、呕吐、脏器受损等症状。猪瘟病毒的感染也依赖受体的介导，感染过程包括吸附和病毒的内吞，病毒的E2糖蛋白与细胞表面受体作用使之进入细胞内。硫酸乙酰肝素是CSFV的受体之一。2000年，Hulst等证实E0蛋白的476位丝氨酸被精氨酸代替时，HS可以介导病毒入侵(Hulst等，2000)，后来证明HS并不是其唯一受体(Hulst，2001)。猪细胞膜上的甘露糖-6-磷酸也是猪瘟病毒E0蛋白的受体。Li等证实血红蛋白β亚基为猪瘟病毒衣壳蛋白结合的受体，同时证明PCBP1是猪瘟病毒N蛋白结合的受体，如果敲除PCBP1基因，则病毒的增殖受到抑制(Li等，2013a；Li等，2013b)。He等证实了β肌动蛋白是与猪瘟病毒E2蛋白结合的受体，肌动蛋白缺失的细胞中病毒的拷贝数和滴度降低(He等，2014)。Schelp等报道低密度脂蛋白和60kDa的肌动蛋白结合膜蛋白也是病毒的受体(Schelp等，2000)。CD46是一种细胞膜跨膜糖蛋白，研究显示CD46是CSFV受体之一，与CSFV的入侵相关(Dräger，2015)，CD46同时也是其他多种病毒和细菌的受体。Chen等利用针对猪源膜蛋白基因的siRNA筛选，发现了多个CSFV的潜在受体分子，进一步通过免疫共沉淀等方法确定层黏连蛋白为CSFV的受体，可以与HS协同作用促进病毒感染(Chen等，2015)。虽然CSFV受体的研究取得了一部分进展，但需要更明确的信息阐述病毒与细胞受体的作用机制，为研究受体相关的抗病提供依据。

猪流行性腹泻(PED)也是养猪业的传染病之一，其发病率和致死率较高，病原体为猪流行性腹泻病毒(PEDV)。目前的一些研究表明，氨基肽酶(APN)是PEDV的受体，也被称为CD13，是一种Zn粒子依赖的蛋白酶(刘颖等，2014)。Oh等(2005)首先提出pAPN可能与PEDV的感染有关。APN作为病毒受体的主要功能区域位于C端Ⅴ区和Ⅶ区，其第500～963位氨基酸为PEDV受体的功能区域(单智夫，2012)，而PEDV S蛋白的249～529位氨基酸区域是pAPN受体的配体区域(孙东波，2008)。目前，APN作为病毒受体的作用机制尚不完善，作为PEDV受体的研究可促进对其抗病的研究。

猪繁殖与呼吸障碍综合征(PRRS)又称为蓝耳病，是由猪繁殖与呼吸障碍综合征病毒引发的烈性传染病。PRRSV只以猪为宿主，感染猪体内特定的巨噬细胞。巨噬细胞表面的受体分子参与了病毒的黏附、内吞和释放。PRRSV入侵各种细胞宿主时，参与介导的受体主要包括硫酸乙酰肝素(heparan sulfate，HS)、唾液酸黏附素(sialoadhesin，Sn)、CD163、波形蛋白以及树突状细胞间黏附性的细胞黏附性非整合蛋白(dendritic cell-specific intercellular adhesin molecule-3-grabbing non-integrin，DC-SING，CD209)(Calvert等，2007；Duan等，1998；Jusa等，1997；Kim等，2006)。受体是病毒感染的关键，多种受体在非易感的细胞中表达可以使其变得易感，许多PRRSV的受体同时也是其他病原体的受体。在这些受体中，大多数受体并不是PRRSV病毒感染的必需受体，一些受体之间存在相互促进感染的作用，其中CD163是PRRSV感染的必须受体。目前，对PRRSV及其受体的研究较多也较为深入，有的从个体水平验证了 PRRSV 受体的功能。许多研究证明,CD163 缺失的易感细胞失去感染 PRRSV 的能力,而 CD163 敲除猪的实验也证明了受体 CD163 功能缺失的猪具有抵抗 PRRSV 感染的能力甚至能够完全抵抗 PRRSV 的感染,使得受体 CD163 成为目前抗蓝耳病研究的热门靶细胞。通过对 CD163 的基因编辑获得抗蓝耳病猪,可以为培育抗蓝耳病猪新品种奠定基础,也为其他基于受体基因编辑的研究提供借鉴。

通过以上对受体的介绍得知,病毒与受体的互相作用在病毒入侵过程中是必需的,一些病毒拥有多种受体,有的受体也可介导多种病毒的感染。除了目前已知的受体基因,还可能存在未知的细胞表面受体,有的可能是病毒入侵的必须受体。在以受体基因为目标的抗病研究中,找到病毒入侵的必需受体是关键。对受体机制的研究也有助于更加了解感染机制,为采用受体阻断策略的抗病毒研究提供指导。

7.2.3 病毒基因组的干涉策略

病毒等病原体是造成动物感染的根本原因。在病毒感染宿主细胞时,通过病毒的黏附、内吞和基因组的释放将病毒的基因组侵入宿主中。病毒在宿主基因组中复制和表达才能完成完整的生命周期,因此如果通过某种方法干涉病毒的复制和表达过程,则有可能使病毒在宿主中失去功能,如果将这一方法运用到家畜中,也可能实现抗病毒的目的。对病毒基因组干涉的方法主要包括两种,一种是通过 RNAi 的原理对病毒基因组进行干扰,一种为利用 CRISPR/Cas 系统基因编辑工具对病毒基因组进行切割,使之失去功能。

7.2.3.1 RNAi 靶向病毒基因组策略

在动植物体内,广泛存在一些由细胞内源表达的小 RNA 分子,具有转录后调节基因表达的功能,主要引发靶基因沉默,干扰靶基因的表达,成为 RNAi。RNAi 几乎参与了生命活动的各个领域的调控,引发 RNAi 的 RNA 分子,根据其合成机制和作用的不同,可以分为 siRNA (small interfering RNA)、miRNA(microRNA)和 piRNA(PIW1-interacting RNA)3 种(Jinek 等,2009),其中 piRNA 和 miRNA 主要来源于自身基因组中,piRNA 是动物中特有的,主要存在动物生殖细胞中。RNAi 现象广泛存在于线虫、果蝇、哺乳动物、各种植物中。参与 RNAi 的小 RNA 与许多人类基因的发生相关,在病原体与宿主的免疫反应中也发挥作用。狭义的 RNAi 主要指长的双链 RNA 调控基因表达沉默,而广义的 RNA 为由小 RNA 介导目标 mRNA 降解和抑制翻译。利用小 RNA 进行干扰,是一种有效的调控基因表达的工具,可以用于 RNA 病毒引发的各类疾病,达到预防和控制疾病传播的目的。

RNAi 是真核生物中独有的基因沉默现象,是调控内源基因表达或抵御外源核酸入侵的自我保护系统。RNAi 作用方式为与 mRNA 的 3′端非编码区结合,影响靶基因翻译过程,因此也被称为转录后调控。Lee 等在 1993 年首次发现第一个 miRNA lin-4(Lee 等,1993),1998 年 Fire 等首次在线虫中阐述了 RNAi 的现象(Fire,1998)。此后,人们在果蝇、斑马鱼、拟南芥、小鼠和人类等各种模式动物中发现了 RNAi 现象。RNAi 的作用过程分为起始、效应和扩增 3 个阶段。在起始阶段,dsRNA 进入细胞中,被 Dicer 核酸酶特异性识别,在 ATP 的作用下将长链 dsRNA 切割成长度在 21～25 nt 的 siRNA,其 5′端包含的磷酸基因对于 RNAi 作用的发挥很重要,缺乏后无法诱导靶基因沉默。在效应阶段,siRNA 与核酸酶等结合诱导沉默复合体 RISC 的形成,再通过 ATP 的作用将 siRNA 双链解螺旋,形成的单链中,其中一条为引导连,可以与 mRNA 进行碱基互补配对,复合体中的核酸内切酶 slicer 对目标 mRNA 进行切割使其降解，从而引发蛋白合成受阻，基因沉默。在扩增阶段，siRNA 可作为引物，将降解的 mRNA 片段在聚合酶的作用下重新形成小双链 RNA，使之又可以加入 RNAi 中，从而将抑制转录后翻译的功能放大。

在 RNAi 过程中，3 种小编码片段依赖的酶都属于 Argonaute 蛋白家族，包括 AGO 和 PIWI 两个亚家族，AGO 家族参与 siRNA 和 miRNA 的作用，而 piRNA 与 PIWI 亚家族作用。RNAi 调控基因表达的方式具有鲜明的特点，细胞内 RNAi 存在放大效应，初始阶段的少量 dsRNA 通过 3 个作用阶段的循环可以成倍地扩大 RNAi 效应。RNAi 还具有特异性，即只对同源的 mRNA 进行降解，不影响其他 mRNA 的表达，对目的基因的调控比较准确。RNAi 还具有位置效应，dsRNA 对目标 mRNA 的结合具有碱基偏好性，GC 含量较低的 mRNA 的沉默效果更好。另外，RNAi 发挥功能依赖 ATP 在 Dicer 和 RISC 的酶切过程中提供能量。RNAi 的特点使之可以用于精确高效的靶基因干扰，从而应用于各个领域。

利用 RNAi 的靶向切割作用，人们也将其用于动物抗病的研究中，使用的方法均为设计靶向目标病毒的 RNAi 载体，制备载体转染后的细胞或个体，在体内或体外检测抗病能力。Li 等针对猪瘟病毒设计的 siRNA 表达质粒在 PK-15 细胞中表达，检测到了对猪瘟病毒的抑制效果（Li 等，2010）。针对非洲猪瘟 *NP419L* 基因设计的 shRNA 干扰载体在体外研究中也起到了较好的抑制病毒复制的结果，干扰效率甚至能达到 87%以上（宋红芹等，2013）。Lv 等针对口蹄疫病毒的 *VP1* 基因设计的 siRNA 载体转染 BHK-21 细胞，获得的转基因细胞能够短暂的抑制口蹄疫病的复制（Lv 等，2009）。在 Cong 等（2010）的研究中，针对口蹄疫病毒保守区域基因 3D、VP4 和 2B 序列设计的 siRNA 在转染 BHK-21 细胞后，对口蹄疫病毒表现出良好的抑制效果。siRNA 表达质粒在感染的小鼠中也能推迟其死亡，表明在活体动物中也具有抑制病毒复制的功能。在针对猪蓝耳病的研究中，He 等（2007）证明在体外 PRRSV 易感细胞中，瞬时转染靶向病毒基因组的 siRNA 可以使细胞获得抗 PRRSV 感染的能力，而稳定转染后的细胞则可以长时间抵抗 PRRSV 的感染（Zhao 等，2012）。在活体动物中，Li 等（2009）利用腺病毒包装 RNAi 载体制备了转基因猪，获得猪具有抵抗 PRRSV 感染的能力。Guo 等（2013）则发现 miRNA-181 具有抗 PRRSV 的能力，可以在体外培养的细胞中直接靶向病毒基因组 RNA，且 miRNA181 的抑制能力与其表达量正相关。Li 等（2014）针对高致病性 PRRSV 毒株 JXwn06 设计了 siRNA 表达载体，通过细胞水平的感染实验筛选出的高效载体制备了 shRNA 转基因猪，活体攻毒实验结果也显示出表达 shRNA 的转基因猪对 PRRSV 具有明显的抗病能力。以上研究都说明通过 RNAi 感染制备抗病毒猪的可行性。

目前，通过 RNAi 制备抗病动物的方法主要为针对病原体的功能蛋白相关基因的高度保守区设计 shRNA 片段，通过载体的构建，利用腺病毒或慢病毒包装等方式将质粒递送至动物体细胞或受精卵中，再通过体细胞核移植获得转基因动物。一些 RNAi 转基因动物的结果表明在动植物中利用 RNAi 制备具有抗病能力的动物具有广阔的应用前景，但 RNAi 还存在一些不足，比如，使用病毒载体进行递送时存在一定风险，包括病毒载体的免疫原性，片段插入的随机性和表达量不足等，而获得的转基因动物也没有报导表明能够完全抵抗病毒感染，因此 RNAi 的抗病还需要更多的研究。

7.2.3.2 CRISPR/Cas 系统靶向病毒基因组策略

CRISPR/Cas 系统是基因编辑的最有效工具，通过引导序列指导 Cas 蛋白靶向基因组序列对其进行切割。近年来，CRISPR/Cas 系统涌现出许多新成员，2016 年，张峰实验室报道了一种 CRISPR/Cas 家族的新成员 Cas13a，属于 Class 2 型 type Ⅵ型效应蛋白（Abudayyeh 等，2016）。Cas13a 的特点为可以靶向 RNA 的特定位点进行基因编辑，依赖 CrRNA 的引导完成靶序列的切割。随后，Cas13b、Cas13c 和 Cas13d 也被陆续发现，Cas13 家族靶向 RNA 的功能也是其具有对病毒 RNA 切割的潜力。

目前，已证实 Cas13a、Cas13b 和 Cas13d 均可以在哺乳动物细胞系中干扰 RNA，从而实现基因沉默，其中 Cas13d 家族蛋白 CasRx 分子量较小（易于载体的包装和递送）且具有较高效率，在未来的应用中是最具有优势的。与 RNAi 技术相比，Cas13d 介导的基因沉默具有效率高（Cas13d 达到 96%，shRNA 达到 65%）、脱靶率低的优势，且具有更高的特异性（未出现脱靶现象），从而理论上在疾病治疗过程中具有更高的安全性。与 Cas9 介导的基因敲除技术相比，Cas13d 介导的基因沉默不会改变基因组 DNA，因此这种基因沉默是可逆的，在基因治疗中表现出巨大的应用前景。

Cas13 在抗病毒的治疗中也有潜在的应用价值。CRISPR/Cas 系统在发现时，即是一种细菌内的抵抗外源基因入侵的防御机制（Sorek 等，2013）。CRISPR/Cas9 系统已经被证实具有靶向消除病毒 DNA 的功能。而 Cas13 系统也已经被证实在哺乳动物细胞中具有抗脑膜炎病毒（ICMV）、甲型流感病毒（IAV）和水疱性口炎病毒的能力（Freije 等，2019）。通过将 Cas13 导入细胞后感染病毒，证实了 Cas13 能够使细胞中的病毒水平降低，流感病毒的感染力降低 300 多倍。此外，在植物中的抗病毒能力也有报道（Mahas 等，2019）。2020 年 3 月，He 等利用 Cas13d 系统实现了在小鼠肝脏中进行基因编辑的能力，首次证实了 Cas13d 在成体动物体内也具有靶向 RNA 沉默的活性，为将 Cas13d 用于 RNA 病毒的治疗提供了依据（He 等，2020）。在 2019 末至 2020 年，世界范围内广泛暴发新型冠状病毒肺炎，其病原体（SARS-CoV-2）也是一种 RNA 病毒，具有容易突变、产生耐药性等特点。哈佛大学的研究人员提出利用 Cas13d 系统抵抗新冠状病毒的设想，可以针对病毒的保守区设计靶向 RNA，不仅能实现对病毒的清除，还能应对病毒变异带来的风险（Nguyen 等，2020）。利用 CRISPR/Cas 系统的研究目前还未见用于针对家畜疾病的动物抗病育种中，但也为其应用提供了全新的方法。

7.3 基因编辑猪的制备方法

动物的基因编辑是对基因进行修饰或操作的过程，从基因的操作到在个体表达是一系列复杂的过程，涉及分子生物学、遗传学、细胞生物学、基因工程、发育生物学等一系列内容。上文中，我们提到了一些基因编辑的策略和原理，不管是通过同源重组、定点整合，还是 RNAi 以及各种人工核酸酶介导的技术，都需要通过载体的介导才能进入细胞中发挥作用，再通过受体动物的代孕才能生出基因编辑后的猪。因此，获得动物总体上需要经历 3 个阶段的工作，即在分子水平构建具有基因编辑功能序列片段的质粒载体，通过一系列递送方式将载体导入细胞或受精卵中完成细胞水平的阶段，最终通过受体动物的代孕获得基因编辑个体，以下将介绍制备动物不同阶段的方法和原理。

7.3.1 分子克隆

当基因编辑的靶基因确定后，需要将目的基因从庞大的基因组中分离出来，通过一定方式复制再引入目标物种的细胞中，才能发挥基因编辑的功能。目标基因的载体分为质粒载体、病毒载体和噬菌体载体，目前常用的病毒载体也需要先进行质粒的构建。分子克隆是指 DNA 序列复制的过程，通过将 DNA 片段连接于质粒载体中，再将载体通过转染或转化引入宿主细胞(通常为大肠杆菌)，可以使引入的 DNA 序列进行大量的复制，获得目的基因的大量拷贝。载体可以通过转染进入所要编辑的物种的细胞内，目的基因或基因编辑工具在细胞内发挥作用，达到基因编辑的目的。

分子克隆的首要目标是获得目的基因，在人类基因组计划实施以来，随着测序技术的迅猛发展和迭代，许多物种的基因组都完成了测序和组装，许多基因的完整序列和功能被鉴定和注释，可以通过 NCBI 基因库中获得所要基因的序列。PCR 技术的出现使得体外扩增目标基因非常容易实现。在目标序列引物、DNA 聚合酶，模板和合成碱基的存在下，通过链式反应程序即可在体外获得大量目标序列。在获得目的基因后，通过末端连接，序列将被克隆到质粒载体中，目前人们已经开发出多种工具质粒用于基因的复制和表达。根据质粒在细菌中的拷贝数，可以分为高拷贝质粒和低拷贝质粒；根据质粒的作用，可以分为克隆质粒和表达质粒，表达质粒又包括真核表达和原核表达的质粒载体。一个完整的质粒除了目的基因的表达元件外，通常还有标记基因等元件，许多元件可以通过连接连入质粒中，例如基因的启动子，非编码序列以及其他的功能元件。

载体的设计是制备基因编辑动物的基础和关键步骤，基因编辑事件或外源基因的表达将依据载体的设计和各元件的功能发挥作用。在宿主细胞中，载体的基本功能为表达目的基因，目的基因的功能决定其在宿主中的作用，最初的载体仅为实现外源基因在受体中的表达。时至今日，已经有许多功能性的载体被开发出来，例如具有调控内源基因表达的 RNAi 载体，具有插入基因组中特定区域的转座子载体，携带同源序列的同源重组载体，带有人工核酸酶表达系统，能够执行基因编辑功能的载体等，这些特殊载体中，有的为带有转基因序列，有的仅发挥基因编辑功能，不引入外源序列。早期的遗传修饰方法只使用一种载体进行递送，方法单一且效率较低，例如为了实现基因的定向整合，同源重组质粒可以携带外源基因整合到宿主细胞基因组的特定位点，但在自然情况下，同源重组发生的效率很低，获得阳性细胞需要大量的工作，但在基因组发生双链断裂的情况下，同源重组发生的概率将大大提高，如果同时转入具有使基因组双链断裂的人工核酸酶，则可以提高阳性细胞的获得概率。实际上，各种新技术的出现实现了多种载体的共同递送和发挥功能，共同递送的载体之间往往具有联系，人工核酸酶载体进行切割的位置只能为相同位置的同源重组载体提高效率，所以在载体设计时，同源序列和人工核酸酶的引导序列为同一个基因对应位置的序列。

目前，基因编辑使用的工具载体中，最常用的为 ZFN、TALEN 和 CRISPR/Cas 系统，使用这几种系统已经产生了许多基因编辑动物，一些具有育种价值的抗病猪也被制备出来。锌指核酸酶 ZFN 载体主要包括核酸内切酶基因和识别区域，起识别作用的为锌指蛋白(Pavletich 等，1991)，与基因序列上的三个碱基识别，根据靶基因序列，将多个蛋白单元串联组装而成的锌指蛋白即可对其识别(Wolfe 等，2000)。起切割作用的 *Fok* Ⅰ 酶呈二聚体的形式在锌指蛋白的引导下切割基因序列(Pabo 等，2001)，对序列造成双链断裂，启动修复机制，带有 ZFN 表达元件的质粒载体正是通过这种机制对细胞基因组进行编辑。ZFN 的使用比被动的同源重组在效率上有了较大的提高，但 ZFN 的质粒设计和构建过程复杂，ZFN 分子较大，模块组装和合成费时费力，且特异性较差，使用时并不方便。转录激活因子样效应物核酸酶即 TALEN，是在 ZFN 之后出现的第二代人工核酸酶，其结构和原理与 ZFN 相似，包括具有识别功能的 TALEN 蛋白和切割功能的 *Fok* Ⅰ 酶，通常制作一对 TALEN 载体。相比 ZFN、TALEN 的特异性有了提高，但是 TALEN 分子较大，制备依然复杂，需要的成本和时间较长，因此，在其开展大规模应用之前，CRISPR/Cas 系统凭借其简单的设计，更高的效率，迅速成为基因编辑的主要方法。

CRISPR 的全称为成簇的、规律间隔的短回文重复序列，Cas 为 CRISPR 相关基因，目前，属于Ⅱ型系统的 Cas9 应用较多，Cas9 发挥作用依赖 sg 序列引导 Cas9 蛋白在目标区域造成双链断裂，Jinek 等(2012)设计的 gRNA 使得 Cas9 载体的构建更加简单。一个 Cas9 载体即包含了 sg 表达框和 Cas9 蛋白，只需要将 20 bp 的 sg 序列连入载体中，就能获得可以在细胞内切割 DNA 序列的全部元件，sg 序列则为切割提供引导。sg 序列虽然依赖于相邻的 PAM 序列(5′-NGG-3′序列)(DiCarlo 等，2013)，但在基因组中，NGG 序列普遍存在，在 128 bp 序列中就可以找到一个位点(Hwang 等，2013)，因此，几乎可以在基因内或基因间的任意位置进行编辑。Cas9 的诞生使基因编辑载体的设计变得极其简单，成本低廉，且效率较高，还可以在基因的不同位置设计多个 sg 序列以提高效率。基于 Cas 系统的载体已经占据基因编辑的主导地位，并成功地运用于基因治疗、检测与诊断、模型建立等多个领域，在猪的模型构建、抗病育种中也涌现出大批研究成果。

载体的获得仅是制备基因编辑动物的第一步，大多数基因编辑动物的获得都是通过显微注射法和体细胞核移植法获得的。显微注射技术是在受精卵中进行基因修饰或编辑，体细胞核移植技术是在体细胞中进行基因修饰或编辑，最终均通过代孕受体获得基因编辑后代。因此，载体需要通过一定的方法递送入细胞中才能对基因组进行编辑。

7.3.2 体细胞筛选

当具有基因修饰功能的载体被建立后，接着便需要将其递送入活细胞或早期胚胎中，从而发挥基因编辑功能。根据递送物的类型，可以将递送形式分为三种，包括具有表达功能载体的递送，DNA 或 RNA 序列片段的递送以及蛋白质等效应物的递送。根据递送的原理，又可以分为物理递送法、化学递送法和生物递送法。在哺乳动物尤其是猪的基因编辑中，质粒载体的递送应用较为成熟，安全高效的载体递送是发挥基因编辑功能的基础。

载体的物理递送方法可以使用显微注射法(microinjection)、电穿孔法(electroporation)，水动力尾静脉注射法(hydrodynamic tail-vein Injection, HTVI)等，其中水动力尾静脉注射法仅在小鼠中有报道，通过在小鼠尾静脉注射含有基因编辑系统的生理盐水，可以将载体直接递送到肝脏中，在肝细胞中进行基因编辑(Xue 等，2014；Yin 等，2014)。能够直接在活体动物中对靶器官进行编辑，在基因治疗领域有较大的应用前景。但对于大动物而言，尾静脉注射在基因编辑中应用有限，主要通过电穿孔法转染体细胞，并筛选阳性细胞。

电穿孔法即电击转染法，通过外加电场的电脉冲和一定持续时间的电刺激，诱导细胞膜产生跨膜电位，当外加电场的强度大于细胞膜穿孔的临界值时，细胞膜结构发生改变，形成孔隙，利于胞外物质进入细胞。电击法可以将外源质粒穿过透明带进入受精卵或早期胚胎，也可以穿过细胞膜进入体细胞，甚至可以在特殊条件下穿过输卵管进入受精卵。电穿孔法需要特殊的转染液、电极和转染参数，不同参数对于电击转染的效率影响很大。通过电转染，可以实现将 DNA 转入感受态细胞、动植物细胞或酵母中。相比于其他方法，电转染的优势为操作简单、转化效率高、重复性好等。在基因编辑动物的制备中，电转染法主要用于体细胞转染，再通过筛选和鉴定，可获得基因编辑的单克隆细胞，进而制备动物个体。电转染法在细胞转染中应用广泛，很多生物仪器制造公司都开发了各种电转染仪，通过优化电转条件、改善转染液成分配比、建立可视化操作等方法，使得细胞转染方法越来越简便，很多比较难转染的细胞，如原代细胞、干细胞等也都建立了电转染方法。现有的电转染还可以实现多种质粒载体同时转染，常见的电转染方法需要质粒、电击液、电击容器、电转染仪就可以实现质粒高效转染，并通过筛选获得单克隆细胞。但是，电转染具有成本高、细胞死亡率高的特点，需要根据实际情况选择合适的转染方法。

载体的化学递送法主要是通过一些具有跨膜功能的化合物分子进行递送，例如通过脂质体、纳米粒子、穿膜肽、磷酸钙、外泌体等。选择化合物时需要注意其生物相容性及递送能力，一些纳米粒子具有较好的生物相容性、稳定的化学结构、较高的负载能力和较低的细胞毒性，可以在活体的递送中发挥较好的作用。在大动物基因编辑中应用比较成熟和常见的是脂质体转染法。包括阳离子脂质体、鱼精蛋白等，阳离子脂质体法是最常使用的质粒递送的化学方法，其主要是通过胞吞作用进入细胞，带正电的阳离子脂质体可与带负电荷的 DNA 或 RNA 分子通过静电作用形成脂质体-基因复合体（Resina 等，2009），复合体的大小和性状与两种成分的摩尔比相关，呈动态变化状态。其过剩的正电荷则可使复合物吸附在带负电荷的细胞膜上（Tresset，2009）。脂质体本身具有亲脂性，细胞膜可以内吞形成胞饮小泡将脂质体复合物带入细胞内部，进一步进入细胞核，释放基因后在细胞内转录和翻译。阳离子脂质体的组成一般包括一个阳离子两性化合物（细胞转染素）和一个中性辅助磷脂。细胞转染素与辅助磷脂结合形成双层膜结构，弱化阳离子的毒性，也为阳离子脂质提供细胞渗透的功能，可以加强脂质体的转染能力（Wasungu，2006）。阳离子脂质体的转染会受到细胞内环境的影响，抑制 DNA 从核内体释放和干扰 DNA 进入细胞核的因素均会影响阳离子脂质体介导的转染，研究表明，有丝分裂的细胞更利于外源基因进入细胞核。此外，脂质体转染效率还与转染时间、受体细胞类型、生长状态、融合程度以及质粒的大小相关，脂质体的膜亲和性较好，但具有细胞毒性和转染效率低的缺点。目前，一些商业化的脂质体转染试剂盒使得脂质体转染变得方便，通过这种方法也产生了一些基因修饰的动物。

7.3.3 体细胞核移植

通过电穿孔、脂质体等方法转染体细胞后经过筛选仅仅是获得了基因编辑的细胞克隆，体细胞再通过核移植的方法才能获得重构胚，继而得到基因编辑后代。细胞核移植将原有卵母细胞的核去除，注入新的细胞核，形成的重构胚具有发育成完整个体的能力，是高度分化的细胞具有全能性的印证。自然界内，同一胚胎或个体内的几乎所有细胞都具有相同的遗传信息，理论上具有发育成一个完整个体的能力，但随着个体的发育和细胞的分化，大部分细胞失去了全能性，而通过核移植可以将分化的细胞发生去分化，恢复到受精时的状态，重新具备了发育成一个完整个体的能力。

体细胞核移植的研究始于两栖动物，1952 年，Briggs 和 King 将北方豹蛙卵母细胞去核，注入囊胚期细胞，成功地克隆了蝌蚪（Briggs 等，1952）。1958 年，JohnGurdon 第一次通过体细胞核移植获得了非洲爪蟾。20 世纪 70—80 年代，我国著名生物学家童第周等获得了世界首例体细胞克隆鱼（中国科学院动物研究所细胞遗传研究组，1980；楼允东，1998），这是我国首次报道获得体细胞克隆脊椎动物。1997 年，多莉诞生，这使哺乳动物的克隆越来越普遍，证实哺乳动物的成年体细胞也有全能性(Wilmut 等,1997)(图 7-4)。体细胞克隆几乎在我们熟知的所有动物中都有应用,目前已经诞生了 20 种以上的克隆哺乳动物,我国则在 2018 年实现了体细胞克隆猕猴(Liu, 2018),在灵长目动物克隆中获得了突破。体细胞核移植结合细胞中的基因编辑和筛选,很快成为制备基因编辑动物的常见方法,在猪中,也有很多基因通过编辑获得了基因编辑猪(表 7-1)。细胞核移植需要经过卵母细胞去核、体细胞注射、重构胚的融合或激活、体外发育及胚胎移植才能最终获得个体,步骤复杂,对技术和设备的要求较高,还需要一定数量卵细胞供体和受体动物。但核移植技术的重复性好,在细胞水平鉴定出阳性供体后,可以大批量地移植获得阳性后代,不用担心产生嵌合体或不同基因型后代的问题,因此对于建立基因编辑动物核心种群具有较大的优势。

表 7-1 通过不同基因编辑方式获得的猪及模型

获得方式	基因	基因编辑方式	应用方向
受精卵显微注射	*TMPSS2*	CRISPR/Cas9 敲除	抗病
	Sox10	CRISPR/Cas9 同源重组	瓦登伯革氏症候群
	NANOS2	CRISPR/Cas9 敲除	性别控制
	Pink1/Parkin	CRISPR/Cas9 敲除	帕金森模型
	ApoE/LDLR	CRISPR/Cas9 敲除	心血管病模型
	PDX1	CRISPR/Cas9 敲除	胰腺缺失模型
	vWF	CRISPR/Cas9 敲除	血友病模型
体细胞核移植或受精卵显微注射	*CD163*	CRISPR/Cas9 敲除或插入	抗蓝耳病育种
	GGTA1	同源重组敲除; ZFN; TALENs; CRISPR/Cas9	异种器官移植
体细胞核移植	*CD169*	同源重组敲除	抗病模型
	FBXO40	CRISPR/Cas9 敲除	性状改良
	UCP1	CRISPR/Cas9 敲入	抵御低温
	HTT	CRISPR/Cas9 插入	亨廷顿症疾病模型
	PPAR-γ	ZFN 敲除	心血管病模型
	LDLR	同源重组敲除;TALEN	动脉粥样硬化模型
	RUNX3	CRISPR/Cas9	癌症模型
	P53	TALENs 敲除	癌症模型
	IL2RG	同源重组敲除;ZFN 敲除	免疫缺陷模型
	RAG1/2	TALENs 敲除	免疫缺陷模型
	GGTA1/CMAH	ZFN 敲除	器官移植
	GGTA1/CMAH/B4GALNT2	CRISPR/Cas9 敲除	器官移植

续表 7-1

获得方式	基因	基因编辑方式	应用方向
体细胞核移植	*PERVs*	CRISPR/Cas9 敲除	器官移植
	TYR	CRISPR/Cas9 敲除	白化病模型
	BRCA1	同源重组敲除	乳腺癌模型
	CFTR	同源重组敲除	囊性纤维化
	APC	同源重组敲除	结肠癌
	DMD	同源重组敲除；CRISPR/Cas9 敲除	杜氏肌营养不良症
	SMN1	同源重组敲除	脊髓型肌肉萎缩症
	PKD1	ZFN 敲除	多囊肾
	GHR	ZFN 敲除	侏儒症
	MSTN	ZFNs 敲除；TALENs 敲除；CRISPR/Cas9 敲除	性状改良

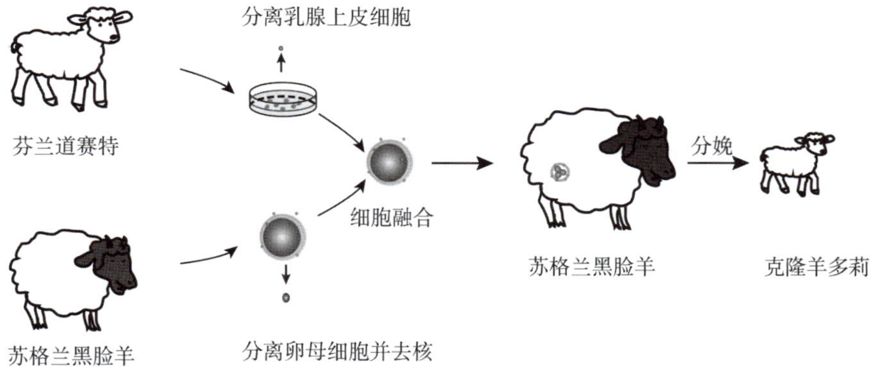

图 7-4 克隆羊多莉的制备过程(Wilmut,1997)

注：制备克隆羊时的供体细胞为芬兰道赛特母羊的乳腺上皮细胞，卵母细胞则取自苏格兰黑脸羊。将卵母细胞去核后，再将乳腺上皮细胞注射入卵母细胞，并融合发育，通过将早期胚胎移植入苏格兰道赛特受体母羊中，获得了克隆羊多莉，其性状与提供供体细胞的羊一致

进行本细胞克隆时，供体细胞的选择和处理方法尤为关键。适宜核移植的核供体细胞包括成体或胎儿成纤维细胞、颗粒细胞、卵丘细胞、输卵管上皮细胞、乳腺上皮细胞、间充质干细胞等。供体卵细胞一般为动物的成熟卵母细胞。移植前，需要将供体细胞进行同期化处理，使大部分细胞处于同一细胞分裂周期内，细胞的有丝分裂周期一般包括分裂间期和分裂期，间期分为 G1、S 和 G2 期，此外还存在静止期 G0。理论上来说，G0 期的的细胞处于分裂的静止状态，移入去核受体后可以与细胞质分裂期同步，且 G0 期的细胞中染色质结构容易发生调整和改变，可以适应基因表达的重编程的需要，因此，G0 期比较适宜用于重构胚的发育。但牛胎儿成纤维细胞和小鼠卵丘细胞的研究证明，非静止期的细胞做核供体也可以制备克隆动物。kasinathan 等的研究则认为 G1 期的细胞更适合作为供体(Kasinathan 等,2001)。对于卵母细胞，则普遍选择去核的 M2 期卵母细胞为核受体，卵母细胞的质量和状态对于核移植的成功也有重要作用。为了使供体细胞处于相同时期，常用的供体细胞制备方法包括新鲜组织分离

细胞法(夏威夷方案)、液氮冷冻细胞复苏法(密苏里方案)、分裂旺盛时期消化法、血清饥饿法、接触抑制法等,接触抑制法提供供体得到的克隆胚卵裂率最高,70%分裂旺盛期细胞卵裂率较高,而血清饥饿处理法、液氮复苏法和新鲜组织分离法获得的供体细胞进行核移植也能得到囊胚,但效率较低。

卵母细胞去核时,采用对细胞损伤小、效率高,准确而快速的方法是核移植成功的重要因素,卵母细胞去核的方法包括盲吸法、半卵法、功能性去核法、蔗糖辅助去核法、化学去核法等,其中盲吸法使用较多,但对技术要求高,其优点是效率较高、稳定、速度较快。去核完成后,将供体注入卵母细胞的方法最常用的为机械注入配合电刺激融合的方法。重构胚获得后,将处于 M2 期卵母细胞重新启动发育的方法即为重构胚的激活,常用物理和化学手段刺激卵母细胞发育,物理的方法主要为电刺激,电刺激可以将细胞融合和激活同时进行,即利用直流电压的刺激使细胞膜流动性改变并造成穿孔,改变膜内外离子流动,造成 Ca 离子内流,使细胞内 Ca 脉冲升高而激活细胞,化学融合的常用试剂为乙醇、离子霉素(ion)、放线菌酮(CHX)和二甲基嘌呤(6-DAMP),乙醇和离子霉素主要通过改变 Ca 离子浓度刺激卵母细胞发育,而 6-D 和 CHX 主要通过抑制卵母细胞维持 M2 期的 CSF 和 MPF 活性的原理使卵母细胞脱离 M2 期,进入第二次减数分裂期。另外,使用电激活配合化学激活的方法也被常用于重构胚的激活,并且具有较高的效率(任继武等,2010)。

获得重构胚后,需要通过胚胎移植移入受体动物中,才能获得克隆动物,受体动物的选择对于怀孕和生产也比较重要,优质的受体需要较合适的激素水平促进重构胚的着床,因此,需在胚胎移植前选择同期发情的受体,此时的受体激素水平适宜重构胚的附着。不同的动物胚胎移植方法也有不同,猪和羊常使用腹腔微创的手术方法移植于受体的输卵管或子宫角,而牛、马等动物则使用非手术方法移植入子宫中。妊娠动物的孕期管理也比较重要,克隆动物可能存在发育异常的问题,流产、难产、死胎、弱仔等情况比较常见,因此,不仅要选择母性较好,泌乳量较多的受体动物,还要注意动物产后的护理。

猪的克隆研究始于 1989 年,Prather 等使用了早期胚胎的卵裂球作为供体获得了首个干细胞克隆猪(Prather,1989)。2000 年,获得了世界首例体细胞克隆猪(Polejaeva 等,2000)。随后克隆猪的研究在不同品种中都获得了成功,我国于 2005 年获得了首例体细胞克隆猪(潘登科等,2006),另外许多地方特有的猪品种也被克隆出来,例如中国实验用小型猪,巴马猪(卢晟盛等,2008)、东北民猪(刘忠华等,2007)等。2013 年,我国研究者获得了首例 iPS 细胞为供体的克隆猪(Fan 等,2013)。在猪克隆体系被建立时,就被用于基因修饰猪的制备。猪由于生理结构,器官大小与人类相似,在人类疾病模型、器官移植及其遗传修饰育种中具有很大的应用价值。核移植技术与基因修饰技术的结合制备遗传修饰猪才是克隆技术的最大价值体现。包括人工核酸酶技术在内的多种基因修饰技术迅速被用于基因编辑猪的制备。Park 等首先利用成纤维细胞结合体细胞核移植获得了转基因猪(Park 等,2001),此后使用同源重组和体细胞核移植方法获得了多种基因打靶动物,通过 ZFNs、TALENs、CRISPR/Cas9 等技术与体细胞核移植技术也在猪中实现基因定点修饰,已获得了多种修饰猪。体细胞核移植技术为获得基因编辑猪提供了方法。

7.3.4 显微注射技术

显微注射技术是将质粒递送至细胞中的一种方法,可以通过注射针的注射直接引入质粒,我们所熟知的世界首例转人胸苷激酶基因小鼠就是通过显微注射获得的(Gordon 等,1980)。但对显微注射技术的探索始于 1966 年,Lin 等对小鼠的受精卵中注射外源物质(石蜡油、牛-γ球蛋白溶液)以观察小鼠胚胎的分裂和发育情况(Lin,1966)。1982 年,Palmiter 等将人生长激素基因转入小鼠受精卵后,获得的转基因小鼠具有 2 倍于普通小鼠的生长速度(Palmiter 等,1982),表明显微注射法可以实现外源基因的表达,在体细胞核移植法出现之前,显微注射法是制备转基因动物的主要方法。按照转基因小鼠的制备方法,相继出现了转基因兔、绵羊、猪、牛、山羊等哺乳动物,表现出在基因修饰动物制备中的应用前景。在猪中,早在 1985 年,便利用显微注射法获得了转大鼠生长激素的猪,且表达的外源基因含量较高,使得转基因猪表现出饲料转化率高,瘦肉率高的特点(Brem 等,1986),但早期的显微注射技术常常直接将外源基因注入受精卵中,随机整合和嵌合的概率较高,难以获得一个稳定表达又能稳定遗传的转基因猪群体。因此,在核移植技术出现的较长一段时间里,主要通过核移植技术制备基因修饰猪。近年来,新型基因编辑技术的应用大大提高了基因编辑的效率,还可以实现目的基因的定点整合,使得显微注射技术在猪中又较多地利用起来。出现了一大批通过显微注射获得的基因编辑猪,同样也在抗病育种领域取得了一定的成果。

显微注射法也是常用的物理递送法,可以将质粒载体或其他效应物递送入受精卵原核中(图 7-5)。显然,外来物质的成分和量可能对受精卵造成影响,因此,需要探索出最适合于基因编辑的质粒浓度和注射总量,找到受精卵存活和较高编辑效率的平衡点,否则,可能影响基因编辑的效率或造成受精卵死亡。显微注射对于设备和技术的要求较高,但一旦建立体系,则能用于多种基因和动物的编辑。另外,显微注射需要尽可能避免产生嵌合体,因为注射受精卵后,质粒可能在其卵裂过程中发挥较长时间的作用,因此,注射时间点的选择也尤为重要。

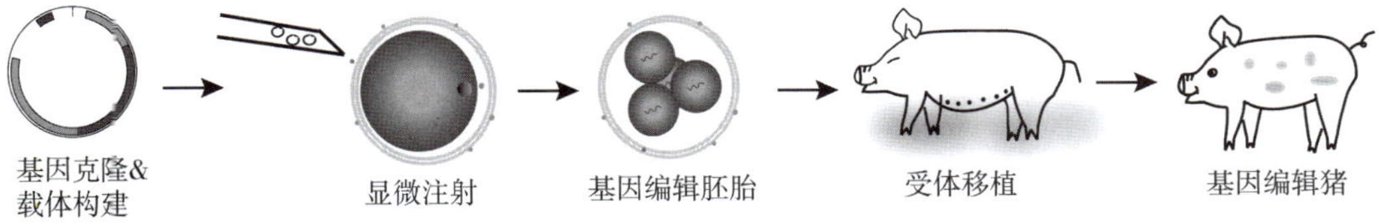

图 7-5 通过显微注射制备转基因猪(Liu,2018)

注:通过基因克隆或载体构建的核酸通过显微注射针注射入受精卵中,在体外发育的早期胚胎通过胚胎移植移入受体中,最终获得基因编辑猪

7.3.5 后代的获得和鉴定

通过显微注射或核移植能够获得后代,但并不意味着这些动物体内一定发生过基因编辑,尤其是对于显微注射等方法,直接注射后的受精卵未经过检测就进行了移植获得后代,后代中是否发生基因编辑、是否发生嵌合等,对于转入外源基因的个体,需要对外源基因的拷贝数和表达位点定位,对于使用工具酶的基因编辑,需要进行脱靶位点检测,如果基因编辑导致基因功能的变化,则需要对表达进行检测。

无论是通过基因编辑转入外源基因表达还是对内源基因的编辑,均需要对个体的基因编辑结果和表达情况进行鉴定,分为几个水平,包括对基因型的鉴定,即 DNA 水平的分型,RNA 水平的表达检测、蛋白水平的检测、组织水平的变化、个体水平的表型检测等。基因型是指生物体内细胞中 DNA 的性状相关的基因类型,常规的基因型鉴定主要为 PCR 检测和测序技术，在已知目的基因序列的情况下设计扩增引物进行 PCR 检测，当基因片段大小可以通过琼脂糖凝胶电泳分离时，可以通过 Marker 判断扩增条带大小，但为了确保扩增出的条带确实为目的条带，需要对条带回收进行测序，对于基因编辑后发生碱基突变或少量碱基缺失的基因则无法通过条带大小判断，此时通过测序可以精确地分析条带的碱基变化。Southern 印记杂交也是基因型鉴定的技术，通过 DNA 转移到固相支持物以及通过探针杂交，可以对序列进行检测，可以验证基因的整合及完整性，也可以大致确定基因的拷贝数。Southern 还可以通过酶切位点变化产生不同酶切图谱的分析对外源基因的重排和删除做出判断。对于随机整合的转基因动物，需要测定外源基因插入基因组的位置，通过基因组步移（genomic walking）可以获取已知序列两侧相邻位置的基因序列，通过对相邻序列的测序和比对可以确定插入序列所在的位置。使用荧光原位杂交也可以实现基因定位，其原理为使用报告分子标记的核酸探针与 DNA 序列杂交，通过报告分子与荧光素之间的免疫反应，即可以在镜下对 DNA 进行染色体的定位以及染色体数目和结构分析，是一种直观的基因型检测方法。

基因的转录水平鉴定是指对目标基因的 RNA 进行分析，对组织的 mRNA 提取和反转录后，通过 RT-PCR 检测以及测序检测可以反映基因序列转录情况，即获得的 mRNA 是否与预期一致。也可以通过定量 PCR 确定基因的表达量，通过荧光信号的积累和分析可以确定反映体系中的扩增量。如果选定一个内参基因，通过与内参基因的表达量计算可以比较两种基因的表达量，称为相对定量。绝对定量常用于微生物的含量检测。有的基因可能拥有不止一种转录本，对于不同转录本的检测，常使用 5′-RACE 和 3′-RACE 来测定转录本，在已知一段 cDNA 的基础上，RACE 技术可以向序列两端进行延长扩增，最终可以获得完整的 3′端或 5′端，所包含的不同转录本也可以被扩增出，通过电泳在凝胶中分离出不同大小的条带，测序后即可知道具体的序列。Northern 印记杂交的原理与 Southern 相似，但可以对 RNA 进行检测，同时获得不同的转录本。与 DNA-FISH 对应的 RNA-FISH 也可以测定组织或细胞中的 mRNA 水平。

蛋白质是生命形式的呈现者，对于基因在蛋白质水平表达的检测也是必须的，Western blotting 是最常用的蛋白检测方式，提取获得的总蛋白可以在 SDS-PAGE 聚丙烯酰胺中通过电泳分离，再将蛋白质转移到固相载体上，利用抗体的特异性结合杂交以及标记物的显影，可以将目标蛋白从总蛋白中分离和显现出来，直观地显示是否有靶蛋白表达。几乎所有的蛋白质检测方法都依赖蛋白质的免疫学特性，通过带有标记的特异性抗原与靶蛋白结合和显影，酶联免疫吸附试验和免疫组织化学反应以及放射免疫鉴定分析可以在各种体液，组织中对蛋白进行定量，还可以通过染色的蛋白质观察组织中细胞的类型、形态、分化程度等。最后，蛋白质氨基酸测序和晶体结构的解析是蛋白质检测的最终手段，可以对蛋白质的一级结构和高级结构进行解析，是研究蛋白质的生物功能和分子间相互作用的重要手段，在医学领域有较大的前景。

基因编辑的最终目的是为了改变基因的功能并体现在个体中，在完成分子水平检测后，还需要在细胞（体外）和个体（体内）水平进行检测，动物的表型主要通过各种生理指标的检测来记录数据，例如在细胞和组织水平对细胞变化、基因表达相关的信号通路等进行探究。在个体中，根据基因编辑的目的，主要分为对生长、繁殖、生物反应器、抗病、疾病模型等进行检测。例如对发育阶段的体重、外貌、采食量、体高的测定，对血液中细胞因子、抗体水平、激素表达的检测，对繁殖性能指标的检测等。对于动物的抗病育种研究，就必须测定其对病原体的抵抗能力，需要通过攻毒实验来验证抗病能力。体外的攻毒实验需要对病毒或细菌剂量、毒株或菌株、作用时间等作设定，并检测攻毒后的病毒或细菌含量、抗体变化、基因表达变化等，研究抗病能力和致病机理。体内的攻毒实验设计时，需要对个体的年龄、数量、环境条件、病毒剂量和毒株、作用时间、对照组等做出设定，并在攻毒时和结束后检测动物的临床表现（体温、体重、采食量、症状、血液生理生化指标等）、病毒含量（血毒检测、组织器官中病毒定量）、抗体水平（特异性抗体、中和抗体检测）、病理诊断（X 光、B 超、核磁共振、组织病变观察、切片观察等）以及相关信号通路（免疫因子、上下游分子表达、病例损伤等）等指标，对动物的抗病能力做出综合判断，并探究其抗病机理。

对于使用人工核酸酶技术的基因编辑而言，需要注意脱靶检测，基因编辑依赖引导序列的靶向作用才能在特定位置进行基因编辑，而引导序列特异性较差时可能造成脱靶，在基因组中其他与引导序列同源性较高的位点造成切割，不仅降低目标基因的编辑效率，还有可能影响其他基因的表达，造成细胞非正常凋亡，甚至对个体发育造成影响。脱靶与否与序列的特异性相关，靶向的序列越长，其在基因组中的特异性就越强，由于脱靶效应无法事先判断，具有随机性，因此基因编辑后胚胎的生长发育过程反过来对于脱靶效应具有筛选的作用，那些脱靶影响生长发育基因的个体无法出生，而出生后健康的个体则一般不存在脱靶。但这只适用于使用显微注射技术制备基因编辑动物，因为显微注射技术后发生的基因编辑在各个受精卵中存在差异。而利用体细胞核移植技术制备基因编辑动物时，所使用的编辑后的单克隆细胞基因型一致，如果存在脱靶，则产生的基因编辑胚胎也存在脱靶。因此，需要尽可能对所获得的供体细胞进行脱靶检测，确保未发生脱靶后再进行核移植实验制备动物。对于 Cas9 技术，其靶向特异性与其 20 bp 的 sg 序列相关，而在庞大的基因组中，可能存在与靶位点同源性较高的区域，从而导致脱靶，在 David 等（2013）的实验中，证明 Cas9 特异性相关序列为 sg 中 7～12 bp 的靠近 PAM 处的序列。为了减少和避免脱靶效应，可以在设计导向序列时，通过全基因组比对选择特异性最强的序列，或使用突变的 Cas9 蛋白（Cas9n）和两条 sg 以增加特异性。

7.4 基因编辑抗病育种的实例

7.4.1 *CD163* 基因编辑抗蓝耳病猪

猪繁殖与呼吸综合征是危害养猪业的重大传染病之一，有猪中“艾滋病”之称，自 1987 年被首次报道以来迅速传遍了全世界，在我国的几次大暴发对养猪业造成了巨大的损失，猪繁殖与呼吸障碍综合征又称为蓝耳病，由猪繁殖与呼吸障碍综合征病毒引发，PRRSV 在猪体内的主要靶器官是肺泡巨噬细胞，通过细胞表面的受体入侵靶细胞。其中的 *CD163* 是病毒入侵的关键受体。为了预防蓝耳病，人们通过各种方法培育抗繁殖与呼吸障碍综合征病毒猪，其中通过受体 *CD163* 基因编辑的猪在抗蓝耳病研究中取得了有效的成果。

7.4.1.1 猪繁殖与呼吸障碍综合征受体 *CD163* 的介绍

CD163 是 PRRSV 的细胞表面受体之一，本身属于清道夫受体，清道夫受体为细胞表面的跨膜蛋白，可以识别和清除机体有害物质或代谢废物。*CD163* 是半胱氨酸富集结构域超家族的一员，大小为 130 kDa，猪的 *CD163* 位于 13 号染色体短臂上，由 17 个外显子和 16 个内含子组成。人和猪的 *CD163* 同源性很高，区别在于胞质尾的不同，在猪中，*CD163* 只在单核巨噬细

胞中表达，例如腹膜巨噬细胞、肝脏中的 Kuffer 细胞、脾脏中包含的血浆巨噬细胞、骨骼内的巨噬细胞和肺泡巨噬细胞（Van Breedam 等，2010）。

CD163 并非 PRRSV 的唯一受体，目前所鉴定的 PRRSV 受体包括硫酸乙酰肝素（heparan sulfate，HS）、唾液酸黏附素（sialoadhesin，Sn）、CD163、波形蛋白以及树突状细胞间黏附性的细胞黏附性非整合蛋白（dendritic cell-specific intercellular adhesin molecule-3-grabbing non-integrin，DC-SING，CD209），但其中只有 CD163 才是必需受体。CD163 的胞外区包含 9 个 SRCR 结构域，目前已知的 CD163 功能还包括 SRCR2 结构域相关的介导成红细胞黏附的功能，与机体的红细胞生成相关。其 SRCR3 结构域可以介导血液中血红蛋白-触珠蛋白复合体的清除，对于保护组织免受血红蛋白氧化损伤，维持机体内环境稳态具有重要作用。发挥介导 PRRSV 入侵功能的结构域为 SRCR5 结构域，由第 7 外显子编辑，与乙酸乙酰肝素和唾液酸黏附素不同，SRCR5 可以介导病毒入侵的整个过程，与 SRCR5 结构域结合的 PRRSV 结构域为 GP2a 和 GP4 二聚体，其中 R561 位点的氨基酸对于 CD163 与 PRRSV 的结合起关键作用。正因为 CD163 在 PRRSV 入侵时的关键作用，使得 *CD163* 成为 PRRSV 抗病研究中的目标基因。CD163 不同结构域的功能如图 7-6 所示。

图 7-6 彩图

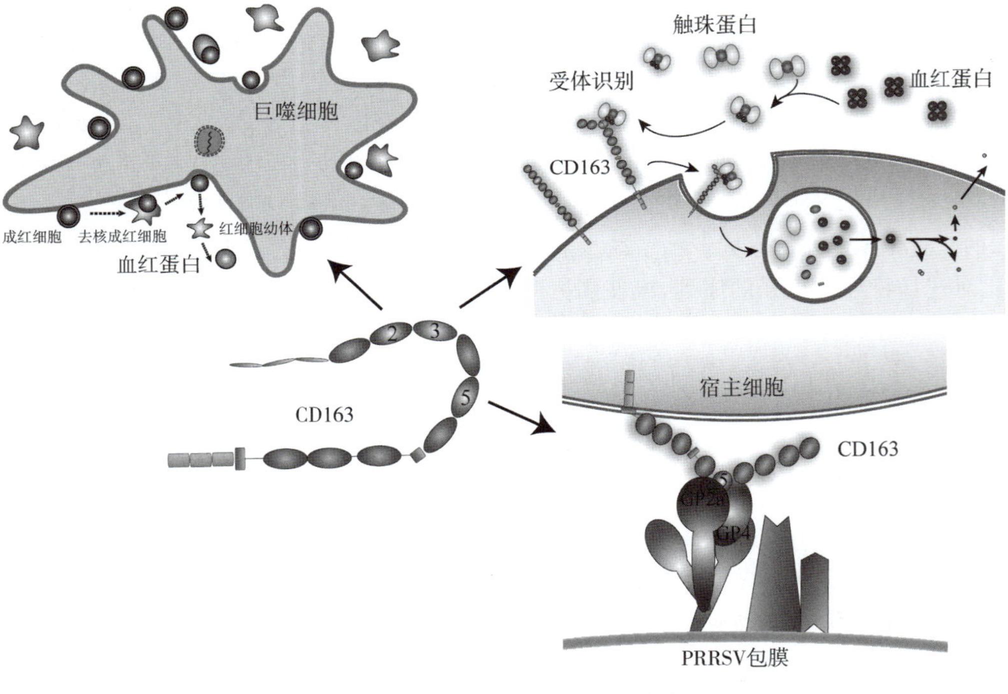

图 7-6　CD163 不同结构域的功能

注：CD163 的 SRCR2 结构域具有介导成红细胞黏附的功能，其 SRCR3 结构域可以介导血液中血红蛋白-触珠蛋白复合体的清除。SRCR5 结构域与结合的 PRRSV 的 GP2a 和 GP4 二聚体结合

7.4.1.2　遗传修饰抗蓝耳病的研究

猪繁殖与呼吸障碍综合征病原体是 RNA 病毒，主要包括欧洲毒株 1 型和美洲毒株 2 型，流行于不同地区的不同毒株种类非常多，而且容易变异，导致对蓝耳病的治疗和预防比较困难。除此之外，PRRSV 引发的免疫反应也很有特点，表现在抑制机体的天然免疫反应，引发

免疫规避使病毒可以持续的感染受体，PRRSV 的中和型抗体产生较晚，初期只产生非中和抗体，反而使病毒更容易入侵靶细胞。针对 PRRSV，使用中草药、抗生素等方法都不能取得明显的效果，由于其易变异，现有的灭活疫苗和弱毒疫苗缺点也很明显，因此通过遗传修饰的方法制备具有抗蓝耳病能力的猪是解决蓝耳病问题的新方法。

前文提到，针对病原体和宿主，可以通过病原体基因干涉、提高宿主免疫水平、病原体受体的基因编辑策略实现抗病，目前这些策略在抗蓝耳病猪的制备中都有涉及。自从发现 siRNA 具有抗病毒功能后，一些研究也将其用于抗 PRRSV 的研究。He 等在 2007 年将靶向 PRRSV 的 siRNA 转染 PRRSV 易感的细胞后，转基因细胞表现出抗 PRRSV 感染的能力（He 等，2007），此后的研究也证明，能够稳定表达针对 PRRSV siRNA 的细胞系则具有持续的抗病毒能力（Zhou 等，2012）。使用腺病毒递送 siRNA 获得的猪也具备抵抗 PRRSV 的能力（Li 等，2009）。一些特定的小 RNA，例如 miR-181 能够直接靶向病毒基因组 RNA 干扰病毒的复制，并且抗病能力与 miR-181 的表达量正相关（Guo 等，2013）。针对高致病性的 PRRSV 毒株 Jxwn06，表达 shRNA 的转基因猪也表现出抗 PRRSV 能力。另外，Lu 等（2017）制备了能够表达具有广谱抗病毒能力的转基因猪，在活体攻毒实验中，也观察到转基因猪具有抑制病毒复制，减弱发病症状的特点，证明表达抗病酶的猪也能提高抗病能力。针对 PRRSV 的另一个受体 *CD169*，Prather 等制备的 *CD169* 敲除猪在活体攻毒实验中，通过临床症状观察、病理变化检测等方法都没有检测到明显的差异，与细胞中的研究不同（Prather 等，2013）。以上的研究均没有获得具有育种价值的抗蓝耳病猪。

7.4.1.3 通过 *CD163* 基因编辑的抗蓝耳病猪

通过 *CD163* 基因编辑制备抗 PRRSV 猪属于内源性受体基因编辑抗病的策略，*CD163* 的编辑制备的抗 PRRSV 猪在一系列的体内和体外的研究中表现出明显的抗病能力，培育了一批具有抗病育种价值的品种。基于 *CD163* 基因编辑猪的制备策略主要为 3 种，分别为 *CD163* 的移码突变导致的全部敲除；使用人同源的 *CD163* 第 11 外显子替换猪 *CD163* 第 7 外显子获得的 SRCR5/SRCR8 替换猪；*CD163* 第 7 外显子编码的 SRCR5 精确敲除的猪。以下为这三种策略获得的猪的举例。

移码突变是基因敲除的有效方法。针对 *CD163*，最早于 2016 年，Whitworth 等通过 CRISPR/Cas9 介导获得内源 *CD163* 移码突变的猪，*CD163* 敲除猪的第 7 外显子等位基因处分别有不同长度的缺失或插入，为双等位基因敲除猪，使用 10^5 $TCID_{50}$ 剂量的 NVSL97-7895 毒株进行了活体攻毒实验，与对照组的野生型猪相比，所有 3 头敲除猪均未表现出明显的呼吸系统症状及高热的现象，在肺组织和血液中都未检测到 PRRSV 的 RNA 及抗体，表现出较强的抗 PRRSV 能力（Whitworth 等，2016）。Yang 等（2018）通过 Cas9 介导的 *CD163* 敲除，结合单克隆筛选和体细胞核移植获得了第 7 外显子处移码突变的杜洛克猪，敲除猪的肺泡巨噬细胞在体外攻毒实验中保持了正常的形态和功能，体现出抗病毒能力，之后使用 10^5 $TCID_{50}$ 剂量的 TP 毒株进行了活体攻毒实验，野生型猪表现出明显症状并在攻毒后 14 d 内死亡，*CD163* 敲除猪全部存活且在攻毒过程中未观察到明显症状和高热，敲除猪的血液中未检测到病毒载量和 PRRSV 抗体，表现出完全的抵抗 PRRSV 能力。王少华等基于 CRISPR/Cas9n 系统设计了针对 *CD163* 第 7 外显子的 2 条 sg RNA 并结合 GFP 标记基因获得了 2 种基因型的 *CD163* 编辑猪，其细胞水平的编辑效率达到了 90%（王少华，2018）。魏迎辉等也针对 *CD*163 第 7 外显子设计了 sgRNA 获得了无标记基因的 *CD*163 编辑猪，为培育抗 PRRSV 的新品种提供了育种材料（魏迎辉，2018）。

CD163 的 SRCR 结构域替换实验证明，将人的 *CD163* L1 SRCR8 结构域代替猪 *CD163* SRCR5 结构域后，体外培养的细胞易感性降低，证明 SRCR5 结构域的替换也能达到抗 PRRSV 的目的。通过这一方法，Wells 等扩增出编码 SRCR8 结构域的人同源的 *CD163* 基因第 11 外显子，通过基因编辑与同源重组将外显子 11 替换内源 *CD163* 的外显子 7，并获得基因编辑猪，体外攻毒实验证明替换猪的肺泡巨噬细胞能够完全抵抗 6 种 1 型毒株的感染并降低 9 种 2 型毒株的感染，活体攻毒的实验结果与体外实验结果一致（Wells 等，2017）。Chen 等（2019）也利用 Cas9 介导的同源重组获得人 SRCR8 替换 *CD163* SRCR5 的基因编辑猪，在体外实验中基因编辑猪的 PAMs 具有完全抵抗 2 型毒株感染的能力，并证明 *CD163* 第 7 外显子替换的 PAMs 可以在体外介导病毒的黏附和内吞，但病毒基因组无法释放到细胞中，从而抑制病毒的增殖。在使用高致病性 PRRSV 毒株 JXA1 的活体攻毒实验中，WT 攻毒猪全部死亡，而 *CD163* 第 7 外显子替换猪仅表现出较轻微的症状，血液中病毒含量显著低于野生型猪的水平，并未检测到抗体，证明 *CD163* 第 7 外显子替换猪对 PRRSV 具有抵抗力。

在 *CD163* 替换猪的实验中，使用了人的同源序列替换了猪的 *CD163* 序列，使用人的基因序列作为供体进行动物疾病相关的研究对于人有潜在的风险，如果只敲除 *CD163* 的第 7 外显子，不仅能使猪获得抗病能力，而且不引入外源基因，不影响 *CD163* 其他结构域的功能。英国 Roslin 研究所 Burkard 等在第 7 外显子两侧的内含子中设计 sg，通过将 Cas9 及 sgRNA 注射入受精卵中，获得了 SRCR5 结构域敲除的猪，敲除猪在体外能够显著抵抗 1 型和 2 型 PRRSV 毒株的感染。在使用 1 型 PRRSV 毒株 BOR-57 的活体攻毒实验中，基因编辑猪未出现症状，野生型猪表现出轻微症状和发热（Burkard 等，2017；Burkard 等，2018），野生型肺组织有明显病变而编辑猪无病变，表明其具有抗欧洲型 PRRSV 的能力。针对 *CD163* 的 SRCR5 结构域，Ma 等（2017）对其进行了结构解析，对其中的重要氨基酸位点进行了定位，在体外培养的 PK-15 细胞中，将其含有的猪 *CD163* 位于 561 位点的精氨酸突变后，PK-15 细胞感染 Bj-14 毒株和高致病性毒株 HN07-1 的能力显著下降，PRRSV 毒株的结合量和侵入量有明显的降低，证明 561 位氨基酸位点的重要作用，进一步加深了 PRRSV 通过 *CD163* SRCR5 结构域入侵宿主细胞的机制的了解。Wang 等（2019）也利用 Cas9 介导同源重组载体将 *CD163* 的第 7 外显子删除，获得了第 7 外显子精确删除猪，且删除猪不含有标记基因序列，在活体攻毒实验中，使用了 $10^{6.5}$ $TCID_{50}$ 剂量的高致病性 PRRSV 毒株 JXA1 进行了活体攻毒实验，并设置了接触对照组，实验结果显示，*CD*163 删除猪的症状出现较晚且轻微，并在几天内恢复正常，体温变化也表现出轻微高热并很快恢复，与 *CD163* 编辑猪同居接触的野生型猪相对于野生型攻毒猪接触组也较晚发病，症状较轻，致死率较低。表明 *CD163* 删除猪能有效抵抗 PRRSV 的感染并降低与其同居接触猪的死亡率。Guo 等（2019）也通过 CRISPR/Cas9 系统将猪 *CD163* 第 7 外显子内部包含 PRRSV 配体结合区（Ligand-binding pocket，LBP）41 个氨基酸的基因序列敲除，获得了 *CD163* SRCR5 LBP 缺失的大白猪，使用 JXA1 及 MY 毒株的攻毒结果也显示 LBP 缺失猪具有完全抵抗 PRRSV 的能力，这些都证明 *CD163* 的基因编辑可以使猪具有抗 PRRSV 的能力（图 7-7）。

对 PRRSV 入侵机制研究的加深使得人们将基因组遗传修饰的抗蓝耳病研究逐渐集中到针对 *CD163* 的基因编辑上来。对 *CD163* 进行编辑的抗病研究也从整个基因发展到 SRCR5 结构域，再到单个氨基酸的水平，基因编辑的靶标越来越精确，每一次取得的成果都对培育抗蓝耳病猪的新品系以及对 PRRSV 的感染机制的研究奠定基础，也为其他物种的育种和同类病毒感染机制研究提供参考。

表 7-2　国内外通过 *CD163* 基因编辑制备抗蓝耳病的研究

参考文献	编辑方式	猪种	毒株	剂量	注射方式	攻毒结果
Whitworth 等，2016	*CD163* 移码突变	大白	NVSL97-7895，2 型	10^5 TCID$_{50}$	一半滴鼻，一半肌肉注射	完全抗病
Wells 等，2017	替换	大白	NVSL97-7895，2 型，SD13-15 1 型		一半滴鼻，一半肌肉注射	2 型不抵抗
Burkard 等，2018	*E7* 敲除	大白	BOR-57，1 型	5×10^6 TCID$_{50}$	滴鼻	完全抗病
Yang 等，2018	移码突变	杜洛克	TP，2 型	10^5 TCID$_{50}$	肌肉注射	完全抗病
Guo 等，2019	*E7* 部分缺失	大白	JXA1 和 MY，2 型	2×10^5 TCID$_{50}$	滴鼻	完全抗病
Chen 等，2019	*E7* 替换	大白	JXA1，2 型	$10^{6.5}$ TCID$_{50}$	肌肉注射	轻微症状
Wang 等，2019	*E7* 敲除	大白	JXA1，2 型	$10^{6.5}$ TCID$_{50}$	肌肉注射	轻微症状

基因编辑为动物的抗病育种提供了有效的手段，但从动物实验走向产业化还需要很多因素需要考虑。在 *CD163* 替换的抗病猪的研究中，虽然 *CD163* 第 7 外显子替换为人 *CD163* 相应位置序列的大白猪，但由于人不感染 PRRSV，将其关键结构域序列转移到可感染 PRRSV 的天然宿主中，是否会导致病毒向可感染人方向变异的风险仍然未知。因此，只对关键结构域 SRCR5 进行编辑或删除可能是最安全的选择。此外，考虑到基因编辑动物生物安全评价的需求，获得既拥有抗病能力，又不含标记基因，且不存在基因编辑导致的脱靶问题的抗 PRRSV 猪才最具有进一步用于抗病育种的潜力。

图 7-7 彩图

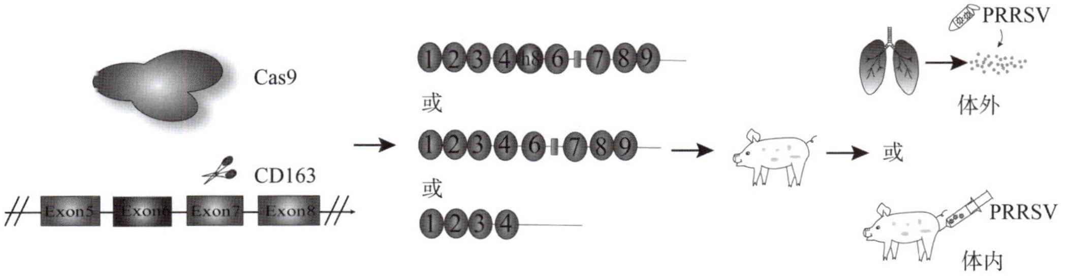

图 7-7　*CD163* 基因编辑抗 PRRSV 研究

注：目前的研究主要针对 *CD163* 第 7 外显子进行编辑，造成 SRCR5 结构域的替换、缺失或移码突变的猪，并在体外及体内用不同类型 PRRSV 进行攻毒实验

7.4.2　*RELA* 基因编辑抗非洲猪瘟病毒猪

非洲猪瘟是一种烈性的猪传染病，由非洲猪瘟病毒引发，可以感染任何种类和年龄段的家

猪或野猪。非洲猪瘟可引起猪高热，体温可以高达40℃以上。感染非洲猪瘟病毒的症状包括皮肤发紫并带有点状出血，严重呕吐，粪便带血，呼吸困难等。非洲猪瘟表现出的症状与其他一些烈性传染病相似，但目前没有有效的治疗方法，致死率可达到100%，在管理不严格的饲养场一旦暴发非洲猪瘟，几乎会导致所有猪死亡。中西药、疫苗等都不是有效的预防和治疗非洲猪瘟的方法。

在细胞水平的研究中，证实ASFV非洲猪瘟病毒的感染与巨噬细胞特异性的受体相关，CD163是巨噬细胞的表面受体之一，与多种病毒感染相关。目前有研究表明CD163也是ASFV的受体之一(Sanchez-Torres等，2003)，Sanchez-Torres等(2003)研究了猪巨噬细胞感染与CD163表达的相关性，发现体外培养的巨噬细胞的感染增强与CD163表达水平上升相关，表达CD163的单核细胞对ASFV的敏感性更强，且培养基中添加CD163的抗体有助于降低ASFV的感染能力，因此认为CD163参与了单核/巨噬细胞的感染ASFV的过程。但在*CD163*敲除猪的攻毒实验中，使用Georgia 2007/1进行了活体攻毒实验，观察发现*CD163*敲除猪与野生型猪在临床症状，体温变化等没有显著的差异，解剖病变观察发现基因编辑猪与野生型猪器官的病变均为典型的非洲猪瘟感染症状。编辑猪与野生型猪在攻毒期间的血液病毒含量之间也没有显著差异，证明了*CD163*的编辑猪对ASFV没有抗性。

非洲猪瘟在发病猪的血液和分泌物中大量存在，可以经过软蜱叮咬家猪严重感染甚至死亡，但非洲疣猪等一些种类的野猪却可以抵抗病毒的感染，仅携带非洲猪瘟病毒却不发病，不同猪种间感染程度的差异表明猪种间的基因差异可能调节病毒的感染。在Palgrave等(2011)的研究中，通过对与病毒编码的免疫调节蛋白A238L相互作用的信号通路候选基因检测，发现*RELA*(p65；v-rel reticuloendotheliosis viral oncogene homolog A)基因在家猪和疣猪之间存在3个氨基酸的差异。*RELA*是NF-κB转录因子的重要成员，体外的转基因细胞感染实验中，疣猪细胞的NF-κB水平在感染时下降而家猪不发生变化。通过突变实验，证明了*S531P*的突变是疣猪和家猪间功能发生变化的主要原因。证明了*RELA*的差异可能是ASFV感染疣猪和家猪差异的原因。在此基础上，Lillico等(2016)针对家猪RELA基因设计了ZFN质粒。将ZFN质粒和靶向*RELA*的ssODN序列同时注入猪受精卵中，通过ZFN的编辑和同源重组，将与疣猪相同的*RELA*序列与家猪序列进行了置换，获得了与疣猪*RELA*序列相同的基因编辑猪，为培育具有抗ASFV功能的家猪奠定了基础。Hübner等(2018)利用基因编辑的抗ASFV研究则采用了另一种思路，即针对ASFV磷酸化蛋白p30基因设计Cas9载体进行靶向切割，在体外培养的猪肺WSL细胞系中，转染靶向p30的质粒可以在不影响细胞生长的前提下抑制病毒的复制，证明靶向病毒基因组的基因编辑也能成为抗ASFV的有效手段。

7.4.3 *APN*基因编辑抗胃肠炎病毒猪

猪传染性胃肠炎是一种仔猪中常见的急性传染病，其病原体为猪传染性胃肠炎病毒(transmissible gastroent eritis virus，TGEV)，属于冠状病毒科冠状病毒属，主要的临床症状表现为呕吐、水样腹泻和脱水等。TGEV能够引发各个年龄段的猪发病，对仔猪的致死率较高，但随着年龄的增长死亡率降低，是一种高度接触型传染病，猪只感染TGEV的典型症状主要体现在胃肠道中，但引发猪胃肠道疾病的原因不仅仅包括病毒感染，还可能与饲料、应激、寄生虫或不合理使用药物等相关。其中，引发胃肠炎的病毒主要包括TGEV和猪流行性腹泻病毒 PEDV。

TGEV 和 PEDV 等病原体在猪中的宿主细胞主要为小肠绒毛上皮细胞，其细胞表面存在的蛋白受体介导病毒的入侵过程，氨基肽酶 N(aminopeptidase N, APN)即是冠状病毒的黏附性受体。APN 是一类锌离子依赖性的膜结合 2 型金属糖蛋白，在哺乳动物各类组织或细胞表面广泛分布，例如单核细胞、粒细胞、肾近曲小管上皮细胞表面有大量表达，尤其在小肠微绒毛上皮细胞表面较多表达。APN 的主要功能是水解肽、酰胺等结构中的酰胺键，释放 N-中性氨基酸。APN 是多种冠状病毒的受体，例如人冠状病毒 229E、猪传染性肠胃炎病毒、猫冠状病毒 FCoV 等。病毒的 S 蛋白与 APN 识别并结合以介导病毒的感染，在不同种动物中，与病毒 S 蛋白结合的 APN 氨基酸区域具有种属特异性，结合区域的变化会影响 S 蛋白对 APN 的识别作用(Goclet，1994)。人的 APN 只能成为人 229E 的受体，但猫的氨基肽酶则可以作为多种冠状病毒受体，猪的流行性腹泻病毒也可以与北京鸭小肠上皮表达的 APN 受体结合。

猪氨基肽酶 N(pAPN)编码 963 个氨基酸，在其 717～813Aa 区域包含 3 个抗原中和位点，近年来随着 pAPN 作为 TGEV 的 PEDV 受体的发现，对其作用机制和抗病机制的研究也成为热点，Sun 等(2005)通过单克隆抗体检测了 APN 重组蛋白与 TGEV 的黏附能力，发现 rpAPN-C2 和 rpAPN-C3 之间的重叠区域是与 TGEV 结合的关键位点。APN 作为受体的研究也为通过基因编辑制备具有抗 TGEV 或 PEDV 能力的猪奠定了基础。Whitworth 等(2019)针对猪 *APN* 外显子 2 设计了靶向 sg，通过将 Cas9 mRNA 和 sgRNA 注射受精卵，获得了 *APN* 外显子 2 处移码突变的猪，首先使用 10^6 $TCID_{50}$ 的 PEDV isolate KS13-09 毒株进行了活体猪攻毒实验，对猪进行了症状记录、病毒含量检测等，结果发现 *APN* 的缺失对于 PEDV 的感染没有抑制作用，在血液中能够检测到 PEFV 的核酸和抗原。但在 Purdue strain of TGEV 的 Purdue 毒株的活体攻毒实验中，*APN* 移码突变的猪血清和小肠绒毛上皮细胞中均检测不到 TGEV 的抗原和抗体，证明 *APN* 是 TGEV 感染猪的必要受体，同时也获得了具有抗 TGEV 的基因编辑猪。Luo 等(2019)则通过 CRISPR/Cas9 介导的基因编辑以及体细胞核移植技术获得了 *APN* 外显子 2 缺失的猪，并在仔猪出生后即进行了 TGEV 和 PEDV 和攻毒实验。在 TGEV 的攻毒实验中，*APN* 缺失的仔猪未表现出野生型猪的腹泻症状，ELISA 和定量检测也表明 *APN* 缺失比野生型猪具有 TGEV 抗性。但 PEDV 的攻毒实验中，*APN* 缺失猪与野生型猪的症状差异不显著，同样证明 *APN* 对于 TGEV 的感染具有关键作用，但 *APN* 缺失不能阻止 PEDV 的感染。这些实验结果也为培育具有抗胃肠炎病毒的猪奠定了基础。

7.4.4 *CSFV shRNA* 基因编辑抗猪瘟病毒猪

猪瘟(classical swine fever，CSF)也是猪中常见的烈性传染病，由猪瘟病毒(classical swine fever virus，CSFV)引发，患病猪临床表现为高热、点状出血、脾脏梗死等。CSFV 属于黄病毒科，瘟病毒属，是一种单股正链 RNA 病毒，呈正二十面体形，其基因组大小约为 12.5 kb。猪瘟病毒在猪体内的淋巴结、脾脏、肾、结缔组织、肺部等均能复制。病毒表明糖蛋白 E1 和 E2 对于病毒的传染和吸附过程很重要。一些细胞表面受体被证实与猪瘟病毒的入侵相关。例如硫酸乙酰肝素、CD46 分子、层黏连蛋白受体等。

层黏连蛋白受体 LamR 是一种约 67 kDa 的糖蛋白，其作用是为基底膜提供细胞黏附作用，在不同物种间，LamR 发挥多种生理功能，如黏附功能、核糖体形成、细胞骨架的构成等，LamR 也被证实与恶性肿瘤迁移相关(Sugiyama 等，2018；Umbaugh 等，2018)。作为病原体的受体时，LamR 能够介导登革病毒、马委内瑞拉脑脊髓炎病毒、辛德毕斯病毒等多种病菌入侵宿主。研究证明 LamR 是猪瘟病毒的表面受体，其功能缺失将减弱病毒的感染能力（Chen，2015）。谢子聪（2018）通过 Cas9 介导的基因编辑对猪 LamR 进行了点突变，通过体细胞核移植获得了点突变猪，分离的肾脏细胞、成纤维细胞和脐静脉内皮细胞在体外均能有效地抵抗猪瘟病毒的感染，为培育具有抗猪瘟病毒猪奠定了基础。

前文提到，RNAi 可以通过感染病毒复制实现抗病能力，因此，在猪中转入针对猪瘟病毒的 shRNA 也是一种制备抗病猪的方式。Lu 等（2019）通过 Cas9 将外源 shRNA 导入成纤维细胞的 miRNA-17-92（pmiR-17-92）簇中，外源 shRNA 对于细胞的正常增殖及内源 miRNA 的表达没有影响。通过体外攻毒实验发现，转基因细胞可以降低一半的 CSFV 感染水平，这一实验也为制备具有抗猪瘟病毒猪提供了材料。Xie 等（2018）也利用 RNAi 制备的基因修饰猪，该研究中设计了 10 对针对猪瘟病毒基因组的 siRNA，通过转入细胞系的感染实验筛选出具有抑制病毒复制能力的 siRNA，随后将有效的 siRNA 定点整合入猪 Rosa26 位点中，并通过体细胞核移植技术获得了转 siRNA 猪，转基因猪的成纤维细胞、脐静脉内皮细胞和肾细胞在体外攻毒实验中均表现出抑制病毒增殖的能力。另外还将 F_1 转基因猪进行了活体攻毒实验，转 siRNA 猪在生存率、症状、体温、体重变化、组织和血液中病毒含量以及抗体检测中表现出显著的抗病毒能力，其器官在实验中也未出现明显的病变，表现出极强的抗猪瘟病毒能力。基因修饰猪除具有较强的抗病能力外，其生理功能和生长性能与野生型猪没有差异，该研究中所获得的转 siRNA 猪对于培育抗猪瘟病猪新品种具有重要的意义。

7.4.5 *SYNGR2* 基因编辑抗圆环病毒猪

猪圆环病毒病（porcine circovirus associated diseases，PCVAD）也是一种普遍存在的猪传染病，表型为多种症状，包括仔猪断奶衰竭综合征、猪皮炎与肾病综合征和母猪繁殖障碍等，猪圆环病毒病的病原体包括猪圆环病毒 1 型和 2 型（PCV1、PCV2），是一种单链环状的 DNA 病毒。该病主要发生在断奶仔猪中，引起的临床表现为呼吸困难，贫血，逐渐消瘦，甚至导致死亡。猪圆环病毒病的防治除使用疫苗外，主要集中在控制诱发因素方面。最广泛的控制方法为通过抗生素预防细菌的并发感染、改善饲养环境、降低猪的应激反应等。通过基因编辑的方法则直接能获得具有稳定抗病能力的猪。

研究表明，在不同猪种之间，PCVAD 的发病率和严重程度不同，这可能与宿主中基因表达的差异相关。Walker 等（2018）对 974 头猪进行了全基因组关联分析，发现猪 Synaptogyrin-2（*SYNGR2*）与血清中病毒含量变化相关，起关键作用的为错意突变 arg63cys，这一位点位于该基因的保守区域，只在猪中发现存在多态性突变。*SYNGR2* 与囊泡的形成相关（Belfort，2005），在一些动物如人、大鼠、牛和马中，该基因的第 63 个氨基酸残基主要为 Arg，其他物种中则有可能会突变为 His（猕猴、犬），在草原田鼠和中国仓鼠中存在 Lys 突变，小鼠和金仓鼠中则有 Gln 突变，而 Cys 突变仅出现在猪中。为了验证 *SYNGR2* 突变是否能使猪抵抗圆环病毒，该研究将 PCV2 易感的 PK-15 细胞通过 RNAi 技术干扰 *SYNGR2* 的表达，转染 siRNA 后使得细胞中 *SYNGR2* 的表达被沉默。攻毒实验证明了 *SYNGR2* 沉默的 PK-15 细胞中病毒载量下降，表明病毒复制受到了抑制。实验进一步设计了靶向 *SYNGR2* 外显子 2 的 sgRNA，构建 Cas9 载体转入 PK-15 细胞，获得的阳性细胞外显子 2 部分区域 106 bp 的缺失，其中包含的 *SYNGR2* p. Arg63Cys 位点也被移除。攻毒实验也证明了 *SYNGR2* 敲除的 PK-15 细胞上清液滴度中病毒含量下降明显(Walker 等,2018)。该研究证明了通过 *SYNGR2* 基因的编辑可以制备抗圆环病毒猪,也为培育抗圆环病毒猪提供了方法。

7.4.6 免疫球蛋白重链 *J*(*H*)基因编辑抗戊型肝炎病毒猪

在猪中,戊型肝炎病毒(hepatitis E virus, HEV)可以引发猪戊型肝炎(hepatitis,HE)。HEV 是一种 RNA 病毒,不仅能感染猪,目前在兔、鼠、鸡、鹿等动物中都检出 HEV 的 RNA。戊型肝炎还曾经在一些发展中国家的人群中暴发,是世界卫生组织认定的重要公共卫生疾病。人感染 HEV 后,大部分表现为亚临床症状,但也会造成 0.5%~4%的患者死亡,戊型肝炎也有可能转化为慢性肝炎甚至肝硬化,在全球人和动物中造成了严重危害。

猪的 HEV 最早由 Meng 等(1998)在猪中分离获得,并证明猪 HEV 与人 HEV 有较高的同源性。由于猪的生理结构与人相似,获得猪戊型肝炎的模型有助于人戊型肝炎的病例研究和治疗,戊型肝炎是一种自限性疾病,有免疫缺陷的人群例如器官移植接受者、艾滋病患者、白血病患者等可能演化为肝硬化并且具有较高死亡率,孕妇中的死亡率则尤其高。猪戊肝病毒主要通过水源或粪便传播,也是人戊肝的传染源之一,猪可以作为戊肝跨物种感染的模型,同时也是人戊肝病毒 3 型和 4 型的宿主,但感染戊肝的猪一般无临床症状,只能在肝中观察到轻度或中度变化。

为了制备猪的人戊型肝炎模型,Yugo 等(2018)获得了免疫球蛋白重链 $IGHCJ_H$ 基因敲除的猪,免疫球蛋白是一类具有抗体活性或化学结构与抗体相似的球蛋白,由 2 条分子质量较大的重链和 2 条较小的轻链组成,$IGHCJ_H$ 的缺失将导致猪体内 B 淋巴细胞减少,从而无法对 HEV 感染产生免疫应答,加重 HEV 的感染。该研究设计了靶向 $IGHCJ_H$ 的 sgRNA,与 Cas9 mRNA 通过显微注射注入受精卵中,获得 $IGHCJ_H$ 缺失的猪,基因编辑猪的 CD79a+ B 细胞水平有显著下降。但在使用 US-2 HEV 毒株的活体攻毒实验中,敲除猪在粪便、血清中的病毒 RNA 水平显著低于野生型猪,但在肝脏变化表型则无显著差异,表现出了明显的抗戊型肝炎病毒的复制能力,实际上获得了具有抗 HEV 能力的猪。为基于 $IGHCJ_H$ 基因编辑的抗戊型肝炎研究提供了思路和模型。

本章参考文献

单智夫.2012.猪流行性腹泻病毒受体 pAPN 功能域的初步鉴定.哈尔滨:东北农业大学.

刘颖,董文华,孙寿永,等.2014.梅山猪氨肽酶基因 N(pAPN) cDNA 克隆、序列分析及重要变异位点的筛选.农业生物技术学报,(9):1141-1148.

刘忠华,田江天,重郑,等.2007.体细胞核移植克隆民猪:培养液 对卵母细胞成熟及胚胎发育的影响.中国科学 C 辑:生命科学,37(6):634-640.

楼允东.1998.我国鱼类细胞核移植研究进展.中国水产科学,5(2).

卢晟盛,吕培茹,刘红波,等.2008.广西巴马小型猪克隆胚的构建及胚胎移植.动物学杂志,(6):147-153.

潘登科,张运海,孙秀柱,等.2006.低氧培养早期胚胎克隆小型猪(Sus scrofa).科学通报,(4):415-419.

任继武,曹瑞琴,樊瑞泉,等.2010.猪体细胞核移植研究进展. 畜牧兽医科技信息,(9):10-11.

宋红芹,姜翠翠,张鑫宇,等. 2013. Construction and screening of shRNA plasmid targeting on NP419L gene of African swine fever virus. 非洲猪瘟病毒 NP419L 基因 shRNA 表达质粒的构建与筛选. 中国兽医科学,43(1):9-14.

孙东波.2008.猪流行性腹泻病毒S蛋白抗原表位鉴定及受体结合域的初步筛选.北京:中国农业科学院.

王少华,赵盼盼,刘通,等.2018.利用CRISPR/Cas9n技术生产抗蓝耳病的基因编辑克隆猪.浙江大学学报(农业与生命科学版),44(2):157-161.

魏迎辉,刘志国,徐奎.2018.CD163双等位基因编辑猪的制备及传代.中国农业科学,51(4):770-777.

谢子聪.2018.基于CRISPR/Cas9的抗猪瘟病毒猪的制备.吉林:吉林大学.

中国科学院动物研究所细胞遗传研究组.1980.硬骨鱼类的细胞核移植—鲤鱼细胞核和鲫鱼细胞质配合的杂种鱼.中国科学,4:376-380.

Abudayyeh O O, Gootenberg J S, Essletzbichler P, et al. 2017. RNA targeting with CRISPR-Cas13. Nature, 550:280-284.

Abudayyeh O O, Gootenberg J S, Konermann S, et al. 2016. C2c2 is a single-component programmable RNA-guided RNA-targeting CRISPR effector. Science, 353.

Bi Y, Hua Z, Ren H, et al. 2018. ΦC31 integrase-mediated isolation and characterization of novel safe harbors for transgene expression in the pig genome. International Journal of Molecular Sciences, 19(1):149.

Bi Y, Liu X, Zhang L, et al. 2013. Pseudo attp sites in favor of transgene integration and expression in cultured porcine cells identified by Streptomyces phage phi C31 integrase. BMC Molecular Biology, 14(1):20.

Brem G, Brenig B, Goodman H M, et al. 1986. Production of transgenic mice, rabbits and pigs by microinjection. theriogenology, 25(1):143-143.

Briggs R,King T J Proc. 1952. Transplantation of living nuclei from blastula cells into enucleated frogs eggs. Natl Acad Sci USA,38:455-463.

Burkard C, Lillico S G, Reid E, et al. 2017. Precision engineering for PRRSV resistance in pigs: Macrophages from genome edited pigs lacking CD163 SRCR5 domain are fully resistant to both PRRSV genotypes while maintaining biological function. PLoS Pathog., 13:e1006206.

Burkard C, Opriessnig T, Mileham A J, et al. 2018. Pigs Lacking the Scavenger Receptor Cysteine-Rich Domain 5 of CD163 Are Resistant to Porcine Reproductive and Respiratory Syndrome Virus 1 Infection. J. Virol., 92.

Calvert J G, Slade D E, Shields S L, et al. 2007. CD163 expression confers susceptibility to porcine reproductive and respiratory syndrome viruses. J. Virol., 81:7371-7379.

Chen J, He W R, Shen L, et al. 2015. The laminin receptor is a cellular attachment receptor for classical Swine Fever virus. J. Virol., 89(9):4894-4906.

Chen J, Wang H, Bai J, et al. 2019. Generation of Pigs Resistant to Highly Pathogenic-Porcine Reproductive and Respiratory Syndrome Virus through Gene Editing of CD163. Int. J. Biol. Sci., 15:481-492.

Cong W, Jin H, Jiang C, et al. 2010. Attenuated Salmonella choleraesuis-mediated RNAi targeted to conserved regions against foot-and-mouth disease virus in guinea pigs and Swine. Veterinary Research, 41(3):30.

DiCarlo J E, Norville J E, Mali P, et al. 2013. Genome engineering in Saccharomyces cerevisiae using CRISPR-Cas systems. Nucleic Acids Res., 41:4336-4343.

Dräger C, Beer M, Blome S. 2015. Porcine complement regulatory protein CD46 and heparan sulfates are the major factors for classical swine fever virus attachment in vitro. Arch Virol, 160:739-46.

Duan X, Nauwynck H J, Favoreel H W, et al. 1998. Identification of a putative receptor for porcine reproductive and respiratory syndrome virus on porcine alveolar macrophages. J. Virol., 72:4520-4523.

Fan N, Chen J, Shang Z, et al. 2013. Piglets cloned from induced pluripotent stem cells. Cell Res 23:162-166. https://doi.org/10.1038/cr.2012.176.

Fire A, Xu S Q, Montgomery M K, et al. 1998. Potent and specific genetic interference by double-stranded RNA in Caenorhabditis elegans[J]. Nature, 391(6669):806-811.33-40.

Flynn S J, Ryan P. 1996. The receptor-binding domain of pseudorabies virus glycoprotein gC is composed of multiple discrete units that are functionally redundant. J. Virol. , 70:1355-1364.

Freije C A, Myhrvold C, Boehm C K, et al. 2019. Programmable Inhibition and Detection of RNA Viruses Using Cas13. Mol Cell, 76:826.

Gordon J W, Scangos G A, Plotkin D J, et al. 1980. Genetic transformation ofmouse embryos by microinjection of purified DNA. Proceedings of the National Academy of Sciences of the United States of America, 77:7380-7384.

Guo C, Wang M, Zhu Z, et al. 2019. Highly Efficient Generation of Pigs Harboring a Partial Deletion of the CD163 SRCR5 Domain, Which Are Fully Resistant to Porcine Reproductive and Respiratory Syndrome Virus 2 Infection. Front. Immunol. , 10:1846.

Guo X K, Zhang Q, Gao L, et al. 2013. Increasing Expression of MicroRNA 181 Inhibits Porcine Reproductive and Respiratory Syndrome Virus Replication and Has Implications for Controlling Virus Infection. Journal of virology, 87:1159-1171.

Harrington L B, Burstein D, Chen J S, et al. 2018. Programmed DNA destruction by miniature CRISPR-Cas14 enzymes. Science, 362:839-842.

Haseley S R. 2002. Carbohydrate recognition: A nascent technology for the detection of bioanalytes. Analytica Chimica Acta, 457(1):39-45.

He B, Peng W, Huang J, et al. 2020. Modulation of metabolic functions through Cas13d-mediated gene knockdown in liver. Protein Cell. https://doi. org/10. 1007/s13238-020-00700-2.

He F, Ling L, Liao Y, et al. 2014. Beta-actin interacts with the E2 pro-tein and is involved in the early replication of classical swine fe-ver virus. Virus research, 179:161-168.

He Y X, Hua R H, Zhou Y J, et al. 2007. Interference of porcine reproductive and respiratory syndrome virus replication on MARC-145 cells using DNA-based short interfering RNAs. Antiviral research, 74:83-91.

Hippenmeyer S, Youn Y H, Moon H M, et al. 2010. Genetic Mosaic Dissection of Lis1 and Ndel1 in Neuronal Migration. Neuron, 68:695-709.

Hulst M M, van Gennip H G, Vlot A C, et al. 2001. Interaction of classical swine fever virus with membrane-associated heparan sulfate: role for virus replication in vivo and virulence. J. Virol. , 75:9585-9595.

Hulst M M, van Gennip H G P, Moormann R J M. 2000. Passage ofclassical swine fever virus in cultured swine kidney cells selectsvirus variants that bind to heparan sulfate due to a single amino acid change in envelope protein Erns . Journal of virology, 74(20):9553-9561.

Hulst M M, Van Gennip H G, Vlot A C, et al. 2001. Interaction of clas-sical swine fever virus with membrane-associated heparan sulfate: role for virus replication in vivo and virulence . Journal of virology, 75(20): 9585-9595.

Hwang W Y, Fu Y, Reyon D, et al. 2013. Efficient genome editing in zebrafish using a CRISPR-Cas system. Nat. Biotechnol. 31:227-229.

Hübner A, Petersen B, Keil G M, et al. 2018. Efficient inhibition of African swine fever virus replication by CRISPR/Cas9 targeting of the viral p30 gene (CP204L). Sci Rep 8, 1449. https://doi. org/10. 1038/s41598-018-19626-1.

Jinek M, Chylinski K, Fonfara I, et al. 2012. A programmable dual-RNA-guided DNA endonuclease in adaptive bacterial immunity. Science, 337:816-821.

Jinek M, Doudna J A. 2009. A three-dimensional view of the molecular machinery of RNA interference. Nature, 457(7228):405-412.

Jusa E R, Inaba Y, Kouno M, et al. 1997. Effect of heparin on infection of cells by porcine reproductive and respiratory syndrome virus. Am. J. Vet. Res. , 58:488-491.

Kasinathan P,Knott J G,Moreira P N,et al. 2001. Effect of fibroblast donor cell age and cell cycle on development of bovine nuclear transfer embryos in vitro. Biol Reprod,64(5):1487-1490.

Kim J K, Fahad A M, Shanmukhappa K, et al. 2006. Defining the cellular target(s) of porcine reproductive and respiratory syndrome virus blocking monoclonal antibody 7G10. J. Virol. , 80:689-696.

Koller B H, Smithies O. 1992. Altering Genes in Animals by Gene Targeting. Annu. Rev. Immunol. , 10:705-730.

Krumlauf R, Chapman V M, Hammer R E, et al. 1986. Differential expression of alpha-fetoprotein genes on the inactive X chromosome in extraembryonic and somatic tissues of a transgenic mouse line. Nature, 319:224-226.

Lee R C, Feinbaum R L, Ambros V. 1993. The C. elegans heterochronic gene lin-4 encodes small RNAs with antisense complementarity to lin-14. Cell, 75:843-854.

Li D,Dong H,Li S,et al. 2013a. hemoglobin subunit beta interacts withthe capsid protein and antagonizes the growth of classical swinefever virus. Journal of virology,87(10):5707-5717.

Li D,Li S,Dong H,et al. 2013b. Poly(C)-binding protein 1,a novel N(pro)-interacting protein involved in classical swine fever virusgrowth. Journal of virology,87(4):2072-2080.

Li G, Jiang P, Li Y,et al. 2009. Inhibition of porcine reproductive and respiratory syndrome virus replication by adenovirus-mediated RNA interference both in porcine alveolar macrophages and swine. Antiviral research, 82:157-165.

Li J, Guo H, Shi Z, et al. 2010. In vitro inhibition of CSFV replication by retroviral vector-mediated RNA interference. Journal of Virological Methods, 169(2):316-321.

Li L, Li Q, Bao Y,et al. 2014. RNAi-based inhibition of porcine reproductive and respiratory syndrome virus replication in transgenic pigs. Journal of biotechnology 171:17-24.

Li X, Yang Y, Bu L, et al. 2014. Rosa26-targeted swine models for stable gene over-expression and Cre-mediated lineage tracing[J]. Cell Research, 24(4):501.

Lillico S, Proudfoot C, King T, et al. 2016. Mammalian interspecies substitution of immune modulatory alleles by genome editing. Sci Rep 6, 21645. https://doi.org/10.1038/srep21645.

Lin T P. 1966. Microinjection of mouse eggs. Science, 151:333-337.

Liu J J, Orlova N, Oakes B L, et al. 2019. Author Correction: CasX enzymes comprise a distinct family of RNA-guided genome editors. Nature 568, E8-E10.

Liu Z, Cai Y, Wang Y, et al. 2018. Cloning of macaque monkeys by somatic cell nuclear transfer. Cell, 172 (4):881-887.

Lu C, Pang D, Li M, et al. 2019. CRISPR/Cas9-Mediated Hitchhike Expression of Functional shRNAs at the Porcine miR-17-92 Cluster. Cells, 8(2).

Lu T, Song Z, Li Q,et al. 2017. Overexpression of Histone Deacetylase 6 Enhances Resistance to Porcine Reproductive and Respiratory Syndrome Virus in Pigs. PloS one 12:e0169317.

Luo L, Wang S, Zhu L, et al. 2019. Aminopeptidase N-null neonatal piglets are protected from transmissible gastroenteritis virus but not porcine epidemic diarrhea virus. Sci Rep. 9(1):13186. Published Sep 12. doi:10.1038/s41598-019-49838-y.

Lv K, Guo Y, Zhang Y, et al. 2009. Transient inhibition of foot-and-mouth disease virus replication by siRNAs silencing VP1 protein coding region. Research in Veterinary Science, 86(3):0-452.

Ma H, Jiang L, Qiao S, et al. 2017. The Crystal Structure of the Fifth Scavenger Receptor Cysteine-Rich Domain of Porcine CD163 Reveals an Important Residue Involved in Porcine Reproductive and Respiratory Syndrome Virus Infection. J. Virol. 91.

Ma L, Wang Y, Wang H, et al. 2018. Screen and verification for transgene integration sites in pigs. Scientific Reports, 2018, 8(1):7433.

Magalhães Ana, Joana G, Nazri I M, et al. 2009. Fut2-null mice display an altered glycosylation profile and impaired BabA-mediated Helicobacter pylori adhesion to gastric mucosa. Glycobiology, 19 (12): 1525-1536.

Mahas A, Aman R, Mahfouz M. 2019. CRISPR-Cas13d mediates robust RNA virus interference in plants. Genome Biol 20:263.

Meng X J, Halbur P G, Haynes J S, et al. 1998. Experimental infection of pigs with the newly identified swine hepatitis E virus (swine HEV), but not with human strains of HEV. Arch Virol, 143(7):1405-1415.

Nguyen T M, Zhang Y, Pandolfi P P. 2020. Virus against virus: a potential treatment for 2019-nCov (SARS-CoV-2) and other RNA viruses. Cell Res.

Oh J S, Song D S, Yang J S, et al. 2005. Effect of soluble porcine aminopeptidase N on antibody production against porcine epidemic diarrhea virus. Journal of Veterinary Science, 5(4):353-357.

Pabo C O, Peisach E, Grant R A. 2001. Design and selection of novel Cys2His2 zinc finger proteins. Annu. Rev. Biochem. 70:313-340.

Palgrave C J. et al. 2011. Species-specific variation in RELA underlies differences in NF-kappaB activity: a potential role in African swine fever pathogenesis. *Journal of virology* 85, 6008-6014, doi:10.1128/jvi.00331-11.

Palmiter R D, Brinster R L, Hammer R E, et al. 1982. Dramatic growth of mice... a metallothionein-growth hormone fusion gene. Nature, 300:611.

Park K W, Cheong H T, Lai L, et al. 2001. Production of nuclear transfer-derived swine that express the enhanced green fluorescent protein. Animal Biotechnology, 12(2):173-181.

Pattanayak V, Lin S, Guilinger J P, et al. 2013. High-throughput profiling of off-target DNA cleavage reveals RNA-programmed Cas9 nuclease specificity. Nat. Biotechnol. 31:839-843.

Pavletich N P, Pabo C O. 1991. Zinc finger-DNA recognition: crystal structure of a Zif268-DNA complex at 2.1 A. Science 252:809-817.

Plessis A, Perrin A, Haber J E, et al. 1992. Site-specific recombination determined by I-SceI, a mitochondrial group I intron-encoded endonuclease expressed in the yeast nucleus. Genetics 130:451-460.

Polejaeva I A, Chen S H, Vaught T D, et al. 2000. Cloned pigs produced by nuclear transfer from adult somatic cells. Nature, 407(6800):86.

Prather R S, Rowland R R, Ewen C, et al. 2013. An intact sialoadhesin (Sn/SIGLEC1/CD169) is not required for attachment/internalization of the porcine reproductive and respiratory syndrome virus. Journal of virology 87:9538-9546.

Prather R S. 1989. Nuclear transplantation in early pig embryos. Biology of Reproduction, 41(3): 414-418.

Resina S, Prevot P, Thierry A R. 2009. Physico-Chemical Characteristics of Lipoplexes Influence Cell Uptake Mechanisms and Transfection Efficacy. PLOS ONE, 4.

Rider C C, Coombe D R, Harrop HA, et al. 1994. Anti-HIV-1 activity of chemically modified heparins: correlation between binding to the V3 loop of gp120 and inhibition of cellular HIV-1 infection in vitro. Biochemistry-US 33:6974-6980.

Ruan J, Li H, Xu K, et al. 2015. Highly efficient CRISPR/Cas9-mediated transgene knockin at the H11 locus in pigs. Scientific Reports, 5:14253.

Sanchez-Torres C, Gomez-Puertas P, Gomez-del-Moral M, et al. 2003. Expression of porcine CD163 on monocytes/macrophages correlates with permissiveness to African swine fever infection. Arch. Virol. 148: 2307-2323.

Schelp C, Greiser Wilke I, Moennig V. 2000. Actin-binding protein isinvolved in pestivirus entry into bovine cells. Virus Research, 68: 1-5.

Sevilla N, Kunz S, Holz A, et al. 2000. Immunosuppression and resultant viral persistence by specific viral targeting of dendritic cells. J Exp Med. 192(9): 1249-1260. doi: 10.1084/jem.192.9.1249

Sorek R, Lawrence C M, Wiedenheft B. 2013. CRISPR-mediated adaptive immune systems in bacteria and archaea. Annu Rev Biochem 82: 237-266.

Strohkendl I, Saifuddin F A, Rybarski J R, et al. 2018. Kinetic Basis for DNA Target Specificity of CRISPR-Cas12a. Mol. Cell 71: 816-824.

Sugiyama I, Kaihatsu K, Soma Y, et al. 2018. Dual-effect liposomes with increased antitumor effects against 67-k Da laminin receptor-overexpressing tumor cells. Int J Pharm, 541(1-2): 206-213.

Sun D, Wang Y, Wu G, et al. 2011. A Polyclonal Antibody Against the C Subunit of Porcine Aminopeptidase N Expressed in Escherichia coli. Hybridoma (2005), 30(5): 457-462.

Sung P, Klein H. 2006. Mechanism of homologous recombination: mediators and helicases take on regulatory functions. Nat. Rev. Mol. Cell. Biol. 7: 739-750.

Suzuki K, Tsunekawa Y, Hernandez-Benitez R, et al. 2016. In vivo 2020, 36(5) 9 genome editing via CRISPR/Cas9 mediated homology-independent targeted integration. Nature, 540(7631): 144.

Tresset G. 2009. The multiple faces of self-assembled lipidic systems. PMC Biophysics, 2(1): 1-25.

Umbaugh C S, Diaz-Quiñones A, Neto M F, et al. 2018. A dock derived compound against laminin receptor (37 LR) exhibits anti-cancer properties in a prostate cancer cell line model. Oncotarget, 9(5): 5958-5978.

Van Breedam W, Delputte P L, Van Gorp H, et al. 2010. Porcine reproductive and respiratory syndrome virus entry into the porcine macrophage. J. Gen. Virol. 91: 1659-1667.

Walker L R, Engle T B, Vu H, et al. 2018. Synaptogyrin-2 influences replication of Porcine circovirus 2. PLoS Genetics, 14(10).

Wang H, Shen L, Chen J, et al. 2019. Deletion of CD163 Exon 7 Confers Resistance to Highly Pathogenic Porcine Reproductive and Respiratory Viruses on Pigs. International Journal of Biological Sciences, 15(9): 1993-2005. doi: 10.7150/ijbs.34269.

Wasungu L, Hoekstra D. 2006. Cationic lipids, lipoplexes and intracellular delivery of genes. Journal of Controlled Release, 116(2): 255-264.

Weiler K S, Wakimoto B T. 1995. Heterochromatin and gene expression in Drosophila. Annu. Rev. Genet. 29: 577-605.

Wells K D, Bardot R, Whitworth K M, et al. 2017. Replacement of porcine CD163 scavenger receptor cysteine-rich domain 5 with a CD163-like homolog confers resistance of pigs to genotype 1 but not genotype 2 porcine reproductive and respiratory syndrome virus. J. Virol: 91.

Whitworth K M, Rowland R R, Ewen C L, et al. 2016. Gene-edited pigs are protected from porcine reproductive and respiratory syndrome virus. Nat. Biotechnol. 34: 20-22.

Whitworth K M. et al. 2019. Resistance to coronavirus infection in amino peptidase N-deficient pigs. Transgenic Res 28, 21-32, https://doi.org/10.1007/s11248-018-0100-3.

Wilmut I, Schnieke A E, Mcwhir J, et al. 1997. Viable offspring derived from fetal and adult mammalian cells. Nature, 385 (6619): 810-813.

Wolfe S A, Nekludova L, Pabo C O. 2000. DNA recognition by Cys2His2 zinc finger proteins. Annu. Rev. Biophys. Biomol. Struct. 29:183-212.

Xie Z C, Pang D X, Hong M Y, et al. 2018. Genetically modified pigs are protected from classical swine fever virus. 10.1101/361477.

Xue W, Chen S, Yin H, et al. 2014. CRISPR-mediated direct mutation of cancer genes in the mouse liver. Nature, 514(7522):380-384.

Yang H, Zhang J, Zhang X, et al. 2018. CD163 knockout pigs are fully resistant to highly pathogenic porcine reproductive and respiratory syndrome virus. Antiviral Res. 151:63-70.

Yao X, Wang X, Hu X, et al. 2017. Homology-mediated end joining-based targeted integration using CRISPR/Cas9. Cell Research, 27(6):801.

Yin H, Xue W, Chen S, et al. 2014. Genome editing with Cas9 in adult mice corrects a disease mutation and phenotype. Nature Biotechnology, 32(6):551-553.

Yugo D M, Heffron C L, Ryu J, et al. 2018. Infection Dynamics of Hepatitis E Virus in Wild-Type and Immunoglobulin Heavy Chain Knockout JH-/-Gnotobiotic Piglets. J Virol, 92(21): e01208-18. Published 2018 Oct 12. doi:10.1128/JVI.01208-18.

Zhao Z, Qin Y, Lai Z, et al. 2012. Microbial ecology of swine farms and PRRS vaccine vaccination strategies. Veterinary microbiology 155:247-256.

Zhou F, Liang S, Chen A H, et al. 2012. A transgenic Marc-145 cell line of piggyBac transposon-derived targeting shRNA interference against porcine reproductive and respiratory syndrome virus. Veterinary research communications 36:99-105.

第 8 章 基因编辑动物安全概述

【本章提要】 基因编辑技术的快速发展，给动物育种提供了强大的技术支持，同时也给人们带来了忧虑，即基因编辑动物的安全性问题。本章从动物生物安全入手，着重介绍国内外基因编辑动物生物安全的现状和评价管理办法，综合国内外的相关研究，整理了基因编辑猪的安全评价指南，供相关研究学者和管理部门借鉴。

8.1 动物生物安全概述

生物安全涵盖的范围特别广泛，不但涉及动物、植物与微生物的种植、培养、繁育、环境释放、运输、储藏、加工与利用，还关系到人体健康与人类社会经济可持续发展等各方面。从国际法的层面上来看，首次提出“生物安全”概念的是 1992 年联合国环境与发展大会制定的《生物多样性公约》（以下简称《公约》）。这份《公约》为全球生物多样性保护提供了法律保障，促使人们把生物安全和外来生物入侵、恶意生物资源勘探等活动，作为威胁生物多样性的原因而加以关注。

生物安全一般是指由现代生物技术开发和应用对生态环境和人体健康造成的潜在威胁，及对其所采取的一系列有效预防和控制措施。狭义的生物安全，是指人类的生命和健康、生物的正常生存以及生态系统的正常结构和功能不受现代生物技术研发应用活动侵害和损害的状态。广义的生物安全，是指生态系统的正常状态、生物的正常生存以及人类的生命和健康不受致病有害生物、外来入侵生物以及现代生物技术及其应用侵害的状态。生物安全性，简单说，就是生物体对人体及生态系统是否安全，一般特指生物体经过基因工程改造后对人和生态系统是否还依然安全。生物安全的总体目标是预防、控制和/或管理与特定生物安全部门相适应的生命和健康风险。生物安全被定义为调节、管理或控制与生物技术所产生的改性活生物体的使用和释放有关的风险的手段，这些生物可能对环境产生不利影响，从而可能影响对生物多样性的保护和可持续利用。因此，生物安全并不代表单个的生物安全部门，因为它涉及的领域非常广泛。生物安全是一种战略性和综合性方法，包括用于分析和管理对人、动植物生命和健康的相关风险以及对环境的相关风险的政策和监管框架（包括工具和活动）。生物安全涵盖食品安全，人畜共患病，动物、植物病虫害，改性活生物体及其产品（例如，转基因动物或转基因植物）的引入和释放，以及外来入侵物种的引入和管理。因此，生物安全是一个与农业可持续性直接相关的整体概念，是公共卫生和环境保护（包括生物多样性）的广泛方面。

国际社会非常重视生物安全的保护。1992 年联合国环境与发展大会通过了包括生物安全内容在内的综合性条约《关于环境与发展的里约热内卢宣言》《21 世纪议程》和专门性条约《生物多样性公约》。之后为了落实《生物多样性公约》，其成员国制定了《生物多样性公约卡塔赫纳生物安全议定书》和《生物多样性公约关于获取遗传资源和公正公平分享其利用所产生惠益的名古屋议定书》。我国作为生物资源大国，是《生物多样性公约》的成员国，国务院于 2005

年 4 月 27 日做出决定，核准《生物多样性公约卡塔赫纳生物安全议定书》。

2020 年 10 月 17 日十三届全国人大常委会第二十二次会议表决通过了生物安全法，将自 2021 年 4 月 15 日即中国第六个全民国家安全教育日起施行。该法明确了生物安全的重要地位和原则，规定生物安全是国家安全的重要组成部分。

该法的制定旨在维护国家安全，防范和应对生物安全风险，保障人民生命健康，保护生物资源和生态环境，促进生物技术健康发展，推动构建人类命运共同体，实现人与自然和谐共生。该法具有重要的意义：①有利于保障人民生命安全和身体健康。生物安全法将保障人民生命健康作为立法宗旨，明确维护生物安全应当坚持以人为本的原则，在防范和应对各类生物安全风险时，始终坚持人民至上、生命至上，把维护人民生命安全和身体健康作为出发点和落脚点。②有利于维护国家安全。生物安全法坚持总体国家安全，明确生物安全是国家安全的重要组成部分，把生物安全纳入国家安全体系进行谋划和布局，明确生物安全管理体制机制，完善风险防控制度体系，有效防范和应对生物安全各类风险，维护国家安全。③有利于提升国家生物安全治理能力，针对生物安全领域特别是新冠肺炎疫情暴露出来的问题，着力固根本、强弱项、补短板，设专章规定生物安全能力建设，要求政府支持生物安全事业发展，鼓励生物科技创新和生物产业发展，加强人才培养和物资储备，统筹布局生物安全基础设施建设，加强国家生物安全风险防控和治理体系建设，提升国家生物安全治理能力。④有利于完善生物安全法律体系。生物安全涉及领域广、发展变化快，现有的相关法律法规往往只对单个具体的生物安全风险进行规范，比较零散和碎片化。生物安全法系统梳理、全面规范各类生物安全风险，明确生物安全风险防控体制机制和基本制度，填补了生物安全领域基础性法律的空白，有利于完善生物安全法律体系。

相比于其他安全问题，基因编辑和转基因技术的安全问题有如下特征。

一是基因编辑技术安全性的潜在性。基因编辑技术并非如外来生物入侵、人畜共患疾病等对人体健康和生态环境造成现实危害，有关问题可能是一种潜在的风险。基因编辑安全主要涉及风险评估、风险控制和风险管理，本质上属于科学研究范畴。所谓风险只是一种可能性，风险又是一种相对的概念，风险的大小取决于可能出现或发生的概率及可能的危害程度。随着技术的不断进步和管理的不断完善，对基因编辑技术会有更好的可控性和预见性，转基因安全风险将会进一步克服或避免。

二是基因编辑技术安全性的复杂性。“基因编辑或转基因生物安全”问题的争议并非纯粹的科学技术问题，而与诸多社会、经济、政治，甚至宗教、文化等问题交织，其中最重要的是以转基因生物安全为由引发的国际贸易争端。

三是基因编辑技术管理的差异性。不同国家、地区技术和经济发展不平衡，其采取的安全管理政策、措施也各不相同。国家利益取向、社会价值观念的变化等，都会导致生物安全评价标准和技术保障要求的变化。由于各国生物安全政策的不同而常常引起国际贸易争端。这一方面是技术和产品出口国与进口国之间的矛盾，另一方面则是由于技术发展水平和生物安全支撑能力差异而引起的矛盾。总体来说，转基因生物及其产品出口国，以及转基因技术发展较快的国家和地区，通常会采取较为积极、开放的管理策略，以促进技术应用和出口；转基因生物及其产品进口国，以及技术发展较为落后的国家和地区，则往往会采取较为严谨的管理策略，以维护其产业、贸易利益。

四是各国和地区对基因编辑技术安全性的认识和对策存在明显的差异。不同国家转基因生物安全研究与管理能力存在巨大差异。美国和日本等发达国家和地区，其科技实力较强，安全管理经验丰富，支撑体系完善，因而能够通过其安全管理制度、政策措施和法律法规维护其利益，而大部分发展中国家和第三世界国家，则缺乏相应的管理制度和能力，专家队伍和技术支撑体系也存在较大缺陷，难以在转基因生物安全国际事务中维护其国家利益。但总的来说，各个国家对转基因生物安全管理都持积极的态度，任何转基因产品的研发和推广都是在安全评价的基础上进行的。

基因组编辑技术及其产品已经从实验室研究阶段逐步进入产业化应用阶段，基因组编辑产品将对农牧渔业生产、粮食安全、医疗健康产业等国计民生产生重大而深远的影响，其潜在经济效益更是不可估量。在分子育种方面，基因组编辑技术已经展现了比传统转基因技术高效、精准、经济等优势，未来将会有大量的基因组编辑作物新品种出现。鉴于世界各国对于转基因技术及转基因产品的安全性的高度关注和争议，通过基因组编辑技术获得的产品的安全性将同样引起全社会的关注。中国在基因组编辑技术研究和应用方面已处于世界前列，理应尽早思考和规划即将出现的基因组编辑技术产品和新品种的安全性及其安全性管理，促进其产业化应用，切实为国家的生物安全和粮食安全做出重要贡献。

8.1.1　国内动物生物安全概述

在国际背景下，根据国际相关组织和多国的相关办法，中国政府先后制定并颁布了转基因生物安全管理法规，包括《基因工程安全管理办法》《农业转基因生物安全管理条例》《农业转基因生物安全评价管理办法》等，并给出了《农业转基因生物（植物、动物、动物用微生物）安全评价指南》，对动物安全评价做出了指导。

转基因动物的安全评价主要有以下几点要求。

分子水平的安全性。考察外源插入基因或片段的整合和表达情况，以及转基因动物世代之间的目的基因整合和表达情况。①分子特征，包括表达载体的相关情况、目的基因整合情况和外源插入序列表达情况。②遗传稳定性，包括目的基因整合稳定性、目的基因表达稳定性、目标性状表现稳定性。

动物自身的安全性。利用相关指标和试验数据对转基因动物的健康状况、生产能力、适应性进行评价。①通过行为、外貌特征等一般指标，血液指标、生理生化指标等生理学指标，以及适合的特异性指标，对动物健康状况评价。②利用转基因动物目标性状有效性试验数据及生产性能数据，对其功能效率评价。③评价转基因动物在常规饲养条件下的存活能力、生长发育、繁殖能力、抗病力、对物理因素的适应能力。

动物对环境的影响。评价转基因动物逃逸（释放）及其对环境的影响。①转基因动物逃逸以及逃逸后捕捉的可能性。②转基因动物逃逸后存活的可能性。③转基因动物逃逸后在自然环境中繁殖的可能性。④转基因动物对野生动物的适应性和入侵性的影响。

食用安全。对转基因动物提供的可食产物进行安全评价。①对表达产物进行毒理学评价。②对新表达蛋白进行致敏性评价。③提供可食部分主要营养成分以及可能的有害物质、抗营养因子等检测数据。④全食安全评价。⑤营养学评价。⑥与普通动物产品对比，在生产加工过程中是否改变转基因动物产品特性。⑦按照个案分析的原则对转基因动物可能导致的兽药残留、重金属、毒素等主要污染物的蓄积进行评价。

目前，我国将转基因动物评价等级分为：①对人健康和生态环境尚不存在危险，对人健康和生态环境未曾发生过不良影响，或演化成有害生物的可能性极小，或仅用于特殊研究，存活期短，自然环境中仍难以存活；②对人健康和生态环境具有低度危险，但通过采取安全控制措施可以避免其危害；③对人健康和生态环境具有中度危险，但通过采取安全控制措施基本上可以避免其危害；④对人健康和生态环境具有高度危险，而且尚无适当的安全控制措施来避免其危害。同时，农业转基因生物安全评价和安全等级的确定按以下步骤进行：①确定受体生物的安全等级；②确定基因操作对受体生物安全等级影响的类型；③确定转基因生物的安全等级；④确定生产、加工活动对转基因生物安全性的影响；⑤确定转基因产品的安全等级（刘培磊等，2011 年）。

随着社会的发展，科学技术的进步，对动物基因改造的方法在不断地发展，研究也在不断地深入，其对国家的发展有着重要的作用，同时人民以及政府对于生物安全也越来越重视。2002 年 1 月 5 日农业部令第 8 号公布《农业转基因生物安全评价管理办法》，2004 年 7 月 1 日农业部令第 38 号进行修订，2016 年 7 月 25 日农业部令 2016 年第 7 号修订后，2017 年 11 月 30 日农业部令 2017 年第 8 号再次修订。几次修订不断完善管理机制，评价程序也更加规范，评价水平也不断提升。其中涉及内容包括：实验研究要明确生物安全第一负责人，并且制定生物试验操作规程；每年至少组织两次转基因生物安全评审，并交由国家农业转基因生物安全委员会进行安全评价，委员会任期由 3 年改为 5 年；在中间试验结束后的释放试验以及安全证书的申请，都要根据安全评价指南的要求提供相关材料，其中更新了需要提供有检测条件和能力的技术检测机构出具的检测报告。2016 年由国务院各有关部门推荐的，来自农业、医药、食品、环境、卫生等相关领域的 75 名专家学者，其中包括 14 名两院院士，组成了第五届安全委员会。为适应新技术发展需要，安委会增加了生物信息学、基因组学、生物物理学、基因组编辑等方面的委员。安委会具有了“多领域、多学科”的特点，体现了委员组成的代表性和科学评价的权威性。同时也体现了我国在动物安全评价方面紧跟时代的脚步，不断适应新的科学技术的发展。目前动物安全评价主要集中在动物健康、环境安全和食品安全方面，但是动物安全方面对的社会认可、伦理道德、动物福利等问题也越来越受到关注，并有相应的讨论研究。相信随着生物技术研究的深入，以及生物安全体制的不断完善，动物安全评价将会更加科学合理、安全可靠、方便快捷，为社会发展提供助力。

虽然我国在生物安全方面出台了一些相关文件，对于生物安全评价具有一定的指导作用，相关法规也提供了一定的法律依据，但是现行的相关法律法规还无法完全满足社会现实需要。随着我国生物科学技术的不断发展，以及全球生物安全问题的愈加严峻，我国需要构建系统的国家生物安全管理体系，加强生物安全能力建设。因此生物安全法案的确立，受到国内相关学者以及中央的高度重视。在生物安全立法方面，我国虽然还是刚刚起步，但是我们也有着相应的优势，在政府以及生物安全领域相关人才的积极推动下，生物安全法案也会不断丰富不断完善，也会与时俱进建立起符合现实需求的生物安全管理体制。

8.1.2 国际动物生物安全概述

转基因技术不能做到所有环节准确无任何偏差，因此转基因生物具有不确定性的特点，在研究、生产、应用、运输环节对生态环境和人体健康都可能带来不利影响。转基因生物安全是全球性大事件，20 世纪 70 年代国际上就开始制定生物安全管理法规，80 年代随着生物技术的高速发展和对农、工、商、医等领域产生的巨大经济效益，国际上致力于建立转基因生物安全监管体系，90 年代美国、欧盟等生物技术和经济发展较快国家和地区建立起完善的生物安全管理法规，监控转基因生物研发、生产、跨境运输、环境释放和应用等环节。1992 年 6 月 3 日至 14 日，在巴西里约热内卢举行的联合国环境与发展大会通过和签署了《里约环境与发展宣言》《21 世纪议程》《气候变化框架公约》《生物多样性公约》和《关于森林问题的原则声明》五个文件。《生物多样性公约》(CBD)是一项保护地球生物资源的国际性公约，自其生效以来，国际社会一直致力于保护受到严重威胁的生物，保证生物多样性的持续健康发展，促进分享遗传资源多样性。转基因问题在 CBD 会议上多次成为焦点，1995 年 11 月第二次 CBD 会议转基因安全首次成为议题进入 CBD，第五次 CBD 通过了《卡塔赫纳生物安全议定书》，该协定书的目标是依循《关于环境与发展的里约宣言》所订立的预先防范办法，协助确保在安全转移、处理和使用凭借现代生物技术获得的、可能对生物多样性的保护和可持续利用产生不利影响的改性活生物体领域内采取充分的保护措施，同时顾及对人类健康所构成的风险并特别侧重越境转移问题，第八次 CBD 讨论了转基因产品进出口问题，标志着转基因生物安全国际法从初级阶段逐步走向成熟。2000 年 1 月，为建立一部详细可操作的指南，各国政府多次讨论和谈判后，在蒙特利尔会议通过了《生物安全议定书》。2003 年 9 月，《卡塔赫纳生物安全议定书》正式生效，它对各国生物安全立法起到了重要的推动作用。转基因生物安全法的发展历程：从生物安全国际法在各国立法实践的推动下逐步产生和发展，到生物安全国际法从部分保护逐步走向框架规范，再到在《生物多样性公约》框架规范的基础上向纵深方向发展，最后到生物安全国际法对各国关于转基因生物安全立法起到了重要的推动作用。

为适应各国国情、经济发展和生物技术发展等方面，不同国家和地区生物安全法规存在一定差异，其中以欧盟和美国的生物安全法规最具代表性。

从 20 世纪 80 年代开始，欧盟一直致力于生物安全国际法的建立，包括生物本身的安全问题和转基因生物对环境释放问题。就生物技术本身而言，欧洲许多国家并不落后于美国，但大多数欧洲民众对转基因技术和转基因产品产生怀疑和排斥，欧洲政府对生物安全管理在全球几乎是最严格的，不仅需要严格的转基因产品标识，甚至限制部分转基因产品的试验和出口，因此，欧盟转基因产品的产业化推动非常缓慢。对于转基因生物的管控，主要由环境、核安全及公民保护总司、工业总司和农业总司等部门联合管理。由于政府和民众对生物技术的怀疑态度，在监管过程中，不仅仅对转基因产品进行严格把控，转基因产品生产过程所涉及的生物技术都要进行严格的评价和管理。因此欧盟对转基因产品生物安全的管理条例和法律法规是最全面的，各成员国须遵守欧盟的生物安全条例。其中涉及转基因微生物在封闭设施内的利用、转基因生物的有意释放和接触生物试剂工作人员的职业安全，此外还涉及医药产品、动物饲料添加剂、植物保护产品、新食品和种子。有关生物技术知识产权保护的立法也是该法律体系的组成部分之一。

美国的生物技术和基因工程生物的研究和推广是开始最早，且在国际上处于领先地位的，其生物安全评价管理体系和法律法规建立也是最早最完善的。相比于欧盟的严格，美国对于转基因生物更宽容。1976 年 7 月，美国政府颁布了美国国立卫生研究院(NIH)制定的《重组 DNA 分子研究指南》，这是世界首次对转基因技术研究活动进行安全管理。该《指南》强调，从事重组 DNA 研究必须通过的审查、评价和监控等必要的程序，这些程序需要报备国立卫生研究院备案，以自我监督为主，由本单位生物安全委员会负责。1986 年 6 月，美国政府颁布了《生物技术监管协调框架》(Coordinated Framework)，这为今后美国生物安全管理政策奠定了良好的基础。该《框架》将基因工程相关工作纳入当时既有的法律体系进行管理，并由联邦政府的主要机构根据各自管理职能不同而分工负责，这些机构包括联邦农业部（USDA）、食品与药物管理局（FDA）、环境保护局（EPA）、国立卫生研究院（NIH）、职业安全与卫生管理局（OSHA）。

鉴于此，1991 年 2 月，《美国生物工程政策报告》公布了美国生物安全管理的基本政策，强调基于风险和产品的管理宗旨，确定四大基本原则（徐友刚，2003）。一，对生物技术的管理应着重于生物技术产品本身的特性和危害性；二，对于必须审查的生物技术产品，在不损害公共卫生事业的前提下，应尽最大限度减少政府的审批负担；三，执行的规则应有利于生物技术的健康发展；四，为鼓励新生物技术产品的发展，规则应作为产品的特性和风险性的评价标准。

美国在对待转基因生物安全管理问题上与欧盟有着截然相反的态度，坚持以产品为基础的管理模式，坚持实质等同原则，对转基因生物技术本身持相对宽松的态度。在转基因生物安全管理上分别由联邦农业部（USDA）、食品与药物管理局（FDA）、环境保护局（EPA）、国立卫生研究院（NIH）、职业安全与卫生管理局（OSHA）负责，其中前三个机构最为重要。上述机构采取既分工负责又协调合作的模式，各自根据管理范围的不同达到高效且明确的监管目的。在法律体系上，也具有可鉴性，美国并没有因为转基因技术的飞速发展而颁布大量的新法，而是对相关既有法律进行适当的延伸扩充，节省了大量人力物力。

澳大利亚的转基因生物安全监管法律体系是由联邦、州和地方政府共同管理的。该国现行的生物技术与安全法，主要由相关立法和专门立法组成（王明远，2010）。相关立法主要是关于药品、食品、农产品、兽药、化学品等产品的立法；而专门立法是指基因操作委员会制定的一系列技术指南和联邦会议指定的《基因技术法》等。1992 年，澳大利亚联邦政府与各个州、地区及地方政府协会共同签署的《澳大利亚政府间环境协定》，用来协调全国环境行动，该文件具有法律效力，与联合国环境与发展大会所确认的可持续性发展战略相一致，使澳大利亚在推行生物安全的法律观念上升到一个新的台阶（冯楚建等，2003）。2000 年，联邦会议制定《管理涉及基因技术和为了相关目的之活动的法律》（简称《基因技术法》），该法是澳大利亚的转基因技术的基本法，其后在此基础上又做了一些修改完善（林风，2003）。生物安全管理是以基因技术管理执行官及其办公室为中心，主要起协调各部门的作用。执行官设有办公室，下设多个工作小组，主要分两大部分：第一部分负责与各部门联络与协调，以及与各种与生物安全相关协会的联系，收集民众的意见；第二部分负责检查国家基因技术法律法规执行、遵守的情况。此外，执行官还享有依据《基因技术法》（2000 年版）批准转基因生物各阶段许可证。

日本的生物技术安全管理始于 20 世纪 70 年代末，是较早开展生物技术立法工作的国家之一，也是《卡塔赫纳生物安全议定书》的原始缔约国之一。1976 年，美国国立卫生研究院成功制定了《重组 DNA 分子研究指南》，日本紧随其后，在 1979 年文部省与科学技术厅制定了类似的《重组 DNA 实验指南》。这表明，日本十分重视生物技术的发展与生物安全的管理，同时也表明其在立法上也紧追美国脚步。1979 年 8 月，科学技术厅制定的《重组 DNA 实验指南》，1987 年修改颁布，至今已多次修改。虽然模仿美国的《重组 DNA 分子研究指南》，但与美国不同的是日本采取了基于生产过程的管理措施。1986 年，日本通产省颁布了《转基因生物工业化准则》，其目的是推动和规范生物技术在化学药品、化学产品和化肥生产领域应用。1992 年，日本颁布了《农林渔业及食品工业应用重组 DNA 准则》。该《准则》适用于在本地培养的或进口的可在自然环境中繁殖的转基因生物，用于制造饲料产品的转基因生物以及用于制造食品的转基因生物，其主要是针对转基因实验动物、转基因植物、转基因微生物。2003年，日本制定了《规制转基因生物保护生物多样性法》及其《实施细则》。

巴西作为发展中国家的代表，生物安全专门立法虽然起步较晚，但是法律位阶和立法密度较高，尤其是政府比较重视生物技术的研发和应用，相应地对生物安全法的制定和修改也非常重视。1995年1月，巴西制定了有关生物安全的第8974号法律，即第一部《生物安全法》。该法授权总统设立国家生物安全技术委员会(CTNBio)，并通过设定标准和控制方式以此来规范人们在转基因生物设施建设、操作、种植、释放、运输、销售和处置过程中的技术应用以及相应的政府管理活动，保护人类健康和生态安全。同年12月，联邦政府制定了第1752号法令，即《生物安全法》的实施细则，该法令就国家生物安全技术委员会的职责和生物安全的标准等做出详细规定。此后，巴西《生物安全法》又多次修改，目前实施的是2005年颁布的《生物安全法》(陈婉宁，2013)。

8.2 基因编辑动物生物安全评价

8.2.1 基因编辑动物生物安全评价主要原则

自2014年以来，欧洲和美国的许多公司先后开发和生产了基因编辑技术衍生的新作物品种，并向其政府申请商业应用。基因编辑技术作为一项新的技术，各国还没有出台其适用性法律，因此此类产品的安全和安全管理仍处于讨论阶段(沈平等，2017)。参考全球公认的评价准则，结合我国自身国情和发展现状，我国对转基因产品的生物安全评估方向有：分子特征评估、环境安全评估和食品安全评估。而对于基因编辑技术产品，我国仍在依据转基因产品的配套法律法规进行管理评价。目前我国转基因动物安全性评价主要内容包括分子特征、遗传稳定性、健康状况、功能效率评价、环境适应性、转基因动物逃逸(释放)及其对环境的影响以及食用安全。转基因动物生物安全评价的主要原则如下。

8.2.1.1 实质等同性原则

自从1993年经济合作与发展组织(Organization for Economic Co-operation and Development，OECD)在转基因食品安全中提出“实质等同性”概念以来(OECD，1993)，实质等同性已被很多国家在转基因生物安全研究上广泛采纳。实质等同性的意思是指转基因物种或其食物与传统物种或食物具有同等安全性。对于转基因动物来说，实质等同性是指转基因动物或转基因动物食品与传统的动物或食品在安全性上没有差异。转基因动物的实质等同性要比较的主要内容有如下方面。

(1)生物学特性　包括各发育时期的生物学特性和生命周期食性、遗传、繁殖方式和繁殖能力；迁移方式和能力；建群能力；泌乳能力；形态和健康状况；对人畜的攻击性、毒性等；在自然界中的存活能力；对生态环境影响的可能性。

(2)营养成分　包括主要营养因子(脂肪、蛋白质、碳水化合物、矿物质、维生素等)、抗营养因子(影响人对食品中营养物质吸收和对食物消化的物质)、毒素(对人有毒害作用的物质)、过敏原(造成某些人群食用后产生过敏反应的一类物质)等。总之，转基因动物与传统动物比较除了目的基因外，其他指标没有显著差别就是实质等同性。然而，Millstone等于1999年对“实质等同性”原则提出异议，他们认为“实质等同性”的概念不清楚，容易引起误导(Millstone

等,1999)。Millstone 等认为,要用最终食品的化学成分来评价食品的安全性,而不管转基因作物或转基因食品的整个生产过程的安全性,包括人体健康安全和生态环境安全,只要某一转基因食品成分与市场上销售的传统食品成分相似,则认为该转基因食品同传统食品一样安全,就没有必要做毒理学、过敏性和免疫学试验。但就目前的科学水平而言,科学家还不能通过转基因食品的化学成分准确地预测它的生化或毒理学影响。因此,实质等同性依然被大家广泛采用。目前,转基因动物安全评价中将实质等同性原则与其他评价原则结合起来使用。

8.2.1.2 个案分析原则

因为转基因生物及其产品中导入的基因来源、功能各不相同,受体生物及基因操作也可能不同,所以必须有针对性地逐个进行评估,即个案分析原则。目前世界各国大多数立法机构都采取了个案分析原则。

8.2.1.3 预防原则

虽然尚未发现转基因生物及其产品对环境和人类健康产生危害的实例,但从生物安全角度考虑,必须将预先防范原则作为生物安全评价的指导原则,结合其他原则来对转基因动物及其产品进行风险分析,提前防范。

8.2.1.4 逐步深入原则

转基因动物及其产品的开发过程需要经过试验研究、中间试验、环境释放和商业化生产等环节。因此,每个环节上都要进行风险评估和安全评价,并以上步实验积累的相关数据和经验为基础,层层递进,确保安全性。

8.2.1.5 科学基础原则

安全评价不是凭空想象的,必须以科学原理为基础,采用合理的方法和手段,以严谨、科学的态度对待。

8.2.1.6 公正、透明原则

安全评价要本着公正、透明的原则,让公众信服,让消费者放心。

8.2.2 国际基因编辑动物生物安全评价现状

自 2014 年开始,欧美等国多家公司相继研发生产了源于基因组编辑技术的作物新品种,并向本国政府提交了这些新品种的商业化应用申请。由于基因组编辑技术作为一种新的技术,世界各国还没有明确的、针对性的法律法规,目前,对于这类产品的安全性及其安全管理很大程度上还处于讨论阶段或者是发布初步的管理建议。

目前,国际上对转基因生物(GMOs)的监管态度主要分为两类,一类是“以过程为基础”的模式,这一类主要以欧盟为代表,极力主张“预防原则”,认为重组 DNA 技术本身有潜在危险,无论何种基因、哪类生物,只要是通过重组 DNA 技术获得的,都要接受安全性评价与监管。另一类是“以产品为基础”的模式,主要以美国为代表,认为转基因生物与非转基因生物没有本质上的区别,监控管理的对象是生物技术产品,而不是生物技术本身。相对来说,“以过程为基础”的模式比“以产品为基础”的模式要严格。

8.2.2.1 美国转基因生物安全评价现状

2015 年 7 月,美国白宫表示,将对 1992 年颁发的《生物科技产品的审核框架》进行修订,

重新明确美国食品与药物监督管理局(FDA)、美国农业部(USDA)和美国环境保护署(EPA)在判定转基因动植物安全性中的地位和作用。此外,针对新型技术的审核过程也将进行更新修正。如对基因组编辑产品的监管遵循个案分析的原则,以科学为基础开展。美国农业部认为某些基因组编辑作物与传统育种得到的作物相似,基因组编辑作物不需要像转基因产品那样进行审批管理(Peng,2015)。2017 年 1 月 19 日,FDA 率先发布了第 187 号工业指南修订草案(GFI#187)《定向改变动物基因组 DNA 管理条例》向公众征求意见,该修订条例扩展了已有 GFI#187 文件的范围,定义了“定向改变基因组 DNA”,即使用现代分子技术使 DNA 发生改变,这些技术包括遗传工程(通常指重组 DNA 技术)和基因组编辑。对于定向改变基因组的动物,FDA 将根据《联邦食品、药品及化妆品法案》(FD&C Act,以下简称法案),将其作为药品进行管理,这是因为《法案》中对药品的定义有一部分是“某物定向影响动物身体的结果或任何功能”,新修订条例在对定向改变基因组 DNA 动物的管理步骤中与原有管理步骤没有显著差别,包括产品定义、有意改变的分子特征、动物系谱的分子特征、动物的表型特征、持续性评估及计划、环境和食品安全性及要求确认。

8.2.2.2 阿根廷转基因生物安全评价现状

阿根廷在 2015 年发布政策建立了个案分析的咨询程序,以确定产品是否属于转基因生物法规的监管范围(Yang 等,2016)。申请人有两种选择,第一种适用于仍处于设计阶段的项目。申请人提交初步咨询,目标是预测假设的预期产品是否属于转基因生物,在此情况下,政府评估部分基于开发人员的期望,只具有初步状态。当最终获得新作物时,申请人必须返回监管机构并提交关于实际产生的遗传修饰的事实确定。只有在产品具有初步调查中预期的功能的情况下,才会保留早期关于其监管状态的评估。第二种是按照现行对 GMO 申请的要求提交完整的申报书,申请人应提交详细数据,以确定育种过程的结果是否是遗传物质的新组合,该程序为 60 个工作日的时间限制。如果最终产品不含有由基因编辑技术引入的外源 DNA,将不受监管。

8.2.2.3 澳大利亚转基因生物安全评价现状

1980 年,根据澳大利亚科学院的建议,澳大利亚联邦政府开始对基因工程技术的监管进行研究。1981 年,澳大利亚政府设立了重组 DNA 监测委员会。1987 年,建立了非强制性咨询机构——基因操作咨询委员会(genetic manipulation advisory committee,GMAC)。1996 年 12 月,GMAC 向政府建议对基因操作技术进行强制性的立法管理,基于科学并考虑公众意见进行决策。1998 年,澳大利亚政府发布《转基因生物国家管制方案草案》。2000 年,澳大利亚政府向联邦议会提交了《基因技术法案》的议案。2001 年,澳大利亚所有司法管辖区都与联邦政府签署了一项政府间基因技术协议,《基因技术法案》正式生效。2005 年和 2010 年,澳大利亚政府对《基因技术法案》进行了两次修订(Gilbert,2016)。

2016 年,OGTR 启动了《基因技术法案》第三次修订的技术评审工作,并计划在 2018 年修订完成。修订完成后的法案将明确是否对一系列新技术产生的生物产品实行与传统转基因生物同样的管理要求。澳大利亚新技术生物产品管理意见涉及 3 类新技术 :基因编辑技术、RNAi 技术和基因驱动技术。基因编辑技术和 RNAi 技术已在澳大利亚新产品研发方面得到广泛应用,很多产品已接近商业化,基因驱动技术在澳大利亚的研发和应用尚处于起步阶段。针对这 3 类新技术,澳大利亚研究制定了不同的管理政策(Araki 等,2014 年;Shew 等,2017

年)。对于基因编辑技术,OGTR 将定点核酸酶技术根据其双链 DNA 断裂后的不同修复机制分为三类,第一类 SDN-1:通过非同源性末端结合,形成随机插入或缺失突变体,此类视同自然突变或诱导突变,不需监管;第二类 SDN-2:通过添加短 DNA 模板指导的同源重组,形成一个或几个核苷酸差异的突变,此类需监管;第三类 SDN-3:通过添加长 DNA 模板指导的同源重组,形成含有新序列的突变,此类需监管。对于 RNAi 技术,OGTR 建议,只要 RNA 分子不导致受体基因组序列的改变,比如直接应用 si RNAs、sh RNAs 和 ds RNA 等技术,不需按转基因技术进行监管,而有序列插入基因组或利用病毒载体的 RNAi 技术,则需按转基因技术进行监管。对于基因驱动技术,OGTR 建议,对于所有处于研发阶段的基因驱动研究实行许可证制度,并进行个案分析。

2013 年,澳大利亚新西兰食品标准局建议,简单的碱基缺失的基因组编辑技术产品不属于转基因产品,但是有新的外源 DNA 插入的基因组编辑产品仍将被认为是转基因产品并进行管理。

8.2.2.4 巴西转基因生物安全评价现状

在巴西从事转基因生物及其产品的研究、试验、生产、经营、进出口等活动,必须首先取得生物安全许可证。转基因生物安全许可证的技术性决议由国家生物安全技术委员会做出(王虹,2014),而对于一个转基因生物的商业化许可的最新和最终决议由巴西国家生物安全理事会做出。国家生物安全技术委员会是一个多学科的咨询审议综合性团体,分为植物、动物、人体卫生和环境等 4 个分委员会,由 27 名科学领域专家或有关监管部门代表组成。拟从事转基因生物及产品的研究和进口用于研究的转基因生物及产品的,应当向国家生物安全技术委员会提出申请,由其批准和发证。拟进行商业化生产的,应当首先向国家生物安全委员会提出安全评价申请,在安全评价合格获得安全证书后,再到相关主管部门进行登记(李宁等,2010)。

8.2.2.5 日本转基因生物安全评价现状

日本政府规定,转基因研发实验必须遵循文部省与科学技术厅的《重组 DNA 实验指南》,转基因农作物的研发首先要在实验室及封闭温室内规范开展,从源头降低风险。实验室中研发出的转基因作物如果进行商业化,必须在田间种植和上市流通之前,逐一地对其环境安全性、食品安全性或饲料安全性进行评价。依据《转基因食品和食品添加剂安全评价指南》,日本厚生劳动省负责转基因食品和食品添加剂的受理和反馈,并委托内阁府食品安全委员会开展第三方安全评价工作,依据《转基因饲料安全评价指南》,日本农林水产省和内阁府食品安全委员会负责对饲料进行安全评价、日本农林水产省负责转基因生物环境安全评价。日本卡塔赫纳法分为两类:第一类是指使用转基因生物时不采取任何密闭措施,包括直接用于食品、饲料及加工,使用者必须向有关部门提交生物多样性风险评估报告和相关申请,经主管部门批准后方可使用;第二类是指具有隔离措施下的转基因生物试验,需要向相关负责省厅进行申请,采取得到有关省厅认可的隔离措施(高桥滋等,2015)。

8.2.2.6 欧盟转基因生物安全评价现状

欧盟历来对转基因产品持相对保守的态度。欧盟有关转基因生物(GMO)的立法旨在确保对人类、动物和环境健康的高水平保护,以及欧盟内部市场的良好运作(Jones,2015)。这些法规规范了转基因生物向环境的释放及其在食品和饲料中的用途。2013 年,在欧盟主管部门的要求下,针对不能确定产物是否为转基因的生物技术,设立了新技术工作组。随后,欧盟委员会要求转基因作物需通过欧盟指令2001/18/EC(2001)和EC法规258/97(1997)的详细程序进行监管审查，这些被认为是基于过程的转基因生物法规。2018年7月，欧盟最高法院通过了一项决议，要求基因组编辑作物必须接受与传统转基因作物同样严格的监管。

欧盟2001/18/EC指令对具有生命活力的转基因生物释放到环境以及将转基因生物产品投放市场之前的安全评价、产品安全审查做出了明确规定(农业部农业转基因生物安全管理办公室，2015)。欧盟按照产品用途将转基因生物审批分为两类：第一类是用作食品、饲料的转基因生物，通常为进口转基因产品；第二类是用于种植的转基因生物，批准后可在指定区域种植。对于用作食品、饲料的转基因生物，研发者向一个成员国主管部门递交申请书，主管部门直接将申请材料转交欧洲食品安全局进行安全评价。欧洲食品安全局设有包括食品科学委员会、植物科学委员会等多个专门的科学小组，针对转基因产品进行安全评价。欧洲食品安全局在6个月内完成安全评价报告，提交给欧盟委员会和各成员国。在收到意见后3个月内，欧盟委员会在考虑安全评价报告、相关法规等因素后向各成员国代表组成的食品常务委员会呈交批准或拒绝的决定草案，食品常务委员会对决定草案按特定多数表决制进行投票，得到批准的转基因食品可以在全欧盟境内上市销售(李宁等，2010)。用于以种植为目的转基因生物，审批程序类似，环境释放所在国主管部门需承担相应的安全评估工作(郭铮蕾等，2015)。所有获得批准的授权有效期为10年，并可延续。

8.2.2.7 新西兰转基因生物安全评价现状

新西兰采用严格的过程驱动的监管框架，即1996年的有害物质和新生物(HSNO)法案来管制转基因生物。2012年，Scion根据其中第26条，要求环境保护局(EPA)决定，有机体是否在新西兰受到GM的监管(Kershen，2015)。2013年，EPA认为Scion提出的非转基因基因编辑方法与化学诱变和遗传操作具有相似性，在编辑过的植物中没有外来DNA，因此通过基因编辑方法生产的植物，不会被视为转基因生物，然而美国环保署对此提出上诉，高等法院最终裁定认为基因编辑产品仍然需要像传统转基因产品一样接受复杂的监管(Fritsche等，2018)。

8.2.3 国内基因编辑动物生物安全评价现状

基因编辑技术是研究人员了解特定基因功能和修饰基因功能以克服动物本身缺陷表型的研究技术。该技术被科学界评2012年十大重要科学进步之一。近年来，基因编辑技术发展迅速，科研工作者先后研究出锌指核酸酶(zine-finger nucleases)、TALE核酸酶技术(Transcription activator like effector nucleases，TALENs)和CRISPR/Cas9系统(CRISPR/Cassystem)。其中CRISPR/Cas9系统具有操作简单，步骤简短，成功效率高等优点被广大研究人员积极应用于生产实践，通过该系统产生了一系列基因编辑牛、基因编辑猪等改良家畜(王辉，2019)。该技术不仅应用于畜牧业，在育种、医疗等领域也发挥着至关重要的作用。该技术在小鼠等模式生物中实现了基因定点编辑和胚胎基因定点突变并且实现了可以在斑马鱼、果蝇体内稳定遗传(刘思远等，2020)。虽然基因编辑技术已被多个领域应用于实践，但是目前基因编辑技术存在一定概率的脱靶效应，此效应可能会产生未知位置的突变，从而造成不可预料的后果。此外，由于基因编辑技术的广泛应用，基因编辑动物及其相关动物产品的生物安全以及基因编辑动物对生态环境的影响程度受到了人们的关注。因此，在基因编辑动物投放市场之前需要对其进行生物安全检测。

中国作为世界上最大的种植和进口基因修饰作物的国家之一，我国政府高度重视转基因生物的安全管理。2001 年，国务院颁布的《农业转基因生物安全管理条例》首先对农业用基因修饰生物和产物的试验和研究方法、生产和加工过程、经营和流通程序、进口和出口环节等所需要的条件做了较详细的规定。2002 年，农业部先后颁布《农业转基因生物安全评价管理办法》《农业转基因生物进口安全管理办法》《农业转基因生物标识管理办法》《农业转基因生物加工审批办法》和《进出境转基因产品检验检疫管理办法》等 5 个配套制度，完善了对基因修饰技术和产物的监管。2002 年颁布了《转基因食品卫生管理办法》，对基因修饰食品安全卫生、营养质量等提供了标识。近年来，农业部又制定了《农业部 2016 年农业转基因生物安全监管工作方案》以及《2016 年农业转基因生物安全监管工作方案》，进一步加强农业转基因生物的安全监管。2017 年农业部为了进一步规范农业转基因生物安全评价工作，根据《农业转基因生物安全管理条例》和《农业转基因生物安全评价管理办法》，修订了《转基因植物安全评价指南》《动物用转基因微生物安全评价指南》，制定了《转基因动物安全评价指南》(卢军锋等，2018)。

而对于基因编辑技术产品，我国仍在依据转基因产品的配套法律法规进行管理评价。转基因动物安全性评价的主要内容有四个方面：一是转基因动物本身的安全性评价，在评价转基因动物食品安全性时，要考虑编辑基因的操作方式、遗传稳定性、繁殖能力、表型性状、行为以及生理异常等情况。一种转基因动物食品如果存在安全隐患，那么很有可能会对转基因动物本身造成直接的影响，对转基因动物本身进行安全性评价可以在一定程度上评定编辑基因的安全性。二是转基因生物表达物质的毒性和致敏性评价，在进行基因编辑之前，一般都会考虑插入基因是否具有毒性或者抗营养因子，致敏性所产生的副作用可从中度刺激到过敏性休克。转基因动物食品中会产生一些新的物质，这些物质需要通过动物饲喂试验以及其他的毒理试验来证明其安全性。三是转基因动物食品的激素含量与标记基因，有些转基因动物食品可能通过调控激素的表达量来达到对动物食品产出的影响，并且外源基因的导入会同时转入标记基因来验证转基因的成功率，因此对转基因动物食品中的激素含量和标记基因的评价必不可少。四是转基因动物食品的售后状况，在转基因动物食品流入市场后，针对消费人群要进行膳食和健康的调查，确保出现安全问题后能够及时处理(许健香等，2012)。

世界上转基因动物生物安全性评价主要依据是国际食品法典委员会(CAC)、联合国粮农组织(FAO)、世界卫生组织(WHO)、经济合作与发展组织(OECD)制定的一系列转基因生物安全评价标准和共识性文件等全球公认的评价准则来进行。中国结合自身国情和发展现状，颁布的转基因生物相关安全法律法规有：科技部颁布的《中国生物安全框架》和《基因工程安全管理办法》，农业部颁布的《农业生物技术基因工程安全管理实施办法》和《农业转基因生物标识管理办法》，国务院颁布的《农业转基因生物安全条例》和卫生部《转基因食品卫生管理办法》等(徐琳杰，2019)。

我国是世界上唯一一个实行定性标识的强制标识国家，目前我国主要依据《农业转基因生物安全管理条例》《农业转基因生物标识管理办法》《农业转基因生物进口安全管理办法》《转基因食品卫生管理办法》和《中华人民共和国食品安全法》(简称食品法)对转基因生物进行标识管理，主要包括 5 大类 17 种转基因产品，不得销售或进口未标注和不按规定标注的转基因生物，对于未按规定进行标注的不予入境。2015 年新修订的《食品安全法》，首次将转基因食品的标识提升到法律层面，明确指出生产和销售转基因食品应当按照规定“显著标示”。

我国农业管理部门对基因编辑及其产品的生物安全监管高度重视，尽最大力量推动新产品的监管与研发。李家洋院士及其小组提出了四点基因编辑产品管理框架法则：①基因编辑产品应避免逃逸，在规定场所内进行试验，依法监管。②如果以载体的形式导向受体细胞或者胚胎导入了外源基因，则务必保证产品在成型前外源基因被完全剔除掉。③准确报告和记录靶位点详尽的基因序列变化。若以同源重组的方式导入了外源基因，则应该标明外源基因的供体以及受体二者的遗传同源性，从而来表征导入序列与受体内源基因组之间可能的互作关系。④严格监管基因工程产品的靶位点的精确性、可预知性，并运用目前相关的检测技术合理客观地评估因脱靶效应带来的生物安全问题。以上所涉及的问题均应在国家新品种备案中详尽说明。只有符合上述四点，基因编辑产品才能享受以传统作物一样的监管制度，从而更快、更安全地实现产业化，实现技术向经济的转变。

8.3 基因编辑动物生物安全评价管理办法

基因编辑动物常常被视作与传统转基因动物一致，因此也受到了与传统转基因动物产品一样的关注。基因编辑动物一般只改造动物本身的基因，与传统转基因有很大不同。由于基因组编辑技术作为一种新的技术，世界各国还没有明确的、针对性的法律法规，目前，对于这类产品的安全性及其安全管理很大程度上还处于讨论阶段或者是发布初步的管理建议。因此，基因编辑动物生物安全评价管理办法目前主要还是参考转基因动物生物安全评价管理办法。

自 2014 年开始，欧美等国多家公司相继研发生产了源于基因组编辑技术的作物新品种，并向本国政府提交了这些新品种的商业化应用申请。2015 年 7 月，美国白宫表示，将对 1992 年颁发的《生物科技产品的审核框架》进行修订，重新明确美国食品与药物监督管理局(FDA)、美国农业部(USDA)和美国环境保护署(EPA)在判定转基因动植物安全性中的地位和作用。此外，针对新型技术的审核过程也将进行更新修正。如对基因组编辑产品的监管遵循个案分析的原则，以科学为基础开展(Peng 等，2015)。

2013 年，澳大利亚新西兰食品标准局建议，简单的碱基缺失的基因组编辑技术产品不属于转基因产品，但是有新的外源 DNA 插入的基因组编辑产品仍将被认为是转基因产品进行管理。日本明确表示基因组编辑产品不属于转基因产品的范畴，和常规作物产品一样。加拿大对于基因组编辑产品的管理基于产品管理的原则，关注其是否产生新的性状，而不考虑利用什么样的技术获得新性状。历来对转基因产品持相对保守态度的欧盟也在审视其针对基因组编辑技术的政策。欧盟委员会已启动了对“转基因生物体”定义的法律审查程序，重新定义转基因生物体。欧洲食品安全局转基因生物小组则表示，如果新品种中无外源遗传物质且基因组编辑产生改变与自然突变无法区分，不应作为转基因产品对待。欧洲科学院科学咨询委员会认为，需要对新产品进行评估，不对育种技术进行风险评估(Huang 等，2016；Jones，2015)。

8.3.1 国际基因编辑动物生物安全评价管理办法

8.3.1.1 美国等国家基因编辑动物生物安全评价管理办法

自 20 世纪 70 年代以来，美国的大学、非政府组织、企业和政府的研究人员对以分子生物技术为基础的转基因生物研究表现出极大的兴趣。为了规范实验室研究，1974 年美国国家卫生研究院(NIH)成立了生物安全委员会，并于 1976 年颁布了世界第一部有关生物安全管理的技术法规，即《重组 DNA 分子研究准则》，该准则对美国的转基因生物研究与监督管理发挥了重要作用。美国农业部认为某些基因组编辑作物与传统育种得到的作物相似，基因组编辑作物不需要像转基因产品那样进行审批管理。2016 年 5 月，美国农业部宣布利用 CRISPR/Cas9 基因组编辑的蘑菇和玉米不属于转基因生物监管范畴。2015 年，阿根廷决定针对新的育种技术产品（包括基因组编辑技术产品），实施“个案分析”的管理审批政策，如果确认最终产品不含有外源基因，则不属于转基因生物监管范畴。

2017 年 1 月 19 日，FDA 率先发布了第 187 号工业指南修订草案（GFI＃187）《定向改变动物基因组 DNA 管理条例》向公众征求意见。对于定向改变基因组的动物，FDA 将根据《联邦食品、药品及化妆品法案》（FD&C Act，以下简称法案），将其作为药品进行管理。对于基因组编辑植物来源的食品，也须按照法案食品条款的相关规定进行管理。2017 年 1 月 18 日，FDA 又发布了一项“评议请求”（Request for Comments，RFC），就如何监管源于基因组编辑植物的人类或动物食品向社会公开征求意见，该“评议请求”征求关于基因组编辑植物来源的食品在安全性方面具有针对性的数据和信息，例如就食品安全性风险而言，不同种类的基因组编辑植物是否与传统育种植物表现相同。另外，FDA 也询问诸如如何最大程度让小型企业，包括那些可能考虑使用基因组编辑技术制作新植物品种并用作人类或动物食品的小企业来共同参与安全管理。FDA 现阶段正在梳理和研究收集到的意见。

2017 年 4 月 25 日，美国农业部动植物卫生检验局（USDA APHIS）公布了生物技术法规 CRF part 340 修订建议稿的文件，并开始接受公众评论。建议稿中针对基因组编辑技术提出了相应的要求，相关修改包括：明确指出基因组编辑技术产品如具有植物有害物或有害杂草风险的，将由 APHIS 进行管理；评价或重新评价要求内容明确指出要提供基因组编辑的相关信息，如基因、功能、影响的代谢途径、序列变化，以及如在基因编辑过程中使用 DNA 整合，消除这些整合 DNA 的证明技术等；在转基因生物的基因型描述中要求提供基因编辑生物的信息；在关于遗传工程的定义中，将基因组编辑包括在内。基因组被编辑后，需要提供下列内容：编辑的本质、被修饰的基因和功能，以及期望影响的（代谢）途径；对于多重替换碱基对、替换的数目；原未被编辑序列与修改后的序列比对；如果编辑是通过整合到染色体的遗传物质所创造，但后来通过分离消除了（这些遗传物质），需提供用于证明这些遗传物质不存在的技术。关于转基因生物的基因型，APHIS 添加了一些特定信息要求如基因序列、调节序列和基因组编辑，当前法规要求申请者提供对于专家生物基因型的详细描述，但未指定要求基因序列，调节序列或基因编辑的生物。APHS 负责管理生物技术产品而不是特定生物技术，基因组编辑产品只有在具有植物有害物或有害杂草风险的情况下，由 APHIS 根据法规进行管理。同时 APHIS 与 FDA、EPA 等其他相关机构合作，在针对基因组编辑技术的安全管理中同时参照其他相关机构管辖权下的基因组编辑应用的政策及措施。总体来说，美国仍按当前的法律框架，即“生物技术管理合作框架”来管理通过基因组编辑技术获得生物的安全问题。

8.3.1.2 欧盟基因编辑动物生物安全评价管理办法

欧盟对于基因组编辑生物的安全管理态度与转基因生物虽然一致，即需要进行严格的法律程序审批，但并未明确表示基因组编辑生物的监管是否等同于转基因生物，即基因组编辑生物是否属于转基因生物的监管范围，现阶段对于基因组编辑技术的监管情况仍处于探索阶段。2010 年，欧盟联合研究中心 JRC（Joint Research Center's study）开展了一项关于“基因组编辑技术：最新技术和商业发展前景”的研究，八种基因组编辑技术分别是 Zinc Finger Nuclease technology（ZFN）、Oligonucleotide Directed Mutagenesis（ODM）、Cisgenesis、Intragenesis、Rna-de-pendent DNA Methylation（RdDM）、Grafting on GM Rootstock、Reverse Breeding 和

Agro-infiltration，研究介绍了这些技术的潜力及其检测和监测。报告涉及转基因生物法规下的技术分类和风险评估，评估表明通过基因组编辑技术获得的作物，除了基因组的预期变化之外，也需考虑基因组非预期的变化。

2011年起，欧洲食品药监局(EFSA)受欧盟请求，评估现有指导文件是否仍然适用八种新基因组编辑技术，包括 Intragenesis、Cisgenesis 和 Zinc Finger Nuclease Technology(ZFN)。2012年，EFSA 发布了对于 Cisenesis 及 Intragenesis 的意见，转基因工作小组 GMO Panel 认为目前的风险评估指导，包括环境风险评估指导，均适用于评估通过基因组编辑技术获得的食物和饲料。2012年10月25日，EFSA 发布报告(scientific opinion addressinng thesafety assessment of plants developed using zinc finger nuclease 3 and other site-directed nucleases with similar function)，对 ZFN-3 给出意见，称 EFSA 的转基因工作小组 GMO Panel 将运用 ZFN-3 技术获得的植物与通过常规植物育种技术和运用转基因组编辑技术获得的植物的相关危害进行比较，发现与传统转基因作物相比，ZFN 类作物能最小程度地减少饲用或食用产品的风险。在基因引入方面，ZFN-3 技术与转基因或目前使用的其他基因组编辑技术没有区别，ZFN-3 技术和转基因的主要区别在于 DNA 的插入靶向为基因组的预定区域。转基因工作小组 GMO Panel 认为目前的风险评估指导(包括环境风险评估指导)适用于评估通过基因组编辑技术获得的食物和饲料。

2016年10月31日，德国联邦消费者保护和食品安全局(BVL)发布了关于基因组编辑技术法律分类的意见(opinion on the legal classification of new plant breeding techniques, in particular ODM and CRISPR/Cas9)，认为通过 ODM 和 CRISPR/Cas9 技术获得的突变植物不符合法令定义内的转基因生物。

2016年，欧洲科学技术伦理组 EGE(European Group on Ethics in Science and New Technologies)发布了对于基因组编辑技术的声明(EGE Statement on Gene Editing)，认为应该暂停人类胚胎或配子的基因组编辑技术，关于基因组编辑技术的可接受性和可取性的审议应该扩大到公众社会的讨论，向持有不同观点、具有不同专长和价值观念的社会人员征询意见，而不是单独选择某个国家、社会团体或学科。且 EGE 认为，除了基因组编辑技术的潜在风险或健康益处，其他伦理原则也应成为对基因组编辑技术的必要反思的一部分，如人的尊严、正义、公平和自主权是否受到威胁，需要对基因组编辑技术的所有应用(包括非人类应用)进行伦理考虑。但 EGE 小组内意见也不统一，因此呼吁广泛的社会公开讨论，并且期望欧盟委员会能优先考虑相关的伦理、科学和规范问题。欧盟虽未发布关于 ZFN-1 和 ZFN-2 的统一态度，但除了非政府组织 NGOs 认为 ZFN-1 和 ZFN2 应属于转基因生物的监管范畴，德国联邦消费者保护和食品安全局、欧洲食品药监局、德国中央生物安全委员会以及新技术工作组(NTWG)均认为 ZFN-1 和 ZFN-2 应属于非转基因的监管范围。

欧盟现行的转基因产品管理法规有1997年通过的《关于新食品和新食品成分的规定》(258/97)、2002年10月生效的《关于转基因产品在环境中的慎重释放和第90/220/EEC号指令的废止》(2001/18/EC)、2003年10月欧盟颁布的《转基因食品及饲料条例》(欧盟议会及欧盟理事会法规第1829/2003号)及《转基因生物追溯性及标识办法以及含转基因生物物质的食品及饲料产品的追溯性条例》(欧洲议会及欧洲理事会法规第1830/2003号)，对转基因产品的标签、可追溯性等问题做了详细的规定。要求所有转基因产品必须清楚标示并登记可追踪，还具体规定了转基因成分含量的阈值为0.9%。与欧盟采取相近管理方式的有澳大利亚、新西兰等国家。

8.3.1.3 日本基因编辑动物生物安全评价管理办法

日本参考欧盟和美国的管理模式，采用了介于两者之间的既不过分严格也不过于宽松的管理方式，采取了基于生产过程的管理措施。日本关于转基因产品的立法主要是在“对于在农业和工业中应用重组 DNA 生物体的框架”基础上建立起来的。目前，日本已经建立了两个关于重组 DNA 生物体试验的指南和 6 个关于重组 DNA 生物体产业应用的指南。日本于 2001 年制定了《转基因食品标识法》，对已经通过日本转基因安全性认证的大豆、玉米、马铃薯、油菜籽、棉籽 5 种农产品及以这些指定农产品为主要原料，加工后仍然残留重组 DNA 或由其编码的蛋白质食品，制定了具体标识方法。日本由文部科学省、通产省、农林水产省和厚生劳动省 4 个部门进行转基因食品安全的管理。

目前日本并未针对基因编辑动物安全评价出台相应的管理办法，仍处于讨论阶段。在 2019 年 3 月 19 日，日本一个咨询委员会向日本厚生劳动省提出建议：允许基因编辑食品在不进行安全评估的情况下向大众出售，前提是相关技术需符合一定标准。日本厚生劳动省网站贴出的草案指出：只要使用的技术不把外来基因或部分基因留在目标生物体中，就不需要进行安全筛查。同时，目前未发现基因编辑食品诱发癌症或者其他安全问题，因此无需审查。鉴于这一目标，该委员会的结论是，要求开发人员或用户提供相关基因编辑技术、用于修改的基因和其他细节的信息是合理的，这些都将在尊重专有信息的同时予以公开。这些建议同时指出，如果相关的基因编辑技术缺乏足够详细的资料，则仍有可能需要进行安全评价。这份报告草案并没有直接涉及这些基因编辑食品是否应该贴标签的问题。

8.3.1.4 加拿大基因编辑动物生物安全评价管理办法

在加拿大，任何被认为是新的食品或含有新基因特征的食品，无论是通过转基因还是基因编辑，都需要进行上市前的安全评估。加拿大卫生部将根据食品和药物法案逐一进行这些安全评估。根据加拿大环境保护法，转基因动物也将需要进一步的评估。虽然加拿大允许动物克隆，但加拿大卫生部 2003 年的一份声明指出，来自动物克隆的产品及其后代被认为是新食品，因此受到“食品和药物条例”（新食品）和上市前安全评估的约束（Health，2003）。

8.3.1.5 阿根廷基因编辑动物生物安全评价管理办法

在阿根廷，国家食品安全和质量局（SENASA）负责评估进入市场的新食品。SENASA 认识到，生产食品的动物的克隆主要用于繁殖目的，并不打算作为食品出售。然而，随着动物克隆技术发展趋势不断增强，具有克隆来源的食品的可能性也同样增加。在审查了对动物克隆食品安全性的评估后，认为没有科学的理由来规范商业化（Argentina-Agricultural Biotechnology Annual. Washington DC：USDA FAS，2019）。

在阿根廷市场上发布之前，转基因生物需要接受国家农业生物技术咨询委员会的评估，该委员会是一个多学科的咨询机构，根据个案评估新的转基因事件，考虑对环境的影响以及对人类或动物健康的风险。此外，SENASA 还负责评估从转基因生物中提取的供人类和动物食用的食品的生物安全性（Argentina-Agricultural Biotechnology Annual. Washington DC：USDA FAS，2019）。

8.3.1.6 巴西基因编辑动物生物安全评价管理办法

用于商业目的的动物克隆在巴西是允许的，而且通常是与巴西农业和牲畜研究企业（EM-

BRAPA)合作完成的。然而,克隆生产动物必须在泽布品种系谱登记处登记。目前,对具有克隆来源的克隆动物或克隆产品没有任何规定。然而,参议院仍在审议的一项法案草案提议规范动物克隆。它建议,除其他事项外,由农业、畜牧和食品供应部负责授权克隆动物及其后代的商业销售和进口,以便食品用途(Brazil-Agricultural Biotechnology Annual, BR 1818. Washington DC:USDA FAS,2018)。

生产食品的转基因动物要根据具体情况接受CTNBio的批准。这项批准的一部分是对转基因生物进行全面的风险评估和管理,但某些修改不受监管。根据规范性决议16号,使用精密育种创新技术开发的新品种,包括新的育种技术,如基因编辑方法,以及缺乏引入重组DNA的新品种,都不受转基因评估的影响。

8.3.1.7 澳大利亚和新西兰基因编辑动物生物安全评价管理办法

澳大利亚和新西兰没有关于动物克隆的具体规定,但在澳大利亚,克隆动物必须遵守动物福利立法以及澳大利亚为科学目的照料和使用动物的行为守则(Australia-Agricultural Biotechnology Annual AS1826. Washington DC:USDA FAS,2018)。同样,新西兰也没有关于动物克隆的具体规定。新西兰"1999年动物福利法"涵盖饲养和实验动物,包括克隆动物。此外,新西兰的克隆动物需要被记录在案,并被要求有一个独特的克隆动物耳标。

转基因动物在澳大利亚的商业化需要获得基因技术监管办公室(OGTR)的批准。对环境影响和对健康的影响进行详细的风险评估。在这些评估中,OGTR咨询了相关当局,如州和领地、地方议会、农业部、澳大利亚农药和V类兽药管理局以及公众。此外,根据澳大利亚新西兰食品标准(FSANZ)对转基因动物性食品进行了生物安全评估。在最近一次对"基因技术法"的审查中,得出的结论是,使用不引入新遗传物质的技术获得的转基因生物不受监管。这包括产生微小变化的位点定向核酸酶技术(例如,CRISPR/Cas9)、寡核苷酸定向突变和一些RNA干扰方法[Office of the Gene Technology Regulator (OGTR),2019;Mallapaty,2019]。

在新西兰,包括转基因生物在内的新西兰尚不存在的生物释放到环境中的行为受到1996年《危险物质和新生物体法案》的管制。在将一种新型转基因生物商业化之前,需要得到新西兰环保局(NZEPA)的批准。在基因改造食品方面,食品安全管理局会根据澳洲和新西兰的《食品标准守则》进行生物安全评估。

8.3.1.8 乌拉圭基因编辑动物生物安全评价管理办法

在乌拉圭,动物生物技术(包括克隆)没有特别的管制(Uruguay Annual Biotechnology Report 2012. Washington DC:USDA FAS, 2012)。然而,转基因生物的环境释放是在关于环境保护的17283号法律,该法律还规定,在释放之前,必须获得主管当局的授权。按照第65号规例[Ministry of Livestock, Agriculture and Fisheries (MGAP), Government of Uruguay, 2019]的规定,转基因蔬菜的监管和生物安全主要集中在转基因蔬菜的基因改造和环境引进方面。对于这些转基因生物的商业化,需要获得国家生物安全委员会(GNBio)的授权。GNBio在个案的基础上评估转基因应用。

乌拉圭与巴西、巴拉圭、智利、阿根廷农业部长在2018年南方农业理事会部长级会议上签署了赞成应用基因编辑的宣言[World Trade Organization (WTO),2019]。宣言承认,目前生物技术产品商业化的管理框架和安全标准足以对基因编辑衍生产品进行评估。除了这项宣言外,乌拉圭政府还通过了一项法律(第19317号法律),生物技术创新及其应用被认为符合国家利益，这项新法律的目的是促进经济和国家的可持续发展。

8.3.2 中国基因编辑动物生物安全评价管理办法

中国已利用基因组编辑技术研发了一系列的水稻、小麦和动物等新品系，具有良好的商业化生产应用前景。为此，中国农业管理部门十分重视基因组编辑技术产品的安全性及其安全管理，努力为新产品的生产应用保驾护航。以李家洋院士牵头的研究小组，提出了基因组编辑作物管理框架，包括 5 个关键点，即：①产品在实验室和田间试验阶段，应该严格控制管理，避免向外界逃逸。②如果开发过程中基因编辑的元件以 DNA 载体的形式引入，必须确保基因组编辑作物中的外源 DNA 被完全去除。③准确报告记录靶标位点处详尽的 DNA 序列变化。如果通过同源重组引入了新的序列，需确定供体和受体的亲缘关系，以此来表征引入的序列与遗传背景是否有新的相互作用可能性。若通过同源重组引入的外源基因与受体亲缘关系很远，须具体情况具体分析。④确保产品中的主要靶点没有发生非预期的二次编辑事件，并基于现有参考基因组信息和全基因组重测序技术，评价是否发生脱靶效应及其可能的安全性风险。⑤以上 4 点应在新品种登记资料中详细说明备案（Shan 等，2015）。只有在满足上述 5 个条件的基础上，基因组编辑作物产品在进入市场之前才能和常规育种作物同等监管。在上述基因组编辑作物管理框架的基础上，结合中国转基因生物安全管理条例，本文从以下 4 个方面探讨了中国今后对于基因组编辑作物的安全性评价和管理。

8.3.2.1 明确基因组编辑技术产品的安全管理范畴

中国《农业转基因生物安全管理条例》第三条明确定义，“本条例所称的农业转基因生物，是指利用基因工程技术改变基因组构成，用于农业生产或者农产品加工的动植物、微生物及其产品”。基因组编辑技术主要是对基因组 DNA 序列进行定向修饰的技术，其属于基因工程技术范畴。根据上述定义，通过基因组编辑技术获得的农作物及其产品，应该属于农业转基因生物，应依法纳入农业转基因生物安全管理范畴。但由于《条例》主要是针对第一代转基因技术而言，即通过基因工程技术，在受体基因组上插入整合外源 DNA 序列，而获得的具有新的性状的产品。基因组编辑技术主要用来对靶标基因进行精准修饰或将目标基因定点整合到基因组中，对内源基因进行精准修饰时只在操作过程中涉及外源 DNA 的导入，筛选的后代中只有目标基因被修饰而不含有外源 DNA，与传统诱变育种获得的最终产品相似，因此，建议将进行基因精准修饰获得的少量碱基缺失、替换或者敲除的突变体类新产品视为特殊农业转基因产品，可简化这一类产品的安全评价和管理。通过基因组编辑技术进行定点整合有外源 DNA 插入的，则按传统的转基因生物进行安全评价和管理。

8.3.2.2 确定安全评价的内容

现阶段，中国基于实质等同性和个案分析的原则，对转基因产品进行安全性评价管理，主要包括 3 个方面的内容：分子特征评价、环境安全评价和食用安全评价。对于基因组编辑技术产品，仍然需要按照转基因产品进行安全性评价管理。重点应关注是否存在非预期的基因编辑，是否产生新的环境安全和食用安全风险。其中，碱基缺失或敲除的突变体类基因组编辑技术产品可简化安全性评价管理，重点开展分子特征评价和食用安全评价。安全性评价的具体内容可参考传统的转基因生物安全评价办法和评价指南。但是，对分子特征的评价可利用全基因组重测序等手段进行分析，以便清楚地解释基因组编辑发生的位点，以及引起的缺失、插入、重组等。

8.3.2.3 建立分子检测新方法

基因组编辑技术由于其定点编辑，在改造的受体生物体内留下的痕迹较少，原有的分子生物学检测技术方法，如蛋白质水平和核酸水平检测方法，已经很难满足基因组编辑产品的检测，特别是单碱基或少量碱基缺失的基因组编辑产品。需要加强检测新技术的研究，建立特异性的针对基因组编辑产品的检测新方法，以保护研发人的知识产权，为国家安全监管监测提供有力的技术支撑。

8.3.2.4 完善配套的安全管理法律法规

2001 年，中国颁布《农业转基因生物安全管理条例》，2002 年农业部发布了《农业转基因生物安全评价管理办法》《农业转基因生物进口安全管理办法》和《农业转基因生物标识管理办法》等 3 个配套管理办法，对转基因生物进行全程监控。近几年，为规范管理转基因生物，又制定了安全评价指南和一系列检测标准，使转基因生物研发人员、转基因检测机构和国家农业转基因生物安全评价委员会工作有章可循、有据可依。随着基因组编辑技术的研发应用，原有法规中规定的农业转基因生物概念的范围等已经不完全适合于基因组编辑技术产品。因此，中国亟需对已有的法律法规进行修改完善，参考国际上先进做法，相机而行。促进新技术的发展，推进第二代基因工程育种技术创新性革命，创制新农作物种质资源，培育突破性新品种(Shan Q W，2013；Wang Y P，2014)。

8.4 基因组编辑新型转基因猪产品安全评价指南

1996 年以来，转基因作物的大规模商业化生产为人们带来了巨大的社会经济效益，但是转基因技术存在一定的风险，并受到各国政府和群众的密切关注，也由一个纯粹的科学问题，逐步演变为一个涉及政治、法律、经济、伦理等多方面因素的复杂的社会问题。现阶段，基因编辑动物相关技术逐渐成熟，基因编辑猪群体规模逐渐扩大，商业化趋势逐渐显现，但现阶段国家对于转基因动物的上市条件并未明确，在基因编辑动物安全评价中较多沿用植物相关程序和规定，在现阶段的研究过程中需要逐步更新与修订，在转基因生物新品种培育重大专项支持下，针对《基因组编辑新型转基因动物产品安全评价指南》进行研究，其中针对《基因组编辑新型转基因猪产品安全评价指南》获得部分修订方案，以供后续研究参考。

基因编辑猪是指通过 ZFNs、TALENs 和 CRISPR/Cas9 系统等基因操作技术对猪在基因组水平上进行插入、删减、修改或替换等操作，以达到改变其原有性状的目的，从而更好地应用于农业生产或人类医疗领域。主要包括以下几种基因编辑猪类型：①产品性状改良，改良生长发育速度、消化吸收速度、消化吸收速率和饲料转化率等；②品质性状改良，改良营养成分、较少致敏原、用于观赏等；③繁殖性状改良，调控动物的繁殖力和性别；④抗逆，改良动物对环境条件、疾病和化学物质的抗性；⑤环境指示，对环境质量变化有指示性作用；⑥生物反应器，药用、工业用以及用于功能性食品的动物；⑦医学模型与临床应用，修饰特定猪基因组位点，获得具有人类医学研究价值或医学应用价值的模型猪或供体猪，满足某些特殊研究和人类疾病研究的迫切需求。

《基因组编辑新型转基因猪产品安全评价指南》方向如下：在研究环节把控研究材料的扩

散风险；外源操作分子在基因编辑猪中完全去除；是否存在脱靶现象。原则如下：以科学为基础、个案分析、实质等同性、遗传特性分析、危险性分析和逐步完善等。指南针对基因编辑猪在创制和繁育过程中所涉及的资料进行了较为系统的阐述，但同时针对特殊情况仍需个例分析，原则上仍需保证创制过程中的资料有责必存，利用严谨的科学态度证实基因编辑猪在创制和繁育过程中的安全性。

8.4.1 基因编辑猪分子特征

针对基因编辑猪分子特征所进行的评价主要为对基因编辑猪在创制过程中的相关操作过程、预期效应和非预期效应进行评估。涉及基因组水平、转录水平和翻译水平，考察基因编辑猪编辑位点相较野生型所产生变化预期效应和非预期效应。

1. 基因编辑猪创制过程中编辑基因与编辑过程相关资料

本部分适用于全部类型基因编辑猪安全性评价。

(1)编辑基因信息　提交所编辑目的基因的物种、结构、基因座结构、功能、基因调控与信号转导和潜在安全风险。供体生物：猪或其他；结构：基因组中完整的序列信息和表达的序列信息；基因座结构：目的基因或基因编辑位点周边序列信息，内容同上；基因功能：提供详细的基因功能信息；基因调控与信号转导：提供目的基因的基因调控研究与信号转导研究相关进展报告；潜在安全风险：从供体和受体生物特性、安全使用历史、安全性试验研究结果。

(2)基因编辑过程信息　提交基因编辑猪生产过程中所使用的载体的物理图谱并准确标注其中全部元件的位置和序列信息，并附上载体测序检测结果、载体来源信息；提交基因编辑用 RNA 序列信息、来源信息与安全性使用信息；基因编辑用蛋白序列信息、来源信息与安全性使用信息；提交编辑过程中所使用的仪器、试剂、耗材和操作步骤等相关信息；提交在编辑后针对操作过程中涉及的 DNA、RNA 和蛋白质的残留检测信息。

2. 基因编辑脱靶检测信息

本部分适用于规模化应用类型基因编辑猪安全性评价。

非应用型可根据自身应用全基因组测序技术对潜在脱靶位点进行深度检测，并提供测序结果的完整报告和原始数据。

3. 基因编辑相关基因表达

本部分适用于全部类型基因编辑猪安全性评价。

针对编辑基因进行基因组水平和表观遗传水平的基因表达检测，采用实时定量 PCR 技术、Western bolt 技术、全转录组测序基础、蛋白组测序技术、全基因组甲基化测序技术等对编辑基因涉及的基因表达信息进行鉴定，原则上说明编辑后在其基因调控水平上产生的预期效应与非预期效应。

4. 其他部分

对于在基因编辑猪研制与验证过程中所获得的，在本部分未提及的试验原料与实验数据均需要进行提交备案，并按照个案分析原则评估提交数据。

8.4.2 基因编辑猪遗传稳定性

1. 目的基因编辑位点的稳定性

用 Southern、PCR 等方法检测编辑基因在基因编辑猪中的整合情况，明确转基因猪中编辑基因的拷贝数以及在后代中的遗传情况，提供不少于连续 2 代的试验数据。

2. 编辑基因表达的稳定性

用 Northern、RT-PCR、Western Blot 等方法分析编辑基因在基因编辑猪不同世代在转录(RNA)和(或)翻译(蛋白质)水平表达的稳定性(包括不同生长阶段与不同组织、器官和细胞的表达情况)，提供不少于连续 2 代的试验数据。

3. 目标性状表现的稳定性

用 HE 组织切片观察等手段观察目标性状在基因编辑猪不同世代的主要组织表现情况；检测基因编辑猪的肉质情况，测量指标包括：pH、肉色、24h 滴水损失、剪切力等指标，提供不少于连续 2 代的试验数据。

8.4.3 基因编辑猪健康状况评估

用一般指标、生理学指标以及其他适合的指标评价基因编辑猪的健康状况。

1. 一般指标

一般指标包括行为与外貌。对基因编辑猪精神、采食、反应等方面进行评价，需提供试验数据与分析结果或视频资料与相关说明。对基因编辑猪外表各个部位的健康状况进行评估，需提供照片或视频资料与相关说明。

2. 生理学指标

采集基因编辑猪的血液，进行血液生理生化分析，检测指标包括常规生理指标、血液指标、生化指标等；采集基因编辑猪的肠道内容物，检测其肠道微生物与正常猪相比是否有差异。必要时提供解剖学指标。

3. 其他指标

根据基因编辑猪与编辑基因的特点，确定适合的特异性指标。

8.4.4 基因编辑猪环境适应性

根据常规指标和生化指标检测基因编辑猪是否对猪舍内小气候环境及大气候环境有较强的适应能力。

1. 常用指标分析

表型特征，包括体尺、体重、毛色、生长发育、肉品质、抗病抗逆、药物耐受力、免疫能力、营养代谢、精神状态、采食状态、性欲状态。

2. 生化指标分析

血液血常规生化分析、酮体性状表型分析、肠道微生物检测分析、基因转录及表达分析、基因随机整合及脱靶检测分析、蛋白质水平分析、遗传稳定性分析。

8.4.5 基因编辑猪潜在逃逸危害评估

1. 基因编辑猪逃逸可能性

评价基因编辑猪生产繁殖过程中的安全控制措施，分析基因编辑猪潜在逃逸风险。

2. 基因编辑猪野外存活可能性

评价基因编辑猪逃逸后在野外环境中的生存能力进行评估，分析基因编辑猪逃逸后野外存活的可能性。

3. 基因编辑猪近缘野生种杂交可能性评估

评价基因编辑猪饲养周边环境中近缘野生种的分布情况与相关生物学特性，评估基因编辑猪逃逸后与野外生存环境中与近缘野生种的交配的可能性。

8.4.6 基因编辑猪潜在环境风险评估

1. 基因编辑生物对非目标生物的影响

抗病基因编辑猪除对病菌有防御作用外，对环境中的许多有益生物也将产生直接或间接的影响和危害。

2. 增加目标病害的抗性

研究表明，第三代、第四代病害已对基因编辑抗病猪产生抗性。因此，基因编辑抗病猪规模饲养，更需要圈舍内的日常清洁和卫生安全保障，避免粪便排泄物对农田和自然生态环境造成更大的危害。

3. 杂草化

基因编辑猪通过粪便的农作物灌溉堆肥等，可能将一些抗虫、抗病对环境胁迫具有耐性的基因转移给野生近缘种或杂草。如果杂草获得基因编辑生物体的抗逆性状，将会变成超级杂草，从而严重威胁其他的正常生长和生存。

4. 对生物多样性和生态环境的影响

基因编辑生物多样性通过基因漂移，破坏野生和野生近缘种的遗传多样性。此外，还可加重环境污染的程度以及农田作物多样性的丧失。

8.4.7 基因编辑猪功能性安全评价

1. 表达产物毒理学评价

表达产物资料：提供表达产物（包括目的基因和标记基因所表达的产物）的分子和生化特征等信息，包括分子量、氨基酸序列、结构、翻译后的修饰、功能等资料。表达产物若为酶，应提供酶活性、酶活性影响因素，如温度、离子浓度、底物特异性、反应产物等。若新表达物质是蛋白质，提供与已知毒素和抗营养因子的核酸和氨基酸序列进行比对的资料。提供通过热稳定性试验和模拟胃肠液消化试验探究新表达蛋白质的耐热性和抗消化能力的资料。提供该蛋白质在猪可食部位的表达量和人群可能摄入水平。

当新表达蛋白质无安全食用历史，安全性资料不足时，必须进行急性口毒性试验以及 28 d 喂养试验，必要时应进行免疫毒性检测评价。

若新表达的物质为非蛋白质，则需采用个案分析的原则，可能需要的毒理学评价包括毒物代谢动力学、遗传毒性、亚慢性毒性、慢性毒性/致癌性、生殖发育毒性等方面。

若用体外表达的产物作为安全性评价的试验材料，需提供体外表达产物与猪表达产物的等同性分析（如分子量、结构、氨基酸序列、免疫原性、蛋白活性等）的资料。

2. 致敏性评价

外源基因插入产生新蛋白质，或改变代谢途径产生新蛋白质的，应对其蛋白质的致敏性进行评价。提供基因供体是否含有已知致敏原的资料。提供新表达蛋白质与已知致敏原氨基酸序列的同源性分析比较资料。提供新表达蛋白质热稳定性试验资料。体外模拟胃液蛋白质消化稳定性试验资料。对于供体含有致敏原的，或新蛋白质与已知致敏原具有序列同源性的，应提供与已知致敏原相关的血清学试验资料。必要时通过猪模型试验进行评价。

3. 关键成分分析

提供转基因猪可食部分的主要营养成分以及可能的有害物质、抗营养因子等的检测数据。

4. 全食品安全评价

采用 90 d 亚慢性毒性试验评估转基因猪对人类健康的长期影响。全食品安全评价时供给量是关键，需要考虑到平衡膳食、试验饮食以及适当的可控历史数据。

5. 营养学评价

将转基因食品与其同类基因型亲本传统产品的营养组分情况进行比较，如含有的蛋白质、碳水化合物、维生素、脂肪以及矿物质等营养成分有何差异。

对转基因猪中的脂肪酸与氨基酸含量及组成变化情况进行分析。

对其中抗营养因子的含量进行测定。

6. 生产加工对安全性影响的评价

应提供与非转基因猪相比，转基因猪生产加工和运输存贮过程中是否改变转基因猪的产品特性的资料等，包括加工过程中对转入蛋白质的降解、消除、变性等影响的资料。

7. 其他

根据个案分析的原则，对转基因猪可能导致的兽药残留、重金属、毒素等主要污染物的蓄积进行评价。

8.5 基因编辑猪安全证书申请阶段性要求

基因编辑猪安全评价，应按照《农业基因编辑生物安全评价管理办法》的规定撰写申报书，并按照如下要求提供各阶段安全评价材料。以下规定是申请阶段是所需材料的基本要求。按照不同的用途，基因编辑猪的安全性评价要求按照申请试验研究与备案；申请中间试验；申请环境释放；申请生产性试验和申请安全证书五个阶段。

基因编辑猪安全性评价应当根据不同基因编辑方式和不同用途的特殊性，由相应的生物技术检测机构等第三方对所需检测指标进行检测，若无相关检测机构，则由农业农村部制定相关无利益关系机构进行检测。

8.5.1 申请试验研究与备案

1. 外源基因

包括目的基因、标记基因、报告基因以及启动子、终止子和其他调控序列，外源基因名称应当按照国际通行规则正式命名的名称或 GenBank 中的序列号，未正式命名或无 GenBank 序列号的应提供基因序列。

2. 目标性状

包括产量性状改良、品质性状改良、繁殖性状改良、抗逆、环境指示、生物反应器等其他七种类型。

产量性状改良：改良生长发育速度、消化吸收率和饲料转化率等。

品质性状改良：改良营养成分、减少致敏原、用于观赏等。

繁殖性状改良：调控猪的繁殖力和性别。

抗逆：改良猪对环境条件、疾病和化学物质的抗性。

环境指示：对环境质量变化有指示性作用。

3. 试验转基因动物材料数量

一份申报书中只能包含同一物种的受体生物和相同的转基因性状。

4. 试验年限

一般为 1～2 年。

5. 试验结果与反馈

试验结束后对试验结果进行总结与反馈，对试验过程中产生的可能具有潜在风险物处理方式进行说明，对基因编辑动物最终的处理方式予以说明。

8.5.2 申请中间试验

①提供基因编辑猪的分子特征资料。

②提供每个转基因猪个体的代别，以及相应代别目的基因和标记基因 PCR 检测的资料。

③提供基因供体是否含有毒蛋白质、致敏原和抗营养因子的资料。

④提供表达产物的分子和生化特征等信息，以及提供新表达产物与已知毒蛋白质和抗营养因子氨基酸序列相似性比较的资料。

⑤提供基因编辑猪关于健康情况和生产性能的资料。

8.5.3 申请环境释放

①基因编辑猪具有一定的群体规模，提供详细的群体建立报告。

②申请中间试验提供的相关资料，以及中间试验结果的总结报告。

③提供每个基因编辑猪中目的基因和标记基因整合进动物基因组的 Southern 杂交图和插入拷贝数，或提供每个转基因动物的特异性 PCR 检测图，并注明转基因个体的代别和编号。

④提供目的基因在转录水平或翻译水平表达的资料。

⑤提供转基因个体遗传稳定性的资料，包括目的基因和标记基因整合的稳定性、表达的稳定性和表型性状的稳定性。

⑥提供转基因动物健康状况的资料。

⑦提供转基因动物功能效率评价的资料。

⑧提供表达产物在转基因动物食用部位表达量的资料。

8.5.4 申请生产性试验

分为两种类型，一是转基因动物申请生产性试验，二是用取得农业转基因生物安全证书的转基因动物与常规品种杂交获得的含有转基因成分的动物申请生产性试验。

1. 基因编辑猪申请生产性试验

提供所申报基因编辑猪样品、对照样品及检测方法。样品要求：动物血样或动物组织。方法要求：提供外源插入序列信息及转化体特异性核酸检测方法等。

①申请环境释放提供的相关资料，以及环境释放结果的总结报告。

提供转基因动物外源插入序列（如转化载体骨架、目的基因和标记基因等）整合进动物基因组的 Southern 杂交图和插入拷贝数，或提供转化体特异性 PCR 检测图，并注明供试材料的名称和代别。

②提供目的基因和标记基因翻译水平表达的资料，或目标基因（被 RNAi 等方法所干涉的基因）在转录水平或翻译水平表达的资料。

③提供该转基因动物遗传稳定性的资料，包括目的基因和标记基因整合的稳定性、表达的稳定性和表现性状的稳定性。

④提供转基因动物健康状况的资料。

⑤提供转基因动物功能效率评价的资料。

⑥提供转基因动物环境适应性的资料。

⑦提供关键成分分析的资料。

⑧提供新表达蛋白质体外模拟胃液蛋白质消化稳定性试验资料。

⑨必要时提供全食品毒理学评价资料。

⑩提供农业转基因生物技术检测机构出具的检测报告：包括确认转化体身份的核酸检测。

2. 用取得农业转基因生物安全证书的转基因动物与常规品种杂交获得的含有转基因成分的动物申请生产性试验

①提供所申报转基因动物样品、对照样品及检测方法。样品要求：动物血样或动物组织。方法要求：提供外源插入序列信息及转化体特异性核酸检测方法等。

②已取得农业转基因生物安全证书的转化体综合评价报告及相关附件资料。

③提供亲本名称及其选育过程的资料。

④提供外源插入序列（如转化载体骨架、目的基因和标记基因等）整合进植物基因组的 Southern 杂交图和插入拷贝数，或提供特异性 PCR 检测图，并注明供试材料的名称和代别。

8.5.5 申请安全证书

基因编辑猪申请安全证书分为 2 种类型：一是基因编辑猪申请安全证书。二是用取得农业基因编辑猪安全证书的基因编辑猪与常规品种杂交获得的含有基因编辑成分的动物申请安全证书。

1. 基因编辑猪申请安全证书

①汇总以往各试验阶段的资料，提供环境安全和食品安全的综合评价报告。

②提供基因编辑猪相关分子资料。包括导入载体的整体分子结构，所编辑基因的全长 DNA 序列、编辑序列和编辑位点两端边界序列、编辑基因的拷贝数，以及特异性 PCR 检测图等。

③提供基因编辑猪遗传稳定性不少于连续 2 代的资料，包括目的基因的编辑稳定性、表达的稳定性和表现性状的稳定性。

④提供不少于连续 2 代基因编辑猪健康状况的资料。

⑤提供不少于连续 2 代基因编辑猪相关功能效率评价的资料。

⑥提供不少于连续 2 代基因编辑猪环境适应性的资料。

⑦提供基因编辑猪的逃逸（释放）及其对环境影响的资料。

⑧提供完整的食用安全资料。

⑨提供农业转基因生物技术检测机构出具的检测报告，包括：转化体的分子特征；新表达蛋白质或表达量增加的蛋白质与已知毒蛋白质、抗营养因子和致敏原氨基酸序列相似性比较；

急性毒性试验、营养成分分析、大鼠 90 d 喂养等。

2. 用取得农业基因编辑猪安全证书的基因编辑猪与常规品种杂交获得的含有基因编辑成分的动物申请安全证书

①申请生产性试验提供的相关资料，以及生产性试验的总结报告。

②提供亲本名称及其选育过程的资料。

③提供基因编辑猪相关分子资料。包括导入载体的整体分子结构、所编辑基因的全长 DNA 序列、编辑序列和编辑位点两端边界序列、编辑基因的拷贝数，以及特异性 PCR 检测图等。

④提供所编辑基因在转录水平或翻译水平表达的资料。

⑤提供遗传稳定性的资料，包括目的基因的编辑稳定性、表达的稳定性和表现性状的稳定性。

⑥提供功能效率评价的资料。

⑦如为续申请，则需要提供上次批准期限内的基因编辑猪商业化养殖数量、规模及生产性能数据。

仅就目前中国的转基因生物安全管理以及其他科学不确定性背景下的环境风险行政而言，其首要任务应当是在以下两个层面重视并完善科技专家和普通公众依法参与行政决策的过程，促进“专家知识”和“公众参与”的互动与融合：一方面，在体制内的专家委员会的构成和评审环节，要改变科技专家垄断全局的现状，逐步提高法律和管理专家的比例；另一方面，要在现有的政府决策机制的基础上建立和完善信息公开与公众参与制度，适当考虑和吸收社会公众对转基因生物安全管理等问题的意见和建议。唯有如此，才能形成政府、专家和社会公众等多元主体共同参与的治理格局，经过充分的商谈沟通，形成对转基因生物安全等问题的共识或主流看法，并以这种认识作为相关政府决策的重要基础，从而实现代议制民主和参与式民主的有机结合，进一步增强公共管理的正当性与合法性，更好地维护和促进环境正义。

本章参考文献

陈婉宁. 2013. 转基因生物安全立法的完善. 哈尔滨：东北林业大学.

范云六，黄大昉，彭于发. 2012. 我国转基因生物安全战略研究. 中国农业科技导报，14(2)：1-6.

冯楚建，王仁武，闫云军. 2003. 研究与法制化管理考察总结. 科技与法律，3：49-53.

高桥滋，周蓓. 2015. 日本转基因食品法制度的现状及课题. 法学家，2：134-139，179.

郭铮蕾，汪万春，饶红，等. 2015. 欧盟转基因生物安全管理制度分析. 食品安全质量检测学报，6(11)：4277-4284.

李宁，付仲文，刘培磊，等. 2010. 全球主要国家转基因生物安全管理政策比对. 农业科技管理，29，(1)：1-6.

林风. 2003. 澳大利亚生物安全研究与法制化管理. 海峡科技，2003(4).

刘培磊，李宁，周云龙. 2011. 浅析研发单位内部管理在转基因生物安全监管中的作用. 农业科技管理，30(3)：50-53.

刘思远，卢丹，唐中林. 2020. CRISPR/Cas9 技术及其在猪基因编辑中的应用. 畜牧兽医学报，51(3)：409-416.

卢军锋，李晓，杨公社，等. 2018. 我国转基因动物及其安全性评价发展现状. 中国兽医杂志，54(2)：62-64.

农业部农业转基因生物安全管理办公室.2015.国外转基因知多少.北京:中国农业出版社.

农业转基因生物安全管理部际联席会议办公室.2014.理性看待转基因.北京:科学普及出版社.

沈平,章秋艳,杨立桃,等.2017.基因组编辑技术及其安全管理.中国农业科学,50(8):1361-1369.

王虹.2014.巴西生物安全立法与转基因作物的应用.华中农业大学学报,33(6):40-45.

王辉.2019.VEGF基因编辑绒山羊的生物安全检测.呼和浩特:内蒙古大学.

王明远.2010.全法研究.北京:北京大学出版社.

徐琳杰.2019.我国农业转基因生物安全管理概况.达能营养中心2019年论文汇编:转基因食品与安全,中国疾病预防控制中心达能营养中心:27-31.

徐友刚.2013.生物安全立法情况的报告.生物技术安全,1:78.

许建香,李宁.2012.转基因动物生物安全研究与评价.生物工程学报,28(3):267-281.

Araki M, Nojima K, et al. 2014. Caution required for handling genome editing technology. Trends Biotechnol, 32 (5):234-237.

Fritsche S, Poovaiah C, Macrae E, et al. 2018. A NewZealand perspective on the application andregulation of gene editing. Front Plant Sci, 9:1323.

Gilbert M. 2016. The Status of Transgenic Crops in Australia. John Wiley & Sons, Inc.

Health Canada. 2003. Food Directorate Interim Policy on Foods from Cloned Animals. Ontario: Health Canada.

Huang S W, Weigel D, Beachy R N, et al. 2016. A proposed regulatory framework for genome-edited crops. Nature Genetics, 48(2):109-111.

Jones H D. 2015. Future of breeding by genome editing is in the hands of regulators. GM Crops Food, 6 (4):223-232.

Kershen D L. 2015. Sustainability council of New Zealand Trust v. the environmental protection authority: gene editing technologies and the law. GM Crops Food, 6(4):216-222.

Mallapaty S. 2019. Australian gene-editing rules adopt 'middle ground'. Nature, doi:10. 1038/d41586-019-01282-8.

Millstone E, Brunner E, Mayer S. 1999. Beyond' s ubstantial equivalence'. Nature, 401 (6753): 525-526.

Ministry of Livestock, Agriculture and Fisheries (MGAP), Government of Uruguay. 2019. Regulations and Documents—Legislation. Available at MGAP website.

OECD, Paris (France) eng. 1993. Safety evaluation of foods derived by modern biotechnology: concepts and principles |Clc.

Office of the Gene Technology Regulator (OGTR). 2019. Technical Review of the Gene Technology Regulations 2001—Decision Regulation Impact Statement. Available at the OGTR website.

Peng J, Wang Y, Jiang J, et al. 2015. Production of human albumin in pigs through CRISPR/Cas9-mediatedknockin of human c DNA into swine albumin locus in the zygotes. Scientific Reports, 5:16705.

Shan Q W, Wang Y P, Li J, et al. 2013. Targeted genome modification of crop plants using a CRISPR-Cas system. Nature Biotechnology, 31(8):686-688.

Shan Q W, Zhang Y, Chen K L, et al. 2015. Creation of fragrant rice by targeted knockout of the OsBADH2 gene using TALEN technology. Plant Biotechnology Journal, 13(6):791-800.

Shew A M, Danforth D M, Nalley L L, et al. 2017. New innovations in agricultural biotech :Consumer acceptance of topical RNAi in rice production. Food Control, (81):189-195.

United States Department of Agriculture, Foreign Agricultural Service (USDA FAS). 2012. Uruguay Annual Biotechnology Report 2012. Washington DC: USDA FAS.

United States Department of Agriculture, Foreign Agricultural Service (USDA FAS). 2018. Australia—Agricultural Biotechnology Annual AS 1826. Washington DC: USDA FAS.

United States Department of Agriculture, Foreign Agricultural Service (USDA FAS). 2018. Brazil—Agricultural Biotechnology Annual, BR 1818. Washington DC: USDA FAS.

United States Department of Agriculture, Foreign Agricultural Service (USDA FAS). 2019. Argentina—Agricultural Biotechnology Annual. Washington DC: USDA FAS.

Wang Y P, Cheng X, Shan Q W, et al. 2014. Simultaneous editing of three homoeoalleles in hexaploid bread wheat confers heritable resistance to powdery mildew. Nature Biotechnology, 32(9):947-951.

World Trade Organization (WTO). 2019. Ministerial declaration of the southern agricultural council (CAS) on gene editing techniques—Communication from Argentina. Geneva, Switzerland: WTO.

Yang Y, Wang K, Wu H, et al. 2016. Genetically humanized pigs exclusively expressing human insulin are generated through custom endonuclease-mediated seamless engineering. Journal of Molecular Cell Biology, 8(2):174-177.

第 9 章 基因编辑抗病新技术的现状和问题

【本章提要】 利用基因编辑技术进行抗病育种具有传统育种不可比拟的优势，但仍然存在一些瓶颈和问题。基因编辑抗病育种基于对基因的改造，从而改变基因性状，然而目前对猪的众多疾病对应的基因及其机制尚了解不足。基因编辑技术可以极大地缩短育种时间和总成本，并且本身可提供不同策略实现育种，但这一技术也存在可能造成脱靶的风险，加之技术难度大、操作复杂等，一定程度上限制了其发展和应用。未来的基因编辑技术需要从不同方面不断改良，更广泛地应用于猪和其他家畜的抗病育种。

9.1 抗病基因功能研究不够明确

1985 年，科学家提出了人类基因组计划（Human Genome Project，HGP），包括中国在内的六国科学家参与了人类基因组图谱的绘制，HGP 是一项宏大的跨学科、国家甚至跨世纪的计划，其主要内容即是测定组成人类染色体中所包含的 30 亿个碱基序列，进而对序列进行组装并辨识基因。2001 年，人类基因组工作草图的发表是人类基因组计划工作的里程碑，至 2003 年，最终完成了人类基因组的测序工作。HGP 的开展促进了基因组学研究的发展，同时测序技术的革新和发展也为其他物种的序列测定和基因组装提供了快速发展的机遇，目前可以在美国国家生物信息中心（National Center for Biotechnology Information，NCBI）等网站的数据库中检索到多个物种的基因序列。一些功能相关的基因研究也逐渐明晰。但是对于大动物尤其是猪而言，目前对其大部分基因的结构和功能，以及基因表达调控的研究相对较少。

在基因编辑或遗传修饰的研究中，只对少量研究较为透彻的明星基因投入精力进行基因编辑动物的制备，很多控制猪或其他家畜的重要经济性状或抗病性状不仅包含质量性状，也包含数量性状，一些性状为多基因协同或拮抗调控表达，因此在遗传操作的过程中具有较大难度。以目前的遗传操作方法，很难对单一性状进行完全调控而不影响其他性状。传统的转基因方法的随机插入可能造成表达不稳定、影响其他基因的表达、导致动物发育和行为异常等，这些问题利用新的基因编辑技术也不能完全解决。因此，需要结合生物信息学研究去挖掘有价值的、功能明确的基因才能使基因编辑技术的应用更加明确可靠。

9.2 基因编辑存在脱靶风险

现有的以 ZFN、TALEN 和 CRISPR/Cas9 为代表的依赖人工核酸酶的基因编辑技术相比于传统的仅依赖随机发生的同源重组或化学突变技术，在编辑效率、特异性上有了大大的提高，在能使用人工核酸酶进行基因编辑时，旧的方法和技术就完全不被考虑在内。但即便拥有较多优点，基因编辑技术仍然在降低脱靶率、进一步提高特异性和普遍适用性等方面有一定的不足。

9.2.1 脱靶效应的危害

在对基因组进行靶向编辑时，往往需要考虑脱靶的风险，脱靶指的是人工核酸酶的引导序列引导其对基因组中非目标位置的切割。对于常用的 CRISPR/Cas9 技术，其序列的靶向特异性与其 20 bp 的 sg 序列相关，而在庞大的基因组中，可能存在与靶位点同源性较高的区域，从而导致脱靶(Fu 等，2013)。细菌的 Cas9 系统本身具有抵抗病毒入侵的功能。因此，从进化的角度来讲，识别并切割具有少量碱基不同的序列可能是细菌对序列发生变异后的病毒的一种防御机制，意味着 Cas9 系统可以跟踪进化的病毒并保护细菌不受具有相似同源性病毒的威胁。但对于基因编辑的研究来说，则是一种明显的缺陷。2017 年，发表于 Nature Methods 的题为“Unexpected mutations after CRISPR/Cas9 editing in vivo”的文章对于 Cas9 技术的研究人员产生了较大的震动。文中的研究证明 CRISPR/*Cas9* 基因编辑系统会将大量不可预估地突变引入小鼠基因组中，这一现象也引发了关于 CRISPR/Cas9 系统潜在脱靶效应的一系列激烈的讨论。但在后续的调查中发现，该研究中所谓大规模的脱靶现象是作者使用了基因背景不明确的小鼠对照而产生的错误判断。尽管通讯作者全都不同意，Nature Methods 杂志还是单方面决定强行撤稿这篇有争议的论文，打破了学术界的惯例，最终该文在 2018 年 3 月被正式撤稿，反映出人们对脱靶效应的重视。

基因编辑的脱靶效应可能引发假性表型从而对基因功能产生错误的解释，有时甚至会产生副作用。而当脱靶产生的表型与目的基因突变一致时，也会影响实验的准确性，虽然实际上这种情况极其罕见。当脱靶的位点位于与猪生理功能相关的基因中时，可能对猪基因组中的其他关键基因造成影响，不仅影响其对目标基因的切割效率，而且可能造成功能基因的表达紊乱，影响正常的细胞生长或胚胎的生长发育过程，从而无法得到基因编辑动物。

9.2.2 脱靶效应的影响因素

具有基因编辑引导功能的主要组成为 sg 序列，因此影响脱靶的因素也主要与 sg 序列相关。PAM 序列是 sg 设计时的目标位点，不同细菌来源的 Cas 系统的 PAM 序列也不同(Garneau 等，2010)，所有 PAM 序列均位于靶点的 3′端(Nishimasu 等，2014)，使用最多的即为酿脓链球菌 SpCas9 的 NGG 序列，任意一个碱基都可以和 GG 形成 PAM 序列，PAM 序列越长就越提高序列识别的特异性，但同时降低了序列中可设计的靶点数目。

Cas9/sgRNA 的丰度也是影响脱靶效应的因素之一，包括 sg 的种类和浓度。核酸酶浓度过高可能会对序列错切，体外实验中，Cas9/sgRNA 浓度过高时会导致 sgRNA 的错配率增加(Pattanayak，2013)。对同一位点设计多个 sgRNA 以及增加 sgRNA 浓度可能提高对靶点的切割效率，但会导致靶点专一性的下降，因此，实际应用中需要平衡切割效率和特异性。细胞实验证明，减少 Cas9 和 sgRNA 的质粒浓度时，靶点特异性会增加(Hsu 等，2013)。而 Cas9 蛋白浓度与错配数成正比，意味着 Cas9 浓度越高，错配数也会增加(Wu 等，2014)。

脱靶与否的直接因素是序列的特异性，通常 Cas9/sgRNA 上的引导序列为 20bp，与基因组中的 20bp 进行碱基互补配对。靶向的序列越长，其在基因组中的特异性就越强。较长的引导序列似乎具有更高的特异性，但并不意味着可以随意增加引导序列的长度，因为可能引起结合能力降低、影响基因编辑效率的问题。研究证明，将 5′端的引导序列增加到 30 个核苷酸时，体内编辑时延长的 5′端将会被剪切掉(Ran 等，2013)，表明较长的引导序列并不稳定。相反，如果引导序列只有17～18个核苷酸时，靶点的专一性反而会提高，可能的原因为，引导序列起始的2～3个碱基对于靶点的结合并没有帮助(Fu，2014)。在Pattanayak等(2013)的试验中，也证明Cas9特异性相关序列为sg中7～12bp的靠近PAM处的序列。

除了以上因素，染色质的特征也会对靶点的专一性造成影响。基因组DNA在细胞内的形态并不是开放的、无复杂空间结构的线性DNA，而是在大部分时期折叠组装形成染色体，具有复杂的构型，而靶点区域很可能位于染色质内部，降低与引导序列或Cas9蛋白的亲和力。靶点位置的CpG岛甲基化状态也会影响引导序列的结合。甲基化状态较多时，引导序列与靶点的结合力降低，特异性也随之下降(Perez-Pinera等，2013)。目标基因的表观遗传修饰也是影响靶点专一性，造成脱靶的影响因素之一。

9.2.3 降低脱靶效应的可行方法

针对Cas9/sgRNA的特点和影响因素，也有一些相应的可行方法应对脱靶效应。如上所述，sgRNA的丰度过高影响其专一性，因此降低sgRNA的转染浓度可以使细胞中的脱靶效应减少。也可以直接在受精卵中注入重组Cas9蛋白及体外转录的sgRNA，注射的蛋白和sgRNA降解较快，从而降低了丰度同时降低脱靶(Ramakrishna等，2014)。Cas9在基因组序列进行切割时，产生的是双链断裂，只需一条sg的引导，如果将Cas9的切割区域进行位点突变，则获得的Cas9蛋白将失去双链切割活性，产生突变型Cas9(dCas9)(Cheng等，2013；Gilbert等，2013)。2013年，Mali等获得了只有一个切口酶活性的Cas9蛋白突变体Cas9n(Ma等，2013)，可以配合一条sg对单链造成切割，在这种情况下进行基因编辑时，需要两条sg才能形成双链断裂进行编辑。当一条sg发生脱靶时，只会在基因组中形成单链缺口，通过细胞修复机制恢复正常，只有两条sg同时错配才会造成脱靶，而两条sg同时错配的概率极低，从而提高了靶点特异性。

sgRNA的结构和长度与脱靶效应有关，改变其结构和长度也可以降低脱靶。例如在一些sgRNA的5′端添加GG可以降低脱靶(Cho等，2014)，上文提到的将sg的引导序列截短至17～18个碱基也可以降低脱靶，但会降低结合效率，需要谨慎选择。此外，在设计sgRNA的引导序列时，可以通过一些工具降低脱靶，一些网站在设计引导序列时，会与相关物种的全基因组进行比对，筛选出错配数较低的脱靶位点并进行排序(表9-1)。这一方法将通过一个评分系统显示，评分越高时，潜在的脱靶位点越少，脱靶的可能性越低。不同的预测工具由于算法不同，预测获得的脱靶位点数量和位置也不同，因此在设计时需多考虑各种因素，例如引导序列的单核苷酸多态性、二级结构(Ma，2013)对靶点选择的影响(Makarova等，2011)，也有基因中外显子、CpG岛对效率的影响等(Heigwer等，2014)。此外，对于体细胞核移植介导的基因编辑，在筛选获得阳性克隆后，可以对单克隆全基因组的疑似靶点进行测序，确保脱靶可能性较高的位点没有发生脱靶，再选择其作为供体进行体细胞核移植，获得的个体即为未脱靶个体。对于受精卵显微注射获得的后代，在获得个体后也要进行脱靶分析，保证未发生脱靶才能排除脱靶对进一步试验的影响。

表 9-1 预测 sgRNA 潜在脱靶位点的网站

工具	网址	参考文献
CasOT Off-Targeter	http://eendb.zfgenetics.org/casot	Xiao, 2014
CRISPR Design Tool	http://crispr.mit.edu	Hsu, 2013
WTSIGenomeEditing	http://www.sanger.ac.uk/htgt/wge/	Shen, 2014
E-CRISP	http://www.e-crisp.org/	Heigwer, 2014
Cas-OFFinder	http://www.rgenome.net/cas-offinder/	Bae, 2014
Cas9 Design	http://cas9.cbi.pku.edu.cn	Ma, 2013

9.3 制备基因编辑动物生产效率低，成本较高

在制备基因编辑动物时，主要通过受精卵或重构胚的胚胎移植，由代孕受体分娩获得后代，但无论是显微操作技术还是体细胞核移植技术，相比于天然的受精卵都存在效率较低的问题。体细胞核移植技术操作复杂、效率较低，需要先进行单克隆筛选然后以单克隆为供体进行核移植试验，整个过程对实验设备、技术条件和实验环境的要求较大，而且通过克隆胚胎获得基因编辑猪的效率往往不超过 10%。低效率意味着更多的时间和成本投入，制约了基因编辑动物的研究。

为了提高克隆效率，一些研究证明了体细胞核移植制备动物时，重构胚移植后的胚胎发育率和存活率较低，且胎儿容易流产，其主要的原因为重构胚体细胞重编程过程中的表观修饰。对于猪 ips 为供体的体细胞核移植研究中，反转录转座子 1 基因（retrotransposon-like-1, *RTL1*）的表观修饰是重构胚发育的主要障碍，通过对 RTL1 基因进行敲除和代偿实验，发现获得克隆动物的重要因素在于 RTL1 的表达（Yu, 2018），在制备过程中添加 RTL1 最终获得了以 ips 为供体的克隆猪，因此 RTL1 的补偿可以作为提高动物克隆效率的方法。

图 9-1 克隆猴"中中"（左）和"华华"（右）

1997 年，世界上首例体细胞克隆绵羊诞生，此后 20 年间，获得了一大批常见的克隆哺乳动物，包括奶牛（1998）、小鼠（1998）、山羊（1999）、猪（2000）、印度野牛（2000）、欧洲盘羊（2001）、兔（2002）、猫（2002）、马（2003）、大鼠（2003）、非洲野猫（2003）、骡子（2003）、爪哇野牛（2003）、鹿（2003）、狗（2005）、雪貂（2006）、狼（2007）、水牛（2007）、骆驼（2009）（Rodriguez-Osorio 等，2012），但一直未获得克隆灵长类动物。2018 年，在中国诞生了世界首例克隆猕猴"中中"和"华华"，克服了克隆灵长目动物的障碍（图 9-1）。制备克隆猴的难点在于胚胎发育过程中的表观遗传修饰障碍-H3K9 三甲基化（Matoba 等，2014；Liu 等，2016）。根据这一原因，科研人员在克隆猴制备过程中添加了 H3K9me3 去甲基化酶 KDM4d 以及组蛋白去乙酰化酶 HDAC 抑制剂 TSA，最终获得了首例体细胞克隆猴（Liu 等，2018），同时也证明了在克隆胚胎培养体系中添加一些表观遗传修饰的抑制剂可以提高克隆效率。此外，在克隆猴制备过程中，使用卵丘细胞做供体的克隆猴出生

后不久即死亡，而使用胎儿成纤维细胞做供体获得了存活的克隆猴，也表明正确的供体细胞类型也是获得克隆动物的重要因素。

另外，褪黑激素是一种抗氧化剂，具有清除活性氧的作用，可以调节氧化应激，减少 DNA 损伤，在体细胞核移植的胚胎发育液中添加褪黑激素等也可以提高重构胚的发育潜能，从而提高克隆效率(Liang 等，2017)。此外，受精卵电转染系统可以将 sgRNA 及 Cas9 的 mRNA 共同转入受精卵中，并通过 Cas9 作用对受精卵进行编辑(Hashimoto 等，2015)，可以成为获得基因编辑动物的简化方法。就显微注射技术而言，可能存在基因编辑个体的嵌合现象，会降低获得基因编辑动物的效率。显微注射产生的嵌合后代个体中包含不同的基因型，其原因在于受精卵注射核酸后，可能不会立即对胚胎进行编辑，而在胚胎卵裂后各自进行编辑从而产生不同的基因型，因此，应尽量在受精后立即进行显微注射，以提高早期发生基因编辑的效率，而且对注射核酸的总量及浓度也需要进行调整。

显微操作和体细胞核移植均需要显微操作设备，这类设备设计复杂、制作精细，因此成本较高，操作步骤的烦琐也意味着对技术人员的要求较高，培训时间和成本较高。而对于受体动物，则需要专门留出一定数量的优质母体备用，增加了饲养成本。由于显微注射容易产生嵌合体等原因，不一定一次实验即可获得具有预期基因型的后代，可能需要多次试验，而对于核移植则不存在这样的问题，一定程度上节约了成本。

本章参考文献

Bae S, Park J, Kim J S. 2014. Cas-OFFinder :a fast and versatile algorithm that searches for potential off-target sites of Cas9 RNAguided endonucleases. Bioinformatics, 30(10):1473-1475.

Cheng A W, Wang H, Yang H, et al. 2013. Multiplexed activation of endogenous genes by CRISPR-on, an RNA-guided transcriptional activator system. Cell Res, 23(10):1163-1171.

Cho S W, Kim S, Kim Y, et al. 2014. Analysis of off-tar get effects of CRISPR/Cas-derived RNA-guided endonucleases and nickases. Genome Res, 24(1):132-141.

Fu Y, Foden J A, Khayter C, et al. 2013. High-frequency off-target mutagenesis induced by CRISPR-Cas nucleases in human cells. Nat. Biotechnol. 31:822-826.

Fu Y, Sander J D, Reyon D, et al. 2014. Improving CRISPR-Cas nuclease specificity using truncated guide RNAs. Nat Biotechnol, 32(3):279-284.

Garneau J E, Dupuis M E, Villion M, et al. 2010. The CRISPR/Cas bacterial immune system cleaves ba cteriophage and plasmid DNA. Nature, 468(7320):67-71.

Gilbert L A, Larson M H, Morsut L, et al. 2013. CRISPR-mediated modular RNA-guided regulation of transcription in eukaryotes. Cell, 154(2):442-451.

Hashimoto M, Takemoto T. 2015. Electroporation enables the efficient mRNA delivery into the mouse zygotes and facilitates CRISPR/Cas9-based genome editing. Scientific Reports, 5:11315.

Heigwer F, Kerr G, Boutros M. 2014. E-CRISP:fast CRISP R target site identification. Nat Methods, 11(2):122-123.

Hsu P D, Scott D A, Weinstein J A, et al. 2013. DNA targeting specificity of RNA-guided Cas9 nucleases. Nat Biotechnol, 31(9):827-832.

Klein M, Eslami-Mossallam B, Arroyo D G, et al. 2018. Hybridization Kinetics Explains CRISPR-Cas Off-Targeting Rules. Cell Rep., 22(6):1413-1423. doi:10.1016/j.celrep.2018.01.045.

Liang S, Jin Y X, Yuan B, et al. 2017. Melatonin enhances the developmental competence of porcine somatic cell nuclear transfer embryos by preventing DNA damage induced by oxidative stress. Scientific Reports, 7(1):11114.

Liu W, Liu X, Wang C, et al. 2016. Identification of key factors conquering developmental arrest of somatic cell cloned embryos by combining embryo biopsy and single-cell sequencing. Cell discovery, 2:16010.

Liu Z, Cai Y, Wang Y, et al. 2018. Cloning of Macaque Monkeys by Somatic Cell Nuclear Transfer. Cell. 174(1):245. doi:10.1016/j.cell.2018.01.036.

Ma M, Ye A Y, Zheng W, et al. 2013. A guide RNA sequence design platform for the CRISPR/Cas9 system for model organ ism genomes. Biomed Res Int, doi:10.1155120131270805.

Makarova K S, Haft D H, Barrangou R, et al. 2011. Evolution and classification of the CRISPR-Cas systems. Nat Rev Microbiol, 9(6):467-477.

Matoba S, Liu Y, Lu F, et al. 2014. Embryonic development following somatic cell nuclear transfer impededby persisting histone methylation. Cell, 159(4):884-895.

Nishimasu H, Ran F A, Hsu P D, et al. 2014. Crystal structure of Cas9 in complex with guide RNA and target DNA. Cell, 156(5):935-949.

Pattanayak V, Lin S, Guilinger J P, et al. 2013. High-throughput profiling of off-target DNA cleavage reveals RNA-programmed Cas9 nuclease specificity. Nat Biotechnol, 31(9):839-843.

Perez-Pinera P, Kocak D D, Vockley C M, et al. 2013. RNA-guided gene activation by CRISPR-Cas9-bas ed transcription factors. Nat Methods, 10(10):973-976.

Ramakrishna S, Kwaku Dad A B, Beloor J, et al. 2014. Gene disruption by cell-penetrating peptide-mediated delivery of Cas9 protein and guide RNA. Genome Res, 24(6):1020-1027.

Ran F A, Hsu P D, Lin C Y, et al. 2013. Double nicking by RNA-guided CRISPR Cas9 for enhanced genome editing specificity. Cell, 154(6):1380-1389.

Rodriguez-Osorio N, Urrego R, Cibelli J B, et al. 2012. Reprogramming mammalian somatic cells. Theriogenology, 78(9):1869-1886.

Shen B, Zhang W, Zhang J, et al. 2014. Efficient genome modification by CRISPR-Cas9 nickase with mini mal off-target effects. Nat Methods, 11(4):399-402.

Wu X, Kriz A J, Sharp P A. 2014. Target specificity of the CRISPR-Cas9 system. Quant Biol, 2(2):59-70.

Xiao A, Cheng Z, Kong L, et al. 2014. CasOT: a genome-wide Cas9/ gRNA off-target searching tool. Bioinformatics, 30(8):1180-1182.

Yu D, Wang J, Zou H, et al. 2018. Silencing of retrotransposon-derived imprinted gene RTL1 is the main cause for postimplantational failures in mammalian cloning. Proceedings of the National Academy of Sciences.